U0193324

反景入深林

人类学的观照、理论与实践

黄应贵 著

九州出版社
JIUZHOUPRESS

图书在版编目（CIP）数据

反景入深林：人类学的观照、理论与实践 / 黄应贵
著. -- 北京：九州出版社，2023.11
    ISBN 978-7-5225-1298-3

    Ⅰ．①反… Ⅱ．①黄… Ⅲ．①人类学－研究 Ⅳ.
①Q98

中国版本图书馆CIP数据核字(2022)第200838号

著作权合同登记号：01-2022-6432

反景入深林：人类学的观照、理论与实践

作　者	黄应贵　著	
策划编辑	陈文龙	
责任编辑	陈文龙	
出版发行	九州出版社	
地　址	北京市西城区阜外大街甲 35 号（100037）	
发行电话	(010)68992190/3/5/6	
网　址	www.jiuzhoupress.com	
印　刷	北京盛通印刷股份有限公司	
开　本	710 毫米 ×1000 毫米　16 开	
印　张	25.5	
字　数	390 千字	
版　次	2023 年 11 月第 1 版	
印　次	2023 年 11 月第 1 次印刷	
书　号	ISBN 978-7-5225-1298-3	
定　价	78.00 元	

序

  这本书并不是给一般初学者的入门书，而是论述笔者对于人类学的主观看法，故并不是试图以最容易理解的方式来介绍人类学，而是透过个人的亲身体验、反省、实践等，勾画出笔者对于人类学的特殊理解或看法，比较接近贝亚蒂耶（John Beattie）所写的《异文化》或利奇（Edmund Leach）的《社会人类学》，所以特称之为"反景入深林——人类学的观照、理论与实践"。故我锁定的主要读者为硕、博士班研究生或大学部高年级学生。

  第一，这里所说的特殊理解或看法，主要是指个人因特定历史情境下的成长过程与经验，影响自己对于人类学生涯的选择，也影响了自己对于人类学研究对象、课题与解答方式的选择。当然，研究对象本身的性质也会对研究课题与解答方式有所影响，但无可否认，作为一个非西方文化下成长的人类学者，面对从西方所发展出来的学问，笔者还是无法否认西方人类学的优越性而不可避免地去学习，甚至接受其成果，并受到影响。但这并不表示这接受是没有选择性的，事实上，正好相反；人类学知识的特色之一便是透过被研究对象的特性来反省并剔除已有知识理论中的文化偏见，特别是资本主义文化的偏见，而有所突破。这对于非西方文化下的人类学发展特别重要，因这有助于非西方社会的人类学在当地得以有效的发展。故本书明显不同于西方人类学者所写的导论之处，便是尽可能突显它如何剔除已有知识理论中文化偏见的知识特色。否则，我们只需好好翻译一本西方学者的导论书便可。

  第二，这本书在论述过程中，除了引用人类学古典的研究成果或民族志例子外，将尽可能地加入华人的民族志研究成果。这除了可增加读者的熟悉感外，最主要的还是凸显出本地人类学家的关怀与累积，以及中国各种社会文化的特性，有助于人类学知识在华人社会中生根，并作为华人人类学与国际人类学衔接的桥梁。虽然如此，笔者还是尽可能保留其他文化区重要的民族志，以提醒读者，人类学所具有的全人类社会文化视野，正是建立在对各文化区不同文化特色的掌握上。书中将以不同的字体与类似引用段落来简要记述某个民族志或某个研究的主要重点内容，并标示其大概的地理位置，勾勒出不同人类社会文化的分布。当然，这类重点内容均是笔者主观选择摘要的结果。其中外国人名、地名与书名，已有一般惯用的译名者则沿用之，无惯用译名者则另行翻译，但为免读者无法辨识，书后附有译名对照表。

第三，为了便于读者掌握每章的主要论点与讨论，在每章开始，以另一种字体简单摘要该章的主要内容，让读者更易掌握整章的讨论。而所有章节与内容的选择，多少反映出笔者心中"社会"与"文化"的图像及个人的限制。特别是在外国语文能力上的限制，使得本书所指的国际学界，几乎只有英语学界，即使包括英译的其他语言著作。这限制只有待未来有人能够克服，而写出更周延的作品来取代了。

第四，虽说本书是笔者个人对于人类学的看法，但在有限的篇幅内，不可能也不必要将笔者所理解的全部主要领域都涵盖在内，只能选择性地就书中提及的有限主题来谈。像法律、艺术文学或美学、语言、都市、医疗或医学等等多少已成为人类学分支，甚至已是有专业人类学刊物出版的领域，往往因个人相关知识的限制而不得不割爱。而各领域已有的研究成果所具有剔除既有知识理论上文化偏见的成就与影响力，以及其成果对于人类学其他领域的影响程度，更是笔者决定是否将其纳入讨论的主要依据。虽然如此，这些被选择的主题或领域，往往是笔者已从事过相关的研究，在理解与掌握上具有某种程度的自信，但也容易带入个人的偏见与偏好。事实上，笔者引用的民族志资料或研究成果，往往会选择自己最熟悉的来诠释与讨论，而无法全面照顾到不同文化区与其他的人类学家，更难将中国学者有趣的研究成果通通纳入。这都是个人能力之不足所造成的限制。因此，笔者期望未来能有更完善或不同观点的著作出现，以达到本书抛砖引玉的目的。

第五，除了谢谢谢国雄、黄宣卫、陈文德、林开世、林玮嫔、王梅霞等对于各章分别所提的意见外，谢谢陈文德、郑依忆、谭昌国等对于全书所提供的意见，也谢谢刘斐玟与林伟仁夫妇为本书所提供的书名、许婉容代为制作图表与索引，以及王薇绮代为处理一些相关琐务，更特别谢谢黄郁茜对于整本书所提供非常细致而深入的修改意见和修饰。从某个角度来说，这本书已不只是笔者个人的作品，而包括了许多人的心血在内。另外，谢谢笔者在做与此书内容相关课题的演讲与讨论时的听众，因为他们的响应让笔者有更深一层的领悟。最后，谢谢这本书的读者，我之所以愿意写这样一本吃力不讨好，而在学术界又不见得会算成成绩的书，主要还是工作了三十年之后，愈来愈被它新的挑战所吸引，却离解答也愈来愈远。唯一能做的就是让自己没有解答的问题与困惑，留给后面的人来解答与超越，也让这咀嚼后余味无穷的人类学知识能继续吸引人加入。若没有读者，笔者怀疑这本书是否会诞生，更怀疑它存在的意义何在。

目　次

第一章 导 论

本章除了陈述笔者个人的人类学经验外，主要说明人类学发展的历史背景。

十五六世纪以来西欧资本主义的全球性拓展，使得西欧人比以往更频繁地接触到异文化的"他者"。但对于异文化他者的理解是否成为知识，则取决于当时的知识体系是否将异族视为探讨的对象。因此，西欧人知识体系的转变如何影响其对异文化他者的看法，往往比"他者"的定义本身更重要。要理解这个改变，必须追溯到中世纪甚至更早以前。西方文化中的"他者"，从中世纪的"受魔鬼或撒旦诱惑而犯罪的人"、启蒙时期的无知者，到19世纪被视为史前原始文化的残留等，均分别受到西欧当时知识上的发展或文化革命的影响。如：文艺复兴以来的哥白尼天文学革命与地理大发现、启蒙时代以来的地质学革命与生物学演化论等。这个历史过程，最后促使西欧人开始把他者的"差异"视为"文化"，这便是现代人类学的开始。

直到1920年代，现代科学人类学的文化概念才真正建立。随着大英帝国的全球性发展，英国文化上的重要知识基础：经验论，也逐渐成为人类学理论的宰制性思潮。经验论宰制下的科学观，对于19世纪末期的演化人类学之"臆测性知识体系"，提出很强烈的批判。在经验论的知识基础上，人类学的文化概念得以发展并精巧化：文化是复数的、多元性的，不同文化之间存在着差异。更重要的，文化是透过人的实践过程来表现的，跟人的活动不可分。是以，社会人类学一开始便是以人的群体、活动作为主要研究对象，这便涉及了"社会"的概念，而进入第二章的主题。

第一节　我的人类学经验

身为一个在非西方世界成长的人类学者，对于这门学科的看法，至少有三个主要的来源：一是国际人类学知识发展的冲击，二是研究对象的刺激，三是人生经历的影响。对我来说，这三者是相互影响而纠缠不清的，但人生的经历却是最初影响我决定念人类学的主因。因此，先由这里开始谈我对人类学的看法。

一、青少年时期刻骨铭心的经历

虽然，人生是由许多琐碎而平淡的生活经验累积而来，但产生关键性影响的，却往往只是几段刻骨铭心的特殊经历。其中，最让我难以忘怀的是 1960 年代初一时的经验。当时的台湾刚经历"二战"，人民生活普遍困苦，大部分人家的小孩都必须帮忙家计，以减轻家庭经济负担，我也不例外。星期天早上，我常与一位初中同学一起到嘉义市中心最大的市场卖菜。周一到周六，市场上摆摊的摊贩都有固定的摊位，必须付费给管理委员会才能取得摆摊的权利。传闻中，市场管理委员会是由黑道把持。只有在周日，警察与合法摊贩才会放松控制，让未缴费的小贩得以在此贩卖他们自己栽种的农产品，以赚取微薄的利润补贴家用。因而，周日的市场，往往可见临时小贩一路排到市场外。当时我们年纪小，只能用大菜篮将自家种的菜排在市场最外围、最边缘的街道上。有一天，一个警察走到我们的摊位前，斥责我们造成市场杂乱，然后竟一脚将我们的菜篮与篮里的菜踢翻到路旁的水沟，让我愤怒得想打那个警察。当时，我愤愤不平地跟同学说："我一定要改变这个社会！"这件事便决定了我的一生。

高中时，我原本就读生物组，读得不错，在当时的嘉义中学还蛮有名。但到高三的最后关头，我转考人文组。因为，当时的我还是无法忘怀少年时在市场卖菜的愤怒经历，总认为自己念的应该是经世致用之学。当时，在台湾南部的环境，我所知道的经世致用之学便是历史学，这必须要归功于我当时的历史老师，他是李敖的台大历史系同班同学，上课时便大谈李敖当时引起广泛争议的畅销著作《传统下的独白》。我也就这样一厢情愿地考进了台大历史系。

二、历史系时期的启蒙

进入台大历史系之后，我才发现，当时的历史学训练以训诂考证为主，而考据工作距离原本想象的"经世致用之学"，相去不可以道里计。印象最深刻的例子，便是大一时读到一篇期刊论文，考证"中国第一条电线"在哪里，是哪一条。但对我而言，重要的是：电线在当时的中国，有着什么样的意义？而该文完全无法回答这样的问题。失望之余，我便沉迷于旧俄时代的小说，如托尔斯泰的《战争与和平》、屠格涅夫的《父与子》、陀思妥耶夫斯基的《罪与罚》《卡拉马佐夫兄弟们》、肖洛霍夫的《静静的顿河》等，都在大一时陆陆续续地读了。直至今日，这些著作仍影响着我的研究主题。举个最简单的例子：托尔斯泰在《战争与和平》的跋中，进一步讨论小说的主题之一："什么是历史？"在小说中，拿破仑远征俄国，大败而归。但打败法国大军的俄军统帅，在整个过程中却几乎没有作出任何攸关大局的决定。是以，这位统帅认为真正的胜利者是俄罗斯老百姓，而不是他自己。托尔斯泰心目中的历史也是以平民百姓为主体，而不是帝王将相或英雄。而"历史的主体"，正是我现在关注的"历史人类学"问题之一。[①]

不过，在历史系就读的一年中，除了上述小说所带来的启发之外，我还读了当时的禁书：费孝通的《乡土中国》。该书使我第一次认识到社会学这门学科，以及"救中国必须由了解中国社会做起"的学术立场。[②]而社会学更合乎我当时怀抱的"经世致用"理想。因此，升上大二时，我便转学到社会学系。

三、社会学系时的人类学反省

1960 年代晚期，社会学刚引入台湾，完全没有中文教材，必须阅读

---

① 关于历史人类学的深入讨论，可见本书第十四章"文化与历史"。
② 关于费孝通个人的学术立场与社会实践，可参见郭一农（1969）、李业富（1976）。

大量的英文书籍。英文不好的我，大一暑假便到文星书店买了一本最便宜的口袋原文书作为练习，这本小书便是米德（Margaret Mead）的《萨摩亚人的成长：为西方文明所作的原始人类的青年心理研究》（Mead 1928）。虽然，买到这本书完全是出于偶然，但暑假过去之后，我便开始深受人类学吸引。在这本书中，米德透过太平洋波利尼西亚萨摩亚人的田野工作研究，反省当时美国严重的青少年问题。彼时，几乎所有社会科学都将青春期的叛逆行为视为生理的自然现象与社会化的必经过程。但在萨摩亚群岛，亲子关系自幼即和谐而少冲突，以至于儿童在进入青少年阶段时，也很少发生严重的叛逆行为。经由这个研究，米德进一步指出，儿童养育方式将会决定青少年反叛期的存在与强度。

这本小书，充分显示出人类学研究的特性：以一个个案的当地人观点，挑战当时西方社会所认为的普遍性真理，以剔除霸权文化的偏见。这让初次阅读的我大为震惊，也察觉到自己不喜欢历史学的原因之一，其实源于它无法告诉我芸芸众生主观的看法与立场，就像自己当年无法理解：为何在市场卖菜赚点小钱，会被扣上造成市场杂乱的罪名？但大三暑假的一个打工经验，更让我体会到人类学注重被研究者观点的学科特性。

当时，我在暑期兼差打工，协助一位美国社会学家顾浩定（Wolfgang L. Grichting）进行问卷调查。该问卷中，有一个问题是询问受访者的宗教信仰，列出九个选项，要求受访者圈选其一：佛教、道教、儒教、拜拜、伊斯兰教、基督教、天主教、其他、无宗教信仰（Grichting 1971：523）。结果，百分之七八十的受访者不知该如何圈选，因为大部分的人都分不清自己信仰的是道教、佛教，还是"拜拜"。事实上，大部分人的信仰都混杂了好几个选项，也就是今日大家惯称的"民间信仰"。但是，若研究者不了解当地人的信仰体系，就可能以自己的宗教分类方式来询问与归类，以至于无法得到适切的回答；或者，即使得到问卷结果，也无法呈现当地人的信仰状态，而这正是社会科学普遍存在的盲点。

这两个经验，让我对人类学产生兴趣。大学毕业时，我考上了台大考古人类学研究所，即现在的人类学研究所。

四、与布农人的第一次接触

1970 年代初期，我就读于台大人类学研究所。当时，台湾煤产业开始步入黄昏时期，各矿场灾变频传。因此，我原本意图以煤矿工人作为研究主题。但这个主题却是源于我个人当兵的经历。

大学毕业后的兵役期间，我曾受过伞兵训练。当时设备落后，训练过程频生意外，造成一个特别的现象：同期受训的学员之间，一方面热络异常有如多年好友，但另一方面却只记得对方的编号而非姓名。当时我的感觉是：似乎大家都不愿意建立真正的友情与关系，以免意外发生时徒增伤心。这个经验，让我在进入研究所之时，很想理解：煤矿工人如何面对危险性极高的工作环境？特别是工伤牺牲者的家属，又如何相互帮助以渡过难关？然而，一门田野实习课，改变了我的研究对象。[①]

当时的田野实习课，在南投县信义乡望美村的久美聚落进行，这是我第一次接触到台湾的少数民族。1960 年代末期以来，当地人开始接触到资本主义市场经济，其努力与挣扎，令我想起小时候的生活情景，也勾起少年时期的豪情壮志。加上当时"中央研究院"正推动"台湾省浊水、大肚两溪流域自然与文化史科技研究计划"（简称"浊大计划"）[②]，需要有人从事该地区的少数民族研究，我便选择了布农人的经济发展作为硕士论文的主题，以便兼顾学术研究与社会实践的目的。事实上，在从事田野工作与撰写硕士论文的过程中，我确实也协同当地人解决其经济发展上的相关问题；特别是有关储蓄互助社、共同运销、共同购买等，我也参与提供内部运作流程的实质意见，以及负责与外界沟通协调的工

---

① 田野实习课是台湾大学人类学系的必修课，授课教师经常选定一个村落，要求学生以此为研究对象或场域，练习从事独立研究。对于不少学生而言，田野实习经常是接触异文化的起点。关于田野实习课的反省，可参见黄应贵（2002d［1974］）。

② "浊大计划"是在 1972—1976 年，由耶鲁大学、"中央研究院"、台湾大学合作进行，获"国科会"与美国国家科学基金会赞助的跨科际区域整合研究计划。由考古学家张光直先生主持，人类学家李亦园、王崧兴两位先生负责执行。其下包含六个学科：考古、民族、地质、地形、动物、植物。有关"浊大计划"的人类学执行成果，可参阅《"中央研究院"民族学研究所集刊》第 36 期《浊大流域人地研究计划民族学研究专号》。

作。因此，论文完成的同时，自己也觉得在当地已经尽了社会实践的义务。

五、资本主义经济之外的另一种可能

毕业后，我到"中研院"民族所工作。再回到久美聚落之时，却注意到：当地人适应资本主义市场经济的结果，使得市场机制在当地得以更有效运作，也使得土地较多而适应较成功的人，更积极从储蓄互助社贷款以进行再投资。但土地较少者，往往只能存款于储蓄互助社，而无法贷款再投资。于是形成一个明显的奇怪现象：穷人存钱给有钱人再投资，使得贫富差距日益扩大。因此，当地一些与我熟悉的朋友便遗憾地对我说："你只帮助了有钱人。"

第一次听到这样的评论，让我大吃一惊，开始深深反省；我也第一次意识到，在资本主义经济逻辑下，社会实践虽解决了原先普遍贫困的问题，却制造出另一个更棘手的贫富差距困境。真正的解决之道，是去面对更基本的问题：资本主义经济之外的另一种可能。这正是经济人类学从一开始便致力探索的主题。面对这个大问题，我也意识到，必须先回答"什么是'经济'"。这问题必然涉及布农人经济以外的社会组织与宗教信仰等层面。特别是布农人在上述经济发展与适应的过程，主要是以集体适应而非个别竞争的方式进行，显然与他们原有的社会组织与信仰或宇宙观等有紧密的关系。是以，我开始研究他们的亲属、政治、宗教等其他社会文化层面。也因此，我必须面对布农的前辈研究者马渊东一的观点。

六、如何面对或超越马渊东一

在有关布农人社会文化的研究中，日本学者马渊东一的父系继嗣理论，到 1980 年代中期以前，一直是支配性的解释。但是，我自己在久美聚落进行的田野调查所了解到的布农人，与他的理论解释并不相符。在他的理论中，布农人是依父系继嗣原则而来的先天地位所组成的社会。虽然，他并没有完全否定个人能力的重要性，但至少那不是他所理解的布农社会的主要特性。但在我的研究当中，当地人强调个人能力，甚至超越他们行动上的集体性，依父系继嗣而来的先天地位几乎不具重要性。面对与马渊东一在布农人社会组织特性之解释上的冲突，我无法完全释怀，一直在寻找解决之道，并将田野地由具族群混杂且经迁移的久美聚落改到当时对外更孤立而未经迁移的东埔社（现在的南投县信义乡东埔村第一邻），以便更深入了解布农人的社会文化本身。

在 1980—1981 年间，我获得哈佛燕京学社的奖助，到哈佛大学进修一年。在这里，我遇到了梅伯里-刘易斯（David Maybury-Lewis）、坦比亚（Stanley Tambiah）、亚尔曼（Nur Yalman）等当时著名的人类学家。其中，亚尔曼建议：若要解决我的研究问题，去英国进修会较有帮助。因此，我便申请"国科会"的进修奖助，在 1984 年前往伦敦政治经济学院攻读博士学位。①

七、人观：布农文化的新理解

在伦敦求学的四年中，受到当时国际人类学知识发展的冲击，特别是 1970 年代末期对于法国人类学家莫斯（Marcel Mauss）的重新重视，使我再度整理与扩展了人类学知识，也重新理解过去所收集的民族志资料。最后，我由布农人文化上对人的主观看法，找到了解决我与马渊东一冲突的方式。

由布农人的传统"人观"（personhood, the concept of person），我们发现：他们认为一个人有两个精灵（布农语 hanitu）：一个是在右肩上，决定一个人从事利他、慷慨、追求集体利益等合乎道德的行为；一个是在左肩上，决定一个人追求私利、伤害他人的行为。而一个人从出生到死亡的过程，便是在寻找如何平衡两个性质相反的精灵之驱动力。在这样的人观下，布农人早已发展出一种人生观：一个人在有生之年，必须由其对于群体的实际贡献，来得到群体对其个人能力的公认。否则，个人的成就再高，都无法得到这社会的承认，甚至可能因成就仅累积于自身而遭到公众唾弃。精灵的能力，一方面继承自父亲，另一方面又可由

---

① 伦敦政治经济学院，全名为 London School of Economics and Political Science，简称 L.S.E.。马林诺夫斯基在此处开创了英国现代人类学基业，前辈人类学者费孝通曾受业其门下，在此获得人类学博士学位。

个人后天的努力来强化。当地人文化上对人的主观看法，很自然地结合了马渊东一与我的不同解释。由此，我得以进而以"人观"重新理解布农人的社会与文化，并开展进一步的研究。

当然，对于布农文化的新理解，一方面是受人类学知识的新发展所启发，但另一方面主要还是当地布农人所带来的刺激。事实上，在东埔社的田野中，我已注意到许多与布农人人观有关的现象，以下仅举三个最为凸显的例子。

1978 年，我第一次到东埔社从事正式田野工作时，当地布农人打乒乓球的方式，令我印象深刻又百思不解。他们平常的玩法是：当对方把球打过来时，己方若觉得接不到球，可以不接而不算失分。只有去接对方打过来的球但又没有接到，才算失分。后来我才明白，原来当地布农人认为只有与能力相当的人比赛，胜负才有意义。如果对方明显不如自己，则胜之不武。因此，比赛过程中，双方都可以因球难接而放弃却又不失分。但这样一来，很可能使比赛频频中断而难以为继。因此，最理想的乒乓球赛，便是以实力相若的人作为对手。

第二个例子，也是我于 1978—1980 年间在东埔社从事田野工作时所注意到的现象。那时，若询问他们如何分财产，每一位布农人的答案都是"平分"。可是，从我所收集的实际资料来看，没有一家是平分的。当时，我也是百思不解，后来才了解，那时当地的布农人认为：只有依照个人不同的能力与贡献分给不同的分量，才是"公平"。比如，某家有三兄弟，老大善于在山上陡峭的林地与旱田工作；老二倾向在平坦的水田或梯田工作；老三选择到都市工厂谋生而不愿留在家里从事农业生产。分家时，老大分到所有的林地与大部分的旱田，老二分到水田与位于平坦地形上的旱田，老三则一块地都没分到。对他们来说，这样的分法是依据每一个人的能力与过去的贡献或努力的结果。也因此，三兄弟均认为这才是"平分"。即便是年轻时就到都市工作而没有分到土地的老三，他也认为这样的分法是很"公平"的。

第三个例子的时空背景与第二个例子一样。当时，东埔布农人虽已以种植经济作物（特别是西红柿、高丽菜、香菇、木耳）为主要的生产工作，但当地人之间的"交换"，往往是依据双方的相对能力来进行。比如，有人一天可赚一千元，另外一人一天只赚五百元。当前者向后者借五百元时，归还时要给一千元。反之，后者向前者借一千元，还时只要给五百元。换言之，两人间的交换，是以双方相对能力来进行，而不是像市场经济中以普遍性、客观性的金钱标准来估计。

这三个例子，均说明布农人文化上主观的"人观"之重要性，但研究者往往被自己原有的文化观念与理论训练所限制，也就无法注意到经常出现的现象及其背后的深远意义，自然无法由此更深入去了解其社会文化的特色。甚至，在科学主义认识论下，文化上的主观观念，经常会被排斥或忽视。也因此，对于当地人主观中重要概念的理解，实包含了对于被研究对象本身的深层特性之掌握，以及研究者在研究观念乃至理论发展上的突破。

八、跨文化研究计划：基本文化分类概念

由于人观的探讨，使我对于布农社会与文化得以有与以往不同的深入理解，也促使我决定进一步系统地探讨当地人的"基本文化分类概念"。这个研究计划，不但可响应后现代主义或后结构论对于当前社会与人文科学所使用的许多分类概念的批评，如政治、经济、宗教、亲属乃至社会与文化等，都被认为只是西方资本主义文化的产物外，更能积极地提出具有批判性、反省性以及创造性的研究切入点，使我们能够进一步了解被研究的对象，以便对其社会文化特性的理解有所突破。其实，这类的探讨并非全新，而是与涂尔干（Émile Durkheim）所强调的，西方哲学从亚里士多德以来，由康德集大成的所谓了解之类别或范畴（the categories of understanding）有关。这个哲学知识传统强调人观、时间、空间、物、数字、因果等类别，是各文化建构其知识与认识其世界的基础；其他较复杂的概念与知识，都是由这些基本的分类概念所衍生而来的。只是，在这个研究计划的架构中，我并不假定康德所假设的每个基本分类概念都同等重要与固定，也许还有其他不同但更重要的分类概念；而每一个基本的分类概念在不同的文化中，更被赋予了不同的重要性与特质。因此，在这研究计划中，我加入了"超自然""工作"乃至"知识"等可能的分类。这个跨文化的研究计划，至今已先后出版了《人观、意

义与社会》《空间、力与社会》《时间、历史与记忆》《物与物质文化》四本专题论文集（黄应贵主编 1993b，1995a，1999a，2004c）。

九、人类学的视野：全人类文化的观看角度

在伦敦政治经济学院四年，除了解决自己在布农研究上的瓶颈而开展了基本文化分类概念的新研究取向外，最大的影响，还是在于深深体会到英国社会处处可见"人类学的视野"，无怪人类学会跟哲学一样成为英国社会的基本人文素养。比如，当时的商业电视台第四频道，每个周末都会播放各国当代的代表性电影。其中，有许多国家，我都还不清楚位在何处。但电视台不但有能力顾及全世界不同文化区的分配比例，还能了解每个国家的代表性电影，甚至包括许多在该国被禁止播放的电影，也在第四频道的片单之列。显然，电视节目制作人有着全世界各国电影发展与水平的图像。这种具有全人类图像的人类学视野，更充分表现在他们对于一些问题的解释上。

举个简单的例子。当时在电视台看过一部实验电影，内容是描述英国训练殖民地官员的男性寄宿高中之同性恋现象。影片结束后，节目的评论人讨论导演如何透过这个例子来批判英国的殖民主义：在这所以训练殖民地官员为教育目的的高中，特别注重学生的行为举止，使未来的官员在殖民地任职能够表现出足够的威严。由于训练的过程非常严格而不合人性，同性恋便成为同学之间的慰藉管道。换言之，导演要表达的是：英国殖民主义和大英帝国的没落，其根源就埋藏在为维持殖民统治与帝国而发展出的各种不合人性的制度。这里所展示的，不只是英国人自己对历史过程的反省，更重要的是他们能把一件看似简单或枝节的小事放在更宽广的全人类文化发展之视野上来看待，而赋予深层的意义。但要建立这样的世界观，并不是容易的事。这可由下面另一个例子证明。

1987 年的暑假，英国电视台播放一系列由日本政府提供、有关日本近代发展的纪录片，主题是"日本是否已进入国际的舞台？"。该系列的开幕作，是日本参与凡尔赛和会的纪录片。虽然，当时日本是世界五强之一，但在讨论过程中，由于日本缺少大国应有的世界观，与会代表除了为自己国家争取利益外，对于其他世界事务几乎无法置喙。这个惨痛

的经验，使得年轻的和会代表，回国后均努力推动培养国际视野的教育。七十年后的今天，日本仍继续检讨他们是否已建立了国民的国际观。由此可见国际观，甚至全人类文化的视野，并不是一蹴可及的。

上面三个例子意图说明，建立"人类学的视野"，也就是强调从全人类社会文化的角度来观察个别的现象，并不是一件容易的事。[1] 在伦敦政治经济学院人类学系，大一必修课只有两门：人类学导论与基本民族志。后者是借由研读不同文化区的代表性民族志，以便了解该文化区的特色，由此训练人类学系学生熟悉世界各地不同的文化，并建构出全人类文化的图像。当然，要能从全人类社会文化的视野出发，将一个研究个案赋以其社会文化的特性，往往只是研究上的理想，却很不容易做到。我在英国留学的四年期间，虽已有这样的领悟，但也一直无法做到。1988 年返台后，我的研究虽已具备与东南亚或大洋洲民族志研究的比较视野，但依然是以东埔社的民族志数据及其文化图像为依据，而无法悠游于全人类社会文化的图像及其他文化区个别独立的民族志数据。一直到 2001 年写完《台东县史：布农人篇》之后，才有进一步的体会与实践。

十、意外的插曲

撰写《台东县史：布农人篇》，完全是无心插柳的意外收获。1995 年，《台东县史》总编纂施添福教授邀请我参与县史的撰写工作。由于此书的写作并不在我的生涯规划之内，当时我正在思索如何进一步去处理与梦和情绪有关的心理层面之研究，以及准备进行有关"物"的分类之研究，因此，我感到有些为难。然而，身为晚辈，加上施教授一向积极支持我规划的研究（特别是在"空间"与"社群的省思"等问题上），我很难拒绝施教授的邀约。再者，撰写地方志，也可说是对当地少数民族的一种回馈。所以，我还是答应执笔《台东县史：布农人篇》。为了这本书，我

---

① 尽管我在英国社会中所观察到的"人类学视野"，也如同英国人类学的形成与发展，与其殖民主义和大英帝国的历史发展条件息息相关；甚至无法厘清，这种视野到底是大英帝国发展的因还是果。但是，对于成长于族群相对同质、环境相对封闭的前殖民地学生而言，英国社会试图兼及不同国家民族文化的企图与成果，依然令我十分惊叹。

整整调查访问了 16 个台东县境内的布农聚落，还必须在很短的时间内掌握每一个聚落的独特性质。这样紧凑密集的田野经验，促使我发展出更清楚的基本社会文化图像，以及作为参考点的全人类社会文化图像。并且，必须超越过去以一个聚落为中心，从事定点深入研究的做法，重新考虑区域的共同性问题。如此，在这本专书中，我不仅带入了资本主义化、基督宗教化等问题，也探讨了该地区的族群互动过程如何影响个别地方社会的形成，更触及历史过程中不同阶段的发展动力之差别，使得布农人研究开始向历史深度发展而有"历史化"趋势。这也使我重新思考：台湾的整体历史发展过程在全人类社会文化图像中，具有何种特殊位置与特色。因此，前述全人类社会文化的视野，对我也开始产生更具体而真实的意义。

十一、田野是一本读不完的书

正因为注意到各文化与族群之形成与发展的历史脉络，我也开始意识到：台湾少数民族研究与汉人社会研究分离的学术传统，实际上是日本殖民统治者为了统治方便所建立，与实际状况不符，也往往限制了研究上突破的可能。台湾地方社会在 1987 年"解严"之后，特别是 1999 年"九·二一"震灾后的重建过程中，被纳入全球化背后的新自由主义政经秩序之发展趋势中，而逐渐被新的区域性地方社会或多地社会（multi-sites society）所取代，更吸引我开始注意到原有以人与人、人与物直接互动为主要沟通方式的地方社会，如何因沟通工具、大众媒体、交通等的快速发展，而逐渐改变为非直接沟通方式，使得人与人或人与物的沟通距离扩大而产生客体化现象，更使得社会生活的基本单位由原来的村落扩大为区域。这不仅造成了台湾的地方社会重组，促成新区域体系形成与发展，更导致地方社会的居民改变认识世界的方式。这种改变的剧烈与广泛，实有如人类学讨论中以文字取代口语来沟通一样关键。但这个正进行中的巨变，不仅与全球性的新自由主义经济发展连接在一起，更涉及新情境与新经验的未知、暧昧和不可预测性等性质，导致人的焦虑与孤独，凸显个人心理层面的重要性。加上新自由主义经济与过去资本主义经济有基本的不同，不仅在于它已超越现代国家的控制而弱化了国家，更重要的是它一反过去强调社会文化在政治、经济、宗教与亲属等范畴的分化，反而是模糊了原类别间的分隔，使得新的经济体系之宰制力量不再只是取决于经济结构，而是可透过文化形式来运作。这些新现象与新动力都直接影响地方社会上的人。但这些新的现象在国际学界中，才刚开始被认真探讨。

上述新的研究方向，并不意味着我已完全放弃过去定点式的研究。事实上，在1995年，我在东埔社从事田野工作时，开始像当地布农人一样每夜做梦，更因每天做梦的时间很长，而经常觉得睡眠不足。过去，我很少意识到做梦或记得梦的内容，但经由记录梦的内容并与当地人讨论时，我才意识到：布农人其实是相当重视梦的族群。不仅可在过去的民族志中发现传统布农人无论从事什么重要的活动，一定会依据梦占的吉凶来决定下一步动作；即使当代布农人在接受资本主义文化、社会主流意识形态、基督教义之后，他们往往仍依靠梦占来解决现实生活中所面对的难题。比如，由于经济作物的市场价格难以预测，最后只好依据梦占来决定何时何地种何种作物，也使得梦占逐渐成为他们文化与族群认同的标志。而晚近新自由主义政经秩序发展趋势下所带来的不确定性与心理焦虑，反而更扩大了梦在当地布农人中的作用与意义。虽然，就西方学术传统而言，梦正如情绪一样，一直被视为是非理性范畴的边陲课题。然而，就布农人社会文化的理解而言，我一直认为它是人观之后的另一个可能带来新突破的研究课题，更可能对于当代新自由主义下新现象与新经验的探讨，带来可能的解决方向，并对人类学知识的西方理性传统提出挑战。事实上，由非理性层面来探讨西方理性知识的限制与突破，也正是国际学界在1990年代末期以来的新发展之一。然而，我对这个新趋势的注意，主要却是来自田野的刺激。对我而言，田野一直是一个有着无尽宝藏的泉源。相对于国际人类学知识的发展而言，它是另一本充满挑战而永远读不完的书。

十二、结　语

正如本节一开始所说的，一个人对于人类学的理解，除了国际人类学知识的发展外，更与被研究对象和研究者本身的人生经历息息相关。

然而，人类学之所以能不断地吸引我，是因为这个学科本身便充满着对已有知识的挑战；不只是由特殊性去挑战一般性而有所突破，更是借由已知探讨未知。然而，这些挑战固然是建立在全体人类社会文化的图像和知识的累积上，更是发生在对知识的好奇和深一层探索的企图与态度上。在我来看，知识的探索实有如登山；登山的人都知道，一旦往上攀，将会因视野的不同而使所看到的景色有所不同。但只有爬到山顶的人，才会发现后面还有一座更高的山。也只有想看不同风景的人才会继续往上爬，而这种不断追求更高境界的好奇与企图，才是学术研究发展的最主要动力。事实上，也只有爬过山的人才会体会爬山的魅力；而也只有真正进入学术研究殿堂者，才会体会学术研究背后的内在动力。

无论如何，人类学终究是来自西方的一门学问，故人类学知识的形成与发展，与西方社会的历史发展息息相关。因此，下一节，我们将简单地交代人类学在西方发展的历史背景，并在接下来的第二章、第三章中，深入人类学在本体论上的核心概念："社会"与"文化"。

第二节　人类学发展的历史背景：西方文化的世界性拓展与他者 *

"社会人类学"和"文化人类学"现今虽已无太大差别，但在人类学刚开始成为一门学科的时候，英国的理论取向明显地比较着重"社会"的层面，而美国人类学则比较着重"文化"的层面。[1] 即使如此，两者却有着共同的预设：每个社会或文化都有其独特性。尤其，文化差异本身，更是人类学知识上的本体论假定。亦即，若取消了文化差异，人类学也不存在。举个简单的例子："西方人"用刀叉吃面包，"东方人"用筷子吃米饭。同样是东方人，中国人坐在椅子上进食，而日本人是盘坐在榻榻米上用餐。同样是中国人，北方人喜面食，南方人喜米食。同样是南方人，广东人的餐桌上可能出现狗、猴、蛇乃至其他地区的中国人难以想象的菜肴，而台湾的饮食街上汇聚了中国南北的各种小吃。我们很容

---

*　本节主要参考 McGrane（1989）及 Jahoda（1999）。

①　这两个关键概念，在第二章与第三章将有更深入的说明。

易发现不同群体在文化上的差别。但是，人类学不只是要指出文化差异而已，更重要的是必须解释这些文化差异为什么产生，文化如何去培养、训练、教化社会里面的人具备这些习惯与看法，如何因为文化的不同而在行为上有不同的表现。因此，人类学在谈文化差异时，并不只是谈论一个抽象的概念，它往往具体表现在人的行为上，跟人的活动结合在一起。[①]

　　然而，文化差异之所以被意识到，往往是通过与他者接触而来。社会／文化人类学（在本书中均简称人类学）的知识既然建立在文化差异的本体论假设上，其兴起自然与和异文化他者的接触有关。自 15 世纪开始，西方资本主义逐渐形成并开始往全球扩张。15 世纪之后的地理大发现，更使得西欧人所认识的世界由欧亚非三洲扩展至美洲、大洋洲、澳大利亚等其他地区。这两个条件增加了西方人与异族接触的机会。人类学这门学科，即是企图了解异文化他者的系统知识。不过，直至 19 世纪，"人类学"才真正产生；甚至到 1920 年代，才有现代人类学的形成与发展，特别是马林诺夫斯基（Bronislaw Malinowski）在英国发展的功能论、拉德克利夫 - 布朗（Alfred R. Radcliffe-Brown）的结构功能论，以及博厄斯（Franz Boas）在美国发展的历史学派。而且，直到马林诺夫斯基建立了人类学方法论的独特地位：田野工作，才赋予人类学知识以现代科学的基础。

　　从另一个方面来说，跟异族接触不一定会产生人类学的知识，甚至可能产生许多意想不到的误解。例如，布农人在日本殖民统治之前，将其他族群的人视为"非人"而可成为出草的对象。在中国历史上，往往视异族为化外之民，需要文明教化。因此，在《镜花缘》中，我们看到中国文人对于中土以外的奇风异俗，便缺乏探索风俗成因的动机，而给予价值判断，甚至表现出嗤之以鼻、不屑一顾的态度。又如罗马帝国，统辖疆域不仅包括希腊诸城邦，更涵盖了西欧、地中海、北非等地区与

---

① 举例：当希腊罗马灭亡之后，其文化的主要部分虽然被继承下去，但已被吸收消化于其他文化中，非古希腊罗马的文化。今日的希腊文化更与它存在着断裂性。这意味着文化必须透过人的实践过程才能存在，否则便会死亡。

各种文化。因此，为了维持帝国的秩序，基督宗教逐渐受到重视，甚至成为罗马帝国的国教。原因之一，即在于基督宗教是普世性的宗教，所有信徒都是兄弟姊妹。因而，宗教的力量提供了容忍异族以建立包含不同族群文化的帝国秩序之基础。而基督宗教能够从异端成为国教，便涉及其教义如何提供帝国平等对待异文化他者所必要的普遍性观念架构，而不是发展成了解异族的系统知识。

因此，资本主义经济的扩展、地理大发现等，只能说是人类学知识形成的历史条件。但历史条件之所以能产生人类学相关知识，不只涉及当时的西欧人如何看待异文化的"他者"，更涉及当时的知识系统是否能将"他者"视为知识探讨的主要对象。因此，西欧人知识体系的转变如何影响其对异文化他者的看法，反而更具重要性。这个改变，有很长的历史过程，必须追溯到中世纪，甚至更早以前。直到十五六世纪文艺复兴以来，西欧对异文化他者的认知，才逐渐发展成为一系统的知识。这个过程，可由麦格雷恩的讨论（McGrane 1989）来进一步了解。

麦格雷恩指出：早期西欧人常常将异文化的他者视为非人，如食人野兽一般，或是像儿童一样心智未开的人类。[1] 到了中世纪，基督宗教已成为支配性的信仰，其教义也影响到西欧对异文化他者的看法，即认为他者是受到撒旦的引诱而堕落的人群。在文艺复兴及 16 世纪，哥白尼的天文学革命以及地理大发现，不仅使西欧人接触到更多的他者，更重要的是带来了"看事情的崭新方式"，破除了西欧位于宇宙中心与地理中心的想象，导致中世纪的旧有世界观被全盘放弃。[2] 新的世界观，将整个地球视为一个整体而无中心与边缘之分，使西欧人必须采取反中心的看世界方式，将天体与地球同质化，乃至将地球的空间同质化，而使美洲与欧、亚、非三大洲具有同质性；连带地，也必须重新看待这些不同大陆上的他者，无法简单地将他们视为受撒旦诱惑的堕落人群，而是可能转宗为基督教徒的潜在信徒。但是，这样的改变并未将"他者"纳入西方的世界里面。"他者"

---

① 这种看法，实涉及西欧文化古代传统的根源。Jahoda（1999）有更深入而细致的讨论。

② 传统世界观认为太阳绕着地球转，欧亚非大陆是世界中心，也是宇宙中心，海洋则是世界的边缘或界线，属于黑暗而非人所能知的深水地带。

的定位，一直到 18 世纪启蒙时代才有明显的改变。

在西欧启蒙运动思潮影响下，西方人不再以基督宗教的鬼神学（demonology）来看待"他者"，却以"他者"的无知与错误，即"未启蒙"的蒙昧状态，来解释他们的奇特与差异。启蒙时期的西欧人已不再以排他性的"非我族裔，其心必异"方式来认识"他者"，而倾向认为："他者"与西欧人的祖先一样"无知"[①]，对世界的认识奠基在错误或迷信的基础上，受到非真实与非启蒙认识论之宰制。当时的西方人，也不再以基督宗教的教义来解释"他者"，而把宗教视为一独立自主的类别。不过，当时的启蒙思潮尚无法完全脱离宗教主导的世界观，我们还是可以看到"神话即历史"（euhemerism）和"神拟人化"（anthropomorphism）等充满宗教信仰的解释。到了启蒙时代结束时，才有根本的改变。

工业资本主义的兴起，约略与启蒙时代同时。随着全球市场的建立，西方不但需要异文化地区的原料，因而与"他者"有着更密切的接触，更要求异文化他者购买工业产品。又因为新技术的发展，使机器生产成为可能，科学知识已有其宰制性。此时，事件的解释已是由"意图的"（intentional）发展为"统计的"（statistical）。但也因为工业资本主义的发展带来对于个人特性的否定，使得人的个性被磨灭，成为生产过程中的机器，因而导致对个人自我认同的追求。是以，这时期对于非西欧人的"他者"之了解，成为西欧人了解自己与确定认同的一面镜子。

到了 19 世纪，科技的发展增进了西欧殖民主义的扩张，也促使西欧对异文化他者有更频繁的接触。更重要的是，工业资本主义的发展导致西欧需要争取原料、劳力、市场。加上受到地质学革命所带入的"长时段"（long durée）观念和达尔文生物学演化论的影响，原启蒙时代建立在相似性上（如外形）的相对稳定秩序，被基于"有机体的模拟"（organic analogy）[②]之相似性的秩序（如结构）所取代。尤其引进的"演化"概念，

---

① 这里所说的"无知"，是指有关因果知识的误解。当时的因果知识，已开始跳脱宗教的诠释，而隐含自然哲学的预设在内。

② 在讨论"有机体的模拟"时，达尔文采用了文艺复兴时笛卡儿的看法：不仅依据要素的相似便视为同类，而强调通过认同、差异、计量、规律等来探索有机体的类别，并由关系的类似性，来认定演化关系。

使当时的学者将有差异的他者之空间分布，当作文化上演化的不同阶段，并将史前西欧视为文化演进的早期或自然状况。这不只是将时间阶序化，更将不同地区"他者"的差异历史化，进一步还导致异己文化的化石化：将他者的彼此差异，视为西欧历史阶段的具体记忆。也因此，19世纪西欧对于他者的看法，并不是要去解释他者，而是解释他们自己。此时，西欧所说的"原始"，不仅假设了进步的观念在内，更是一种时间的概念，是一种类别，而不是客体。是进步的概念"创造"了原始人，而不是以原始人证明文化的进步。如此一来，"他者"的差异被纳入变迁的概念中，而空间取代了时间以代表不同的发展阶段。就如同时间的旅行者，利用时间机器，从西欧出发而"回到过去"，他所穿梭的不同地方，均呈现不同"历史阶段"的文化。旅程的起点与终点，都还是西欧。

不过，西欧人在历史化他者的文化差异时，也开始浪漫化他者的文化差异，不再只是认为他者的差异是像儿童未成熟发展的表现，而是代表已失去的自然美好状况，而有所谓的"高贵野蛮人"或乌托邦的想象。虽然如此，他们仍然不是把"他者"的"差异"当作"他者"的"文化"，而将其视为"失落的自然"。当西欧人开始把非西欧人的差异视为他者的文化时，便是现代人类学的开始。

因此，19世纪的文化观念和20世纪的当代文化观念不太一样。这可见于当时社会演化论的代表性著作，如摩尔根（Lewis H. Morgan）的《古代社会》、泰勒（Edward B. Tylor）的《原始文化》、斯宾塞（Herbert Spencer）的《社会演化》等。以泰勒对文化的定义为例[1]，其文化概念与现代人类学的文化概念至少有四个差别：缺少历史性（历史过程）、缺少整体性、缺少行为的重要性（文化透过人的实践过程来表现）、缺少文化相对性。

现代人类学文化概念的建立，要到1920年代，还是跟大英帝国的发展有关。由于经验论是英国文化上的重要知识基础，因此，随着大英帝国的全球性发展，经验论也逐渐成为西欧文化上的宰制性思潮。使得从

---

① 泰勒的文化定义非常著名，在此再引用一次，以资对照："文化或者文明，在其宽广的民族志意义中，是包含了知识、信仰、艺术、道德、法律、习俗，以及其他作为社会成员所需之能力与习惯的复杂整体。"（Tylor 1958：1）

笛卡儿以来强调透过"观看"来建立知识的经验论，发展到极点。也因此，在经验论宰制下的科学观，对于以往建立在假想基础上的演化论人类学，特别是以空间替代时间来呈现文化单一发展阶段的人类学知识，有很大的批判。经验论知识乃成为知识发展的基础。研究者感官所看到的知识，才是真正的"科学"知识。如此，才有了人类学对文化的观点：文化是复数的、有差异的、多元性的，更是透过人的实践过程来表现的，跟人的活动不可分。这不仅涉及文化的研究对象，更确定社会人类学一开始便是以人的群体、活动作为研究的主要对象。是以，研究对象涉及了"社会"的概念。这便是下一章的主题。

第二章　社会的概念与理论[*]

　　现代人类学理论的发展，与社会学共享许多知识泉源。涂尔干、韦伯（Max Weber）、马克思（Karl Marx）依然是知识理论的主要来源。但不同的是，人类学家在使用这些理论泉源来发展人类学知识体系时，更考虑被研究社会的特色和当地人的观点。也因此，本章将提及莫斯、埃文思 - 普里查德、特纳等人类学家，分别结合涂尔干理论与不同的知识传统，发展出不同取径的象征论，以凸显出被研究社会的特色和当地人主观的文化观点。同样，社会性（sociality）概念的提出，也正是要有效呈现如美拉尼西亚与亚马孙社会，由于界限不清楚而充满着流动性、混合性的特色，并强调当地人的主观意义。因此，随着人类学理论的发展，我们对于不同文化区的社会特性更能清楚地分辨与掌握。此外，我们也发现，这些社会理论的发展过程，就是在不断地剔除理论自身所具有的西欧资本主义文化的偏见，因而凸显了人类学知识理论所具备的反省性和挑战性。1970 年代末期以来，"社会"的概念与"文化"的概念愈来愈难以区分，甚至后者有取代前者的趋势。

　　在本章开始之前，必须先说明的是，"社会"与"文化"的概念与理论，并不容易区分。愈到晚近，其区分愈难。本书将"社会"与"文化"两个概念分为独立的两章来讨论，不只是为了方便而已，更是为了呈现这个学科的主要概念所隐含的西欧资本主义文化上的假定，以及这

---

[*] 本章的讨论主要依笔者的思考架构而来，有兴趣的读者可进一步参考 Kuper（1983）及 Frisby & Sayer（1986）两书。

些基本概念如何因非西欧社会文化的进一步理解而受到挑战。就如同本书第五章以后所讨论的亲属、政治、经济、宗教、性别、族群等源于西欧资本主义文化而来的概念一样，这些分类愈来愈受到非资本主义社会文化的挑战，概念与概念之间的界限也愈来愈不清楚，但却更贴近大部分人类社会文化的实际状况。

第一节　人类学与社会学在知识论上的基本差别

在 19 世纪末，以"社会"作为主要研究对象的新学科知识，有社会学与社会人类学两支。但这两个学科还是有其基本上的差别，这可由下列四点来谈。

一、强调被研究者的观点（native's point of view）

一般而言，在研究对象上，社会学多半是以研究西方的工业社会为主，而人类学则以非西方的异文化或弱势少数民族为主要的研究对象。但在知识论上，基本的差别不在对象本身，而是社会学更强调客观的分析研究立场与观点，人类学则较强调被研究者主观的文化观点。其区别有如客观论（objectivism）与主观论（subjectivism）的不同。①

二、强调整体的（holistic）观点

因为研究对象的复杂性，社会学往往将之进一步区分为各个不同的研究主题与领域，而有很强的分殊化与专业化倾向。人类学在研究时，虽然也逐渐有分殊化与专业化的趋势，但一直很注重研究的现象在世界民族志中的地位，以及在其整体社会文化脉络中的作用与意义。因此，早期的人类学家，特别是结构功能论训练下的人类学家，往往会被要求必须收集和了解被研究对象的各个层面，熟悉政治、经济、宗教、亲属

---

① 极简化地说，客观论认为真实（reality）是外于人而独立地存在着，故可被人客观地认识观察得知；而主观论则强调人至今无法了解真实是什么，所有的理解都是透过人的主观认识而来，故人已有的观念往往影响人对于真实的理解而无法触及真实本身。

四个主要分支，以便对被研究对象能有整体性的理解与掌握。不过，这里所说的整体的观点，并不只是面面俱到而已，而是必须了解各个层面间的不平等关系，甚至相矛盾的现象。这里便会涉及各层面间各种不同的整合方式与机制，因而也产生各种不同的人类学理论。

三、比较的观点

所谓的比较观点，不只是指不同社会文化间的直接比较，更是指从全人类社会文化的角度来看个别的研究个案，以凸显出其独特的性质。是以，人类学家在从事研究时，即使研究过程没有进行实际的比较，若是具有全人类社会文化的图像在心中，甚至只是拥有他自己所属文化的观点，自然会流露出比较的视野。[①] 这也是为何人类学家在训练过程中，往往必须习知各文化区具代表性的民族志，以建构全人类社会文化的整体图像，培养比较的视野。

四、反省和挑战自己的文化与已有理论知识的文化偏见，达到创新目的

虽然，任何知识的发展都需要创新，但在社会人文学科中，人类学的反思性（reflexity）可说是主宰了学科知识的进展。很少有学科像人类学这样，因为接触到不同文化而产生对于自己文化的反省，乃至于对已有知识背后文化偏见的挑战，特别是对于一般性原则的理论知识背后所隐含的西欧文化的民俗模式或资本主义文化的假定。事实上，文化差异性本身更隐含了人类创造能力上的可能极限，而使人类学家得以面对知识的边界。这使得人类学相对于社会学乃至于其他社会人文学科，更能积极地突破现有知识理论的限制而产生创新。这点，将会在本书后面各章中特别强调，并进一步说明。

上述四点使得人类学与社会学在知识论上有所差别，因而可称之为人类学的观点与视野。这也是接下来的三章所要探讨的：从人类学的观

---

① 如赫兹的《死亡与右手》（*Death and the Right Hand*）（Hertz 1960），全书并没有从事任何的实际"比较"，但是读者可以很清楚地感受到：作者对东南亚二次葬俗的描述，即奠定在与西欧葬礼的比较观点之上。

点与视野，如何探讨"社会"与"文化"，其方法论又有何独特性。不过，在进一步讨论人类学的"社会"概念前，先谈社会科学兴起的历史背景。

第二节　社会科学兴起的背景

在西欧，社会科学于 15 世纪之后的逐渐萌芽，涉及了当时的历史背景与社会问题：资本主义逐渐兴起的同时，原中世纪以来的封建秩序衰败没落。但是，资本主义经济主宰的新社会秩序尚未有效建立，因而产生失序的社会问题。[1] 对此，西方思想家面对的问题是：旧秩序已经瓦解，新秩序却仍未建立，该如何建立新秩序？也因此，"社会秩序如何可能"乃成为当时社会思想家的主要关怀。如霍布斯（Thomas Hobbes）、洛克（John Locke）等，都企图面对这些问题。霍布斯的讨论，即强调每个独立自主、追求自己利益的个体如何通过社会契约论，建立超越个人自然状态的社会权力与秩序，以解决反社会倾向的个体之自然的生物需求。因此，人民（特别是新兴的中产阶级）的权利，不再是由上帝或统治者所给予，即使是王公贵族也必须对于任何个人的财产权利、个人安全、理性的公共讨论等加以尊重，而这社会权力与秩序是绝对的。相对地，洛克却假定自然状态是所有的人完全有行动的自由，可以任意处置他们的财产和生命。自然状态有自然法律管制。而自然法就是理性，是上帝的法律。唯自然法虽赋予人某些权利，但也加之于人某些义务；就如同社会秩序与权力是由社会成员经社会契约所建立，来维持大家的利益。一旦社会无法保障人们的自然法权利，也等于社会契约被破坏毁弃，人们有权重建社会秩序，因而带来革命的潜在可能性。

但与异文化广泛接触的新经验、建立新社会秩序的新问题以及自然法的新思潮等，还不足以建立社会科学。当时，自然科学与社会科学根

---

[1] 关于西欧资本主义兴起与中世纪封建时代的没落，其间的时代界线与原因，至今仍有各种不同的解释。例如，法国年鉴学派一向主张资本主义的兴起时间点，并不如一般概念所认为是在 15 世纪封建社会没落之后，而是在 13 世纪（甚至更早）城市与工艺阶级出现时，便已开始。正是这新的发展侵蚀了旧秩序。参见 Marc Bloch（1961）及 Le Goff（1980）。

本没有分离。笛卡儿就特别注意到意识和精神生活与物质世界和人的身体的明显分辨，使他在人类学知识的发展上有其独特的贡献。社会科学要能够发展成为一系统知识，还是得等到西欧启蒙运动。

18世纪的启蒙运动，带来了理性、经验论、科学、普遍主义等主要的观念，才使当时的人具备足够的能力，来想象社会世界、建构知识系统[1]，也造成当时西欧人的世界观开始产生变化，脱离中世纪宗教信仰与教会权威的束缚，确定个人有追求自我利益的独立自主性，并得以面对新的现象、追求新的可能与发展，而成为传统与现代的分界点。

然而，启蒙运动也促成科学和工艺技术的进一步发展与运用。机器生产取代了劳力，也使资本主义经济体系由商业资本主义发展为工业资本主义，因而带来新的社会现象与问题。例如，阶级与现代国家的兴起和国家间的竞争，使得启蒙运动推展到极端的普遍主义之后，渐为浪漫主义（Romanticism）所取代。浪漫主义重视各国各自所拥有的价值与精神，具有强烈特殊主义与国族主义的政治立场。在语言上的转变如：法文由启蒙时期为西欧知识界的普遍通用语文，成为法国文化的代表。德国的赫德（Johann G. von Herder）便成了这新思潮的代表性人物。早期思想家接触到异文化所产生类似文化相对论的观点，如蒙田（Michel de Montaigne）与卢梭（Jean-Jacques Rousseau）的"高贵野蛮人"，乃至西欧人因地理大发现接触到美洲印第安人而挑战他们原有的自然人性等（Todorov 1984），也产生了新的意义。至少，社会可以有不同复杂程度的不平等关系，来建立和维持社会秩序。这时，康德完成了他在近代哲学上的重大成就：超越经验论与理性论争论，强调对世界的认识是由人所创造的知识世界来接近。之后，黑格尔延续了康德对理性与知识的讨论，但将重点由个人转移至集体，使得方法论上的集体主义（methodological collectivism）得以出现[2]，奠定了研究社会的根本基础（Eriksen & Nielsen 2001：14），并在19世纪的社会演化论上，发挥了必要的作用。

---

① 启蒙运动所带来的观念改变，约略而言，可举出下列几点：理性、经验论、科学、普遍主义、进步、个人主义、容忍差异、自由、承认人性的普同性、世俗化（Hamilton 1992：21-22）。

② 不同于康德以个人无尽的求知过程为哲学的出发点，黑格尔更着重个人知的获得是经由与他人的沟通而来，由知的过程所创造的世界基本上是集体性的。是以，个人并非知识的原因，而是知识的结果（Eriksen & Nielsen 2001：14）。

前一章已经提到：19世纪生物演化论的发展，使进步和有机体模拟的观念影响到当时西欧人对于社会的想象。不过，更重要的是资本主义工业社会的急速发展及其全球性扩张，带来更多的社会问题有待了解与解决，使"社会"的探讨得以快速发展，也有了更多元的不同切入点。例如，亚当·斯密（Adam Smith）假定同情心是正义和一切美德的来源，是行为是非的依据，进而认定公共利益和私人利益可以保持和谐。这些假定被用到工商业上，不仅强调分工的利益，更主张放任政策和工商业无限制的竞争。因为愈多的竞争会导致愈多的生产、交换与累积，使个人的私利产生社会最大的利益。这点，更因"看不见的手"的市场机制将价格与价值结合并提供收益与利润，使财富累积有可能，也使个人利益生产出对社会整体可能的最大幸福。而他有关个人与社会之关系的核心问题，奠定了现代经济学基础。这类不同的切入点陆续发展出后来不同的知识范畴与学科。但与人类学、社会学最有关系的，还是在于由社会构成来回答社会秩序如何可能的问题上。例如，梅因在1861年出版的《古代法律》（Maine 1861）一书中，便提出：所有的社会之构成，均建立在血缘和地缘的基础之上。血缘和地缘组织建立并维持了社会秩序。这个论点，至今一直影响到清代台湾汉人如何建立移垦社会的讨论上。[①]

不过，19世纪的社会思想家有关社会的讨论，多半还是为了了解西欧社会本身的问题，而不是为了了解他者的社会，故还难以建立现代人类学的知识。虽然如此，对现代人类学的发展而言，启蒙时期的思想家如圣西门（Henri de Saint-Simon）与孔德（Auguste Comte）等人，仍有其重要性——他们都直接影响了涂尔干的思想与理论，而后者对于现代人类学的社会概念与理论有着深远的影响。

第三节　社会的理论

对于现代科学人类学知识的建立，最早产生深远影响者，莫过于涂尔干的社会理论。故本节由涂尔干谈起。

---

① 参见王崧兴（1981）、陈其南（1987）、施添福（2001）等。

一、涂尔干 [①]

在涂尔干庞大而复杂的理论中，对现代人类学知识影响最深远的，便是他提出的"社会"是一"社会事实"（social fact）的概念。这不仅涉及社会有如自成一格（*sui generis*）的真实（reality），还涉及社会事实本身的概念。这概念更影响日后人类学各个分支如何去证明其有独立存在的价值。

他这里所说的社会事实，有三层意义。第一，社会事实自成一格而有其独特的性质。这是因为社会现象是其他现象所没有的，并且自成一个系统而不能化约为其他现象来了解或解释。以群众运动为例，人一旦参与了运动，便失去独立自主的思考、判断力，因此，群众运动无法化约为运动的个体来解释。第二，社会事实必须由社会现象本身来解释，而非由其他现象来解释。以土地为例，在以采集狩猎为主要生计方式的群体中，土地被视为属于自然的一部分，不属于一特定群体。在农业社会中，土地是经济生活不可或缺的生产要素之一，属于家族或氏族乃至于聚落等社会单位。但是，在工商业经济活动中，土地则是一种商品。这些差别必须置于采集狩猎社会、农业社会、工商社会的社会脉络或性质中来了解。换言之，它必须由社会现象本身来解释。又如，在人类学讨论中，"家"可以成为独立的研究对象（Fortes 1949；Goody 1958）。因夫妻组成家庭而有了子女，形成核心家庭；子女生育下一代，成为扩展家庭；子女成家、分家，或是原来的夫妻过世了，又回到核心家庭，如此形成一个周期性的循环现象。若要讨论家庭的特殊形式，就必须由这现象的发展阶段来解释。因此，家庭的周期性自成一个结构、系统。第三，社会变迁的动力也必须要由社会本身、现象内部因素（如人口）来解释。涂尔干最常讨论的是从原始社会到工业社会的发展，因为人口的增加造成社会内部的分工，最后导致社会性质的改变。这是从社会本身去讨论。简言之，涂尔干的社会事实是讨论社会有如自成一格的真实，有其独特的系统，不能化约为个

---

① 学界有关涂尔干理论与思想等的介绍或讨论，已不胜枚举，在此不予列举。不过，Hatch（1973）一书中的第四章，因与笔者的看法最接近，故特别提及，以供有兴趣的读者进一步参考。

人心理等其他非社会现象因素来解释。这样的贡献在于确立研究的对象不能化约为个人、心理等其他非社会的研究对象。因此，社会学、人类学才有其独特的研究对象与课题，而发展出其自成一格的系统知识。

当然，早期人类学并未清楚分辨这些层面。不过，涂尔干在其他层面的研究对人类学的影响更大；尤其是社会的再现（the representation of society）或集体表征（collective representation）。他强调：宗教往往就是一定范围之社会的集体表征或再现，宗教因而代表社会本身。更重要的是，宗教代表社会的道德秩序，将社会成员联系在一起，代表社会的集体意识（collective consciousness），这使得所有社会成员可以整合在一起。而他这种属于一般所说的社会决定论，不仅论述上隐含着许多如神圣对比于世俗、集体对比于个人、观念对比于物质、象征对比于具体等二元对立的概念，也涉及群体活动（特别是仪式）背后的心灵（mind）能力与感情（sentiment）的基础，更涉及象征分类和知识与社会的关系等，使得社会与象征之间有着复杂的辩证关系。不过，涂尔干理论最早产生广泛影响的，却是他的有机体社会论。

在斯宾塞有机体论的影响下，涂尔干不仅把社会看成生物有机体一样，有其明确的土地界线与范围，社会制度更有如有机体的器官一样，具有满足社会基本需要的功能。他强调：所有制度必须整合以有效运作。因此，社会是整合的。若制度之间彼此不能配合，便产生失序、反功能，因而导致社会的破坏、没落、解体。也因为着重社会的整体性与整合性，故强调：社会的独特性在于社会生活里的政治、经济、宗教、亲属等不同层面的共同特性，使得社会可以整合在一起。例如，在氏族社会里，系谱的阶序关系影响到社会的各种层面。系谱关系因血缘而来，位置愈接近祖先则权力愈大，也愈能决定该群体的主要活动，包括财产的继承与控制、祭祖活动的主导性等。这便是人类学结构功能论里的继嗣原则，社会生活的各个层面都跟此原则结合在一起，最后可以成为整个社会整合的机制与特性（参见第五章第二节有关非洲继嗣理论部分）。

最后，在研究方法论上，涂尔干受到实证论科学观的影响，提出"社会事实"的观念，强调社会像可观察的客观存在物一样，可以客观地加以研究。为了凸显涂尔干的社会概念，我们以莫斯和他的学生在因纽特的研究为例来说明（Mauss & Beuchat 1979）：

> 分布在北美洲东北部格陵兰（Greenland）西北海岸，居住于史密斯海峡（Smith Strait）到哈得逊湾（Hudson Bay）西海岸一带的因纽特人，其社会生活可区分为夏天、冬天两个季节。在将近永昼的夏日，所有家庭分散至各地捕鱼、打猎，搜集自用粮食，储备冬天所需的存粮，狩猎驯鹿、牛、鲑鱼、海豹、海狗、海象等。这时的社会，是由住在帐篷里的核心家庭所组成。到了几乎永夜的冬季，分散在各地的核心家庭集中一地，数家共居于固定的木造长屋里，有时甚至整个聚落都住在一个长屋中。每一个核心家庭各自居住在一个隔间中，以灯为其象征。长屋中央即为举行仪式所在地。长屋所在地，往往会选择温度高、稍微有阳光的地方，海面尚未完全冰封，必要时还可以捕鱼、猎海豹。长屋的领袖由个人能力来决定，通常是最会打猎、最富有、法力最强的巫师。所有仪式（包括婚礼）都是在冬天举行。所以，长屋本身便是再现整个社会而为其集体表征。
>
> 冬夏两种截然不同的生活方式，影响到因纽特人社会生活的其他方面，特别是律法、亲属制度、财产乃至于认识世界的分类系统等。例如，在亲属制度与称谓上，核心家庭的成员有个别的称谓，如父母、子女、伯叔、姑姑、母舅、阿姨及他们的子女。但核心家庭之外同氏族同辈分的男人或女人，均使用同一个称谓。前一类称谓主要用于夏天，后一类主要用于冬天。而除了夏天各种猎获物和用品外，其他所有的东西（如土地、长屋、冬天的猎物等）均属于聚落所有。此外，他们更以冬夏来分类周遭的人与物。如：夏天的鸟对比于冬天的鸟、夏天的孩子对比于冬天的孩子、夏天的东西对比于冬天的东西，等等。因此，冬与夏的区分，构成他们认识周遭世界的分类与观念系统。这种社会生活节奏，不仅不同于其他自然环境的民族，也不同于处于类似环境的北美印第安人，如夸扣特尔（Kwakiutl）人，因而凸显了他们社会的特色。[①]

---

① 笔者对于 Mauss & Beuchat（1979）一书所做的摘要。以下的例案均是，不再另加说明。但为了与引用文字区别，特以不同字体加以区隔。

虽然，在这个研究之中，莫斯的立场并不与涂尔干相同，甚至颠倒了社会与象征的关系。[①] 但从涂尔干的观点来看，社会是由核心家庭所组成，长屋制度则将所有的家整合在一起。因纽特人冬天集中住在长屋中，目的是在举行各种宗教活动。因此，某个角度而言，是宗教而不是长屋，再现了整个社会。[②]

涂尔干社会理论的限制不仅是由客观论倾向所造成的，更主要来自他的理论假定了社会如同生物有机体一般，是静态的同质性整体。但这样的基本假定，除了较孤立而未受资本主义经济的影响地区之外，往往与实际的状况不符。尤其在资本主义经济和殖民主义统治影响下，社会变迁与混合状态反而是一种常态。特别是在 1950 年代末期以后，由于人类学所研究的主要对象，通常是受全球性资本主义经济影响下的复杂社会，更凸显涂尔干理论的限制。因此，研究文明社会为主的韦伯理论得以脱颖而出。韦伯方法论上的诠释取向，也弥补了涂尔干客观论倾向的限制。

二、韦 伯[③]

韦伯对社会的看法，是由社会制度和社会行为的切入来掌握，但特别注重制度与行为的文化意义。是以，即使他强调"行动"是分析的基本单位，但这行动不会只是单纯的行为，而是有意义的行为模式。因此，行动势必与观念、态度、价值等整体的形态结合，凸显其"精神"（spirit 或 Geist）。更因为行动是在制度中发生，他不仅注重有意义的行动或行动者本身的动机与行为上的意义，更注意到人跟人的关系；他注意的是个体、人跟人的互动、个人和制度的"能动性"（agency）。尽管很多的作用与意义不是个人所能意识到的，但他的制度研究仍以人为中心。所以，他比较强

---

① 在本节"四、象征理论"部分，将会进一步说明"社会"与"象征"的关系。

② 虽然这个例子也包含了因纽特人因夏冬之分而衍生的主观文化分类系统，不过，涂尔干的理论较强调客观的研究，不太强调被研究者的主观观点。一直要到 1980 年代以后，被研究者的观点才随着莫斯理论的再兴而重新被定位，"文化分类"的问题才受到重视。这将在下一章进一步说明。

③ 正如涂尔干的例子，有关韦伯理论与思想的介绍与讨论，实在是不胜枚举，故在此不特别列举。但 James L. Peacock 的短文（1981）与笔者的看法最近，故特别提及，以供参考。

调行动者而非制度的功能。例如，他在回答"为什么资本主义兴起会发生在西方？"的问题时，是由基督新教伦理来切入。因这涉及新教伦理里天职（calling）的观念，使得西方人在伦理上，做任何事情都必须尽力去做，以实践上帝要他们做的事情，导致宗教的非理性概念产生理性科层组织的结果，也涉及现代化理论讨论的成就动机。要达到西方的现代性，所有人必须有很高的成就动机。因此，他非常在意行动者、制度本身的意义。

韦伯不认为"社会"是外于人存在的实体，他强调社会是有如人群一般的结构，着重人跟人之间的互动。比如，他最著名的讨论便是权威的分类。"权威"概念重视人跟人的关系与互动过程，使得人可以支配他人而产生影响。因此，这个概念不仅强调行动者，也强调互动。不过，权威的产生不只是人跟人互动的结果，同时也跟不同的制度结合在一起。因此，韦伯将权威分成三类（Weber 1978：212-301）：传统性权威（尤其是父权权威，如氏族社会里的父权）、卡里斯玛（charisma，靠个人魅力吸引跟随者）、因制度上的地位而来的法律上的权威（如科层组织中不同地位而有的不同程度的权威）。传统权威和法律上的权威均与传统和现代制度直接关联，卡里斯玛式权威则往往出现于未制度化的情境中；一旦制度化后，它将转成另两种权威。是以，韦伯探讨权威的目的仍是要了解制度和行为背后的意义。

然而，制度与行为的意义并不见得为当事人所意识到。在这情形下，如何知道其意义呢？这便涉及了韦伯的 *Verstehen*（understanding，了解）观念，必须由主观的观点来理解制度与行为的意义。例如，从现代理性的角度来看，传统中国的科层组织是非常腐败而无效率的。因为它强调关系，不避讳人情，更难免贿赂的产生。但是，萧公权（Hsiao 1960）和瞿同祖（Ch'u 1971）的研究却持相反的看法：中国社会原本就强调人情；人跟人的权利义务关系是由内而外依不同程度的亲疏远近关系而来，愈亲近者，关系愈紧密而有更多的责任义务必须回报，反之亦是。这便涉及梁漱溟（1963）所说的（儒家）伦理本位或费孝通（1948）所说的差序格局。因此，整个制度的有效运作实是建立在关系上。进一步说，这种差序格局、由内而外伦理本位的中国人主观观点，并不是把每个人都看成一样平等的个体（这是现代科层理性的假定），而是随着关系的远近而给予不同的轻重地位。这种理解完全否定了客观论对于中国文官制度的解释，涉及对制度与行为的意义如何从主观论的观点来了解的立场。这便是韦伯所说的 *Verstehen* 或 "了解"（understanding）。[①]

不过，既然这意义是指被研究者的主观观点，但又不见得为当地人所意识到，研究者到底是如何掌握到？这便涉及韦伯的理论中另一个重要的概念 "理念型模式"（ideal type），它往往是在历史过程中，透过不同社会的比较所建构的。例如，西方资本主义兴起与新教伦理的关系，实际上是建立在他比较了古代犹太教、中国宗教、印度宗教，乃至伊斯兰教后[②]，所建构帮助我们了解新教伦理与资本主义关系的模式。因此，他的讨论是建立在理想的模式之间的比较上，由此凸显历史与文化的特色。所以，他已不太重视社会的整体性、制度的功能，强调的是行动者和制度的意义、人和人之间的互动，以及行动背后的观念、态度与价值。甚至，他在处理基督新教伦理时，不仅不将其发展视为社会经济力量的反应，反而看成是神学的独自解决之道，使得文化有独立于社会之势（Peacock 1981：124）。也因此，相对于涂尔干社会理论的客观论，韦伯不仅奠定了主观论立场，更凸显了 "文化" 的重要性，将之提升于 "社会整体" 之上。他的社会理论，可由格尔茨（Clifford Geertz）的个案研究来具体理解（Geertz 1963）：

> 位于印度尼西亚爪哇东中部的 Modjokuto 和巴厘岛西南部的 Tabanan，其经济状态均属罗斯托（W. W. Rostow）[③] 所说的前经济起飞（pre-take-off）时期。前者是个都市化的市镇，族群、阶级、宗教相

---

① 不过，在韦伯的理论中，他的 "了解" 其实并非来自被研究者意识到的主观观点，而是以 "神入" 和 "分析" 方式来建构行为者活动背后的逻辑，以此来抓住行动者的观点（Peacock 1981：124）。但相对于客观论的客观立场，他的理论观点，经人类学家处理之后，还是被用来凸显被研究者的主观观点。

② 韦伯并没有写过一本分析伊斯兰教的书，不过，由他的著作中，还是多少可以了解他对于伊斯兰教的看法，请参阅 Bryan Turner（1974）。

③ 罗斯托在他有名而影响当时经济发展深远的著作《经济发展史观》（*The Stages of Economic Growth*）（Rostow 1960）中，认为任何一个社会都在经济发展的五阶段中：传统性社会、前经济起飞期、起飞期、成熟期、大众化高度消费期。每个阶段都有其特殊的经济条件与困难，待克服后，才能进入下一阶段。

互连接而形成复杂的组合。就阶层而言，包括了由贵族与受过教育的士绅、从事商业的生意人、一般百姓和经营店铺与企业的华人等。生意人以个人身份从事人与人间直接交易的流动性商业，大都是信仰改革的现代伊斯兰教信徒，在当地居于社会"间隙"（interstitial）位置；既没有亲属或地域群体来支持，也与当地人没有什么历史渊源或社会关系。因此，他们也较个人化而较不受传统习俗的包袱与限制，而能创新地建立公司形式的企业，并再继续投资。这群人构成该城经济活动的主干，更因其灵活富弹性的交易方式，使当地经济呈现出"市集经济"（bazaareconomy）的特性。[①] 但他们往往缺少集体组织以募集游资为其继续发展所必要的资金，更不能组成联合经营之企业，这使他们无法与组织性格浓厚的华人企业竞争。缺乏集体组织遂成为该城经济起飞的绊脚石，其严重性更甚于资本短缺或知识技术不足。

相对之下，Tabanan 是个由贵族与乡民组成的农村，传统上即拥有各种社会组织，包括水利灌溉、宗教祭祀、亲属、居住或地域等称为 Seka 的组织[②]，其间并不一定相互一致，充分凸显其多重的集体主义（pluralistic collectivism）。农民对于贵族有服从领导的义务，而贵族对于农民则有照顾的责任。当贵族意图从事经济发展时，乃利用 Seka 组织，带领农民建立集团性企业。不同于 Modjokuto，Tabanan 农村的发展困境在于利益均分与过多的社会联系之牵制，使现有企业无能于再投资行为，传统贵族与农民间的互惠关系妨碍了 Tabanan 进一步的发展。

在这个研究中，格尔茨不仅以制度、字或话语、意象和行为等

---

① 在该书中，格尔茨花费了许多篇幅谈论 Modjokuto 城传统的"市集经济"特性：讨价还价（而不是理性的簿记会计）；缺乏组织，是以个人为单位进行交易；货品转手频率极高；包含了生产、交易、分配、消费的整个经济过程，均可在富弹性的 pasar 传统市集中完成；但又独立于社会关系之外，即经济社会学所谈到的"disembeddedness"。这种经济形态的好处在于资本、市场、动力都具备，但缺乏现代化经济必要的有效率组织。

② "Seka"，亦即"to be united"，是不同功能的社会组织，其构成与效力甚至近于法人团体。在当地社会，Seka 的功能包括：维持庙宇与执行庆典、住居单位、农业水利组织、亲属团体、志愿性群体。但这些组织的范围和成员并不一致，时而又交互重叠。

象征形式来证明当地人的观点外，他更由组织的有效性与类型、发展动力、经济变迁的意义，以及都市化对于经济成长的支持等，建构了两个发展中民族经济发展的理想模式，来说明由前经济起飞期发展到经济起飞期，可以因原社会组织的不同，而有不同的方式与途径，使我们对于经济变迁之于当地社会文化的意义，有更深一层的了解。Modjokuto 模式所呈现的其实是种"经济人模式"（homo economicus pattern），经济现代化的目的是先产生民主的自由主义、个人的政治自由以及理性的独立自主等，最终得到经济的创新与动力。但 Tabanan 模式则是种"政治人模式"（homo politicus pattern），经济成功是增加政治权力的手段，故是政治动机支持了经济创新，也使企业精英与政治精英合而为一。由此，我们得进一步理解格尔茨所说的"了解"不仅是透过象征形式与理想型的建构来逼近当地人的经验（experience-near），也是建构一种可以表达研究经验的人类学知识。其研究结果，最后还挑战了当时现代化理论以西欧的历史过程为现代化唯一途径之假定。

从这个个案研究中，可以看出帕森斯（Talcott Parsons）对格尔茨的影响，特别是在文化观念的方面[1]；不过，此书踵步韦伯的《新教伦理与资本主义精神》，甚至可称为人类学版的韦伯研究。在这个例子中，受伊斯兰教义影响的商人，表现出不亚于清教徒之敬业与成就动机，而这个个案更使格尔茨进而发展出类似另类现代性的讨论（Geertz 1962，1963）[2]，质疑当时的现代化理论以欧美的发展过程作为现代化的唯一进程，实为西方文化的偏见。

从这个"人类学版的韦伯研究"中，可见韦伯的社会理论不仅可以比涂尔干更容易凸显被研究者的观点，而有助于了解被研究社会的复杂性，更有助于剔除社会理论中的资本主义文化偏见。虽然如此，韦伯的研究往往关注于历史的过程，而且是透过理念型模式的建构来凸显整个

---

[1] 关于格尔茨的文化观念，将在第三章"文化的概念与理论"中深入探讨。

[2] 有关另类现代性的讨论，参阅 Knauft（2002）。不过，格尔茨当时的重点，其实是现代性的另一种可能（an alternative to modernity），而不是后来所讨论的地方化、多重化、当地文化调节过后的另类现代性（alternative modernities）。

行动者、制度的意义。他虽然强调以主观论来对抗客观论，但如同前面所说，他的主观论着重于研究者的诠释与了解，而非着重于被研究者的主观观点。因此，由他的社会理论衍生而来的研究，如格尔茨的诠释人类学，往往还不足以充分呈现人类学所强调的被研究者的观点。更大的问题，是他的理论诠释者虽可赋予被研究者主观观念的重要性，却往往导致一种将非西方社会的"落后"或者"低度发展"归因于当地文化不够"理性化"的缺陷。马克思主义人类学正可以弥补这一缺陷。

三、马克思

（一）马克思主义者的社会图像

相对于涂尔干和韦伯，马克思理论被用到人类学的研究，不仅相对较晚，过程更充满曲折。又因研究者对于马克思理论理解上的不同，而发展出许多不同的派别。不过，马克思理论有一个基本假定：将劳动力所生产的价值分为使用价值与交换价值，而凸显劳动的二重性。此外，他的理论蕴含一个基本的社会图像（Friedman 1974：445）。由图 2-1，我们可以较容易地呈现在他理论影响下的社会概念。

从图 2-1 中，我们可以清楚地了解马克思的社会概念是由上层结构和下层结构所构成，结构之间的关系是动态的。因此，他是使用"社会形构"（social formation）这个概念来指涉"社会"，此取径既不同于涂尔干的社会实体论，也不同于韦伯的行动制度论或微观行动论。在人类学的研究中，往往会更强调上下层结构各有其相对的自主性，着重讨论两层结构间的辩证关系。[①] 其次，受到法国马克思论者阿尔都塞（Louis Althusser）的影响（Althusser 1979，Althusser & Balibar 1979），马克思主义人类学者（尤其是结构马克思论者，如戈德利耶［Maurice Godelier］）更区分了决定性（determination）与支配性（domination）（Godelier 1972）。

---

① 例如，列维 - 斯特劳斯在其著名的神话学讨论中，非常强调上层结构与下层结构一样有其自主性；因神话本身有其一套内在逻辑，故神话学有其独立的地位（Lévi-Strauss 1966）。

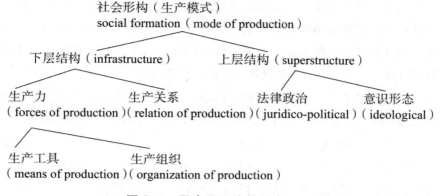

图 2-1　马克思理论的社会图像

（二）结构马克思论

1. 基本概念

　　当人类学者试图应用马克思主义于民族志研究时，首先即遭遇概念适用性的问题。由于马克思认为西欧是人类社会发展的最复杂阶段，对西欧社会的了解可以解释所有的社会形态，因此，他的理论往往对于19世纪末期的西欧资本主义社会具有很强的解释力。可是，人类学在应用他的观点时，必须面对前资本主义社会。在这样的社会中，往往很难沿用西方社会习以为常的制度性分类架构。举个最简单的例子：究竟"经济"的领域该如何界定？例如，非洲的社会多半属于狩猎采集生产模式，可是却有着父系、母系、双系等等不同的亲属制度。若使用古典马克思理论定义经济基础或下层结构，立刻会遭遇定义上的困难，因为在非洲的原始氏族社会里，生产要素如土地、人力等都属于氏族，是由亲属关系来决定谁可以使用土地，甚至是由氏族内辈分最高的族长来控制土地和支配劳力的使用，亦即经济基础其实存在于亲属制度。事实上，资本主义文化偏见往往将下层结构限制于"经济"，但对于非资本主义的社会而言，支配性的制度经常具有经济的功能，如非洲的亲属、古代希腊的政治、印度的宗教等。而"支配性"与"决定性"两个概念的解释便带有功能的观点。亦即，很多支配性的制度并非所谓的经济制度，可能是亲属制度、宗教制度、政治制度等；但这些制度在该社会中极为重要乃至具有支配所有其他制度的性质，因此也具有现代经济制度的功能。因此，经济制度、经济基础的"决定性"仍在，但是可能由其他支配性的制度所执行；这些支配性的制度，便具有经济功能。

在马克思主义人类学者当中，以法国的结构马克思论者，特别注重"社会形构""上层结构""下层结构""决定性""支配性"等概念的区辨。他们大都热衷于原始社会或乡民社会的研究，目的不只是要证明马克思理论或概念可用于前资本主义社会而有其普遍性，也试图凸显被研究社会的特色，故特别重视前资本主义社会"再生产"或"繁衍"（reproduction）的问题。这不只涉及生产活动的目的到底是社会的延续（Meillassoux 1972）或商品的再生产[1]，更涉及了"阶级"的进一步定义。如：在非洲社会中，进行社会繁衍时，年长者因掌控聘金而控制了女人的生殖力和男人的劳动力（Meillassoux 1978a，1978b）。因此，"性别"与"年龄"是否可以视为马克思理论中的阶级？为了考虑人类各种生产模式，结构马克思论者固然承认"阶级"可以是因掌握生产工具而占有社会生产体系中一定位置的群体，也可以因是否占有他人劳动力而产生剥削关系而来。更重要的是，结构马克思主义者视"阶级"为复数，认为不可能提供一个能普遍适用于所有生产模式的定义（Terray 1975：87）。尤其，在一个社会中，生产模式往往并不孤立存在，而是新旧生产模式共存（Terray 1975：90-91）。这里就涉及了另一个重要的理论概念"连接表现"（articulation）。

马克思理论的"articulation"概念[2]，同时着重"连接"和"表现"的意涵。亦即，在历史发展过程中，大部分的人类社会不会只具有一种生产模式，往往是好几种生产模式结合在一起。几种生产模式之间自然存在着不平等关系。尤其是当代的非西方社会，在资本主义经济全球性发展的影响下，很可能是家中的一部分人口留在农村从事生计导向的农业生产，另一部分人则到城市投入工业生产部门。而且，在都市生产的人往往只能得到自己生存所需的直接工资，而无法得到包括繁衍下一代所需的间接工资，因而，家庭的再生产必须依赖留乡者的生计经济收入来维持（Meillassoux

---

① 商品的再生产，正是左翼或激进政治经济学者较为偏重的部分，将于稍后讨论。
② 对于 articulation 概念的界定与解释，古典的讨论可参阅 Foster-Carter（1978）。

1981）。这使"家"作为亲属单位与连接表现机制，连接了两种不同的生产模式，也连接了城市与农村，使得其社会范围有了新的界定。

2. 案例研究

上述借用马克思理论的概念所界定的"社会"，可以法国结构马克思论者泰雷（Emmanuel Terray）研究的非洲科特迪瓦为例来具体说明（Terray 1974）：

> Gyaman 的 Abron 王国，位于西非加纳西北部与科特迪瓦之间。过去的研究认为这个王国的产生是因为长距离的贸易而来，王国的形成是为了维持整个贸易的社会秩序；但是，从马克思理论的角度来研究这个王国时，我们会发现这个社会里有两个主要的生产模式：一般农民生产自给自足的"以亲属为基础的生产模式"（kin-based mode of production），以及真正造成王国兴起的奴隶生产模式：国王俘虏大量奴隶开采金矿，以补充农民不愿意从事的危险采矿工作。采矿所得的黄金，被国王用以从事军火交易和补充战备，在战争中掳获俘虏为奴，继续采矿并购买奢侈品，以表征身份地位。作为王国的子民，农民被王室提供的奢侈品所吸引，加入军队，俘虏奴隶，支撑了奴隶生产模式与王国的形成。因此，这个王国是由亲属与奴隶两种不同生产模式结合而形成，两种生产模式的连接更界定了这王国的社会范围。

"生产模式"概念用于解释社会形构，也可以用以理解本章第三节所提到的因纽特狩猎采集社会。但是，这种解释取向会面临一个问题：什么样的社会单位或者生产模式单位，才是一个适宜的分析单位？例如，在同一个盆地里，不同的人群以相异的生产方式生活在不同的高度上。这几种生产模式是一个社会单位，还是几个社会单位？这是研究上经常遭遇的问题。类似的问题，也出现在另一派别：美国人类学原有的物质论传统与马克思理论结合后所发展出的政治经济学研究。[1]

---

① 古典的政治经济学实包含资本主义经济学与马克思经济学。二战后，马克思理论在不同的国家往往有着不同的发展，其中包括马克思理论与资本主义经济学的结合。但本书所指的政治经济学，则限于一般所说的左翼或激进政治经济学。

（三）政治经济学

博厄斯在美国建立人类学时，是以德国的唯心论的文化概念来发展的。但这类文化概念往往将人类学导向非科学的人文学方向，因而引起他的一些学生之不满，特别是怀特（Leslie A. White）和斯图尔德（Julian H. Steward）。他们分别提出以技术可产生能量来解释文化进步的文化学（culturology），以及将文化视为适应环境手段之文化生态学（cultural ecology）。这两位学者建立了美国人类学中物质论的学术传统。斯图尔德的学生沃尔夫（Eric R. Wolf）和西敏司（Sidney W. Mintz）在中南美洲从事田野调查工作时，面对当地农民普罗化，以及美国本身作为资本主义经济推手在当地所造成的剥削现象，将文化生态学的研究传统与马克思理论结合，发展出美国人类学之中的政治经济学。他们的解释类似于弗兰克（Andre G. Frank）在 1960 年代由拉丁美洲的研究而发展出的依赖理论，以及沃勒斯坦（Immanuel Wallerstein）的世界体系理论，因而汇聚形成一支独特的学术研究传统。在这个理论学派下，人类学所讨论的个别文化之特殊传统，被放置入世界性资本主义发展的历史过程之中，而被视为经济体系分工结构下的产物。沃尔夫的《欧洲与没有历史的人》（*Europe and the People without History*）一书中，便提到不少著名的例子（Wolf 1982）：

> 美国中部大平原上的印第安人原本是农耕的民族，为了提供食物给在美洲猎取与收购兽皮的猎人与贸易商，必须猎杀大平原的水牛，而由农耕转变为骑马打猎的民族。这种文化与生计形态的改变，便是因为资本主义发展使得北美洲成为全世界兽皮的主要来源，而影响了这整个区域的发展，范围广及平原印第安人、西北海岸、加拿大、阿拉斯加等。因此，人类学强调的文化独特性，乃是世界性资本主义经济体系分工发展的结果，是以，文化是经济结构下的产物，甚至只是适应的手段。

沃尔夫的理论讨论，其实非常类似依赖理论里的大都会中心（metropolis）/卫星边陲市镇（satellite），或世界体系理论中的中心（core）/边陲（periphery）/半边陲（semi-periphery）等经济结构，透过市场机制对文化产生塑造作用，不再视地方文化为阻碍或有利于经济发展的要素，而认为各地的经济，甚至文化状态，均为世界经济结构下的必然产物。由此，他们得以剔除现代化理论中，将经济的低度发展状态归因为当地人文化的偏见。

然而，政治经济学的研究，正如结构马克思理论一样，虽能剔除西欧资本主义文化的某些偏见，并解释文化变迁的动力，却也和结构马克思主义人类学一样，往往无法确定所研究社会的单位或范围。因为，它可以小到一个家计经济的家庭单位（Meillassoux 1972），也可大到整个世界经济体系（Wolf 1982）。这个研究上的困境，直到在1980年代之后的文化马克思理论以被研究者的文化观点来界定研究单位，才有所突破。但此时的研究重点已转移到意识形态层面或文化的概念上，而不再集中关注生产模式。"文化"之所以能界定社会的范畴，可由下一段象征理论的社会观来了解。

四、象征理论

人类学的象征理论，可以进一步由其对于社会的不同观点来区分。在这段中，将举三个不同的立场来说明。

（一）莫　斯

莫斯继承了涂尔干的理论传统，进一步发展出象征论。这个取向，基本上是来自涂尔干的有机体社会概念，只是颠倒了社会与象征间的关系：不再强调象征、集体表征甚至宗教作为社会的再现，而是着重于享有共同分类系统与认识世界方式的人，构成一个社会群体。是以，象征符号是最普遍、为人群所共享的心智状态与力量，更是作为群体意识的最深层机制，它自身表达了群体的存在。故对莫斯而言，社会生活是象征关系的世界。[1]

回到前述因纽特人的例子。按照涂尔干的社会理论，长屋是集体表

---

[1]　对于莫斯的象征理论，列维 - 斯特劳斯的《马歇尔·莫斯作品导论》（*Introduction to the Work of Marcel Mauss*）最能阐明莫斯的贡献。列维 - 斯特劳斯在书中提道："莫斯一直思考的是，发展出一象征论的社会学理论之可能性，他所需要的显然是社会的象征起源。"（Lévi-Strauss 1987：21）

征或社会的再现。可是，莫斯却强调：即使自然环境不同，也可以拥有共同的生活方式。[1] 因纽特人因为共享相同的集体心智以及认识世界之分类系统，如夏冬之别的人、鸟、小孩、物等，使他们对于世界有相近的理解，也产生共同的行为和社会生活。因此，莫斯的论证刚好颠倒了涂尔干的论点：自然环境的运作需要人去理解，而这个理解过程建立了分类系统，分类系统更影响到社会的所有成员。是以，社会的界定是指拥有共同集体心智和分类系统的一群人。

莫斯所发展的象征论，于 1970 年代末期以后，在人类学理论的发展上产生深远的影响，在下一章中，将有更深入的讨论。[2]

（二）特纳（Victor Turner）

在人类学的象征理论发展上，特纳具有不可忽视的重要地位。相对于莫斯，特纳由中非洲赞比亚（Zambia）恩登布（Ndembu）社会研究，发展出截然不同的象征理论，对宗教与仪式的研究产生巨大的影响。

相较于同质而孤立的因纽特人社会，中非洲的恩登布社会久经殖民统治，当局引进的许多西方制度，与地方原有的传统产生大量冲突。从涂尔干强调整体与稳定的社会理论观点来看，这个社会已经濒临瓦解。但是，在特纳从事田野工作时，每天晚上都听见鼓声，然后周围的人突然消失不见。后来特纳才发现：他们都前往隐秘的地点去举行仪式了。透过仪式，充满冲突的人群得以重新整合。而仪式不只是在特定的历史情境与社会脉络中进行，仪式实践本身更是一社会过程：它既在社会冲突或变迁的脉络中发挥作用，也产生社会本质上的改变。[3] 由此，特纳透过仪式的研究，发展出仪式的象征机制如何整合人群的象征理论。

特纳的理论也被应用到台湾，使我们对于赛夏人有新的认识（郑依忆 2004）：

---

[1] 反之，自然环境相似的北美印第安夸扣特尔人，却有着不同的生活方式。

[2] 有关莫斯理论在 1970 年代末期以后的影响，可参阅 James & Allen（1998）及 Allen（2000）等，中文著作可参阅黄应贵（1992）。

[3] 关于特纳的象征理论，在本书第三章"文化的概念与理论"，以及第十一章"宗教、仪式与社会"，将有更深入的讨论。

台湾苗栗县南庄乡、狮潭乡与五峰乡的赛夏人，在历史发展过程中不断与其他更强势而工艺技术更进步的族群接触，如早期的"矮人"、泰雅人、客家人、日本人、闽南人等，不断学习更"进步"的文化，也不断受到欺侮与剥削，最后成为今日的弱势族群。如今，赛夏人不再以赛夏语作为日常沟通语言，北部的赛夏人讲泰雅语，而南部赛夏人则讲客家话。大部分的族人均已散居台湾各处。即使是在日本殖民统治时期所划定赛夏人的主要分布地，目前汉人和泰雅人所占的比例，也已超过赛夏人本身。虽然如此，在举行年度的矮灵祭时，分散各地的赛夏人都会尽量赶回来参加。大部分的仪式过程仅有赛夏人能参与，使得仪式具有明显的排他与凝聚内部人群的整合功能，使所有的赛夏人得到文化与族群的认同。在仪式的最后一段，则开放邀请外来者参与舞蹈，共享食物，与外来者整合。

　　唯有在举行矮灵祭的时间，我们才看到赛夏人的族群与社会之具象存在。然而，这个仪式之所以能够透过其象征机制整合所有赛夏人的参与者，主要是他们拥有共同的信仰与观念，才能产生仪式上的象征机制来超越现实上存在的各种矛盾。

　　这个个案研究把特纳的理论推到一个极端，使得"社会是一套观念，而不是一群人的集合"（A Society is really a set of concepts, not an aggregate of people）[1]。当然，特纳的象征理论内容其实很复杂，甚至涉及象征的心理与生理基础（何翠萍 1992），而与"文化"概念较有关，因已非本节主要的讨论范围，将在下一章中进一步讨论。

（三）埃文思－普里查德（E. E. Evans-Pritchard）

　　不同于莫斯与特纳，埃文思-普里查德的主智论（intellectualism）[2]，不仅延续弗雷泽（James Frazer）和列维-布留尔（Lucien Lévy-Bruhl）对于思考原则的探讨，更关注每个社会如何透过关键性象征（key symbol）来理解周

---

① 此句引言虽是笔者的看法，但并非笔者所创，唯一时未能查出出处，故志之。
② 简单来说，主智论特别着重在与思考方式有关之问题的讨论上，早先的弗雷泽、列维-布留尔及后来的结构论大师列维-斯特劳斯，均是这种研究倾向的代表人物。

遭的世界，而使独特的关键性象征成为该社会文化的特色。① 像努尔（Nuer）社会和阿赞德（Azande）社会（Evans-Pritchard 1956，1937），其成员之所以可以整合，是因为他们拥有共同的思考方式或文化逻辑，以理解周围的世界并产生共同的行为。例如，在努尔社会里，"牛"是极重要的财产、象征甚至认同的来源。当地人对牛的分类非常细致，也往往透过牛的象征与隐喻，来了解自然现象与社会行为，牛乃成为该社会的关键性象征。同样地，在阿赞德社会中，当地人频繁地举行巫术或神谕，举凡社会生活中各类大小琐细事情，均求助于巫术或神谕。在《阿赞德人的巫术、神谕和魔法》（*Witchcraft, Oracles and Magic among the Azande*）（Evans-Pritchard 1937）一书中，主题即为当地人如何证明巫术与神谕有效性的思考方式，及其对于因果观念的独特看法。因此，牛和巫术（与神谕）便成了这两个社会的"文化惯性"（cultural idioms）②，它们不仅是生活中最关注的问题，当地人也借此以理解周遭环境并作出反应，更由此透露出当地文化的思考特性。③ 对埃文思-普里查德而言，人群之所以能一起经营社会生活而构成一个社会，主要是因为他们有共同的关注问题与思考方式。

（四）小 结

上述三种不同的象征理论取向，不仅反映了不同的界定"社会"的方式，更表现出人类学企图呈现出被研究者的主观观点，而非研究者的

---

① 虽然"关键性象征"的概念并非由埃文思-普里查德自己提出，而是奥特纳（Ortner 1973）所提出的，但埃文思-普里查德已有效地使用了这概念而以文化惯性替代。事实上，这概念还包含了思考方式在内。见文中的讨论。

② 这里所说的文化惯性，是指某一制度或风俗习惯，渗透到该社会的其他社会文化层面，而成为整合该社会的主要机制，并为表现该社会文化特性的关键性象征所在，有其表现的意义。

③ 在《阿赞德人的巫术、神谕和魔法》一书中，埃文思-普里查德反驳当时普遍认为原始人"非理性"的看法。他试图证明：原始民族拥有类似西方理性的思考方式，只是基本前提不同而已。例如，一个人靠着房柱休息，房子突然倒塌，纳凉的休息者也被压死。阿赞德人会认为：这是因为这个倒霉鬼横遭巫术祟害。若依据科学的观点，这种想法是很幼稚的归因方式，因为柱子倒塌很明显地是源于虫蛀。但是，当地人真正关心的问题是：为什么是这个人、在这个时候被压死，而不是柱子倒塌的原因。这是哲学讨论上探讨"理性"的著名非西方个案。本书第三章"文化的概念与理论"与第十二章"思考模式"，将再触及这个问题。

观点，以凸显出个别社会文化的特性。而且，透过各种象征层面来界定社会的范围，可避免涂尔干的有机体社会观所假定社会有明确的范围与人群之限制。

从以上三支象征理论，可以看出不同学者试图呈现社会文化特性的特殊主义立场。如中非洲被长期殖民而充满明显文化冲突与混合的恩登布社会，特纳的象征理论不仅凸显出该社会的特性，更试图剔除宗教仪式只是消极地再现社会，而不是积极地塑造社会的文化偏见。但即使如此，这些象征论所界定的社会，仍无法与群体和界限概念脱节，而难用于了解当代流动性强而界限模糊的后现代社会，乃至于前资本主义"社会"。这只有待"社会性"概念来突破。

五、社会性

前述象征理论对于社会的探讨，虽有助于我们超越涂尔干以来有机体论社会观的限制，但显然仍无法有效用来了解后现代社会。尤其从1970年代末期以来，几乎所有的人类社会因为新自由主义经济全球化发展导致人、物、资金、信息等的流动性快速增加，使得社会文化的流动与混合成了最主要的共同特色。在社会内部愈来愈异质化的同时，社会之间的差异反而愈来愈少，社会的范围愈来愈不易界定。也因此，在人类学的研究上，也愈来愈以人与人的互动关系为主要的研究分析单位与对象。韦伯与西美尔（Georg Simmel）的互动论、关系论重新受到重视；在人类学中，更发展出"社会性"的概念来取代原具有整体、客观、整合意涵，且有清楚边界与范围的"社会"。[①]但是这类强调流动性与混合性特质的"社会性"概念，并不只存在于当代后工业或后资本主义的社会，很多原始社会里也存在，包括大洋洲、亚马孙河流域等均是。尤其亚马孙文化区的研究，更具有挑战性。

南美北部亚马孙河流域（Amazonia），大多是流动性高而没有清楚边界的平等社会。既缺少世系群或法人团体之类的组织，也缺乏

---

① 有关社会性概念的内容与争论，请参阅 Strathern（1988）以及 Ingold（1990）等。

拥有土地的团体与权威结构，或政治与社会结构等，使得过去的民族志研究一直难以掌握其社会文化特性。直到晚近奥弗林（Joanna Overing）等人带入情绪的研究后，才有所改善。他们认为（Overing & Passes 2000）：亚马孙地区土著社会的文化特性，应以"社会性"概念来理解。因为，该地区并不依赖角色、身份、社会结构或社会之权利为中心（rights-centered）的道德系统来构成其群体，而是依人之间的互动、互为主体之自我间的关系来运作，以融洽的欢乐（conviviality）来表现。当地人强调好的生活质量，或如何与他人高兴地生活而以美德为中心（virtue-centered）的伦理，不仅强调友情与快乐，也强调生活实践与技巧上的艺术品位。就此而言，美学与感情的舒适愉悦（affective comfort）一直是他们日常生活实践上的焦点。

由奥弗林等人的研究，我们得以超越西方思想上各种二元对立的观念，如公民社会与家庭、社会与个人、理性与情绪、心灵与肉体、主观与客观、艺术与工作，等等。这里所强调感情的舒适愉悦，主要是指日常生活中使人受益的美德与情绪条件，像爱、照顾、陪伴、慷慨和共享的精神等。但我们也不可忽略反社会倾向的愤怒、恨、贪心、嫉妒等负面情绪（negative emotions）。正因这类反社会情感的存在所造成的限制，促使当地人必须去实践正面的美德。对亚马孙人而言，爱与愤怒是同一社会政治体的两面。欢乐既涉及宇宙观和社群间与部落间的关系，而社会生活中由生命、繁殖力、创造力而来的所有力量也都有源自其社会之外，而具有危险、暴力乃至同类相食的潜在破坏性力量。只是，这些破坏力量经过人的意志、企图以及技巧而可转换为有益的生产（generative）力量。

是以，"社会性"概念，不仅凸显了亚马孙地区的文化独特性，更挑战了过去西欧知识传统中对"情绪"所抱持的文化偏见，即视情绪为非理性的类别，不足以用来了解与解释社会的形成，更不可能作为维持社会秩序的机制。事实上，人类学家应用"社会性"概念来理解亚马孙和美拉尼西亚地区的结果，也挑战了一般观念中认为流动性、混合性是后工业社会的专属特性，而不见于"静态同质"的部落社会。进一步来说，尽管亚马孙与大洋洲的美拉尼西亚是最常使用社会性概念来讨论的文化区，但其内在的动力与机制可能非常不同。[①] 而这类差别，也只有由对其文化的深层了解才可掌握。这不仅说明了我们所要了解的社会特性，已无法与其文化分离，更说明了为何1970年代末期以后，"社会"与"文化"的概念愈来愈难以分辨，甚至有以"文化"取代"社会"的趋势。

第四节　结　语

在这一章的讨论中，我们发现：正如社会学一样，涂尔干、韦伯、马克思依然是人类学知识理论发展的三个主要源泉。但人类学家在使用这些理论时，更重视如何凸显被研究社会的特色和当地人的观点。也因此才会有莫斯、埃文思-普里查德、特纳等人类学家，分别结合涂尔干理论与不同的知识传统，发展出不同取向的象征理论。同样地，人类学家提出"社会性"概念挑战涂尔干以来的有机体社会观之限制，也正是要凸显某类社会界限不清楚而充满着流动性、混合性的特色，并强调当地人的主观文化意义。因此，随着人类学理论的发展，我们对于不同文化区的社会特性更能清楚地分辨与掌握。如：因纽特人充满夏冬对比节奏的社会，中非洲依靠仪式整合文化混杂、内部冲突的被殖民社会，非洲以亲属生产模式为基础的氏族社会，东南亚多重文明结合的复杂社会，美拉尼西亚以交换为社会形成动力与维持社会秩序之机制的社会，亚马孙地区以情绪为形成动力与维持秩序之机制的社会，等等。

另一方面，我们也发现：这些社会理论的发展过程，不断地在剔除西欧资本主义文化的偏见。格尔茨的研究让我们反省现代化理论预设了西欧的历史进程为现代化的唯一道路；而结构马克思理论让我们反省到

---

① 正文所举的例子，可以凸显"情绪"作为亚马孙地区社会形成的动力与维持秩序的机制。而另一个经常以"社会性"概念来解释的美拉尼西亚地区，则以"交换"为社会形成动力与维持秩序的机制（Strathern 1988）。亚马孙地区同样也有交换行为，但当地人却把交换视为喜欢某人的陪伴、共享爱与亲善的活动（Ales 2000），因而不同于美拉尼西亚地区以交换建构人观、亲属、性别、政治关系的交换之意义。

经济制度或基础不应限于资本主义经济体系下的经济范畴与观念；政治经济学则让我们意识到全球政经结构对于地方文化的形塑作用，以及现代化理论将"低度发展"归因于当地文化的谬误。象征论则让我们挑战西欧视宗教仪式只是消极反映社会，而不是积极塑造社会的偏见。亚马孙地区以情绪为社会形成的动力与维持社会秩序的机制，更挑战了西欧知识传统视情绪为非理性而不足以作为解释社会形构的动力。故人类学的社会理论之发展，不仅与各文化区的民族志相互结合来有效呈现其社会文化特色，其发展过程，也正凸显了人类学知识特性：反省和挑战已有理论中的文化偏见。

第三章 文化的概念与理论 *

人类学文化理论的发展过程，相对于上一章的社会理论，它更积极于寻求新的文化概念，以便更有效地呈现被研究社会的文化特色，同时企图剔除既有理论里的文化偏见，特别是资本主义文化的偏见。本章将会提到：韦伯影响下的诠释人类学、施耐德（David Schneider）的象征论、文化生态学、主智论、特纳的仪式象征论、列维 - 斯特劳斯的结构论、文化马克思论、政治经济学文化观、萨林斯（Marshall Sahlins）的文化结构论，以及布尔迪厄（Pierre Bourdieu）的实践论，等等。

第一节 文化与文明

要谈"文化"之前，先将它与另一最容易混淆的"文明"，做个简单的区辨。事实上，在西欧历史发展的过程之中，"文化"（culture）概念的衍生与"文明"（civilization）概念的演变关系密切。而且，在不同的民族国家知识传统中，也赋予"文化"不同的意义。例如，法国直到 19 世纪末仍是西方文化的重心，加上启蒙以降的理性主义传统，使得他们认为"文明"这个概念代表西方文化发展的顶点、极致，蕴含进步的概念和理性与科学为普世性的假设。而"文化"则代表由不同民族构成，具有不同历史、语言、发展过程的特殊文化。只有在当时的法国文化中，两个概念

---

* 本章多参考 Kuper（1999）一书，但往往有不同的定位与重点。有兴趣的读者可自行参考。

才得以重合。但是，在德国的知识传统中，"文明"是指物质层面的发展，如科技发明等，"文化"是意义、思想、观念、价值、象征，代表社会最重要的精神与本质，甚至是国家的核心与基础。只有透过"文化"才能整合物质文明。在英国，则较重视"文化"而非"文明"，因为"文化"是生活的整体、生活的方式。一个社会里可能有几个不同的文化。例如，不同阶级有着不同的生活方式，像是看不同的报纸，这多少也说明阶级意识在英国特别发达。后来的法兰克福学派，以及意大利的马克思论者都有类似的看法，但其实是工业革命的生活方式影响到其他地方的结果（Kuper 1999：第 1 章）。正因为这些差别，本章关于文化理论的讨论，并不完全以理论派别或时间先后为依据，也考虑到不同地区的不同发展趋势。[①]

第二节　美国人类学的文化概念与理论

一、博厄斯的遗产

　　虽然，"文化"的概念在十八九世纪时，在西欧各国有不同的意义，但博厄斯在奠定美国人类学的研究基础时，便是将德国的文化概念带入而为其主要的主题与切入点，使得美国人类学的文化概念从一开始就充满着观念、价值、象征等浪漫主义的唯心论观点。[②]

　　在博厄斯的文化概念中，特别强调文化的几个要素：历史性（historicity）（强调每个文化在历史过程的发展）[③]、多元性（plurality）（文化是复数

---

① 限于笔者的语言能力，本章仍以英语学界为主，并透过英译作品，论及一部分法国人类学的成果。

② 有关博厄斯的研究或讨论，也是不胜枚举。而斯托金（George W. Stocking）的相关研究，更是这方面的权威，请读者自行参阅。或可参考林开世（1992）的介绍性论文，这应是最突出的中文相关著作。

③ 博厄斯的文化概念所具有的历史性，使他的研究强调文化发展的历史过程，并以此来讨论文化为何及如何被建构出来，这正可避免文化有清楚界限或异己之分辨所造成的限制与困难。此优点晚近已被一些人类学家进一步发展成为所谓的"新博厄斯主义"（neo-Boasianism）。唯它还在发展中，故本书并未特别加以讨论。请参阅 Bashkow（2004）、Bunzl（2004）、Handler（2004）、Orta（2004）等。

的）、行为上的决定性（文化在生活上会影响人的行为，并由行为来具体呈现文化）、文化是整合而相对的（各个文化要素在历史过程中整合为一整体，故每个文化都不一样而产生文化相对论）。这使博厄斯和他所对抗的单线演化论①阵营，有着基本的差别。最重要的是，在解释人类差异上，他将"文化"与体质或生物性因素区分开来，并且特别着重前者的解释力。这已足以挑战当时西方社会普遍认为种族的优劣是天生的、生物性的看法。

博厄斯虽然将德国唯心论的文化观点带入，而使得美国人类学一开始便关心"文化"而非"社会"，但他本身并未发展出有体系的文化理论。他只是强调各个文化要素如何在历史过程中构成一文化的整体，就像传播论探讨文化要素如何构成一整体一样。反而是他的学生们不得不去面对文化如何整合的问题。例如，本尼迪克特（Ruth Benedict）的《文化模式》（*Patterns of Culture*）一书（Benedict，1934），便试图用集体的人格（collective personality）作为该文化的整合模式；因此，祖尼（Zuni）印第安人是太阳神型的（Apollonian）、夸扣特尔印第安人则是酒神型的（Dionysian）、新几内亚的多布（Dobu）人则是夸大妄想型的（Paranoid），这些都是集体的人格特性。社会里的人不同程度内都蕴含这样的人格形式。不过，博厄斯的学生，如本尼迪克特、萨丕尔（Edward Sapir）、米德等，在发展理论的过程中，并没有特定的理论概念和方法，往往只是透过个人的直觉和感情来从事研究。虽然如此，博厄斯蕴含着矛盾与未解的文化概念，使他的学生们由不同的取径试图回答他所留下来的问题，也奠定了20世纪美国人类学的基本走向。

美国人类学文化理论建构的问题，到帕森斯发展"一般行为理论"时受到挑战。帕森斯认为，个人的行动至少受到三个体系的影响：社会体系、文化体系、心理体系。而文化体系本身必须有其自主性，或是用涂尔干的话来说，文化本身是一"社会事实"，它必须用文化来解释而不能化约为其他因素来解释，文化才可能成为一个独立的课题。换言之，

---

① 这里所说的单线演化论，主要是指19世纪社会演化论者认为人类社会文化的演变，均会经过野蛮到文明的普遍性发展阶段而来，故能由其发展阶段而分辨出文化的高下。如斯宾塞、泰勒、摩尔根等均是。

人类学家必须证明文化有其独立自主性，而不能由其他因素，如社会或心理体系来解释，这个学科才有其存在的理由。为了面对他的挑战，克罗伯（Alfred L. Kroeber）和克拉克洪（Clyde Kluckhohn）编写了《文化》（*Culture*）一书（Kroeber & Kluckhohn 1952），收集当时所有的文化定义，最后仍然认为文化的本质是观念、价值、象征等，更强调文化是变异性的、相对性的，而不是事先决定的或永久性的。这本百科全书式的著作，承继了博厄斯文化相对论的观点，但仍未建立有体系的文化理论，也未能面对人类学所受到的挑战：人类学要成为独立的学科，必须证明其研究对象是独一无二的、不能被取代的。人类学理论体系化的问题，一直到帕森斯的两个学生格尔茨和施耐德才得到回答。

二、格尔茨的诠释人类学

格尔茨原本学文学，二战期间从军，退伍后，在米德的鼓励下，进入哈佛的社会关系学系（Department of Social Relations），当时该系由帕森斯主导。格尔茨受业于帕森斯门下，结合社会学、心理学，并深受韦伯的影响，逐渐发展出他自己的文化理论。

受到韦伯的影响，格尔茨早期认为最能呈现文化特性的是宗教，宗教是文化的基型（epitome of culture），他主要的研究便是从宗教着手。但是，他的研究对象：印尼爪哇的市镇 Modjokuto，并不是一个同质性的社会，而是同时包含了以穆斯林为主的商人阶级、接受殖民文化的上层官僚；平民大众的信仰则混合了印度教、伊斯兰教与原本南岛民族的传统信仰。换言之，当他要用宗教的角度去处理当地的文化时，面对的困难是这个社会的异质性。同时，印尼在现代化、世俗化的过程中，宗教力量也愈来愈薄弱。加上现代国家意识形态具有的支配性，使格尔茨后来的发展，强调文化必须表现在意识形态乃至于一般常识，即一般平民在日常生活中所用的一套知识观念层面上。

不过，早期的格尔茨受到帕森斯影响，认为"社会"和"文化"在观念上属于不同层次，两者不一定一致，这正好呈现社会转变的特性（Geertz 1973a）。他认为：必须将文化（宗教）放在社会、政治、经济过程中来了解，也强调社会、文化、心理有各自独立的生活领域。在这个时期，格尔茨的名言是"文化有如意义之网"。不过，后来受到美国思想家如朗格（Susanne K. Langer）、伯克（Kenneth Burke）、赖尔（Gilbert Ryle）等人的影响，格尔茨对于"文化"的看法也产生转变，不再将其视为象征与意义，而是"文化有如文本"（culture as text）。这使他与韦伯正式告别，成为美国人类学理论本土化的一个重要转折。这个理论立场清楚表现在《地方知识》（*Local Knowledge: Further Essays in Interpretive Anthropology*）（Geertz 1983）这本书中，而巴厘岛的斗鸡更是有名的具体例子（Geertz 1973b）：

> 在印尼爪哇东边的巴厘岛上，经常看到男人们抱着公鸡在赌博，神情极为投入专注，仿佛着魔一般。如何去理解这样的场景？在格尔茨看来，这只公鸡代表饲养它的主人。因为每个男人在饲养公鸡时，投注了极高的自我认同在其中，因而斗鸡其实象征着男人的自恋。饲主在公鸡养成到可以互斗的程度之后，到处去挑衅，寻求相同地位的人举行斗鸡，并找许多亲友来支持、下注自己的一方。因而，斗鸡不仅是男人的公共自我，也因为是在身份地位相同的饲主之间进行，更象征彼此身份地位的尖锐竞争。斗鸡过程中的血腥与暴力，更反映了人性的黑暗面：嫉妒、羡慕、粗暴（brutality）等心理欲望，以及深蕴于该民族的内在暴力倾向。苏哈托军事政变推翻苏卡诺政权时的暴力与动荡，便是该黑暗面的表现。

这篇在 1972 年发表的《深层游戏》（"Deep Play"），已经呈现了格尔茨晚期的理论立场：文化行为是一个文本，人类学家的工作就是去诠释它。而且，是多层面的诠释（interpretation），而不是解释（explanation）。[①]这样的探讨方式当然有其问题：它的可靠性如何？诠释好坏的标准何在？甚至，"诠释"经常是由具有大都会世界观的（cosmopolitan）社会科学家所建构，而不是来自报道人。但格尔茨确实使"文化"的定义更加精巧化，建立其自身的诠释系统，并使文化成为人性定义的基本要素与历史

---

① 在科学观念里，"解释"是分析事件的因果关系，"诠释"是去说明多层面现象的意义。格尔茨的立场，自然是主张"诠释"而非"解释"。

的主宰力量。① 如此一来，格尔茨的文化理论不仅使得"文化"的独立自主性逐渐浮现，也使我们对当地社会文化的人性黑暗面有着更深一层的理解，更能剔除由"解释"取向而产生的单一真理之限制。

三、施耐德的文化论

不过，真正面对帕森斯的挑战而建立有体系的"文化"理论者为施耐德。施耐德认为，文化有如一套象征的系统，独立于可观察到的行为系统之外。由于象征与被象征的对象之间，并没有必然的内在关系，因此，象征系统不仅是独立自主的，而且不落实于真实世界。象征是专断的（arbitrary），而其指涉是文化的建构。因此，人类学家的工作，就像语言学家探讨语言一样，是探讨概念之间的关系。这样的论点便具体呈现在他有名的《美国的亲属：一个文化的解说》（*American Kinship: A Cultural Account*）这本精巧的小书中（Schneider 1968）。

在这本书中，他不仅使用了结构论的分析方式，更重要的是，他意图了解中产阶级美国人对亲属的看法：谁是亲属、亲属的范围、亲属之间的权利义务。秉持着象征论的立场，他是透过观念而非实际行为以证明美国人有清楚的亲属观念：亲属是由天生而来的血缘与婚姻而来的姻缘所构成。前者是来自对于自然的观念，而后者是来自对于文化的观念。这两类又分别涉及自然秩序和法律（或文化）秩序。如母亲（mother）和岳母或婆婆（mother-in-law）的不同，不只是类别的不同，其后面更隐含自然与文化两种秩序之别。

施耐德要说明的是，美国人的亲属观念是建立在自然与文化对立的思考上。这样的思考也呈现在亲属以外的其他层面，国籍就是一个例子。② "美国人"的定义，除了出生在美国本土（天生的观念）外，

---

① 如："暴力"在每个文化都有其普遍性，但并非在每个文化中都被凸显出来。在格尔茨看来，苏哈托推翻苏卡诺时的暴力，正说明历史过程中"文化"的决定性。

② 发表《美国的亲属》之后，翌年，施耐德在一篇文章中，延续了《美国的亲属》之讨论方式，以自然与文化对立的逻辑讨论了国籍与宗教的现象（Schneider 1969）。

也可经过法律程序宣誓为美国人（法律或文化的观念）。换言之，整个文化象征的背后有一套基本的文化逻辑。比如，美国亲属最重要的象征是性交和爱，只有透过二者才能将自然与文化、自然秩序与法律秩序结合在一起。这个结合，便表现在美国的"家"。因为，家是由因婚姻而结合的夫妻和因血缘而产生的亲子所组成。

施耐德所讨论的观念，以及观念背后的文化逻辑，与行为分属于不同层次；特例都发生在行为的层面。这个论证，便符合帕森斯所要求的，证明文化有其独立自主性，跟行为等其他层面没有关系，而且，必须有一套方法与理论来解释。事实上，这本书所用的结构论概念和分析方式，往往只有专业的人类学家才能理解。因此，他不仅要证明人类学的文化概念是自成一格、独一无二的研究对象，更让人类学成了一种专业的学术研究。他自己更成为客观的主观论之典型代表——研究对象是主观上的观念，但分析方法与理论却是客观的。[①] 他的学生更在许多其他研究领域中证明其理论的可行性。这个发展，确实也使我们对于美国充满自然与文化对立的文化逻辑有着更深一层的了解。更重要的是，他进而证明了人类学的亲属概念，基本上就是西欧文化的俗民模式（folk model），并不是普遍有效的科学概念（Schneider 1984）。这个理论上的反省与批判，使他的文化理论在人类学界产生广泛的影响。这点可参阅第五章"亲属、社会与文化"的讨论。

四、物质论与文化生态学

虽然施耐德的理论影响深远，但也引起一些争议。至少，并非所有的象征都没有客观的真实，大部分的象征还是有的。就如同他所讨论的亲属并不只是存在于观念上，而还是有其实质的行为表现。这便涉及了德国唯心论传统的文化观念所造成的限制。

博厄斯的某些学生，特别是怀特和斯图尔德，不满于唯心论传统，而

---

① 结构论强调潜意识的深层结构是客观存在的，虽然是被研究者的主观观念，却可以被客观地研究，而且其分析方式是每个人都可以操作的，故可用在任何一种文化的分析上。

开启了美国人类学的物质论。怀特（White 1949，1975）所提出的文化学，主要的分析方式是用技术来解释：一个文化有更好的生产方式和工具，往往能产生更多的能量，而使得文化有更进一步的发展。这是很典型的工具论。不过这种工具论的发展影响比较小，而斯图尔德影响比较大。他与怀特虽都反对博厄斯所建立的唯心论文化传统，但却采取了不同的做法。

斯图尔德发展出一个论点（Steward 1955，1977）：文化是群体适应环境的手段，所谓的环境，包括自然的以及文化的意涵在内。根据这个论点，他发展出两个核心观念：文化核心（cultural core）和次要特质（secondary feature）。文化核心是由与生计活动和经济资源安排最直接有关的特质所组成，包括社会、政治、宗教仪式。而跟生计和经济资源安排没有密切关系的则是次要特质，往往是由纯粹的文化／历史因素所决定，如随机的创新或传播之文化特质，乃至制度。

将物质论的文化理论发挥得最淋漓尽致的研究，是后来文化生态学的代表性人物拉帕波特（Roy A. Rappaport）在新几内亚的岑巴甲（Tsembaga）民族中所做的研究（Rappaport 1967）：

> 居住于新几内亚中东部俾斯麦山区的岑巴甲人，是生活在山谷、丛林里的孤立民族，人数不多。生计上，男人从事刀耕火耨，女人则养猪。他们并不擅长打猎，蛋白质的来源主要是豢养的猪只。他们能使用的土地有固定范围，除男人必须从事农业耕作外，女人也必须种植喂养猪的作物。当猪只增加时，很可能越过围篱，侵犯到别人的家与田地，造成争执。原本家与家之间的冲突，最后演变为聚落间的问题。聚落间的冲突发生而导致战争时，解决之道为举行 kaiko 仪式。在仪式中，一次所杀的猪往往多至数百头。除了祭祀祖先外，猪肉将分配给战争时的联盟。仪式结束之后，社会又恢复原来稳定平衡的状态。若有人生病时，也有类似奉献祖先的杀猪仪式。在岑巴甲社会里，kaiko 仪式是一文化核心，因为这是原始生计方式下使资源能够维持平衡的重要机制。所以，文化核心不一定是直接的生产活动。[1]

---

[1] 拉帕波特的研究，不仅使斯图尔德文化生态学中有关文化核心与次要特质的分辨变得模糊，还探讨了仪式特殊沟通模式之传播信息（Rappaport 1979），奠定了后来仪式的语意分析基础。

事实上，在 1960 年代，新几内亚是人类学家的天堂，跟当今的亚马孙区域的少数民族一样，还未深受资本主义经济影响。在这样的条件之下，我们才能看到当地人如何以特殊的仪式来适应环境、维持社会的稳定与平衡。这是美国人类学从博厄斯以降的唯心论传统之外，所发展出的唯物论传统，它对于文化有其不同的看法，更是后来美国人类学中的政治经济学的前身，发展出他们对于马克思理论的特殊诠释。不过，文化生态学在 1960 年代之所以能盛极一时，不只是它能有效地呈现出这些当时还相当孤立的社会在文化上的特色，更重要的是，它强调维持生态体系平衡与社会稳定的观点，挑战了西欧自资本主义经济体系兴起以来所发展出的人定胜天和视能不断占用自然资源为进步的观念，有意识地反省人类文明进步的困境。

第三节　欧洲人类学的文化概念与理论

在美国人类学界建构文化理论的同时，欧洲（特别是英法）人类学虽然着重于"社会"的概念，但"文化"理论也开始萌芽，尤其涂尔干的社会理论本身便蕴含莫斯所发展的社会之象征起源论。不过，莫斯的理论一直到 1970 年代末期至 1980 年代初期，才真正受到重视而产生较广泛而深远的影响，引发有关人观、空间、时间等基本文化分类概念的进一步探讨。在 20 世纪前半叶，英法人类学的文化理论，以主智论与特纳的象征论较为突出。

一、埃文思－普里查德的主智论

主智论主要讨论人类的思考原则，以埃文思-普里查德集大成。他延续了弗雷泽在《金枝》（*The Golden Bough*）中关于两种感应巫术（sympathetic magic），即同感巫术（homeopathic magic）与接触巫术（contagious magic）其后之思考方式的讨论，以及列维-布留尔有关原始人前逻辑（pre-logic）思考方式背后的"互渗律"（law of participation）的讨论，以非洲阿赞德人的个案研究（Evans-Pritchard 1937），来检讨原始人的思考方式是否不合逻辑而与现代西方人不同：

　　阿赞德人分布于中非洲苏丹南部，介于尼罗河与刚果河之间的地区，他们对于个人的各种不幸都是以巫术（witchcraft）来解释。在这个社会中，巫术本身更是自成一格的信仰系统，不可化约为心理的解释。当地人不但可以举出具体物证来证明巫术确有其事，也深谙巫术操作中可能作假的部分。存在巫术体系背后的，是其神秘的因果观念。它之所以神秘，是因为这因果观念是可与事件的时间系列无关而外在于事件之外，更可以是由结果来推论，有时如预言一般将未来与现在的时间合一，更明显的特色是常以模拟来说明因果等。然而，当地人只有遭遇到不幸或某些特殊类别的事务时，才会使用这些特别的因果观念。就如同上一章提到的，当地人并不怀疑房柱倒塌是虫蛀所造成，但他们关心的不是房柱为何倒塌，而是为何是"此时此地此人"被倒塌的柱子压死。由此，埃文思 - 普里查德论证：所谓的"原始人"，在一般思考逻辑上是和现代人一样的，只是他们要解答不同的问题时，会使用不同的前提来推论，甚至产生不同的因果观念。而这些与西方社会不同的前提与因果观念，则来自其文化上的关怀。因为所关怀的巫术及其背后相关的观念与信仰，在当地文化中是普遍而关键性的，使得巫术成了这"文化的惯性"（cultural idiom）。

透过埃文思 - 普里查德所建立的架构，不仅能让我们深入了解到当地人的思考方式，并掌握其文化特性，更以"实质理性"挑战自十五六世纪随资本主义经济兴起以来，在西方社会一直占支配地位的形式理性。不过，当时的人类学界并没有对他的理论立即产生广泛响应，反而是哲学家温奇（Peter Winch）将其应用到文化相对论与人文色彩浓厚的社会科学之建构，以对抗经验论科学观下的社会科学，产生了较大的回响。它引发了一连串有关理性与文化相对论的争辩（Wilson 1970；Finnegan & Horton 1973；Hollis & Lukes 1982；Overing 1985b；Ulin 1984），至今仍产生影响。

二、特纳的象征论

相对于主智论，特纳的象征论在当时人类学界产生了较大的影响。他强调仪式的象征机制可以将人们凝结成一社会群体。但仪式的象征机制为何能够产生这种作用？这便是他的文化理论要点所在。

为了进一步了解仪式象征机制如何运作，特纳不仅细致地建构了仪式的象征、价值、目的（telic）和角色等四层结构，强调仪式的意义必须由这四层结构共同产生，他更进一步建构了仪式象征结构本身所含有的三个层次：第一是当地人都意识到而给予解释的层次，它也可由（仪式中的）参照符号所表现的秩序来了解；第二是实际运作的层次，具有当地人并不全然意识到的潜藏秩序（latent order）；第三是当地人完全没有意识到的、被隐藏的秩序（hidden order），而与该社群共享的基本和初期经验有关。如此，也隐含了三个解释仪式象征的不同架构：一是当地人的解释，二是仪式脉络中的意义，三是社会文化整体中的意义。后两者往往是人类学家想要了解的。他更系统地讨论了象征本身的各种类别与性质，包括宰制性象征（dominant symbol）与工具性象征（instrument symbol）之别，并凸显前者往往是浓缩了多重乃至于两极相反意义在内。如此，我们不仅可以知道仪式象征如何产生效果，更可以进一步了解仪式象征机制如何可以超越社会内部的各种矛盾，乃至于与外在大社会结合。[1] 仪式象征与外在社会结合的例子，可以特纳的学生对安第斯山的朝圣仪式研究为例（Sallnow 1981，1987）：

> 朝圣仪式，盛行于南美秘鲁安第斯山库斯科（Cusco）地区的印第安人之间。仪式过程中有一"交融"（communitas）的阶段，即跟现实的日常生活脱离关系，进入失序的状态，仪式举行完才又回复原本的社会秩序。安第斯山的朝圣地点往往在山坡上，是几个聚落的边界，属于聚落间政治的三不管地带。在朝圣仪式举行之时，朝圣者离

---

[1] 上述有关特纳的文化理论，主要依据他的著作（1967a，1968，1969；Turner & Turner 1978）而来。有关他的理论介绍已有许多专著，在此不一一列举。但有一篇短文（Shorter 1972），非常简要而清楚，并与笔者的观点类似，故特别提及。

开日常生活，脱离原本聚落的社会秩序，进入交融的阶段，并从四面八方集中到朝圣地。因此，朝圣地固然是聚落政治的边缘地带，却是超越聚落的更大宗教区域之中心。透过朝圣仪式，不同聚落乃至地区的人得以结合，形成了另外一个更大而整合的社会单位。

如第二章所提到的，特纳的理论透过仪式过程的分析，解释了仪式如何整合了一个混合、流动乃至冲突的社会，因而凸显了长期被殖民社会的特性。他更试图剔除宗教仪式只是消极地再现而不是积极地塑造社会的西欧文化偏见，挑战了当时西欧文化往往视宗教仪式为一种非理性的制度性活动、是不符合现代性而充满迷信的传统遗留、应以理性的法律政治制度来调解社会内部冲突等观点，使仪式成了人类学研究中最常见的主题之一。[①] 正如格卢克曼所说，特纳理论中所强调的转变仪式（ritual of transition）成了原始社会与现代社会分辨的一个关键点。转变仪式中，交融阶段的失序状态下所爆发的创造力，在现代社会中往往表现为制度化的文艺活动（Gluckman 1962）。因此，他的理论后来不仅导致经验人类学的探讨（Turner & Bruner 1986）而与狄尔泰（Wilhelm Dilthey）、杜威（John Dewey）等人的理论对话，更引发人类学与文学的对话（Ashley 1990）。是以，我们可以说他的文化理论是奠定在仪式象征的研究上。但最关键的问题一直是仪式里面的象征，到底具有什么样的基础与性质而可以产生上述的作用。虽然，他在晚年试图由生物人的认定与人脑的研究寻找答案，但未竟其功。[②] 这个问题必须回到列维－斯特劳斯的结构论来回答。

三、列维－斯特劳斯的结构论[③]

以最简单的方式来说，列维－斯特劳斯认为以往的人类学只处理表象层次，如说出来的话语，或做出来的行为，都只是现象的表面。他认为：

① 本书第十一章"宗教、仪式与社会"将对"仪式"主题有更深入的讨论。
② 他的理论发展过程，与研究新几内亚雅特穆尔（Iatmul）人的纳文（Naven）仪式的贝特森（Gregory Bateson）相当类似，参见 Bateson（1958，1972，1979）。
③ 有关列维－斯特劳斯的介绍，已有许多著作，在此不再一一列举。唯笔者认为利奇的小书（Leach 1974），是一本相当有用的著作，也已有很好的中文译本（黄道琳 1976）。

人类学家要研究的并不是表象的层次，而是表象之下的结构，好比语言背后的文法结构。因为文法结构已经存在，且成为同一套语言用户的共同沟通基础。人类学家在研究社会或社会的某种现象时，也必须了解行为背后类似文法的深层结构，它往往连当事人都没有意识到。对列维 - 斯特劳斯来说，深层结构必归结于人类思考的方式或原则。

列维 - 斯特劳斯的关怀可以由他如何解答特纳意图解决但未竟其功的问题来了解：象征是在什么样的基础上产生社会整合的作用？在列维 - 斯特劳斯早期的文章中，便讨论到象征的有效性问题（Lévi-Strauss 1967）：

> 他试图由南美宗教巫术的文本分析，指出巫术治疗孕妇难产的有效原因，在于巫术的实践过程，是建立在象征与被象征物间的"相应的"（homologous）关系。此种关系，经巫师重整为有秩序而可理解的形式。但其效力仍是建立在人（思考上）的"归纳特性"（inductive property）上，使生活中各层次具有相应性，而达到由隐喻来改变这世界的目的。他进一步认为，不唯人类思考的归纳特性是普同的，将"相应的"关系理出秩序以达到改变病人状态的目的，也是普遍的治疗手段。在这个层次上，巫术与现代社会的心理分析，效力是相等的。

列维 - 斯特劳斯这种由人类思考的方式来讨论象征作用的立场，更被道格拉斯（Mary Douglas）应用到《圣经》的研究（Douglas 1966）和她所研究的中非洲莱勒族（Lele）上（Douglas 1975）：

> 位于中非扎伊尔的莱勒族，有许多与动物有关的生殖仪式。其中又以穿山甲特别重要，甚至有以穿山甲为核心，追求生殖能力与祈求猎获动物的仪式。这是因为穿山甲在当地人观念里，是难以被分类的动物。当地人认为：它有鱼鳞，却生活在陆地上。它跟人类一样一次仅产一胎，而不像其他动物一产多胎。当人接近时，它往往缩成球形而不是逃走，又与一般动物不同。
> 穿山甲之难以被分类，正如同当地的多胞胎父母会被认为是违反人一产一胎的常态而是不寻常的人，由于无法用单一的行为模式加以

区分，便被归类为不寻常的类别。也因为这种难以归类的特性，穿山甲在当地文化中被赋予了调解人、精灵、动物的力量，并与水一样象征了带来生命的生殖力，因而成为仪式上的重要动物；就如同双、多胞胎的父母，往往被认为有特殊能力而担负起巫师的职务。

换言之，一个对象无法用概念上的分类来收编时，往往被赋予强大的象征力量。这样的象征力量可能是正面或负面的，可能具有神圣性，也可能具有邪恶与污染的性质。如中国文化里的"龙"，因其不可分类，而具有最强的象征力量。

道格拉斯的研究案例，说明了列维 - 斯特劳斯的理论：人类的文化现象，或人类活动之下的深层原则，乃来自人的思考。因此，人类学应该探讨人有哪些基本而普遍的思考方式或原则。不过，列维 - 斯特劳斯之所以能够在人类学知识建构上产生革命，不只在于他提出心灵思考原则作为最终解释，更在于他想改变过去人类学理论的解释方式与层次。譬如，社会秩序如何可能？过去的人类学都是从社会如何构成开始谈起。但是，列维 - 斯特劳斯采取不同看法：当人类有婚姻规定便是社会秩序的开始，让人类有别于动物；婚姻规定本身的存在便证明了社会秩序的存在（Lévi-Strauss 1969）。由此，他赋予婚姻、亲属非常不同的意义。因为，婚姻规定必须建立在可婚与不可婚的社会分类上，而可婚／不可婚的分类基础却是建立在人类的二元对立思考原则上。从这个角度而言，人类社会也因为婚姻规定方式不同，而建立两种不同社会类别的社会秩序。一种是基本结构（elementary structure）的社会，主要是只有交换婚的原始社会，以交换婚方式来进行社会的繁衍。亦即，从一个可婚群体娶了一个女人，必须从自己所属而不可婚的群体中还给对方另一个女人，这是人类早期社会存在的普遍现象，故这种基本结构也是一种原初的结构。[①] 相对而言，现代社会就不具有婚姻交换规则的限制，自由婚占了大多数；但是

① 当然，这个现象有各种变形，有的是必须马上回报，亦即，结婚时对方也同时有人结婚，即所谓的直接交换婚；但也有更复杂的形式，如到下一代才回报，或经过第三个群体回报，等等。但无论婚姻交换发展到怎样复杂的形式，这类社会都说明最基本的人类社会秩序是来自婚姻规则，最基本的人类社会雏形就是具有这种交换婚的社会。

却受另外一种交换规则的限制：商品交换。这类社会，他称之为复杂结构（complex structure）的社会。但列维 - 斯特劳斯所要强调的是：不管是在原始社会、复杂社会或是现代社会，社会类型的歧异表象之下都存在着交换结构，该结构再现并繁衍了社会。并且，交换结构往往存在于当地人的深层意识之中，超越了日常可意识、感知到的层次，更是建立在人的二元对立思考原则上。

由上面的讨论，我们多少已可以发现列维 - 斯特劳斯的理论并不是建立在经验论上的"换喻的"（metonymic）或"统合构造的"（syntagmatic）方式，即指其推论是由现象层面的资料归纳而建立抽象原则而来；相反地，他的论证方式是透过许多不同层面的隐喻、对比方式而成的"隐喻的"（metaphoric）或"屈折体系的"（paradigmatic）模式。当他试图由婚姻规则回答社会秩序之所以可能，主要是由婚姻规定、社会分类、社会类别、交换、思考原则等几个不同层次间共有的隐喻、对比关系来论证的，而不是由这几个层次归纳证明其间的因果关系。这样的探讨方式因不符经验论科学观的论证方式，因而一开始不容易被学界所接受，也很难用于解释、探讨人类学家所习惯研究的地方社会。

虽然如此，列维 - 斯特劳斯的结构论不仅挑战了西欧视原始人为幼稚无知、不合逻辑的观点，更正面地透过原始人的研究找出人类共同思考原则之基本模式。在《野性的思维》（The Savage Mind）一书中，他甚至还证明原始人的分类，如有关植物或动物的民族植物学或民族动物学分类，乃至因纽特人对雪的分类等，比现代科学的分类更有效（Lévi-Strauss 1966）。而他的许多概念，早已成为人类学知识中的一部分，更影响到亲属研究之外的许多领域，特别是神话、艺术（Lévi-Strauss 1983）等层面。事实上，他的结构论还影响到人文学乃至哲学思潮，他因而成为有史以来最有影响力的人类学家。在斯金纳（Quentin Skinner）所编的《人文科学大理论的重返》（The Return of Grand Theory in Human Sciences）（Skinner 1985）一书所提到的九个重要人文科学理论中，列维 - 斯特劳斯的结构论也列为其中之一。

列维 - 斯特劳斯的理论被人类学家吸收后，不仅被应用到具体的研究上，也直接影响到后来人类学理论的发展，结构马克思论便是其中之一。

第四节　结构马克思论与政治经济学下的文化观

从 20 世纪初到 1960 年代末期的人类学理论发展，均与研究对象的性质有关，如北美西北海岸、西伯利亚、新几内亚、亚马孙河等地区，均是比较孤立、同质性的社会，从 20 世纪开始才受到资本主义市场经济的冲击。可是，在 1950—1960 年代，如格尔茨所研究的印尼爪哇社会，数百年来早已经深受多重文明影响。当时，大多数人类学理论均无法解释社会文化变迁。事实上，地球上几乎所有的民族均已被不同程度地纳入世界性资本主义经济体系里，也受到现代国家统治。面对研究对象的改变，如何发展出有效的理论以解释变迁？物质论取向的结构马克思论和政治经济学，即为 1960 年代处理文化变迁最突出的理论。

一、结构（文化）马克思论的意识形态

第二章讨论社会理论时，已略为说明了人类学中的结构马克思论。它除了强调生产模式与社会形构外，也强调上层结构和下层结构各有其相对自主性，以及其间的辩证关系。甚至，在上层结构里，包括了神话、法律、艺术等，都有其相对自主性。这是结构马克思论在列维 - 斯特劳斯结构论的影响之下，对马克思理论的新诠释。但结构马克思论的重点，还是在生产模式或下层结构对于社会形构的解释上，与文化有关的上层结构依然不是其主要兴趣所在。因此，即使其研究成果剔除了以资本主义社会所界定的经济制度来决定经济范畴的文化观念，却仍无法解决其社会单位的问题。最后是从被研究者的文化观点来界定，才得以突破这个难题。[①]

在马克思理论中，与"文化"最有关的概念，是"意识形态"。在古典马克思理论里，意识形态最重要的作用在于合法化、神秘化甚至是"错误地再现"（misrepresent）生产关系，用以合法化统治者的地位，或者错误地再现资本家和工人阶级之间的剥削关系。结构马克思主义将

---

① 对于这个问题，萨林斯以不同的方式回答：他认为只有像哈贝马斯（Jürgen Habermas）那样，介入可调解一般生产过程与特定历史式的生产方式之文化传统，方可解决（Sahlins 1976：160-161）。

意识形态发展成具有文化意义的理论概念时，虽然延续了它的基本命题，但更强调意识形态是可为任何阶级或群体所支配使用的，因而，人成为意识形态的主体，而非受到操纵宰制的被动客体。布洛克（Maurice Bloch）针对马达加斯加岛梅里纳（Merina）人的割礼研究，即为此派理论的典型代表（Bloch 1986）：

> 这本书主要讨论一个存在长达一二百年的梅里纳男性成年礼割礼仪式。梅里纳人分布于马达加斯加岛的中部，原本有一个王国。18世纪，国家为了对抗以法国为首的殖民势力和基督宗教，将原本在个别家户举行的割礼提升为全国性的仪式，使得成年礼成为效忠王室与团结全国民众的仪式。但法国征服、统治马达加斯加岛与基督宗教进入之后，割礼又回归为家户各自举行的仪式。1971年，马达加斯加独立成现代国家之后，农民将割礼扩大举行，成为整个地区乡民参与的仪式，并成为农民对抗国家统治与剥削的工具。这个研究说明成年礼中的割礼功能不停地改变：团结王国臣民、效忠国王、农民对抗统治者等，但仪式的象征结构，从1800—1971年这一百多年来都没有改变，由此可见仪式象征结构所隐含意识形态的延续性。但在仪式的历史发展过程中，我们看到所谓的意识形态不但可被统治者运用，甚至到了第三个阶段，也可以被农民运用。更重要的是，为什么在不同阶段中，割礼仪式均可以产生作用？这便涉及仪式中不变的象征结构。而且，该象征结构是用暴力（violence）来打破原来的分类而产生力量；好似在人的思考里，不能用分类驯服的东西往往变得强而有力一样。①

因此，这个由意识形态发展而来的文化理论，不仅强调意识形态的工具性而凸显了人的主体性，使意识形态概念有更大的弹性与解释力，更提出梅里纳割礼的象征力量是源于以暴力打破固有的分类，而深化了对于仪式象征的解释。因此，这个研究使马克思论能与"文化"的讨论衔接在一起，因而有文化马克思论之称。这个理论探讨方式，能说明社

----

① 这个论点，在布洛克后来的著作中有进一步的发展，见 Bloch（1992）。

会的改变是来自外力，如殖民主义的扩张；但是，改变过程之中却有一些较不变的部分，有其特殊的文化基础，使得该文化的延续得以集中在这个仪式上。如此，这个由结构马克思理论里的意识形态讨论所发展出来的文化理论，反而更可解释一个文化的改变与持续。不过，文化马克思论主要是在欧洲发展；在与法兰克福学派结合之后，更为凸显。在美国人类学中，原有的物质论传统，使得马克思理论之发展反而呈现不同的面貌。

二、政治经济学的文化观

前面已经提到，美国人类学虽一开始是建立在德国唯心论的文化概念上，但博厄斯的学生很早就发展出物质论的文化理论来加以修正。而且在 1960 年代，物质论全盛时期，进一步发展出当时有名的文化生态学。然而，正如前述，这理论的代表，拉帕波特的岑巴甲研究所示，其生态体系一旦在世界资本主义的侵蚀下，就难以维持其平衡，因而凸显了这类理论有其社会性质的假定与限制。这种困境在 1960 年代末期开始益加明显。由于美国原本就是世界性资本主义市场经济的代理人，使得这些问题对美国人类学界有更实际的意义。对于在中南美洲从事研究的斯图尔德及其学生，这个问题更是迫切。因为，当美国成为全球最大资本主义经济势力时，最主要受害者之一便是拉丁美洲。也因此，弗兰克（Frank 1967）便在 1960 年代由拉丁美洲的研究发展出依赖理论，强调美国的经济发展，很大一部分来自对于拉丁美洲的剥削关系，不仅是该地区的资源被美国所搜刮而成为其主要的原料来源，该地区也成为美国的主要商品销售对象；也因此，与美国关系愈紧密时，拉丁美洲往往更为穷困。相反地，拉丁美洲最富有的时候，反而是美国参加二战期间。彼时，美国没有余力顾及拉丁美洲，使得该地区更有发展的空间。

这个理论，加上研究对象是拉丁美洲的农民，使斯图尔德的学生质疑：他们的研究对象还可以称之为自给自足于封闭小社群的农民吗？例如，西敏司所研究的加勒比海农民，大多数是种甘蔗的蔗农，受雇于西方资本家开设的大庄园，工作与生活性质更接近于工人，而非农民（Mintz 1979）。这使得研究者意识到：必须注意乡民社会的性质与改变。当时，乡民研究最主要的解释方式，便是结合沃勒斯坦的世界体系理论。在这个取向下，学者倾向认为人类学所强调的文化特殊性是世界经济体系发展的结果，是资本主义体系之结构所造成的。这可见于西敏司的研究（Mintz 1985）：

> 在这个研究中，西敏司不仅视加勒比海从事蔗糖生产的大庄园为早熟的资本主义工厂，更探讨糖在近代世界史上的地位，特别是糖在英国社会的意义转变。在 1650 年以前，糖被当作药品、调味品之类的稀有物品来使用。而在 1650 年到 1750 年间，糖逐渐成为贵族的奢侈品、装饰品等。到了 1850 年以后，糖成为大众化的必要食品，其食用量不断增加。这除了因殖民地母国与加勒比海殖民地连接后降低了糖的价格外，主要是用糖制成的各种食物，准备起来既省时，热量又高，适合劳工阶级，也节省了外出工作妇女烹煮食物的时间，形同释放了女性劳动力。因而，糖的需求快速增加。饮食方式与内容的改变，更凸显了阶级间的差别。
>
> 为了能继续提供廉价的糖来满足全世界工人的需要，除了资本家说服国会制定有利的政策外，也由非洲输入奴隶和引入其他地方的契约劳工，以廉价的劳动力投入大庄园从事热带栽培业，来增加交换价值。由此，我们不仅可以发现糖之所以成为一般工人日常生活重要的必需品，乃至于改变当代人的饮食消费文化，实与世界性工业资本主义经济的全球性发展与分工、生产模式与消费模式之结合，以及殖民母国与殖民地连接过程有关。这过程不仅隐含了政治性、象征性和结构性的力量与权力，更分别由糖的内部文化与外部社会经济意义，探讨英国近代的社会性质之转变：由以身份为基础的阶级性中世纪社会，转变为社会民主的资本主义工业社会。

正如沃尔夫的学生（Schneider & Schneider 1976 : 228）研究西西里岛时所说的，"文化并不决定一个社会在世界体系中的位置，而是反映这个社会在过去的世界体系中所扮演过的各种角色"。而糖的价值与意义的改变，正好说明政治经济学的探讨取向，不仅呈现了社会文化的变迁动力与价值意义的改变，与资本主义经济体系内的结构与分工的关系，更促使我们思考：文化自主性的假定是否成立？

政治经济学的文化理论带有很强的工具论色彩，此学派的局限，可借由文化结构论的挑战而凸显。

第五节　文化结构论与实践论

相对于人类学的其他文化理论，政治经济学视"文化"为适应工具，而几乎否定了"文化"的重要性。这种文化理论让人只看到经济结构，但看不到人。然而，人类学所谈的文化差异性乃是表现在人的活动上。但政治经济学的文化观念，却使人的主体性消失而看不到人的主动性与创造性。该如何面对这个问题？原本受业于怀特的萨林斯，便是提出突破性理论的重要人物。

一、萨林斯的文化结构论

萨林斯注意到：美国人类学中物质论的发展所产生的普遍主义预设，和唯心论传统的特殊主义产生立场上的矛盾，也涉及人类学研究对象是属于客观存在的真实或属于主观上的观念等客观论与主观论的争辩。尤其是博厄斯以来的文化理论，均倾向于强调被研究者的观点，而与物质论（即后来的政治经济学）发展逐渐强调普遍主义与客观解释，产生了根本的歧异。[①] 面对这样的分歧，萨林斯（Sahlins 1960a）乃首先对他老师的演化论、新演化论，提出新的看法：演化可以分为一般性的演化和特殊性的演化；从长远来看，所有人类的演化有其一般的趋势；可是，在特殊的人文或物质环境中，则有独特的发展，必须从文化的角度去看。因此，他想要用一般性的演化和特殊性的演化来结合美国人类学的物质论和文化论冲突。

---

① 这类问题发生在许多人类学家身上。如萨林斯的老师怀特，就被萨林斯认为既是客观论者也是主观论者（Sahlins 1976：104）。即使施耐德研究美国亲属概念时，其分析理论与方法是客观性的，但仍是透过被研究者的主观观点来分析。他要解释的仍是被研究者的观点和视野。

到了 1976 年，萨林斯的《文化与实践理性》（*Culture and Practical Reason*）（Sahlins 1976），提到世界人类学一直在两个模式中摆荡：普遍主义和特殊主义、客观论和主观论。而人类学理论发展的问题，正是追求普遍原则和追求文化差异性间的矛盾。他希望找到调解两者的可能。除了先前提到他将演化区分为一般性演化和特殊演化，也把现代社会和原始社会的分辨建立在不同的基础之上。他认为这两类社会的分辨在于象征体系特殊倾向的差别，或因客观媒介与动态性潜能的不同，产生不同性质的象征系统，而且表现在不同的领域或制度中。因为，原始社会的象征系统主要是建立在亲属关系上，而现代社会往往是透过物质生产（商品）的经济过程来建立其象征体系。然而，在这个讨论中，他也面对一个困难，到底该如何解释原始社会演变为现代社会的变迁动力？跟物质论传统中的结构马克思论或政治经济学的解释有何不同？尤其是他所研究的大洋洲社会，不仅有领袖靠着个人能力产生的平权社会，也有权力世袭的酋长制或是王国，两者之间还有其他不同形态。即使是新几内亚依据个人能力建立权威的社会，其间也有差别。对他而言，平权社会如何演变成酋长、王国的阶序社会，就如同原始社会如何演变为复杂的社会，是同样必须解答的问题。

前面提到，物质论取向下的结构马克思论或政治经济学，往往是从西方资本主义经济的世界性发展来解释文化变迁。但这样的论证往往导致"文化"是次要因素的结论。因此，如何提出不同的说法而可提升"文化"的地位？萨林斯在他 1981 年所出版的《历史的隐喻与神话的真实》（*Historical Metaphors and Mythical Realities*）（Sahlins 1981）中，即尝试发展不同的文化理论：他未否定资本主义世界市场经济作为各个地区文化发展的动力，但他更强调：资本主义真正能产生动力，并不是其本身直接产生作用，而是涉及当地人如何去理解这个资本主义经济市场本身。他们的理解才能产生他们的实践，因而有不同反应方式的产生。夏威夷人对于代表资本主义力量的英国库克船长（Captain Cook）之造访的反应，便是他所提供的一个典型的例子。①

在这个例子中，透过原有的宇宙观，当地人把库克船长当成带来自

---

① 有关这研究个案的详细内容，请参阅第十四章第三节的描述。

然繁衍的生育之神。库克船长也带入他船上的资本主义商品，由于商品不再由贵族所垄断而改变了原社会类别间的关系，最后乃改变了原有的社会结构。于是，行动者与结构、外力与内在文化传统、客观条件与主观文化认识等，均成了相互界定、辩证的关系。这个事件说明了外来资本主义带来的殖民力量在当地如何被认识、反应，而这个反应又如何透过内部实践的过程去改变原本的社会。由此，萨林斯要说明的是：资本主义世界经济并非在每个地方都造成同样的反应，有时甚至不产生反应。只有被当地人理解、实践之后，才可能产生各种不同结果。[1] 换言之，萨林斯承认外在政治经济条件的影响力，但更着重于当地人原有世界观所带来的理解与反应，并意图用这样的方式来调解物质论和观念论之间的冲突。同时，也赋予了"人"作为"行动者"的一定位置，而有了改变社会结构的主动性。在第十四章将会较仔细讨论库克船长造访夏威夷的例子中，地位比较低的平民，甚至是女人，也在这个过程里改变了社会原有的结构。如此一来，萨林斯不仅可解决观念论和物质论之间的冲突，也同时可解决客观论／主观论、文化的延续／变迁、内在因素／外在因素、结构／行动者、全球化／地方化等各种二元对立的概念，从而建立文化结构论的理论。类似的企图也见于布尔迪厄的实践论。

二、布尔迪厄的实践论

相对于萨林斯，布尔迪厄并不强调特殊事件，而是强调日常生活（Bourdieu 1977, 1990a）。[2] 他用心理学的基模（scheme 或 schema）概念，说明文化的熏陶过程是不知不觉地使个人行为有一定的模式，而且表现

---

[1] 以清代的鸦片战争为例。一开始，清廷并不接受英国的贸易请求，认为中英贸易关系仍属天朝与小国间的朝贡关系（Chun 1984；Sahlins 2000）。因此，鸦片战争的起因并不只是表面上的贸易问题，而是资本主义世界观和中国世界观之间的冲突。

[2] 关于布尔迪厄理论的介绍与评论著作，已不胜枚举，在此不一一列举。唯卡尔霍恩等人的讨论（Calhoun, LiPuma & Postone 1993）与笔者的观点较为类似，故特别提及，敬请自行参考。又，布尔迪厄到底算是人类学家或是社会学家，还是两者皆是，应该不是那么重要的问题。至少，他在阿尔及利亚从事过严格定义下的田野调查工作。

在日常生活里最为明显。因此，不同的文化往往塑造出不同的"惯习"（habitus），使其成员的行为有其特有的趋势和方式，仿佛天生自然，以至当事人无法意识到。

就某个角度而言，布尔迪厄虽跟萨林斯一样，强调外在的结构提供了一个人活动的条件，但他更重视日常生活里所习得的一套惯习或方式来实践，成了他所说的"结构化的结构"（structured structures）。这套无意识的惯习，在特定的结构条件与实践过程中又繁衍乃至改变了原有的基模，而形成了新的行为倾向，他称之为"结构中的结构"（structuring structures）。他结合了列维-斯特劳斯的结构论与涂尔干理论传统所发展出来的实践观念，几乎是用"惯习"取代了原来人类学家惯用的文化概念。而且，这惯习作为"一般发生基模"（general generative schemes）所构成的体系，它既是持久的，也是可转换的，更同时是客观与主观的，以及"互为主体的"（intersubjective）。此外，布尔迪厄更强调在这个过程中，每个人在日常生活中由于扮演不同角色而拥有不同选择机会，因而也产生很多操纵策略，使得人并非只是结构下的产物，而有其主动性，甚至可以改变基模、行为倾向乃至结构本身。因此，每个人在社会文化结构里因其不同的位置与角色而有不同的操控，对于其文化与结构可以有不同的解释。如：法国的工人阶级表现的是中产阶级的品位，甚至于自我认同也倾向中产阶级（Bourdieu 1984）。这使布尔迪厄的理论又有海德格尔（Martin Heidegger）到梅洛-庞蒂（Maurice Merleau-Ponty）现象学的关怀。在古典马克思理论中如"阶级"这样的结构性概念，经他的妙手回春而得到活化。① 不过，布尔迪厄虽强调日常生活与实践的过程，却不限于个人如何无意识地繁衍惯习，而使他有明显不同于萨林斯的着重点：强调人如何认识外力而再创造。但就深层的心理结构而言，布尔迪厄的实践论实较萨林斯的文化结构论更结构化。但两者都希望把人的主体性带回结构马克思论和政

---

① 布尔迪厄也扩大了"资本"（capital）的概念，使之不限于僵硬定义下的经济资本，而将之延伸到象征资本（symbolic capital）、文化资本（cultural capital）、社会资本（social capital），使我们得以分析新自由主义经济下的资本形式。见随后的讨论。

治经济学领域。

在人类学中，布尔迪厄最有名的研究之一，是他早期在阿尔及利亚有关柏柏尔（Berber）人的田野调查（Bourdieu 1990b）：

> 分布在北非阿尔及利亚沙漠中的柏柏尔人，平常住的房子通常都向着东边的太阳，其下半部是牲畜的圈栏，上面才是人的活动空间。在他们的空间象征系统里，向阳的家屋前半部主要是男人的活动空间，而被赋予比较高的地位。但是，这只是男人的解释。因为，主要在家屋后半部活动的女人，则认为屋内后半部往往比被墙挡住的前半部更先照到太阳。所以，在女性的解读中，整个象征结构被颠倒过来。由此，布尔迪厄强调每个文化虽各有其严谨的象征系统，可是，人因不同角色而有其不同的操弄与解释；因此，象征意义不是固定的，必须透过人的主体性来了解。

柏柏尔人的研究也凸显了布尔迪厄之所以以"惯习"取代"文化"的理由。在这个个案中，我们可以发现文化象征体系，正如语法结构一样，在语用上是"不确定性"（indeterminacy）的，有其弹性与操纵的空间；较深层而非当地人意识到的，反而是日常生活行为背后属于心理层次的基模所塑造的行为倾向。

布尔迪厄在学术上的影响力，显然远超过人类学界所关怀的实践理论。他对所有的人文与社会科学均有广泛的影响力，这当然不只是因为他以实践论解决了当时社会科学理论所面对的许多内在对立，如物质论 / 观念论、客观论 / 主观论、结构 / 行为、社会 / 个人、社会 / 文化分类或语言、科学 / 真实等，而是结合了马克思论与现象学的传统（特别是海德格尔与梅洛 - 庞蒂）来研究权力，重新诠释马克思论，使其理论得以有效地被用来研究分析当代西方社会。其中，文化资本、社会资本和象征资本等不同形式的资本概念便是有名而影响深远的例子（Bourdieu 1977；Bourdieu & Turner 2005），他更使用"场域"（field）的概念来反省地分析社会生活本身。① 在人类学的研究上，他以柏柏尔人的民族志证明"工作"与时间、空间等共同构成人类社会生活节奏的基本分类（Bourdieu 1990a：200-270），说明"工作"的分类概念，是与康德所提的人、空间、时间、物、数字、因果等分类概念一样基本与重要。因而引起日后有关"工作"（非限于资本主义社会的劳力）的系列研究。②

　　1980—1990年代，是萨林斯的文化结构论与布尔迪厄的实践论最活跃的时代。1990年之后至今，它们仍有着不亚于其他任何理论的影响力，使其支配性已超过二十年而未息。这一方面得归功于他们均具有很强的综合能力：能够在一个理论中，同时解决了1980年代以来的许多二元对立的争论，如客观论／主观论、文化的延续／变迁、内在因素／外在因素、结构／行动者、全球化／地方化、社会／个人、社会／文化分类或语言、科学／真实等。另一方面，为了解决上述各种二元对立的争辩，他们的理论因带入人的主体性与实践，而往往超越并挑战了西欧科学知识体系中所充满的二元对立之思考方式。虽说这种思考方式可能是所有人类的普遍思考原则之一，但却是在资本主义经济体系兴起的过程中，随现代科学文化的发展而凸显为西欧资本主义文化的特色之一。他们的理论却能让我们反省这样的思考偏见，而有所创新与突破。当然，相对之下，萨林斯理论的影响力似乎更局限于人类学界，主要是他的理论有益于对个别文化能有更深入的理解，凸显了人类学知识体系相对于其他学科的特点，更在意于被研究者主观的文化观念之特色。不过，无论如何，他们两人的理论能持续影响那么久的另一个主要原因，是1990年代以后，一直没有新的大理论出现，使得他们的理论得以继续占有主导地位。

---

① 在布尔迪厄的概念里，社会生活是由许多不同的"场域"所构成，每个场域都是半独立的活动范围，有其累积的制度历史与行动的逻辑，更有自己的资本形式与权力。也因资本和权力在不同场域又可以相互转换，使得每个场域又都与其他场域发生关系而构成一整体。布尔迪厄以场域的概念所做的反省式研究，最有名的例子便是关于学术界与文学艺术的分析（Bourdieu 1988，1993）。

② 当然，并不是目前在人类学中有关"工作"的研究，均发轫于布尔迪厄。他的兴趣不在此特定研究主题上，而是在人类整个知识体系和理论上，给予"工作"比马克思所赋予的"劳动"更基本而重要的位置。

第六节　没有大理论的时代

在 1970 年代结构马克思理论和政治经济学主导的时代之后，1980 年代以来的文化结构论和实践论成为世界人类学研究的主流。[①]事实上，在 1980 年代文化结构论和实践论发展的同时，与后现代主义或后结构论发展密切相关的后现代人类学也开始发展。相对之下，后现代人类学比文化结构论和实践论更积极解决结构马克思论与政治经济学所忽略的主体性问题，以及试图进一步了解新自由主义经济全球化发展所导致社会文化流动与混合的普遍现象。然而，在人类学中，后现代取向的前驱者是格尔茨。

一、后现代人类学的挑战

格尔茨会成为后现代人类学的先驱，是来自其将"文化视为文本"，由人类学家解读其意义的理论立场。事实上，这个取向发展到后来，便视"人类学家有如作家"[②]。正好，由后现代理论衍生而来的后现代人类学认为"文化"并没有本体论的基础，只是人类学家的解释而已；人类学家所看到的文化只是再现和建构，未能真正面对文化的本质；后现代理论家甚至否定文化有本质存在。后现代人类学进一步发展格尔茨的论点，认为我们从来就不知道文化的真实，我们所知的都是被人类学家所再现过的。因此，在后现代人类学之中，民族志不再被视为文化存在的证据，转而强调民族志书写本身，即文化如何被人类学家书写出来，而不是文化的真实内容。所以，这一批后现代人类学研究往往被称为新民族志或书写文化。[③]

[①] 奥特纳的文章（Ortner 1984）中提到人类学最近的发展是以实践论涵盖文化结构论和实践论。

[②] 这句话是他晚期著作（Geertz 1988）的副标题。该书获得 1989 年文学评论奖。

[③] 新民族志或书写文化，以 Marcus & Fischer（1986）与 Clifford & Marcus（1986）两书最具代表性。而比他们更早的民族志，如 Rabinow（1977）、Dumont（1978）、Crapanzano（1980）、Dwyer（1982）等，更是这类民族志的典型。有关后现代人类学研究的中文介绍，可参阅黄道琳（1986）。

虽然，后现代人类学者还是强调文化经验差异性的重要，但在新民族志中，往往只看到人类学家的差异，而非"文化差异"本身。他们也强调人类学知识生产过程中多声的（multivocal）与不平等权力关系，强调民族志知识是由研究者和被研究者共同创造出来而互为主体的（intersubjective）。可是，后现代人类学民族志，最后突出的还是后现代人类学家：读者只看到人类学家本身，报道人仍然隐形于文字之后。后现代人类学者强调文化没有本质、多义、本体不可知，加上多声的诉求，鼓励各种不同的解释，以凸显文化内部的差异性，而非文化内部的共同性。[①]

后现代人类学的取径尽管新颖，也弥补了先前理论忽视文化内部差异的缺失，却也产生了某些危机。首先，即民族志"再现"的问题。由于强调文化的内部差异，关注同一社会里不同成员的不同观点，并强调不同观点所隐含的不平等权力关系[②]，也产生了一个危机：人类学家再现的几乎只是权力，而不再是文化差异。第二个问题是：后现代人类学既认为文化没有本质，民族志就不再有客观的标准，当然就没有判断是非好坏的基准。这不仅否定由民族志比较来掌握文化独特性的可能性，而造成比较的不可能，更推翻人类学原有的知识系统和权威，而造成了另一种权威和阶序。而且，这种新权威跟阶序因没有标准而更显专断。最后，后现代人类学对人类学最严重的影响还是对民族志知识累积的伤害。而且，这伤害也命定了这个革命无法完成。最主要是由于本体论上的质疑，使得年轻一代后现代人类学家从事田野工作时充满内在的不确定感以及认识论上的忧郁症（Kuper 1999：223），最后的结果是再也写不出民族志，即使是如拉比诺（Paul Rabinow 1977）、杜蒙（Jean-Paul Dumont 1978）、克拉潘扎诺（Vincent Crapanzano 1980）、德怀尔（Kevin Dwyer 1982）等后现代人类学的代表性民族志，再也不复见。这自然影响人类学知识累积与发展的可能性。这种种缺陷，再加上人类学界本身对于后

---

① 对比之下，1960—1970年代的人类学，经常强调文化的共同性。如前面所举的例子中，施耐德认为所有美国人对于亲属有一套共同的看法（Schneider 1968）。

② 例如，在一个社会之中，某人的观点被大多数人接受，并不是因为它更符合真理，而是因为他掌握更大的权力。

现代人类学的严厉批判①,导致了1980年代末期后现代人类学的衰落命运。

后现代人类学的主要发展领域是在美国文化人类学,在英、法乃至欧陆并没有产生太大的冲击。不过,即使其发展已逐渐没落,反而跟文化研究结合在一起形成另一个新的文化风潮(Bonnell & Hunt 1999)。事实上,这些不同的发展多少也反映了不同的社会文化条件(Kuper 1999:226-247)。美国是族群与文化的大熔炉,博厄斯的使命便是用"文化"的概念来挑战种族主义,这是他之所以能够建立人类学的社会条件。1960年代末期的学生运动和社会运动,对种族主义造成进一步的冲击。到了1970年代末期以后,因新自由主义的全球化扩展,在美国的各种"文化"与"种族"观念愈来愈混杂而模糊不清,进而提供后现代人类学发展的条件与困境。例如,美国社会会强调印第安人的文化遗产,后现代论者在道德上必须支持。可是,这跟后现代主义假定文化没有本质是相矛盾的。因此,后现代人类学在美国的发展渐产生实践上的困境,同时也是该社会情境的反映。最后,后现代人类学逐渐和文化研究合流。甚至,后现代人类学的代表人之一马库斯(George Marcus),便认为人类学是文化研究的一支,以避免被批评他们缺乏长期的田野工作。

相比之下,文化研究在英国的发展,又非常不同。文化既然被看成整体的生活方式(见本章第一节"文化与文明"的讨论),他们要解决的是高级文化(high culture)、大众文化(mass culture)、流行文化(popular culture)之间的冲突。而英国文化研究是支持大众文化来挑战主流文化的支配性。这样的视野与问题正也反映英国社会阶级分明的条件。为了批判主流社会,英国的文化研究者几乎都是文化马克思论者。而美国后现代人类学,对于当代因新自由主义全球化发展所导致社会文化流动与混合的普遍现象,有较积极的贡献,唯这方面的成果往往被文化研究所吸纳。

二、分类概念与千禧年民族志书写

在后现代人类学没落后,从1990年以后至今,整个世界人类学已看不到真正具有主导性的新理论派别。然而,文化理论发展至今的累积结

① 对后现代人类学的严肃批评,可见于 Strathern(1987)、Sangren(1988)、Roth(1989)、Spencer(1989)等。

果，导致研究分析愈来愈细致和深入。对此，1970 年代末期重新被重视的莫斯之象征理论，更有推波助澜之功。虽然，莫斯在有生之年并没有完成他的"社会的象征起源论"，但已足以使人类学家反省既有理论中所具有的西欧资本主义文化的偏见。比如，他质疑西欧近现代的人观所强调个人的独立自主性是否普遍存在时（Mauss 1979a），不仅引起人类学家去发现其他文化不同的人观，如大洋洲有名的"可分割的人观"（dividual personhood）或南亚"可渗透的人"（permeable person），更使人类学家反省已有的理论背后所假定的各种分类概念。莫斯延续涂尔干理论中有关基本分类概念的探讨，引起人类学界的广泛回响，并产生许多让人深思的成果。[1] 然而，要了解个别文化的基本分类系统，往往要求研究者必须对被研究者有相较于之前更深入的理解与更细致的民族志资料；它更常与布尔迪厄的实践论结合而注意到日常生活中的活动细节，故笔者暂时称之为"文化实践论"。因此，相对于后现代人类学的发展，人类学民族志反而有更多层次而丰富的发展。这点，更因历史化的时间深度要求和全球化的空间广度要求而益加凸显。

在历史化与全球化的要求下，又要保持人类学的特色，人类学家不仅要强调社会文化的深层内在因素，还要与外在政治经济的结构力量或条件连接，自然不能只限制在一个聚落，而必须关照到更大的社会文化脉络，甚至是世界体系中的一环。更重要而困难的是要如何将这些不同层次、不同领域的理解整个整合起来。在此趋势下，一个成功的人类学研究往往要累积好几代的研究成果，以几卷书的数量，才能精细而清楚地说明。可马洛夫夫妇（Comaroffs）关于南非的研究，便是典型的例子。这个研究包含 1991 年出版的第一卷、1997 年出版的第二卷和尚未出版的第三卷（Comaroffs 1991，1997）：

> 这两卷书处理的主要课题，是南非被英国殖民的过程，以及当地

---

[1]　盖尔（Alfred Gell）由新几内亚优梅达（Umeda）人的空间观念是建立在听觉而非视觉的例子，挑战了西欧自 15 世纪以来的科学文化建立于视觉基础上所造成的文化偏见（Gell 1995）。同样，随资本主义兴起而主宰全世界的现代线型时间，再也不是了解其他文化的必然时间概念。

人如何理解与实践此过程，并建立他们自己的现代社会。当中，至少可以区分出三种不同的殖民力量：殖民政府、商人、教会。这三种力量在殖民母国代表三种不同的社会阶级。殖民政府代表的是英国上层的统治阶级，商人代表的是资本家或中产阶级，教会代表的是英国另一种反资本主义的中产阶级；这三种殖民力量都是来自南非的殖民母国。亦即，我们所说的殖民主义只是个非常笼统的词汇，事实上却是很复杂的多重社会力量，往往跟殖民母国的社会结构相结合，并在殖民地产生不同乃至冲突的影响。至少，这些殖民力量带进南非当地的知识与权力也都不同。例如，殖民政府执行殖民统治而带来的知识，跟教会在当地所建立的教会系统所教化的内容，与商人（企业家）所代表的经济结构所产生的作用，是非常不同的，因而存在着不同的权力关系。亦即，殖民政府通过殖民统治、商人通过市场交易、教会通过传教，所建立的不平等关系不仅非常复杂，性质也不同。这不仅涉及了意识形态，更涉及不同时期支配与被支配间的不同关系。

由上，作者们进一步质疑过去有关殖民主义的研究，往往以传统与现代文明、殖民者与被殖民者、殖民母国与殖民地、白人与黑人等二元对立与矛盾来浓缩殖民地实际上是模糊而流动性的关系与实践。作者进一步透过殖民地被殖民者日常生活的实践，特别是有关转宗、现代农业技术的改革、货币与价值的多元化、衣服与家（屋）的转变、传统与现代医疗的结合、公民权与种族身份的矛盾等有关现代性的文明化过程，凸显当地人如何在传统文化与外来现代文明的辩证中建立各种不同的混合文化与新世界（秩序），产生宁静革命。

因此，这两本书处理了非常复杂的历史过程，不仅有其多层次、多面向的细致民族志，更在理论上创意地区辨了意识形态与霸权（hegemony）、"辩证法"（dialectics）与"辩证术"（dialogics）等重要概念，并修正了辩证法本体论上的决定性而赋以与社会力相互转换的性质，使其在理论上也有其独特的贡献。

在这几卷书中，除了深层的心理层面以外，几乎使用了所有的社会文化理论概念。但是，他们的研究并非只是建立在个人研究之上而已，而是累积了从沙佩拉（Isaac Schapera）、拉方丹（Jean S. La Fontaine）到第三代可马洛夫夫妇的努力。[①] 这个研究个案本身横跨了 70 年的研究史，不仅反映了整个世界人类学累积发展的结果，更有效地凸显了这个地区文化历史发展的特色，使得今日这种细致而多因素、多层次而多面向的研究典范，在这一系列的民族志里发挥到了极致。

当前人类学文化分析的趋势愈来愈细致，而又面对深入广泛的民族志书写需求，自然也愈不易发展出大而有效的理论来主导。但另一方面，这也是新的发展契机。因人类学知识的另一个特性，原就在于其整体性的掌握。目前的发展，虽使得文化的各个面向不断被切割而有着比以往更深入的理解，只是无法有效整合出一个新的文化图像，自然无法发展出新的文化概念与理论。若是有足够综合能力的人，能够从当代愈来愈纷扰的文化现象中，找出关键点，以架构出错综复杂图像的经纬，新的理论架构与视野便可期待。尤其面对当代新自由主义全球性扩展下的新现象与新经验和新问题，更需有新的知识来面对不可。因此，当前虽是个没有大理论的时代，但细致分析到极致之后，就可能有新的综合概念与理论的出现。故它也是充满希望的时代。

第七节　结　语

从上述人类学文化理论的发展过程中，我们发现：它一方面寻求新的文化概念与理论，以便更有效地呈现被研究社会的文化特色，另一方面又企图剔除已有理论里的文化偏见，特别是资本主义文化的偏见。如：早期的文化生态学或主智论，均凸显出像岑巴甲或阿赞德这类较孤立原始社会整体的文化特性；特纳的象征论强调如何由仪式的象征机制来整合并塑造文化混杂而又充满内部冲突的社会，正可凸显中非洲经长期被殖民统治的恩登布社会特色。受韦伯主观论和帕森斯行为理论影响的格尔茨诠释人类学，正可凸显印尼爪哇这种早经多种文明洗礼的复杂社会。

---

① 　事实上，沙佩拉从 1920 年代便开始搜集南非的材料，累积了一千多个当地人在法院的诉讼例子，这是一般人类学家很难做到的。

深受帕森斯行为理论与列维 - 斯特劳斯结构论影响的施耐德文化论，面对种族大熔炉的美国社会，便能有效地去芜存菁。布尔迪厄的"惯习"概念，不仅带入心理层次的基模到日常社会生活的研究分析中，来取代传统的文化概念，更结合了马克思理论与海德格尔的现象学而活化了传统马克思论，使实践论成为有效分析当代西方社会的理论之一。至于那些文化特色建立在与殖民国家长期互动之历史过程的社会，如马达加斯加的梅里纳人、加勒比海蔗农、夏威夷土著等，则需要长时限的历史研究，如结构马克思理论或政治经济学，乃至萨林斯的文化结构论等，得以有效呈现其特色。

这些理论的提出，多少也剔除了已有理论中所隐含的文化偏见。主智论和结构论挑战了西欧文化视原始文化为无知而不合逻辑的看法；文化生态学则挑战了西欧自资本主义经济兴起以来所发展出人定胜天和视能不断占用自然资源为一种进步的观念。施耐德则质疑了人类学亲属概念其实只是西欧的民俗模式；布洛克认为，意识形态只由支配者所操纵实是西欧社会的特殊现象。而萨林斯的文化结构论与布尔迪厄的实践论，均带入人的主体性而超越了主宰西欧科学文化的二元对立思考方式。至于莫斯的分类概念研究，更是广泛地激起人类学家对于已有分类概念（特别是人观、空间、时间、物和因果等）上的西欧文化偏见之反省。这些贡献，正好也再次凸显了人类学知识上强调被研究者的观点，及其反省与挑战研究者文化和已有理论知识的文化偏见之特性。即使在后现代人类学的挑战之后，世界人类学界虽已没有具支配性的大理论，但在民族志分析上，细致、多因素、多层次与多面向的研究成了主要趋势。这意味着细致分析到极致之后，就可能有新的综合概念与理论的出现。尤其是可以面对新自由主义全球扩展下的新现象、新经验和新问题的新知识与理论。

上述特色，将在第五章之后，在各个分支领域研究讨论中呈现。下一章，先讨论人类学独特的研究方法——田野工作。

第四章　田野工作的理论与实践 *

异文化的长期田野工作，之所以成为人类学家的成年礼，在于它不只是一种收集数据的方法，更具有认识论上的意义，以培养工作者具备人类学家应有的能力与视野。这包括剔除研究者自身文化的偏见，具备被研究者的观点、比较的观点、整体的全貌观、前瞻性的批判性等。也因此，随着人类学理论的发展，不同的理论对于田野工作的定位、意义和收集资料的方向与内容等，都有所不同。故田野工作是与人类学理论知识不可分的。事实上，除了理论之外，个人的自我实践、民族志知识，乃至于个人的文化背景等，均会影响其成效与结果。而田野工作所造成研究者与被研究者间的不平等关系，也只能从长久而深入的田野工作本身的反省与实践中寻求解决之道。

前面几章有关人类学社会文化理论发展的概述，除了隐含历史的发展过程中理论间的辩证关系外，更有意指出：被研究社会文化的特色，往往促成新的文化概念与理论的产生。一个有效的文化概念与理论，也往往能剔除已有的理论概念中所隐含的文化偏见。不过，理论之所以成为人类学知识体系的一部分，除了源于对社会文化的共同关怀外，也涉及了生产知识方法上的共同基础。这便是一般所说的人类学"田野工作"。但不同的人类学理论，对于该"方法"的看法与实践是否真的有共识存在？这将是本章主要讨论的重点。

---

* 本章主要是依据笔者已出版的论文（黄应贵 1994）修改而来。该文并被收录于黄瑞祺、罗晓南（2005）一书中。

第一节　人类学的田野工作

以参与观察为主的田野工作，经由哈登（Alfred C. Haddon）和里弗斯（William H. R. Rivers）等剑桥学派学者在 1898 年的托雷斯海峡（Torres Strait）调查以来的努力而逐渐发展。到马林诺夫斯基之时，则更具体"证明"长期田野工作的科学性和效用，使得田野工作不但在两次世界大战期间，逐渐成为人类学家资料收集的主要方法，更成为人类学家的成年礼（Stocking 1983）。

一、人类学田野工作的特色

田野工作之所以能够使一位初学者成为一位专业人类学家，自然不只因它是"科学的"收集数据方法，更重要的是它具有认识论上的意义，可以培养其工作者具备人类学家应有的能力与视野。

第一，它使工作者能借由异文化的亲身经历，体会文化差异所造成的文化震撼（cultural shock），以去除可能有的文化偏见。也因此，人类学家的第一个工作，多半会选择一个异文化作为其研究对象，即使是研究自己的文化，也会尽可能选择一个与研究者本身的成长经验完全不同的对象。比如，人类学家王崧兴先生是在农村长大的，他的第一个田野地点龟山岛，便是以打鱼为主的渔村（王崧兴 1967）。

第二，经由参与观察的过程，田野工作很容易让研究者接触并了解到被研究者的观点。即使研究者对于现象的解释，不一定视被研究者的观点为最终的原因（final cause），但至少它是不可少的一个层面。这也往往是人类学明显区别于其他社会科学解释的出发点之一。

第三，由前两者所产生的比较观点。人类学里所说的比较观点是复杂而有不同类型的。① 第一种是透过各种不同类型的社会或现象，寻求更具普遍性与真实的性质与解释。如莫斯与波兰尼（Karl Polanyi）对于交换的讨论，即是由各种社会类型中，寻求其普遍性的原则（Mauss 1990

---

① 有关比较方法的历史发展与讨论，请参阅 Kuper（1980）、Holy（1987）、Gregor & Tuzin（2001）、Gingrich & Fox（2002）等。

［1950］；Polanyi，Arensberg & Pearson 1957）。第二种如福蒂斯（Meyer Fortes）所说的，是从一个深入的个案研究中，建构出类似韦伯提出的理念型（ideal type）典范（paradigm），有助于其他研究在了解、比较与解释上之用。最古典的例子便是埃文思 - 普里查德的《努尔人的亲属与婚姻》（*Kinship and Marriage among the Nuer*）（Evans-Pritchard 1951）一书中关于努尔人观念上的世系群体系之研究。第三种是由个案研究所具有的批判性策略（critical device）产生比较的观点与意义。马林诺夫斯基便是此中好手，他以特罗布里恩群岛（Trobriand Island）人的文化特殊性来批判当时西方所认为的普遍性原理，如"经济人"（Homo economicus）的假设、"弑父恋母情结"（Oedipus complex），而产生比较的观点。第四种是表面上不进行任何比较，但民族志的铺陈即已隐含研究者自己的文化背景与被研究者之间的对话，而产生比较的观点。古典的例子便是赫兹（Robert Hertz）的《死亡与右手》（Hertz 1960）。他虽只描述婆罗洲土著的二次葬习俗，思考上却明显在与西欧的葬礼做对比。不过，不论比较观点是属于上述的哪一类别，其基本的出发点仍是经由异文化的体验，了解被研究者独特的观点之后，才会产生文化差异（cultural difference）或文化变异（cultural diversity）的认识与比较的视野。事实上，一种文化的特殊性，也只有经由上述四类之一的比较过程才有可能确立。

第四，长期而深入的田野工作可以培养整体的全貌观。这不只是因为工作者可以了解到社会文化的各个层面，如政治、宗教、亲属、经济等，实如功能论所强调的相互关联并构成一整体，更涉及莫斯所说"整体"（totality）的观念，而牵涉不同层面之间如何透过某种特定行为（如交换）整合在一起的看法；它往往超越行动者个人所能意识到的层次。更因为田野工作是全面性的，几乎各种客观性、主观性的层面，都难逃工作者的经验，即使田野工作者并不完全意识到这些，有些更是许多年后才体会其意义。因此，即使列维 - 斯特劳斯本身是个理性主义者，他也承认田野工作者可触及非理性的经验层面（包括感情、感官等）（Lévi-Strauss 1976：8）。但不论潜意识层面或非理性的经验层面，正如马林诺夫斯基所强调的，人类学家最终要处理的仍是看不见的真实（invisible realities）与习惯的意义（meanings of custom）（Kuper 1980：17）。也因此，列维 - 斯特劳斯虽认为被研究者是他们自己社会的观察者与理论家，但人类学家所要研究的，却是超越个人意识的"潜意识类别"（unconscious categories）（Kuper 1980：7）。

第五，田野工作可以培养一种具有前瞻性的批判性视野。诚如列维 - 斯特劳斯所说："从人类学家的职业生涯开始，田野研究便是怀疑的母亲与保姆。而怀疑正是优越的哲学态度。这种人类学的质疑不只包括知道人是一无所知的，更包括坚决地探讨人因其无知而认为他所知道的，以打倒或否定人们随出生而来所培养的观念与习惯，并代之以最能反驳前述的观念与习惯。"（Kuper 1980：26）事实上，人类学的奠基者，如马林诺夫斯基或博厄斯，也都能从与"原始民族"的接触过程中，了解到这些民族的特点，去批判反驳当时流行的"经济人"观念或"种族优越论"等，代之以更具文化相对论的观点。这类具有前瞻性的批判性视野，不只说明了因田野工作得以接触并整体性地深入了解异文化而有的比较观点，使工作者能剔除已有的文化观念所造成的偏见，也说明了人类学本身所具有的探索性特色。

由上可知，以参与观察为主的田野工作，不只是人类学家从事民族志资料收集的主要方法，也是培养人类学家应有的能力与视野的历程，因而具有其认识论上的意义。但以参与观察为主的田野工作，本身并非绝对客观的中性研究方法，更无法单独产生认识论上的意义，而必须与其他条件配合。比如，雷德菲尔德（Robert Redfield）在 1920 年代于墨西哥的德波特兰（Tepoztlán）从事以参与观察为主的田野工作后，发现这是个同质性很高、孤立、高度统合、互相合作的社会（Redfield 1941）。但相隔 17 年后，另一个人类学家刘易斯（Oscar Lewis）在同一个地方同样以参与观察为主的田野工作，却发现这是个缺乏合作、充满紧张不安、互不信任的分裂社会（Lewis 1951）。他们都认为其间的差别，并非因 17 年的时间所带来的变迁，而是每个人都只看到了现象的某个层面。由此可见，参与观察为主的田野工作本身并非绝对客观的中性研究方法，而必须以其他条件为基础。

事实上，贝亚蒂耶（John Beattie）在 1964 年出版的《异文化：社会人类学的目的、方法与成就》（*Other Cultures: Aims, Methods, and Achievements in Social Anthropology*）中就说得很清楚，人类学家在做田野工作与研究时，正常情况下，必须先了解当时的人类学理论，以及研究地区与可作为比较研究的其他地区之民族志知识（Beattie 1964a：78-79）。因此，田野工作本身不可能与研究者的人类学理论与民族志知识分离，而人类学家更因其理论倾向的不同，而对人类学的性质与目的有不同的看法，也赋予田野工作不同的位置。

二、人类学理论、民族志知识与田野工作

以功能论为例，除了追求人类学的科学性而认为参与观察是一种客观的科学方法外，最常见的共同点是一方面强调每个社会有其独特的行为规范，一方面又注重每个社会的不同制度在实际上独有的相互关系。由此，再进而探讨人类社会文化的普同原则。因此，田野工作特别重要；即使关键性报道人（key informant）能提供理想规范的描述与说明，但一般人实际的活动更重要，因后者可能与前者相矛盾。象征论者往往具有诠释学的人文倾向，除了由一般人的活动了解一般的社会文化现象外，特别重视当地人对宇宙观的系统性解释，以之为现象解释上的最终原因。因此，在象征论者的民族志中，往往会凸显出几位深谙当地信仰体系，且能系统性表述的报道人；如穆秋讷（Muchona）于特纳有关恩登布仪式之象征研究（Turner 1967b），或者奥戈特美利（Ogotemmeli）对于戈里奥乐（Marcel Griaule）有关多贡（Dogon）人思考模式的研究（Clifford 1988a）。[1] 但对于结构主义者如列维-斯特劳斯，目的在于追寻人类社会文化现象背后所具有的人类普遍性心灵，往往并不在意民族志数据是如何得来，甚至不是很重视田野工作本身。事实上，他一生都没有做过合乎英国社会人类学要求的长期深入的田野工作。

田野工作的形态，也因理论而有差异。在 1970 年代盛极一时的结构马克思理论，如梅拉索（Claude Meillassoux）与泰雷等，均认为马克思的理论可以用以解释各种历史上存在过的人类社会，而不仅能说明资本

---

① 关键性报道人在功能论与象征论中有不同的重要性。象征论高度依赖关键报道人，而功能论则有些保留与怀疑。马林诺夫斯基便曾经在《西太平洋的航海者》中质疑过关键报道人的地位。

主义社会，因为马克思主义是处理现象背后之深层结构的一般性理论，该结构是客观地存在而可被客观地研究的。这一派的学者，在民族志的收集上，往往着重于不同种类乃至横跨不同研究尺度（由国家到地方）的文献资料，其田野工作是在短时间内，以工作队的方式来进行，而不是由个别人类学家单独从事长期而深入的田野工作。因此，"参与观察"自然不是其田野工作中最主要的方法。另一方面，对于1980年代以来的实践论者而言，他们在承认人类社会文化现象的独特性，重视人的主体性的同时，也不否认外在客观环境或条件的作用，而寻求超越主观与客观、结构与行动主体等对立的研究探讨方式。其研究不但重新强调以参与观察为主的田野工作，更强调如何经由田野方法摸索出探讨人类社会文化现象的可能新知识；这往往必须依赖较以往更细腻且更具知识论批判能力的田野工作。研究者与被研究者的互动过程，也成为其资料收集的对象之一。

从前面的讨论，我们可以发现：随着人类学理论的发展，田野工作有其不同的位置与意义。在早期功能论时代，人类学被视为科学，而视研究对象为客观存在的客体，田野工作有如自然科学里的实验而被视为一种科学的方法，人类学家往往自视为研究对象之外的外来观察者。但到今日，人类学已不再徘徊于科学与人文学之间而寻求如何超越客观论与主观论的对立。这不但强调其研究对象是"人"本身，更注意到研究对象应包括研究者与被研究者之间互为主体的关系，以及研究者自我的角色等。因此，田野工作本身也被视为研究者的自省与实践，而不只是民族志资料的收集方式与培养人类学能力与视野的历程。不过，也正因为有这样的演变发展，我们可以说，不管个人的理论倾向如何不同，只要从事田野工作，人类学家都必须在客观与主观、科学与人文学、普遍主义与特殊主义之间，找到自身的立足点（Salamone 1979）。

前面也已经提到，人类学的田野工作，不但与研究者的理论倾向与自我实践不可分离，也与他／她已有的民族志知识不可分。已有的民族志往往会呈现每个地区社会文化的特色而引导研究者研究主题的选择，如非洲的世系群（lineage）、美拉尼西亚的交换（exchange）、印度的卡斯特（caste）、东南亚的文化精巧化（cultural elaboration）、因纽特人的适应等（Fardon 1990a : 26）。这类民族志知识也用来交叉参照（cross-reference），以支持和证明田野工作者所收集资料的信度与效度。这类知识也协助田野工作者田野地点的选择，以及引导创造或改变文化区之意象，以达到民族志上的创新，而能更深入了解研究地区的社会文化现象。这类知识甚至影响田野工作者选择以什么方式进入田野。比如，非洲的田野工作者，往往比其他地区更需依赖当地人亲属的联系来从事田野工作（Fardon 1990a : 28）。

三、研究者文化背景的影响

除了人类学者意识到的个人理论倾向与自我实践，以及民族志知识会决定其赋予田野工作的位置与意义，因而影响资料收集的方向与内容外，研究者的文化背景也往往无意识地影响了其对被研究者的了解。这在人类学知识建构上，是一个重要的难题。而如何剔除已有的人类学知识乃至于研究者的文化偏见，一直是人类学发展上的重要转折。人类学史上有个有名的例子，即李安宅对于北美祖尼印第安人所做的研究（Li 1968）：

1935 年，李安宅住在美国西南新墨西哥州祖尼族印第安人的一个家庭，达三个月之久。这个经验，使他对于美国人类学家关于祖尼族的解释感到好奇与困惑。美国人类学家，像史蒂文森（Matilda C. Stevenson）、邦泽尔（Ruth L. Bunzel）、本尼迪克特等，均认为祖尼人在宗教上是极端重视形式而不具有个人的感情。而李安宅却注意到：在外在形式主义的表面下，祖尼人存在着尊敬与真挚的感情。美国学者强调祖尼人倾向规避担任领袖，李安宅却看到祖尼人是以谦卑的方式取得领导地位。当美国人类学家以为祖尼人的小孩不受父母惩罚而自主独立时，李安宅却注意到：管教小孩是所有成人的集体责任，而不仅是个别家户或父母的责任。美国学者不在意祖尼女人相对自主独立，不受男人的宰制，而这却让在父系取向的中国社会长大的李安宅大吃一惊。李安宅所注意的，正好呈现出中国人所强调的或相悖的，因而凸显出中国人的观点。由此，李安宅认为"观察者很容易受自己文化背景的影响，而错误地以自己文化的逻辑来取代当地人的逻辑"。①

  李安宅的研究凸显出人类学家所建构的知识，往往潜藏着研究者的文化偏见。但这样的偏见，却也透过人类学田野工作的深入理解过程后才可意识到而加以剔除。因此，如何剔除人类学已有的理论观点或民族志知识中的文化偏见，不仅是人类学田野工作的目的，也是人类学进展的关键，更是人类学知识的特色。

四、研究者与被研究者的关系

  上述虽强调田野工作与研究者的理论、自我实践、民族志知识，乃至于研究者的文化背景等不可分离，但要达到培养工作者具备人类学家应有的能力与视野，则更依赖长期而深入的田野工作之实践。而这种全面性的田野工作强调多面与深入，不但费时费力②，往往更需赖研究者与被研究者之间建立一种"誓约式的"（covenantal）关系（May 1980：367-368）。所谓誓约式的关系，其重点在于双方有类似誓言上的交换，以塑造双方的未来。这种誓约式的关系承认一方（研究者）对于另一方有亏欠，而鼓励一种截然不同于"功利主义者的普遍性善心"之德行，这德行强调的是感恩、忠实、奉献与关怀，与买卖的契约关系截然不同。后者是外在的且可以随时解约，其关系往往随时间而消退。但誓约式的关系却是来自施与受，是存在于人内心，随时间的增加而滋长，甚至成为历史的一部分，而无意中形塑当事者未来的自我感觉乃至命运。因此，誓约式的关系所包含的，并不是把对方当作客体，而是当作人（Cassell & Wax 1980：261）。

---

① 基辛父子曾在其合写的《文化人类学新论》中，给予李安宅论文精简的描述（Roger M. & Felix M. Keesing 1971：370），但却是放在应用人类学的部分，与笔者的立场非常不同。笔者也不完全同意曼纳斯和卡普兰只是将其视为方法论的问题而已（Manners & Kaplan 1968），如本章所述，它更涉及人类学知识建构的认识论问题。

② 在英国人类学的传统中，修读博士学位的研究生，往往被要求至少要有 18 个月连续性的田野工作时间。

也正因为誓约式的关系是以人相待，不但在民族志的资料收集与解释上，因互动而产生互为主体的关系，使人类学家吸收当地文化而有所内化，也使被研究者因这种接触与关系而对人类学的研究与观点更易有所了解，而有人类学化的倾向。这也提供被研究者未来因能吸收人类学研究成果而使其文化有所开展的可能性，甚至挑战人类学的观点而改变人类学的研究文化（Richer 1988）。[①]

尽管如此，田野工作本身还是建立在殖民者／被殖民者或统治者／被统治者、优势者／劣势者等不平等关系的基础上，而这也正是田野工作与人类学自 1970 年代以来所受到的严苛批评。

第二节　人类学家与被研究者之间的不平等关系

一、人类学与殖民主义

在人类学的发展过程中，最常涉及的问题之一，便是它因与殖民主义的平行发展而被视为"殖民主义之子"所带来的困扰（Asad 1975a）。事实上，人类学家往往是殖民政府政策的主要批评者，很少会有像阿萨德（Talal Asad）所批评的人类学家或东方研究学者一般，去强调被研究者的某些特质（如非洲政治体系中统治地位被接受的方式），以合法化殖民政府的统治。主要还是在于殖民情境以及殖民母国本身的意识形态，有意无意间影响了人类学家对研究主题的选择，而避开最敏感却与被研究者最有切身关系的研究主题。比如，"二战"之前，欧美人类学家几乎很少对殖民情境或体系本身从事足够的必要研究，反而都是在殖民体系下，探讨更小单位的社会文化问题，因而避开让殖民政府难堪的研究课题，自然也忽略了研究主题对被研究者之适切性（relevance）以及人类学家对被研究者在道德上应有的"承诺"（commitment）（James 1975）。另

---

① 笔者并不完全同意里彻论文（Richer 1988）的论点，但接受其所提被研究者"人类学化"的问题及其意义。

一方面，人类学研究成果的"客体化"方式（objectification）①，往往使得被研究者难以接近人类学知识。除了研究成果是以研究者母语出版，以及大量的专业术语妨碍被研究者的理解，相关知识是否有足够的累积，更决定了当地人了解人类学家研究成果的能力。这种差距往往加强了殖民统治与被殖民统治者之间的不平等关系（Forster 1975）。

上述与殖民主义有关的问题，在日后人类学的发展历史中，逐渐被面对。比如，当马林诺夫斯基试图在功能论的架构下分析殖民情境下的文化变迁，以解决人类学家研究主题之适切性与涉及问题而不得其功时（Asad 1975c），结构马克思理论与政治经济学理论所开展出的研究方向，使殖民主义或殖民史（colonical anthropology）早已成为当前人类学研究的重要课题之一。为解决适切性与涉及问题而发展出了行动人类学（action anthropology）或应用人类学（applied anthropology），一部分人类学家早已直接投入实际问题的处理中。不过，直接投身解决实际问题的经验，也使人类学家意识到：在应用问题的处理上，人类学家和其他人一样，并不具备更多专业知识。反之，只注意行动的问题，往往使人类学家陷于经验论的困境而又限制了人类学知识继续发展之可能，因而导致人类学本身的消失（Lewis 1968）。事实上，古典人类学研究的成果有其知识上的独特价值与贡献，不只是其强调比较、整体的视野和田野工作经验使它能特别重视被研究者的观点，更因它往往能由被研究文化的独特性，反思人类社会文化的一般性，而使其具有相当强的批判性与原创性。前述人类学与殖民主义关系的反省，就是来自人类学知识本身所具有的批判性。而研究异文化的人类学家更往往是其母文化的主要批评者。

相对之下，上述相关的问题中，最困难的反而是如何让被研究者也能享用人类学的知识，以缩短或缓和殖民政府和被殖民者之间因知识的掌握能力不同所加深的不平等关系。对此，海姆斯（Dell Hymes）提出解决之道：帮助被研究者了解人类学家所做的研究，甚至寻求帮助当地人参与人类学的研究工作（Hymes 1974：54）。但事实上，海姆斯的方法很难做到。这不完全是人类学家愿不愿意的问题，更涉及被研究者是否已

① 指被具体呈现的方式，如文字或非文字的出版、标本图像的制作等。

累积足够了解人类学研究的相关知识。因此，埋下下一波在 1980 年代以来有关人类学民族志的构成及其所隐含的权力关系之检讨。

二、民族志书写隐含的不平等权力关系

在 1970 年代末期到 1980 年代末期发展的实验性新民族志或书写文化，对于传统人类学以参与观察为主的田野工作以及民族志如何说服人等问题，提出两个最主要的质疑（Clifford 1986，1988b）。第一个问题是关于人类学民族志的权威性，第二个问题则涉及人类学家与被研究者之间的不平等关系。对于前者，后现代人类学家强调民族志是透过人类学家的写作，将真实（reality）再现。因此，民族志里的描述并不等于民族志的事实本身。更何况，在实际的情境中，民族志的事实往往有许多具竞争性的不同说法、规则与再现方式。读者看到民族志所呈现的系统与一致性，往往是经过人类学家从事资料收集到写作过程，不断地从事主观上与客观上的调整与平衡所产生的。因此，民族志所呈现的，不只是部分的真理（partial truths），更是人类学家与被研究者互为主体所共同塑造出来的，它自然也是"多声的"。也因此，似乎没有什么理由将民族志的权威只单独地给予人类学家，就如同人类学家不应是民族志的唯一作者。

至于第二个问题，不只是在指涉人类学家与报道人或被研究者之间的不平等关系，更主要的还是在于人类学的权威性，使其观点往往被用于实际偶发性事务的处理，乃至成为制度中具有限制作用的因素，而使人类学学科的知识建构有如一种社会过程。比如，日本殖民统治时期，日本人类学者先是为了卑南人、排湾人、鲁凯人是一个族群或三个族群而争论不休，最后决定分成三个族群，因而建立了现在大家习以为常的三个族群与文化。这使得前面谈到殖民主义时，提及殖民统治者与被研究者因吸收人类学知识能力上的不同而加深两者之间的不平等关系之问题，更形严重。

面对上述的问题，人类学近来的发展，均意识到超越客观主义与主观主义对立的重要性（Bourdieu 1990a），而既是科学也是人文学的学科性质（Mintz 1989：794），更使人类学家倾向认为民族志是人类学家与被研究者互为主体所共同塑造出来的，它自然也是"多声的"。但民族志

绝对不只是被研究者所提供的资料而已，当人类学家再现民族志事实时，本身就是一种创造，不同的再现方式便隐含了人类学家所建构的理论架构。民族志的优劣，往往决定于这再现的理论架构是否能更有效地呈现被研究社会文化的特色，既能交叉参照其他地区的民族志而凸显研究对象的文化特性，又能涵盖更多的层面，还能涉及当地社会文化的基本核心观念。因此，民族志不只是某个社会文化最有效的再现与诠释者，亦能提供其他社会文化新的了解，虽然这样的了解并非不变的通则。如陶西格（Michael Taussig）以本雅明（Walter Benjamin）的"辩证性想象"（dialectical imagery）和"模仿"（mimesis）的概念，来书写哥伦比亚、秘鲁、厄瓜多尔边境一带印第安人在白人殖民时期所创造的互动历史经验，不仅凸显了当地魔幻写实主义的文化特色，而且挑战了西欧哲学传统之中，认为知识是由单一思想家独立思考而产生的偏见，更厘清和建构出人类学知识是如何由研究者与被研究者互动的社会过程共同创造出来的，就如同当地殖民历史经验是由当地印第安人与白人互动过程所共同创造的一样。这本民族因而志成为历史人类学在萨林斯有关库克船长的研究之后，最具创意的研究典范。不过，本书的成功之处，并不在于研究者与被研究者的共同创造，而在于：陶西格以精巧的论述以及特殊的文类，有效展现当地人被殖民的历史心理经验，而具有极大的感染力。这本民族志的成功，毫无疑问，是陶西格独一无二的贡献。[1]

另一方面，民族志的权威并不是简单地来自作者或报道人的声音，而是来自他们与社会秩序的结合。换言之，作者或声音本身不会自动授予权威，而是经由学术生产的社会条件与读者的调节而来（Fardon 1990a：12；Ulin 1991：80-81）。也因此，正如许多人类学家所说的，人类学民族志不能只被视为孤立的文本（text）而必须置于脉络（context）中，使得民族志的特殊再现能与丰富的文化乃至历史知识等相结合（Strathern 1987；Sangren 1988；Spencer 1989；Polier & Roseberry 1989）。但最能呈现此种视野的民族志，往往是产生于人类学家长期而深入的田野工作。而人类学古典的民族志，也正呈现与证明田野工作的这种力量。

---

[1]　参见本书第十四章"文化与历史"，有更仔细而深入的讨论。

也因此，我们看到人类学经过实验民族志与书写文化所引起的争辩之后，重新落实并回到田野工作中，去寻找知识上新的可能。

三、人类学家与被研究者的不平等关系

针对人类学家与报道人或被研究者的不平等关系，应可区辨两个层面：一为研究者与被研究者之间的私人关系；另一为两者所隐含的不同人群类别之间的社会关系。虽然，这两个层面均含有不平等的关系，但正如西敏司（Mintz 1989：794）所说的，第一个层面的私人关系差异性极大，有很强的情绪性质在内，既难推测，也难估其轻重。事实上，在拉比诺的实验性民族志中，我们就可以清楚地看到他与不同的报道人之间的不同关系，甚至有报道人在知性上是可与作者平起平坐的朋友（Rabinow 1977）。但对于第二个层面的问题，人类学至今仍未能提出较有效的解决方法，唯一能做的即在于海姆斯所提的：去帮助被研究者了解人类学的研究与知识，以缩短其间掌握与应用人类学知识能力的差距，并缓和由此而产生的不平等关系。但要达到这个目标，人类学家最容易着手之处，仍在于经由长期而深入的田野工作，建立彼此之间的誓约式关系，使被研究者有更大的可能"人类学化"，而有助于其未来文化的开展。

此外，随着全球化的急速发展，导致许多原是人类学家所研究的主要地区之资本主义化，当地原住民随其社会被纳入主流社会后，不仅已有他们自己的学者研究他们自己的社会文化而产生解释权之争，而且有更多参与主流社会活动的人，向人类学者要求回报。加上少数不曾在原住民地区做过长期田野工作的人类学家，在不理解当地一般人的需求下，一味应声附和而使问题更加严重。面对这种新的情境，人类学者鉴于上述誓约式关系的亏欠心理，除了尽量遵守人类学的伦理原则外，往往因难以满足回报的要求而退却。事实上，这类问题也只有透过长期的田野工作，才可能分辨哪些真的是当地大多数人的期望，哪些只是少数人使用主流社会的思考来争取私利。如此，才有可能提供人类学者对当地人最适切的服务。下面以笔者的实际经验来进一步说明：

笔者从 1978 年开始在台湾中部南投县信义乡最靠近玉山的东埔

社布农人聚落从事田野工作，至今已近 30 个年头。除了最初在当地住了 1 年时间外，以后每年（其间除了 5 年在国外进修与近 5 年因行政工作而未能前往外）几乎都回该聚落继续较短期的田野工作。因此，与当地布农人已建立了达三代的关系。2000 年回到东埔社时，有一天去拜访某一家的男主人，恭喜他的小儿子满月。正好碰到一位笔者未曾谋面的当地人，当笔者开始此地的田野工作时，他已在部队担任常备军官。这位熟习主流社会思考的人，由军中退伍后，无法在当地从事农业生活，挫折之余便经常酗酒。当他知道笔者的职业时，便质问笔者为何没有回报当地人？而男主人听了之后，就把他赶出去，并告诉笔者：“不要听他的，他根本就不是布农人。”从血缘和身份而言，这位退伍军官当然是布农人。但从当地布农人的观点而言，一个没有尽其社会义务者，并不被认为是这群体的成员。而他几十年都在外地，不曾尽过当地布农人的义务，故许多人并不把他当作布农人。事实上，在当地大部分布农人已与笔者有较深厚的交情，对笔者的工作也有某种程度的理解甚至兴趣。研究者也只有有深刻的研究成果，才可能吸引当地人的兴趣。他们想听听笔者对于他们生活上遭遇到的问题之看法或意见，也愿意保持长久的紧密关系，而不是功利主义式立即回报的想法，更无意物化他们与笔者之间的关系。而且，他们所期望笔者所给的意见，也随时间有所不同。在 1970 年代，他们正开始接受资本主义市场经济，很希望从笔者这里知道有关市场经济的知识。到了 1980 年代，他们比较想知道如何向政府部门争取各项补助乃至对抗。而目前，他们最有兴趣的是如何去研究他们自己的文化与历史等。这些转变，不仅反映了他们的环境与需求的改变，也隐含了他们对笔者研究工作的理解程度。基本上，这是建立在双方累积性的互动过程而产生的结果。

在这个例子中，我们可以发现什么才是真正当地大部分人的观点与意见，它与少数熟悉主流社会的精英分子之想法并不尽相同。当然，无可否认，作为一个人类学者，对当地人我们一直是有所亏欠，也应该有所回馈。但就笔者而言，目前最能回报而又能被当地人接受的方式，便是训练他们如何去研究自己的社会与文化。这跟 15 年前他们想知道如何争取政府补助乃至对抗，或 25 年前想了解市场经济如何运作，已经有了明显的不同。如果我们未能理解他们真正的期望与需要，仅以功利方式回报，其实往往只会加速当地社会文化的商业化与功利主义，甚至文化的物化，更难以吸引当地人对研究者的兴趣与了解。但要解决这些问题，往往更需要人类学家对当地有深刻的见解，而这非有长久而深入的田野工作经验不可。

事实上，上面的讨论也已充分表现出：人类学家和被研究者之间的不平等关系，也是随着人类学理论的发展及其背后的政经环境而有不同的着重。1960 年代，在美国作为资本主义全球性扩张所产生的现代化理论的最主要代理人的影响下，为达到改善被研究者的生活而有所谓的"应用人类学"或"发展人类学"，研究者与被研究者之间有着类似家父长与被扶助者的关系。但到了 1970 年代，在政治经济学反省资本主义的关怀下，人类学被抨击为"殖民主义之子"，研究者乃变成协助被统治者对抗统治者，参与社会运动成了人类学者的风气。到 1980 年代，在后现代主义影响下，研究者与被研究者成了平行的知识创造者，关怀的是民族志书写的权威，以及解释权掌握在谁之手的问题。换言之，研究者与被研究者之间存在着不平等的关系。但是，若放回理论发展的历史与时代中，则很容易可以看到这"不平等关系"实有许多不同的性质与意义，而某些性质的凸显往往与当时的人类学理论和政治经济乃至文化环境有关。当地人所需要的到底是什么？这只有回到研究者的深刻理解与长期而深入的田野工作中，才可能避免短线操作或自以为是的回报，确定当地人真正的需要，给予有意义的协助，来缓和其间的不平等关系，甚而达到双赢的局面。

第三节　结　语

由上面的讨论，我们可以了解到：人类学家的田野工作，并不纯粹是收集资料的方法，而是训练人类学家的视野与能力的过程，它具有认识论上的意义。也因此，随着人类学理论的发展，不同的理论对于田野工作的定位、意义乃至于收集资料的方向与内容等，都有所不同。故田野工作是与人类学理论知识不可分的。事实上，除了理论之外，个人的自我实践、民族志知识乃至于文化背景等，均会影响田野工作的成效与结果。但对它的理解，却也只能由长久而深入的田野工作本身的反省与实践中，才有可能有深一层的突破。

另一方面，因田野工作而与被研究者所产生的不平等关系，是一种错综复杂的问题。直到今日，有许多问题仍待进一步厘清与克服。同时，随着学科的发展，我们也发现"不平等关系"其实有着许多不同的性质与意义。而某些性质的凸显往往与当时的人类学理论、政治经济乃至文化环境有关，就如同当地人不同时期对笔者的期望不同一样。这也是为什么法顿（Richard Fardon）会对人类学家与被研究者因田野工作所产生所谓"平等"关系之理想的"平等"概念产生怀疑（Fardon 1990b）。虽然如此，正如前面的讨论，这类问题的解决，终究必须回到长期的田野工作本身。环顾台湾地区的学术界与人文界，在田野工作早已成为一种时髦与滥用的情形下，有少数人类学家从事田野工作有如观光访问，往往只有在节日庆典时才现身，使得前述优势者／劣势者之类的不平等关系更加恶化。再加上少数少数民族精英和人类学家，在不理解当地人的需要的情况下，任意要求人类学家的回报，而使人类学家却步。这情形不只对田野工作和当地人不利，更妨碍人类学本身的发展。为避免以及缓和人类学家与被研究者之间不平等关系的恶化，当务之急恐怕只有鼓励回归到长期而深入的田野工作，做出有深刻理解的研究成果，进而寻求解决之道。自然，这样的田野工作更需要足够的人类学理论与民族志知识为其基础。

第五章 亲属、社会与文化

　　亲属研究是人类学最为独特的一个分支，为其他社会科学所无。但也因其复杂歧异，使入门者备感困难。亲属研究的发展本身，正体现了前述人类学理论进步的动力：一方面，"亲属"研究涉及了"亲属"与其他社会制度（如政治、经济、宗教等），乃至于与"社会"和"文化"之间关系的转变。另一方面，其理论发展又与被研究对象的社会文化特性有关。亲属研究与理论的发展过程，更不断试图剔除原有理论知识中的西欧资本主义文化的限制。当今的亲属研究，虽经过一段时期的质疑与沉寂，不但再兴，而且在概念上具有更大的弹性来呈现不同社会文化的特色，并企图保持亲属作为一个独特的研究领域，有其独特的性质。

　　前四章是关于人类学知识的一般性概述，从本章开始，将进一步讨论具体的人类活动。不过，究竟讨论哪些具体活动？这便涉及 20 世纪初，心理学与社会学等社会科学家所争辩的问题：到底有哪些社会制度可算是最基本而普遍存在于所有人类社会之中的？在当时，许多社会科学家均认为所有的制度都是为了满足人类的基本欲望。比如，社会学家萨姆纳（William G. Sumner）与凯勒（Albert G. Keller）认为人类有饥饿、爱、空虚、恐惧、性爱以及对于超自然的恐惧等基本的欲求，因而有经济与政府、家庭、美学与知识表达和娱乐、宗教等的制度或体系（Sumner & Keller 1927）。赫兹勒（Joyce O. Hertzler）则进而细分成经济与工业、婚姻与家庭、政治、宗教、伦理、教育、科学、传播、美学与表演、健康与娱乐等（Hertzler 1961）。这种分类在当时争辩不休。最后，当时最没有争议的四个普遍存在的制度是亲属、政治、经济、宗教，这也成为英国社会人类学的四个主要分支，也有其最具体而系统的研究成果。即使如此，本书还是从四个分支之中的亲属开始谈起。

第一节　为什么从亲属开始谈起？

一、现象层次的细致分辨

福克斯（Robin Fox）说过：亲属对于人类学，就如同逻辑对于哲学，或素描对于绘画一样，是这学科的基本素养（Fox 1967：10）。这可由两点进一步来说明。第一，人类学在分辨许多社会文化现象时，是从亲属研究的基础出发。例如，人类学将亲属称谓分成直接称谓（address term）与间接称谓（reference term），前者是当事人实际面对亲人时如何称呼，而后者是当事人与第三者谈及时所指称的称谓[1]，如此一来，便可分辨出实际上的与理想上的层次。有了这一基本理解，我们便会发现：在实际研究上，现象往往更为复杂。因为，直接与间接称谓本身均又涉及理想和实际上的分辨，如笔者在东埔社从事田野工作时所遇到的例子：

在台湾最高峰玉山下的东埔村观光区，笔者认识一个布农青年。由于父母长期在都市工作，他从小便由祖父母抚养长大。虽然这个青年很清楚在直接与间接称谓上都应该称其祖父母为 *dama-holasi*（祖父）和 *tzina-holasi*（祖母），但在实际生活与祖父母交谈时，都直称他们为 *dama*（父亲）和 *tzina*（母亲），只有在间接称谓上才以祖父母称呼他们。反之，与第三者谈及他的父母时，他会以 *dama* 和 *tzina* 称之，但在实际生活上与父母交谈时，反而直称其名而非 *dama* 和 *tzina* 的亲属称谓。这是因为是祖父母在履行父母应尽的亲属义务，而父母反而没有。按照布农人过去传统习俗，是按当事人后天是否履行亲属的义务来确定其亲属关系，而不是依先天的血缘关系而来。这

---

[1]　比如，笔者见到笔者父亲时，会直称他爸爸，但与朋友谈及时，则称"父亲"。

点也凸显了布农文化强调实践的特色。

上面的例子，已经涉及了直接与间接称谓都有其观念上与实际上的差别，使得系谱上的一个亲属位置可以产生四个实际的不同称谓。这让我们对于现象不仅因人是否直接互动而分成两种不同层次的类别，更因理想与实际的分别而进而又分成两种不同的类别，使得现象的不同层次得以分辨。这便是亲属研究对于人类学的直接贡献。

又如，在亲属研究中，有类别（category）和团体（group）之分。"类别"是一种文化的分类，当地人不见得会意识到其成员身份的存在，只有在特定的情境中才会产生作用，故平常并不构成具有活动力的团体。最明显的例子就是传统台湾社会中同姓不婚的规定，同属一个姓氏的人平常并不确定彼此的亲属关系，但当同姓者论及婚嫁时，双方家庭就会顾虑其可能有的血缘关系。"团体"则是由身份明确的成员所构成，不仅团体与成员间或成员相互间有其明确的权利义务关系，而且由具体的活动来维持其存在。比如世系群，成员除必须有系谱上的血缘关系外，还必须实际参加祭祖等活动。这区别同样让我们对于群体现象本身有更细致而不同的分辨。

另外，在亲属研究中更有两种模式的讨论：机械模式（mechanical model）和统计模式（statistic model）。此两种模式可以用下列例子来说明。以两个台湾传统汉人村落为例：一个是单姓村，另一个是多姓村。两个聚落都有聚落外婚的现象。由于传统汉人有清楚的同姓不婚习俗，单姓村的聚落外婚涉及同姓不婚的禁忌。因此，聚落外婚在结构上是必然的，而当地人均行聚落外婚是一种具有观念上优先考虑的趋势，其所呈现的规范是一种具有社会结构意义的机械模式。然而，在多姓村的例子中，外婚只是统计上的结果，背后并没有禁忌的限制，也没有观念上的优先选择性，更不涉及社会结构的原则。因此，两者虽然都呈现聚落外婚的现象，其意义是非常不同的。这也让我们对于社会趋势的现象进一步分辨出是否背后具有结构性限制的问题。

以上举了三个例子，已显示出亲属研究所产生的分析概念，可将很多社会文化现象进行更细致而清楚的分辨，并由分辨的基础使研究者得对于表面的现象有更深一层的了解。因此，亲属研究是人类学里非常重要的一个分支。以至于埃里克森（Thomas H. Eriksen）在《小地方，大问题》（*Small Places, Large Issues*）一书中，提到几乎早期的人类学研究，一开始都会先进行亲属调查，而该领域一直到 1960 年代末期都还是人类学的主要研究课题（Eriksen 2001）。而且，人类学家进入田野收集资料时，也都是从收集系谱开始。若说亲属是人类学学科独有的"技艺"，一点都不为过。

二、有效反映整个人类学理论知识的发展——以系谱为例

在所有的人类学次领域当中，亲属研究最能呈现学科理论知识的发展。不只是因为人类学主要的理论都可见于亲属研究上，重要而有创新的人类学家，也往往会在这个领域上表达他的理论观点，使得亲属现象的主要课题就足以呈现不同理论的立场。以系谱为例，即随着不同的理论而有不同的画法。

继嗣理论的系谱是由单系（例中为父系）祖先往下追溯，排除嫁出者而加入嫁入者，构成依据共同的祖先而来的亲属群体（见图 5-1 ［Kessing 1975：29］）。相反，亲类（kindred）的讨论，以自我为中心往上追溯，包含男女两边所有可追溯的亲属在内（见图 5-2 ［Fox 1967：165］）。

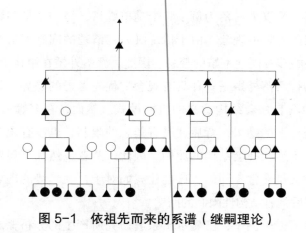

图 5-1　依祖先而来的系谱（继嗣理论）

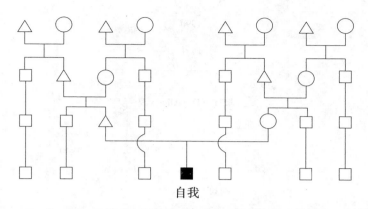

自我

图 5-2　包含两边祖先所构成的亲类系谱（方形为不分男女性别者）

又如，联姻理论的系谱，往往以两个群体交换婚关系来呈现（见图 5-3［Fox 1967：181］）。而格尔茨的文化理论所要呈现巴厘人的亲从子名制，是以后辈的名字为中心来指涉长辈的亲属位置，来描绘其系谱（见图 5-4［Geertz & Geertz 1954：Chart I］）。

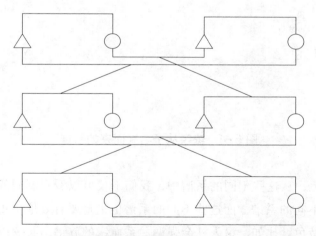

图 5-3　依群体间婚姻交换而来的系谱（联姻理论）

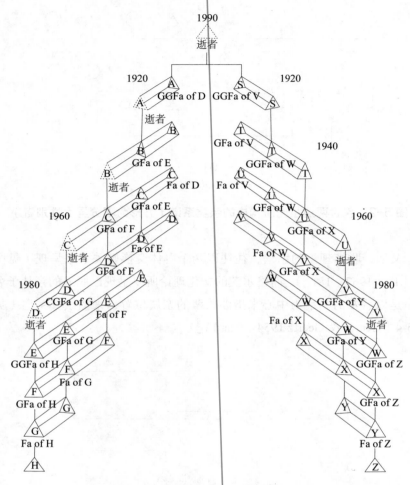

图 5-4 依亲从子名制而来的系谱

　　事实上，从这些不同的系谱中，我们不仅可以看到不同的理论立场如何画出不同的系谱，而这些不同的系谱也正是要有效地呈现被研究文化的不同特色。比如，汉人社会强调父系血缘的族谱，必须以祖先为中心的继嗣理论画法才能呈现，而台湾兰屿达悟人的亲从子名制，就必须以子孙为主导的诠释人类学画法才能表达。至于中国西南流行交换婚的少数民族，得以联姻理论的画法，才能凸显其特色。因此，这些不同类型的系谱不仅反映出人类学知识性质的发展，更提供了最基本的社会文化现象之分类图像，来反映其社会文化特色。如此一来，亲属研究所产生的人类学知识也往往最为复杂，使一般学生视为畏途。但也因如此，亲属研究领域往往难以被其他学科理解，成为人类学家独有的专业。亲属研究是如此重要而为人类学研究课题的核心，故在 1940 年代末期时，当时国际人类学界还给亲属研究领域一个特殊的名称——亲属学（kinshipology）（Eriksen 2001：93）。

第二节　社会秩序如何可能的回答：非洲继嗣理论与东南亚的联姻理论

在第二章已提到：社会科学的发展，起初是为了解决社会秩序如何可能的问题。而人类学与社会学都是从社会如何构成切入。19 世纪梅因的著作《古代法律》（Maine 1861），便讨论到所有人类社会构成的普遍基础血缘和地缘。他的论点，至今仍可见证于台湾汉人社会如何建立的研究上（陈其南 1987）：

> 从 1636 年开始，汉人从中国东南沿海大量移民到台湾。起初，移垦社会的人群组织方式，主要是依其在大陆的祖籍地和血缘关系。久而久之，汉移民在台湾逐渐形成依地缘而来的地域组织，如祭祀圈，以及依血缘而来的宗族或氏族组织。到了 1860 年左右，原先的宗族或氏族组织开始以开台祖（来台最早的祖先）为祭拜对象，而不再以唐山祖（迁台前居于大陆的早期祖先）为祭拜对象，因而开始以台湾为其祖居地而认同台湾，产生了所谓的土著化现象。

这个研究，不仅用台湾的例子支持了血缘与地缘如何成为社会构成原则的可能性，更凸显了社会构成原则与亲属组织之间的紧密关系。这种社会结构与亲属组织间的紧密而又交错重叠的关系，更隐含了人类学亲属研究的奠定者摩尔根在两本主要著作——《人类家庭的血亲与联姻体系》（*Systems of Consanguinity and Affinity of the Human Family*）（Morgan 1871）与《古代社会》（*Ancient Society*）（Morgan 1877）——所发展出来的两种不同亲属研究路径：前者集中在由亲属称谓来研究亲属结构本身，后者则着重于社会结构和社会脉络中的亲属。前者主要在美国发展，而后者在英国发展。不同国家的亲属理论之差别，更清楚地表现在美国的克罗伯（Alfred L. Kroeber）与英国的里弗斯（William H. R. Rivers）有关亲属称谓是心理的还是社会的争辩上。

克罗伯认为，亲属称谓并不反映社会制度，而是人际间的心理表现，是人与人相处的态度（Kroeber 1968 [1909]）。但里弗斯认为：称谓是社会的分类，它不仅包括我群／他群的分辨，更是社会关系的重要指标，共同构成其社会体系（Rivers 1971 [1910]）。虽然，这两种研究路径有明显不同，但都承认亲属研究之于了解人类社会的重要性。即使研究兴趣在于社会结构而非亲属本身的结构功能论大师拉德克利夫 - 布朗（Alfred R. Radcliffe-Brown），也承认亲属研究的关键地位，他本身更影响了继嗣理论的形成与发展。他最先给予社会结构两种不同却相辅相成的抽象定义，即社会群体的形式与社会关系的网络，并指出这两类社会结构背后都有一共同的结构原则，成为各种不同社会功能的制度之组成与运作的主要依据，并将整个社会整合起来。此即结构功能论的主要观点（Radcliffe-Brown 1952）。只是，他的抽象概念骨架必须由充分的民族志血肉补足后，才得以对人类学产生实际上的影响力。完成这个工作的，是他的学生福蒂斯。

一、非洲的继嗣理论

福蒂斯在有关非洲塔伦西（Tallensi）人的研究中指出，这个氏族社会虽然没有西方的正式政治制度来维系社会秩序，但却有完整的父系世系群或氏族组织控制了整个社会（Fortes 1945，1949）：

> 从组织形式来看，这个包含了由最低层次到最高层次世系群之阶序性亲属组织，是以"分支原则"（segmentation）[①]来维持体系内不同

---

① 所谓分支原则是一种社会组织的原则，常存于单系继嗣团体。在此群体中，群体内部同等级次单位间是对立竞争的，但与较高一级的单位对抗时，这些次单位又团结一致对外，有如一个单位。

层次之世系群间的对立与联结，以维持整个体系的平衡与稳定。尤其透过宗教仪式的举行，它可以反映与整合整个人群组织。而祖先神话与祖先祭拜仪式（ancestor cult），更表达了组织体系背后的父系继嗣原则。因此，与宗教仪式的紧密关系，使亲属具有了道德的道理（moral axiom）。亲属组织更因为趋于与特定地方的联系而有地方化的趋势，使得该体系所代表的社会结构与空间关系不可分，更凸显了该组织体系的重要性。加上世系群或氏族是婚姻的单位，使得亲属组织也是控制社会繁衍的单位。由此，福蒂斯认为，在塔伦西这个地方，亲属是其"文化的惯性"（idiom of culture），并有了政治法律（politico-jural）的权力。因此，世系群或氏族组织的领导者，往往是当地社会政治、宗教上的领导者。

另一方面，从社会关系来看，父母与孩子的联系，特别是父子关系，更是整个社会组织体系的核心，就如同"孝顺"是这社会最复杂也是最核心的心理情感。虽然，福蒂斯从不否认母方亲属关系，但只有父子关系不只是心理的，也是宗教的，更有着道德的前提与义务。换言之，不管是在经济合作或财产移转上，还是在法律与仪式习惯上，亲子关系（特别是父子关系）有其道德基础。事实上，当地塔伦西人是以父母为祖先精灵之仪式关系来了解亲子的联系。因此，尽管母子关系有着不同于道德的情感基础，但父子关系的道德基础更被重视。简言之，孝顺与父子关系均表达该社会的社会结构是根植于父系继嗣原则。而这样的原则也可表现于家之中的人际关系，乃至于氏族以外的人际关系上。综合上述，像塔伦西这种高度精巧化的亲属体系，在于它功能上具有主要的社会机制，本质上是此社会基本道德道理的具体实践。

福蒂斯结合了社会组织形式（世系群或氏族组织）与社会关系网络，而找出共同的父系继嗣原则为其社会结构原则之所在，树立了一个继嗣理论的研究典范。当然，他的模式因有其基本的假定而有所限制。比如，他假定了社会的平衡稳定，经济上缺少经济分化、资源的现代所有权观念、资本累积、技术的进步、经济利益等经济条件。他也假定了系谱、仪式与地方组织等在结构上的相互构成与功能上相互呼应与互补等。但正好能凸显出非洲大部分没有现代正式政治制度来维持社会秩序地区的氏族社会之特色。这使得继嗣理论在非洲地区的研究上大放异彩，不仅主导了整个非洲的人类学研究，更影响到其他文化区的研究，使得继嗣理论背后的结构功能论随之成为世界人类学界的显学。比如，有关台湾少数民族与汉人社会的研究，便深受此潮流的影响，以至于在 1960 年代和 1970 年代，讨论台湾少数民族是父系、母系还是血族型（cognatic）（马渊东一 1986；石磊 1976），甚至有人提出"非单系"（王崧兴 1986），正反映当时学术氛围与该理论的支配性。而汉人研究更是如此，例如，弗里德曼（Maurice Freedman）的讨论（Freedman 1958）更是影响整个中国研究而成了支配性的研究模式。不过，弗里德曼所关心的是：继嗣理论用于解释非洲等无现代国家的社会非常成功，但中国早就存在着国家，为何宗族（氏族）组织还是那么发达？在这个问题意识的引导下，1960 年代到 1970 年代，以边疆社会性质或水利灌溉组织等支持因素来解释中国华南地区宗族组织发达的研究大量出现（Freedman 1966；Potter 1970；Pasternak 1972；Ahern 1973；庄英章 1977），这类研究趋势正是这个理论影响下的产品。

不过，也正因为继嗣理论被广泛应用到其他文化区的研究上，人类学家才逐渐发现：继嗣理论并不是一个文化中立的普遍性理论。例如，巴恩斯（John A. Barnes）在新几内亚的研究，便指出在这地区看起来似乎有类似非洲的世系群或氏族组织，但是同一"氏族"的成员资格并非由血缘关系界定，因而开始质疑继嗣理论可以应用到其他文化区的问题（Barnes 1962）。斯特拉森（Andrew Strathern）更把问题提升到另一层次，而从当地人的文化观点出发，指出氏族成员并非依血缘关系而来，而是以是否食用祖先土地上的作物来界定（Strathern 1973）。这也凸显出新几内亚当地的亲属观念，与非洲的继嗣理论基于血缘而来的亲属观念，有着根本上的差别。同样的反省，也可见于研究汉人社会的人类学家对于弗里德曼宗族理论的检讨。例如，庄英章、陈其南（1982）、陈奕麟（1984）的质疑，以及陈其南（1985）进一步想要用"房"或陈奕麟（Chun 1996）进一步想要用"气"，乃至于林玮嫔（2001）想用"好命"

的概念来解释中国人的亲属观念等。不过，早在 1950 年代初期，继嗣理论就已面对奠基于东南亚民族志的联姻理论之挑战。

二、东南亚的联姻理论

第三章已经提过：列维 - 斯特劳斯的结构论视婚姻禁忌为文化的开始，使人与动物有所区分。他不仅将婚姻视为社会秩序的基础，更进而将婚姻视为有如马克思《资本论》中的劳力概念一样重要，因而成为了解基本亲属结构社会的关键机制，以相对于阶级在复杂亲属结构社会中的地位。他所说的基本亲属结构，是指有严格禁婚法则与规定婚的社会，往往通过交换婚的方式保障了社会的繁衍。但在复杂亲属结构的现代社会，往往只有禁婚法则，而没有规定婚，由阶级因素决定婚姻选择对象。因此，基本亲属结构社会的社会秩序往往是建立在亲属基础上，而复杂亲属结构社会的社会秩序则是建立在阶级之上（Lévi-Strauss 1969）。不过，列维 - 斯特劳斯的联姻理论，在发表之时，并没有足够完整的民族志血肉来支持。一直到利奇（Edmund Leach）在东南亚缅甸的民族志研究成果发表后，联姻理论才得以产生广大的影响力。

利奇的《缅甸高地诸政治体制：克钦社会结构之研究》（*Political Systems of Highland Burma: A Study of Kachin Social Structure*）（Leach 1954）一书涉及了许多理论与民族志问题，它更直接涉及了联姻理论：

> 在缅甸高地有很多民族，也产生了许多民族接触甚至融合的现象。在这整个地区，有两个最重要的社会分类：给妻者（*mayu*）和娶妻者（*dama*）。给妻者的社会地位比娶妻者高，它不但给出女人，更因娶妻者作为接受女人的一方，还必须回报大量财产，使给妻者得以此累积财富。同时，这个地区原本就另有贵族和平民的分类；透过给妻者和娶妻者的婚姻交换，阶级的不平等关系愈来愈尖锐而复杂。因为，大家都想要娶地位更高的女人，聘金的负担也愈来愈重，而贵族的财富也愈来愈集中，权力也愈大。因此，整个婚姻机制运作的结果，使得贵族制度发展到最后形成像 Shan 这样由贵族统治的中央集权社会。但这种专制独裁的社会发展到极端便导致革命，发展为另一

极端形态的平等社会（*gumlao*）。然后，透过婚姻交换过程，又开始累积财产，并形成阶级性社会。但，大部分社会的政治形态介于极端集权与平等两者之间的形态（*gumsa*）。这个研究显示出：这整个地区的社会不仅是不断地在集权与平等社会中流动，更指出其变动过程是通过婚姻制度而来，特别是交换婚。而婚姻交换更成为整个地区社会摆荡于中央集权与平等之间的主要机制。也因交换婚的支配性而使给妻者／娶妻者社会分类形塑了亲属体系的面貌。这不仅提供了联姻理论的具体民族志例子，更挑战了继嗣理论的血缘基础，而产生继嗣理论与联姻理论的争辩。

利奇的研究，固然以民族志支持了列维 - 斯特劳斯的联姻理论和结构论，更重要的是，他挑战了"亲属"是建立在血缘基础上的假定与前提。虽然，当时他并没有直接质疑血缘基础之假定本身，却已开始动摇原亲属研究不言而喻的"客观"普遍基础。事实上，他的研究便直接引起两个理论争辩：一个是利奇民族志中并没有具体资料说明交换婚在实际的社会中如何维持，尤其是父方交表婚的隔代交换情形如何能维持而不导致崩溃。这引起霍曼斯（George C. Homans）和施耐德从感情的原因来回答（Homans & Schneider 1955），因而导致尼达姆（Rodney Needham）等人的反驳，认为他们根本就误解了列维 - 斯特劳斯结构论下的亲属理论（Needham 1960a；Korn 1973）。另一方面，利奇（Leach 1961a）基于东南亚民族志而来的联姻理论立场，更直接挑战了福蒂斯（Fortes 1970a，1970b）基于非洲民族志而来的继嗣理论之普遍性，而引起另一场争辩。再加上施耐德由美国亲属研究所发展出来的另一套由当地人对于亲属的观念而来的文化理论，使得人类学的亲属研究，由最核心而最有成就的领域，一下子成了最让人眼花缭乱而困惑不已的研究主题。正如施耐德所说，这真是一团糟的局面（Schneider 1965）。但这也衬托出 1950 年代末 1960 年代初有关"什么是亲属"争辩的重要性及意义。

第三节　什么是亲属？

在这场关于亲属性质的辩论中，人类学家分为两大阵营：客观论与主观论。前者强调亲属有其普同的生物性基础，后者强调亲属是由当地人的主观定义来界定。前者可以盖尔纳（Ernest Gellner）为代表，后者可以尼达姆、巴恩斯、贝亚蒂耶、施耐德为代表。

一、盖尔纳的论点

盖尔纳强调：亲属作为一"科学"研究的对象，我们必须先厘清其生理的（physical）性质，如此我们才能基于这个普同的与生物的基础，以建构一不具模糊意义的"概念语言"（ideal language）（Gellner 1957，1960，1963）。然后我们再依据这个概念语言客观地研究亲属，不管我们的目的是探求一般原则还是某特定亲属体系的特质。同时，盖尔纳也承认："社会亲属体系并不等同于生物亲属的真实（reality），相反地，前者是系统性地补加、省略以及扭曲后者。"（Gellner 1960：192）他认为"生理模式的元素在本质上是简单且普同的；但加于其上的社会模式却是高度分化与复杂的。……正是这普同且简单的物质基础（substrate）的存在，使正确地描述继嗣体系与有意义地比较它们成为可能"（Gellner 1960：193）。基于以上的基本概念，盖尔纳批评人类学家忽略了生理特性的关联（the relevance of the physical proper）。

二、反对盖尔纳的人类学家

在另一方面，一些人类学家如尼达姆、巴恩斯、贝亚蒂耶与施耐德加入这场争论，反驳盖尔纳。他们认为他误解了人类学家的职务，人类学家并非否认亲属的生理基础，而是关注亲属的社会层面。对这些人类学家而言，理解亲属并不必然通过生理的基础。这两派间所处的立场似乎是非常不同并且相互排斥，以至于难以彼此妥协。尽管如此，我们仍必须强调，即使是在反对盖尔纳观点的人类学家阵营中，对于"什么是亲属"仍存有不同的概念与看法。

（一）尼达姆的论点

首先，尼达姆提出"亲属"有三个基本特质：（1）亲属的特性是社会的秩序，而非生物的；（2）除了婚姻之外，亲属还与其他许多社会生活领域相关；（3）亲属有其自身的逻辑（Needham 1960b）。从他对"亲属"的定性，我们可以发现尼达姆类似结构功能论的观点：主张亲属有其独立自主不可化约的逻辑、必须在其特定社会脉络中被研究。但仅凭这三个特质，无法说明"亲属"在社会中的位置。"亲属"可以像福蒂斯所研究的塔伦西民族一样，属于文化惯性所在而具有整合与支配性的制度；但也可能像西欧近现代文化中的"亲属"，只是被宰制的次要制度。尼达姆没有回答这个问题，这已涉及他逐渐明显的怀疑论立场，像他曾质疑理解亲属之真实（reality）的可能性（Needham 1971，1974）。他甚至说："在社会事实的比较上，'亲属'着实是一误导性的词汇与一错误的标准。它既不指涉一可区辨的现象种类或理论类型，也不承认特定能力与权威的一般原则。"（Needham 1971：cviii）这不仅显露出他的论点在这场争论中不够明确，也因他的模糊与弹性而最后导致他趋于为怀疑论者。[1]

（二）巴恩斯的论点

虽然巴恩斯在这场争辩中，反驳盖尔纳的客观论立场，似乎与尼达姆等站在同一阵营，但他的观点却与尼达姆的观点有基本的不同（Barnes 1961，1964）。这可以由他对系谱上某特定位置的概念区辨看出。巴恩斯将一个系谱上的"父亲"位置，区分出三种不同层次的意义："社会文化所认定名义上的父亲"（pater），"文化所认定生殖上的父亲"（genitor）与"生物学意义上的生殖父亲"（genetic father）。[2] 借着这个区分，他指出生

---

① 最能呈现尼达姆怀疑论立场的，是他在 1972 年所出版的《信仰、语言和经验》（*Brief, Language and Experience*）（Needham 1972）。他从维特根斯坦的语言哲学观点出发，认为：既然人类对事物的了解都是通过语言中介，信仰的"真实"遂无法触及。

② Pater 在拉丁文中是"父亲"的意思。在人类学之中，pater 指的是被社会所承认的父亲，对比于 genitor，后者指的是被生物性的父亲，但是在许多文化之中，生物性的父亲并不等于实际的精子提供者，而也是被文化所承认的。（例如：特罗布里恩群岛的人认为女人怀孕是由女方亚氏族祖先精灵进入其子宫而来。）因此，巴恩斯引进了第三个词汇：genetic father，指的是生物事实上明确提供精子的人。请参阅 Barnard & Spencer（1996：311-312）。

物学本身亦具有其文化的层面，并强调人类学的关注对象主要是名义上的父亲与文化所认定的生殖父亲。^①不过，只要生物的因素具有社会的影响，巴恩斯并不排除它。他认为社会事实与生物事实两者并非彼此互斥的范畴（Barnes 1964：297）。^②如此，我们便能够理解为何他较倾向列维-斯特劳斯对亲属的结构分析，认为文化与自然的连接提供了亲属根本且普同的性质；而非采福蒂斯与墨多克（George P. Murdock）的路径，将文化与自然做区分（Barnes 1971）。

（三）贝亚蒂耶的论点

一如尼达姆和巴恩斯，贝亚蒂耶认为人类学有其特定的研究对象。不过，他特别强调："亲属是某些特定社会中用以谈论与思考某种政治、法律、经济等关系的惯性（idiom）。"（Beattie 1964b：102）而且，"当我们声称某种社会关系是'亲属'关系时，这个指称本身不代表其实质内容。但对社会人类学家而言，亲属关系的重点在于：它必须是政治、法律、经济、仪式以外的某些东西"（Beattie 1964b：102）。贝亚蒂耶认为亲属不仅不可化约为其他制度，更与其他社会制度密切相连，以体现其功能。再者，在一特定社会中，亲属体系的运作也依赖其信仰与文化价值。

贝亚蒂耶的论点，看起来与尼达姆没有太大差别。他视亲属为"文化惯性"（cultural idiom），不仅整合所有其他社会文化层面，更用来表现这文化的特性。因而使他强调了人类行为之"表达"（expressive）层面的重要性（Beattie 1966）。而人类行为的表达层面常与被研究者的主观观点相关，有着不同的表达方式与可供研究者不同理解的切入点。所以，贝亚蒂耶在争辩中的论点，似乎已显现他的主观论与相对论。至少，他在文章中指出了他自己的立场："物质世界的知识与概念世界的知识

---

① 盖尔纳曾提到："父亲"包含了两个部分：社会性与体质上的父亲（the socially-physical father），以及体质上的父亲（the physical-physical father），这个定义和巴恩斯的"genitor"与"genetic father"是很相近的。然而，他们对于亲属之生物面向的着重，却有所不同。

② "在一些不寻常的情况中，genytor 能被建立并且可能与社会相关联。"（Barnes 1964：295）"这种 genitor 的认定有时与社会相关，有时则否。而其在社会生活与其物质环境间的偶然性连接，不只适用于亲属。"（Barnes 1964：295）

一样，是人类心灵的建构；一组运作的假设使经验具有意义。自由意志（人类可做决定的事实）是人类经验的直接事实，然而它必须被界定或限定。无可争议地，我们借着放置一组（客观的）终极的、本体论上的（ontological）有效度模式，来理解外在世界。"（Beattie 1964b：103）从这点来看，贝亚蒂耶的看法较接近施耐德的主观主义立场，而不像巴恩斯仍承认着生物性的亲属事实。只是，在研究方法上，贝亚蒂耶并不像尼达姆一样走入极端的相对主义。

（四）施耐德的论点

虽然象征论者施耐德也强调亲属是作为"象征"与"惯性"（Schneider 1964：180），但他不同意贝亚蒂耶认为亲属没有实质内容的看法。对他来说，"若我们接受一亲属关系能借由一经济关系来象征，而一经济关系可以亲属的惯性来表达；那么立刻显而易见地，这对任何事（政治、经济、仪式、宗教、巫术、法律等）都是真的"（Schneider 1964：180）。也就是说，每件事物皆有其象征的或惯性的（idiomatic）层面。而从他稍后的作品（Schneider 1967，1968，1972，1984）中，我们知道这些象征与意义是互相连接并相互结合表现的，它们是行为的符码。故亲属象征地界定了一概念以说明一特定符码所控制的行为。可是，他认为亲属的意义与象征是一种主观的（emic）观点，倾向否定了界定普同客观（etic）概念的可能性。对他而言，过去人类学家的亲属概念，均强调"亲属"作为一纯粹的分析范畴，是不可化约的社会事实。但实际上，任何亲属概念都存在于"文化"中，由文化所界定（Schneider 1972：59）。甚至如盖尔纳、巴恩斯等人，认为亲属有其生物学基础，实是属于欧洲文化的民俗分类（Schneider 1984）。

另一方面，正如列维 - 斯特劳斯一样，施耐德强调文化体系的内部结构是由两相互补的对立元素所组成的。只是，不同于巴恩斯认为文化与自然的连接提供了亲属的基本普同性质，施耐德更强调"文化"本身的结构性。举例来说，美国亲属的象征：爱，是由两个要素所组成，即自然秩序与法律秩序。前者从自然而来；后者则从文化而来。而这个结构同时能存在于国籍与宗教的领域（Schneider 1969）。也就是说，亲属、国籍与宗教观念是一相同结构原则在不同领域的特定体现。这个论点与列维-斯特劳斯的结构论十分类似。施耐德的理论取向是基于主智论或理性主义的假定，即假设有一普同的思考原则的存在。借由这个假定，我们才能够理解其他文化。从这点看来，施耐德是将主观的亲属观念间关系看成逻辑符号间关系，因而承认从（客观的）形式逻辑理解主观观点的可能性。这也是为什么奥弗林批评他采"形式性隐喻"（formal metaphor）的原因（Overing 1985a）。

三、亲属性质辩论在知识论立场上的定位

以上的讨论可能使不熟悉亲属理论的读者如坠云里雾中，但其辩论本身却展现了人类学知识光谱上的几个定位性坐标：主观论／客观论、普同论／相对论。基于这些概念，我们可以以两个坐标轴为基础，建构出人类学理论的"宇宙"（universe）。纵轴是基于研究对象的性质而来，因而有承认研究对象客观存在的"客观论"，以及认为研究对象存在于主观观念之"主观论"的两个极端。横轴则是关于研究的方法论："普同论"（客观论）端点，假设了任何对象与任何研究者都可以采用的普遍性理论架构与方法，"相对论"观点，认为研究架构、策略、方法会随不同研究对象和研究者而异。

以下的坐标图（图 5-5）是以亲属理论为示例。纵轴坐标零点起于客观论，认为"亲属"完全是一种由自然或生物的两性关系而来的现象。愈往主观论端点移动，"亲属"的性质也随之转变：具有特定功能的社会制度、属于独特范畴的行为、有意义的象征或符号。随着纵轴的变化，"亲属"的性质由客观渐趋于主观。横轴则由另一组对立观点所组成：客观论（普同论）与相对论。[1] 其方法论的操作，可以由像墨多克所使用的统计分析方法，到强调"亲属"在不同的社会如何"被理解"的不相对方式。在以下的坐标图中，上述几位人类学家的理论立场，可以被定位出来：

---

[1]　对主观论、客观论与相对论的界定，笔者采自伯恩斯坦的用法（Bernstein 1983：8-15）。

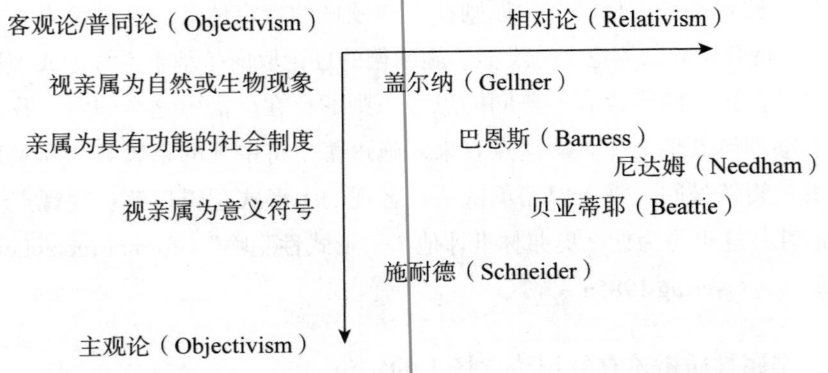

客观论/普同论（Objectivism）   相对论（Relativism）

　　视亲属为自然或生物现象　　　　盖尔纳（Gellner）

亲属为具有功能的社会制度　　　　巴恩斯（Barness）
　　　　　　　　　　　　　　　　　　尼达姆（Needham）

　　视亲属为意义符号　　　　　　贝亚蒂耶（Beattie）

　　　　　　　　　　　　　　　施耐德（Schneider）

主观论（Objectivism）

图 5-5　人类学亲属宇宙理论坐标图（The Universe of Kinship Studies）

　　以上建构的"亲属宇宙"（universe of kinship studies），事实上足以容纳所有学者的立场。[①]正由于这个坐标系统是如此广大，而亲属理论又是如此分歧，不只人类学者本身容易感到迷惑，"亲属"作为一研究主题，更容易被解构，或者导致另一个极端反应的出现。利奇在斯里兰卡的研究便是最好的例子（Leach 196lb）。

　　在该研究中，利奇试图通过土地所有权来证明"亲属"的存在。但是，这个研究有两个相反的意义：一方面他似乎要告诉我们：亲属性质是由土地所有权所决定，这反而导致了亲属的解构。但另一方面，这个研究也因为将"亲属"落实到土地所有权上，而开启了物质论亲属研究的可能性。前述尼达姆的怀疑论，甚至施耐德的宣称，可作为第一个意义的脚注。[②]同时，物质论取向的亲属研究，也开始兴起。

　　事实上，在人类学的亲属研究发展的过程中，物质论取向一直时隐时现。不仅马克思理论曾深受摩尔根的《古代社会》影响，福蒂斯的继嗣理论形成后，更遭受物质论学者沃斯利（Peter Worsley）的挑战，此即

---

① 举例来说，亲属研究的另一方向是强调宇宙观与意识形态的重要性。这派学者认为，"亲属"是由当地人更基本的文化分类所建构，研究方法必须聚焦于个人在实践中所体现的文化分类。更进一步来说，"亲属"是由"文化"所建构（Meggitt 1972；Crocker 1979；Overing 1985a）。若要在坐标图上画出这个取向，则是位于右下角。纵轴和施耐德相同，横轴则由更往相对论的一端趋近。

② 采取主观论、象征论立场的施耐德，曾经表示："亲属并不是一个主题，因它从来就不曾存在于我们已知的任何文化。"（Schneider 1972：59）

有关"亲属"与"经济"关系的讨论。

第四节　亲属与经济

一、沃斯利对继嗣理论的挑战

当福蒂斯所发展出来的继嗣理论成为人类学亲属研究的主导性理论时，沃斯利（Worsley 1956）却将福蒂斯的塔伦西民族志资料重新分析，认为"亲属"是建立在"经济"的基础之上，因而对继嗣理论认为亲属关系是奠定于血缘基础的假定有所挑战。但这个发展有其时代的背景。虽然继嗣理论能有效呈现缺乏现代国家统治制度的非洲氏族社会的特色，但却没有办法说明为何非洲的原始社会在亲属制度上，会存在着那么多的变异性。即便是在继嗣理论最发达的非洲，亲属因素也不是在每个民族中都具有普遍的支配性。[①]尤其在"二战"之后，直到 1970 年代初期，许多社会科学家相信经济因素比亲属因素更重要。比如，现代化理论的学者大多认为核心家庭是工业化的产物。换言之，经济因素可决定亲属组织。在这种情境下，沃斯利重新分析了福蒂斯所研究的塔伦西民族志，并提出与原作者相反的意见：亲属关系的特殊形式主要是由经济与历史力量所决定。这里实际上已涉及双方对于亲属与经济关系的不同看法。

从福蒂斯主要的民族志和理论作品（Fortes 1945，1949，1969，1970a）中，我们可以发现他对于亲属与经济的关系有三个主要的论点：第一，正如同经济与宗教，"亲属"本身是不可化约的。换言之，这三个制度都是独立自主的。第二，亲属关系本质上是道德关系。因此，上述三个制度虽是自主的，亲属却因道德的性质而对家庭、经济、教育等关系系统具有"统一性的控制力"（unifying control），使亲属关系得以包含其他的关系。也正因为亲属的这种统一性的道德功能，使福蒂斯有了第三个论点，亲属关系与亲属制度构成社会结构。对他而言，"亲属作为

[①]　著名的例子如 Hadza 社会（Woodburn 1979，1982）、IK 社会（Turnbull 1972）、Tonga 社会（van Velsen 1964）等。

一价值体系，是独一无二的……无论就特殊活动上或社会结构整体而言，亲属是首要原则（master principle）"（Fortes 1949：340）。

对比之下，沃斯利不仅反对上述福蒂斯的观点，更提出不同的看法。他说："正如我们所看到的，亲属形式的关系本质上是来自农业、财产继承等。当这些关系改变，亲属关系也改变。它远不是基本的，而是次要的。"（Worsley 1956：62）对于他而言，经济因素提供所有亲属关系与制度的基本机制（underlying mechanism），却被福蒂斯狭隘的形式主义之经济观点所忽略。此外，福蒂斯的结构功能论取向，使他把社会变迁看成结构原则下的循环过程，特别是在继嗣原则下的机械式分裂与整合之循环。这造成他忽略了外来力量经历史过程所造成的累积性变迁，而把分支原则在氏族内部不同层次所造成对外团结、对内对抗竞争的现象当成结构性循环变动的动力。因此，毫不意外地，福蒂斯忽略了现代经济对于原始社会的冲击。

然而，从福蒂斯（Fortes 1969：220-221）对于沃斯利的响应来看，两者几乎没有交集而各说各话①，使得这个争论难以进一步发展，直到布洛克才赋予该争论新的意义（Bloch 1973）。布洛克检验梅里纳人、恩登登里（Ndendenli）人以及普埃利耶（Pul Eliya）人的民族志资料，发现当地人在短期内，均趋向于以理性经济关系来得到最大的经济利益。但在亲属间的互动过程中，往往忽略上述的短期利益而代之以长期的延后回报利益。因此，他认为亲属关系"长期而言是可依赖而可用的，而其可依赖性来自道德"（Bloch 1973：79）。正是这个可依赖性提供人们安全网，得以短期地追求最大利润，也使他们得以同时处置个人利益和人为的亲属关系（Bloch 1973：79）。换言之，亲属关系的道德性，使人们得以适应长期的社会变迁。同时，人们又可以集中在操控短期的理性经济联系，以追求最大利润（Bloch 1973：86）。如此一来，布洛克不仅整合了福蒂斯与沃斯

---

① 对于福蒂斯与沃斯利的争辩，萨林斯尽管倾向同意物质论的立场，却不认为沃斯利本身是对的。他认为：是结构功能论本身的理论缺陷提供了马克思主义成功批评的机会。由于结构功能论分离了社会形式（social form）与结构原则（structural principle）而无法将这两者紧密连接，以至于留下可提出不同解释的空间（Sahlins 1976：14-16）。

利的不同立场而使其互补，更凸显出福蒂斯所预设的亲属所具有的道德"本质"。

二、马克思主义下的亲属研究

严格定义下的物质论亲属研究，仍属于马克思主义人类学的一支。泰雷（Emmanuel Terray）在《马克思主义与原始社会》（*Maxism and "Primitive" Society*）一书（Terray 1972）中，重新解释曾经影响马克思的《古代社会》而奠定这方面的研究：

> 这本书可分为两个部分。第一个部分是想证明摩尔根不仅是结构论者，更是马克思论的先驱者。因此，《古代社会》一书是一种结构马克思的分析研究。甚至书中已有了"连接表现"（articulation）的概念。亦即，一个社会往往不只有一个生产模式，而是几个生产模式连接作用。也只有在这个基础之上，结构马克思理论才能解释原始社会为什么有那么多不同的亲属制度。如此，他更凸显了经济作为社会变迁的最后原因（final cause）。其次，在第二部分中，他重新讨论梅拉索的科特迪瓦古罗（Guro）人民族志。虽然梅拉索早期并不是马克思论者，也未用马克思理论来讨论，但是，他的民族志非常符合结构马克思论的论点。古罗人的社会虽然有着分支结构体系，却有两种不同的生产模式。依据当地劳力的合作关系，可分为世系群生产模式和以村落为整体单位的生产模式。亲属关系虽然真实化了生产关系，但生产关系也改变了亲属本身。特殊的亲属关系仍是由生产关系所创造。
>
> 在原始社会中，亲属就如同资本主义生产模式社会中的阶级，具有"全面性决定"（superdetermination）的功能而连接了生产模式的三个层次（经济基础、政治法律的上层结构，以及意识形态的上层结构）之结构性因果关系。下层结构与上层结构的关系因生产模式而异。在原始社会中，上层结构与下层结构的相对整合不同于资本主义社会中的相对独立。不同生产模式之间如何连接？关键点往往是在物质条件与生产关系的再生产。

泰雷的这本书不仅提出了"连接表现"的概念，更重要的是提出亲属制度具有"全面性决定"的重要性，而扮演了经济角色的观点。换言之，亲属可以具有现代政治经济制度的经济决定性。正如第二章提到结构马克思理论的一个主要的贡献一样，泰雷或结构马克思理论的亲属研究主要成果之一，便是剔除了以现代西欧的经济制度来界定经济活动的文化观念。不过，结构马克思理论后续的亲属研究，主要的焦点都集中于"阶级"的定义上，讨论原始社会中的年龄乃至性别是否是一种阶级。[①]

然而，不论用生产模式或连接表现的概念，结构马克思论者还是无法回答一个问题：为何原始社会在类似的生产力下，竟有如此多变异的亲属体系？是以，物质论的亲属研究，逐渐转向关注于不同历史条件下"亲属"与"经济"的关系上。而麦克法兰（Alan Macfarlane）与古迪（Jack Goody）的研究（Macfarlane 1978；Goody 1983），允为其中代表。

三、"亲属"与"经济"的关系

麦克法兰在《英国个人主义的起源：家庭、财产与社会转变》（*The Drigins of English Individuelism: The Family, Property and Social Transition*）一书中，重新检讨现代化理论认为核心家庭是工业化的结果（Macfarlane 1978）。他检验教会的出生记录，证明英国在工业化之前，核心家庭已经是普遍的家庭形式，核心家庭甚至提供了英国现代化、工业化的基础。但为什么英国在中世纪结束之后，15、16 世纪之前就出现以核心家庭为主的社会？这便是古迪在《欧洲家庭与婚姻的发展》（*The development of the Family and Marriage in Europe*）这本书中想要进一步回答的问题

---

① 以年龄是否是阶级的讨论为例，泰雷（Terray 1975）、古迪（Goody 1976）、梅拉索（Meillassoux 1978）等人类学者，都探讨了为何氏族组织的长老具有绝对的权力问题。而这往往涉及在原始社会生产力的条件限制下，劳力有其决定性与重要性。而妇女更提供了必要的劳力与潜在的劳力（指其繁衍的子嗣）。也因此，年轻人结婚时必须花费很高的聘金，但这通常超过个人所能提供的上限，因而必须得到长老的支持，导致年轻人必须服从长老。最后，长老控制了聘金、婚姻、劳力。也因此，这类说明将原始社会里的年龄视为一种阶级。换言之，在原始社会中，生产力涉及了劳力，而子嗣是劳力的主要来源，但子嗣是婚姻的结果，故谁控制了婚姻，便控制了社会繁衍与劳力来源。因此，在原始社会中有关生产的讨论，仍离不开社会繁衍的问题。

（Goody 1983）:

> 中世纪的欧洲，是教会支配社会秩序的时代。教会规定信徒结婚之后，即使配偶死亡也不可再婚、不能娶妾、禁止离婚、不能收养、禁止表兄弟姊妹结婚等，主张精神胜于物质，而鼓励将财产捐给教会。更因为禁止收养，所以无子嗣者的财产也只能捐给教会。因此，中世纪末，教会已成为最大的财主、地主，也发展成所有人结婚必须在教会里举行仪式的习惯。这些是教会改变与操弄的结果。本来，婚姻属于氏族之事，但经过教会的中介，婚姻成为个人之事，只要当事人同意就可以结婚，这也提供了西欧核心家庭发展的基础。因此，亲属不像在原始社会具有支配性与决定性而成为全面性决定的制度。尤其是教会建立的财产继承制度与婚姻仪式等，使教会成为最大财产拥有者而形成资本的累积。等到现代国家兴起之后，国家取代了教会以支持资本主义经济，而核心家庭的发展使个人更容易流入市场成为劳工，提供工业资本主义经济发展的必要条件。因此，正如中世纪的教会，国家和资本主义经济体系控制和利用亲属关系，从而获得其在社会上的支配性。是以，在西欧，亲属虽然不如在原始社会一般具有全面的支配性，但是，亲属成为政治组织、宗教组织与经济制度应用来建立其支配性的重要机制。

上述古迪的研究，虽能呈现不同历史时代或社会脉络中，亲属与其他社会制度间的关系，但往往无法进一步讨论亲属本身，而是用其他因素证明亲属的存在。换言之，这是在讨论社会脉络中的亲属，而不是亲属本身。这就回到前述利奇试图用土地所有权来证明亲属存在的问题上，但也涉及人类学在成立之初就把自己设定为一种科学，因而一直想透过具体的现象（土地、财产继承、系谱等）来讨论。但是，正如利奇的例子最后所隐含的，这样的方式，反而证明亲属根本就没有本质。因此，亲属研究愈来愈走向怀疑论，甚至走到解构论的道路上去。这在施耐德的研究上最为明显。

第五节　亲属是文化的建构与实践

一、施耐德的解构与清水昭俊的重构

前面已经提到过，施耐德曾借由探讨美国人的亲属观念发展出他有名的文化理论，以响应帕森斯的挑战，建立了独特的专业人类学知识，而使人类学在美国成为一门专业学科。但是，施耐德虽然在立场上属于客观的主观论，但终究是以被研究者的观点为其研究的出发点，仍有很强的文化相对论色彩。他在 1970 年代时，便已展现了他的怀疑论立场，而质疑亲属根本就不存在于任何已知的文化中。1980 年代以来，后现代或后结构论兴起，开始质疑我们现在所熟悉的分类概念（特别是本章一开始便已提到所谓普遍存在的政治、经济、宗教、亲属这四个正式制度或分类），根本就是西欧从十五六世纪以来，随资本主义经济兴起而产生的文化分类概念，并不能用于其他时期或其他地区的文化之研究上。在这环境下，施耐德将其怀疑论发挥到极致，而出版了有名的《亲属研究的评论》（*A Critique of the Study of Kinship*）一书（Schneider 1984）：

虽然这本书的论证和民族志材料很复杂，但观点却非常简单清楚。他先由他过去有关位于密克罗尼西亚西部的雅浦（Yap）之亲属研究，指出过去在继嗣概念的影响下，将当地人的 "*tabinau*" 观念解释为父系世系群，而把 "*citamangen-fak*" 解释为父子关系，并视 "*genung*" 为外婚而分散的母系氏族。但实际上，在当地人的观念中，"*tabinau*" 是指属于同一土地的人，而且通常是女性在土地上工作，因而并非所谓的父系世系群。人的身份地位或社会关系，不是一出生就确定的，而是实践（"做"，doing）出来的。也因此，当地人许多观念都是多义的，必须从脉络中来了解。施耐德进一步强调：过去的亲属理论都假定生物的生殖（procreation）是亲属的基本性质，但这是西欧民俗模式对亲属的看法。在人类学已有的研究成果中，从来就没有证明其他民族也有同样的文化假定。大部分亲属理论所研究讨论的，大都是社会或历史脉络中的亲属关系，而无法证明亲属的独立自主性。所以，人类学的亲属概念是没有意义的，尤其是用在泛文化的比较研究上。因这完全是用西欧的观点来界定亲属，包括自然／文化等二元对立等。

施耐德的著作解构了亲属研究，对该研究领域造成非常大的冲击。亲属研究正式从人类学的核心地位变为边陲，一直到 1990 年代中期以后才有所改善。施耐德的立场，在 1991 年首先受到日本人类学家清水昭俊的挑战（Shimizu 1991）：

> 清水昭俊用日本和雅浦的例子，反驳西方人类学家对于以往亲属理论的批评。对他而言，施耐德的解构基本上是一种种族中心主义。因为，只根据西欧的亲属观念不是普遍有效便宣称亲属不存在，实来自西方的思考方式。[1] 反之，在日本文化之中的"家"可以让完全没有血缘或姻缘关系的人，经过象征过程成为家的成员，并继承财产。这样的单位并非建立在西方的生殖概念之上。
>
> 在清水昭俊看来，每一个文化都有其独特机制来转换个人的认同或身份，以建立亲属关系。换言之，亲属的认定或建构是一长久的转变（becoming）过程，包含因生殖而来的亲属、建构的亲属以及意识形态的亲属等三个概念层次。亲属的不同民俗界定往往凸显不同层次的亲属概念，而且通常是被脉络所限制。以日本的"家"为例，它有一套不同于血缘关系的亲属象征系统，使一个人即便不具有血缘关系，也可以经由该象征机制而转变为这一家的成员。由此，清水建构了一个亲属模式，以供人类学家从事比较的民俗亲属观念分析。

清水不仅挑战了施耐德对于亲属研究的解构观点，更认为不能因为

---

[1] 以笔者的立场而言，人类学理论既主要出自西方社会，不可避免地蕴含着西方的思考方式。如结构主义所强调的二元对立思考原则，或逻辑学上最基本的假设：思考三律。人类学的研究对象则经常反身挑战这些假设。参见第十二章第一节"主智论与思考方式"。

"亲属"在西欧不重要，就宣称"亲属"不存在。在很多非西方社会里，亲属仍具有重要的功能、价值，甚至情感作用。清水的挑战，更因列维 - 斯特劳斯所提的"家社会"概念，被有效用于东南亚的研究而有了进一步的发展。

二、家社会（house society）的研究

当列维 - 斯特劳斯提出"家社会"的概念时（Lévi-Strauss 1983，1984），他的灵感来源是中世纪西欧贵族的"家"，那是拥有物质与非物质性财富的法人团体，由家名及其物品的传承而持续，其名号由真实的或想象的世系传递下去。而且，其延续是以亲属或婚姻的语言表示。但它既不是继嗣体系也不是联姻体系可以说明，而是经由个人在家中实践父系与母系的结果。在实践中，共同居住与"亲嗣关系"（filiation）[①]的辩证构成其共同的特征。而"家"本身更具象地呈现其内在的二元性与外在的统一性。由此，我们可以发现姻亲与亲属都不是社会的自然联系，而是文化产物的幻象。列维 - 斯特劳斯更注意到北美夸扣特尔印第安人和日本社会中"家"的相关例子，因而发展出"家社会"概念，将之视为介于基本亲属结构与复杂亲属结构之间的特殊社会类型。而且，这样的社会必须由其日常生活观察亲属的运作与实践。

和先前的通过财产或名分的继承来证明亲属之存在的亲属研究不同，"家社会"理论的重要性便是注意到日常生活中亲属的实践与运作。卡斯滕（Janet Carsten）在马来西亚的研究（Carsten 1995，1997），正好结合了清水视亲属为长久转变的过程与列维 - 斯特劳斯"家社会"的概念，为亲属研究带来新的转机：

> 在马来西亚北部接近泰国边界的兰卡威（Langkawi）岛屿，当地人认为：受孕是由父亲的种子跟母亲的血混合而来。胚胎在母亲的子宫里，靠母亲的血喂养而成长，一直到六个月之后，胎儿才开始有灵魂而成为人。出生之后，切断脐带，新生儿遂具有当地人称为

---

① 亲嗣关系是指因血缘而来的关系，特别是父母与子女的关系。

semangat 的生命灵力或本质，有了独立的身体和认同。但因为才刚出生，他们很容易受到外来精灵的攻击而失去生命力。孩童在成长的过程中，由母乳哺育、食用家中灶上所煮的米饭而逐渐成长。这些食物转化成为人体的血，使得同一家内摄取同类食物的兄弟姊妹，体内均具有同样的物质（substance），因此有共同性质与情绪的联系。基于这样的观念，当地人极不认同"在别家吃饭"这种行为，这意味着原有的共享亲密物质分散到他家。当地人若在家中过世，在观念上，都相信死者的血与家中食物混合。因此，在下葬之前，家人不会煮食。直到葬礼结束后，重新洗刷家中地板，才可以回复正常生活。

兰卡威人的亲属或个人认同是在过程中逐渐形成的。兄弟姊妹因为出生于同胞，以及共居共食而共享相同物质，非常相似。下一代独立成家之后，分食分居，人体组成也因此有所差别。虽然，这并不意味着同胞之间就没有个体分别性，但因为同属一家，共同的认同会在家内被强调出来。反之，若一个家内有了收养的成员，其成为家人的过程就如同组成新家的夫妻，经由共居共食成长的过程而成为家人或亲人，甚至比同胞但被别家收养的手足更为亲近。这些亲属观念的界定，均涉及当地的人观。

在当地人对"人"的观念之中，人固然有其生命力，但家、米饭、床等物体也都有其生命力。家如同女性的身体，用以容纳人，就如同婴儿是被容纳在母亲的身体里一样。人与家的关系就如同胎儿与母亲的关系。家的成员是由家内灶上烹煮的食物所喂养，就像胎儿在母亲的子宫中是由母亲的血所喂养一样。因此，我们看到母奶、血、米饭之间的转换关系，以及喂食、吃和共居界定当地人亲属观念的重要性。事实上，这个例子是透过当地人的人观、空间、物等文化分类概念与实践，来界定亲属。而且，亲属的界定是经由长久的转变过程而来（process of becoming）。这个创新的研究，跳出过去传统人类学亲属研究在西方民俗模式的宰制下，认为亲属是依生殖而来的普遍性假定之文化偏见，得以更具弹性的方式来探讨亲属，有助于进一步理解大洋洲、东南亚，乃至其他文化区的亲属特性。

这个 1990 年代中叶企图由更细致的文化分类概念和实际运作过程来界定"亲属"的研究，正好与人类学在后现代解构冲击之后，重新结合布尔迪厄的实践论与莫斯有关文化分类的象征研究之新发展，不谋而合，因而带出亲属研究的再兴现象。这可见于 1995 年以来的相关重要著作（Carsten & Hugh-Jones 1995；Holy 1996；Carsten 2000；Joyce & Gillespie 2000；Schweitzer 2000；Faubion 2001；Franklin & McKinnon 2001；Stone 2001；Carsten 2004；Strathern 2005）。

三、重新理解西方亲属观念

亲属研究的新发展，不只是帮助我们去理解非西方社会的亲属概念，也帮助我们重新理解西方亲属观念本身。例如，韦斯顿（Kath Weston）所研究的西雅图同性恋家庭，无法自己生育小孩，但可以领养小孩建立家庭，而且在法律上也被承认。实际上，他们是通过喂养的过程来建立及维持亲属关系，以及通过持续的工作来维持家；亲属的建立更是一转变（becoming）的过程，必须花更多的精力在日常生活里去建立亲属关系（Weston 1991）。另一个是卡斯滕在《亲属之后》（*After Kinship*）一书中所举的研究（Carsten 2004）：从小被收养的苏格兰人，起初想要了解自己的生父母是谁，但最后都认为抚养他们成长的人才是真正的亲人。因此，西方亲属是建立在生殖之上的预设也不完全正确。这也帮助我们了解现代西方的亲属观念，并进而理解当代西方社会。像当代的西欧，由于生产科技的发展，代理孕母或者借用精子已时有所闻（Edwards et al. 1993），严格定义上的生物性双亲开始模糊。在英国，便产生法律上的争辩：由代理孕母生产的小孩是属于谁的小孩？事实上，代理孕母往往不认为那是她们的小孩，因为成长过程并不是她们抚养的。亲属研究的新发展，正是回应于西方科技发展所产生的新亲属形式。

四、亲属成为国家的隐喻

在 20 世纪民族国家的建国运动与发展过程中，"亲属"反而被凸显出来，成为最重要的隐喻，而具有其政治经济学的意义。以下分别以三个国家举例说明。

在土耳其建国运动中，凯末尔（Mustafa Kemal）被塑造为土耳其人的父亲，使他同时成为家、国家、宗教的领袖。但这个过程也同时凸显了两性的不平等，破坏了原建立民族国家人人平等的民主企图（Delaney 1995）。对比之下，在巴勒斯坦建国的过程中，反而凸显出了共同的"英雄的母亲"形象。巴勒斯坦原是父权社会，在其建国过程中，大部分壮年男性都远赴国外工作，以军占领区的年轻人成为叛乱建国活动的主力，母亲、妻子、姊妹则承担了掩护与安慰被捕者家属的工作，使巴勒斯坦的建国活动建立在以女性为中心的家庭基础上，也使原有的父权家庭被"英雄的母亲"所取代（Jean-Klein 2000）。另外，前南斯拉夫的波希尼亚或科索沃的种族冲突，更是透过亲属的隐喻产生实际的力量，使原本的邻居转瞬间成为陌生人，即可以被屠杀的对象，使隐喻成为真实（Bringa 1995）。这已涉及了亲属在现代社会中的政治力量。因此，从"亲属"的角度，也许我们可以对安德森（Benedict Anderson）所提出的问题给予不一样的回答：为何现代国家可以对其公民产生极端的情绪诉求？为什么人们会为其国家效死（Anderson 1991［1983］）？这里已涉及"亲属"的独特性及其转化与创造的可能性等问题。

由前面的讨论，我们可以发现：1990 年代以来亲属研究的新发展，趋向于视亲属为文化的建构与实践。正如卡斯滕的研究，亲属必须建立在其人观、空间、物等文化分类与实践上（Carsten 1995，1997）。这便产生了一个基本问题，也是 1950 年代末以来亲属研究所争辩的重要主题：亲属是否仍具有传统亲属研究所预设的独立自主性？若是没有，亲属研究势必被其他的研究取代。

五、透过物质与人观（personhood）概念来理解亲属

在这个问题上，卡斯滕认为我们可以由构成亲属的要素——物质（substance）这个概念来了解和掌握亲属的独特性（Carsten 2004）。她认为这个最早由施耐德所提出了解亲属的关键性概念（Schneider 1968），若与斯特拉森有关美拉尼西亚"可分割的人"（partible person）（Strathern 1988）、巴斯比（Cecilia Busby）有关印度"可渗透的人"（permeable person）（Busby 1997）和马来西亚兰卡威人的例子比较，我们会发现：美国人视

物质就像人的身体一样，有具体而持久的不变性质，但许多文化区的人观所呈现的身体物质，呈现出几种性质：流动性、渗透性，以及易变性（mutability）与转换性（transformability）。而且往往是通过人的实践，如喂养、共居一屋、在土里种植作物等行为过程产生转换。由这里，我们可以看到亲属因为"物质"本身意义的多层次（如身体、本质、与形式相对的内容、流动性与易变性的差异程度），而有其模糊、暧昧与隐藏差异等特性，而得以开展新的可能。是以，它可有效呈现转化（conversion）、转换（transformation）以及不同层面（domains）间的流动过程，使我们有一个分析概念可以表现易变性（mutability）和相关性（relationality）的特性，来结合各种要素而混合一起。这使得人观与生殖、繁衍以及亲属关系得以结合，而重新概念化亲属研究的假定。如此一来，亲属研究的领域仍可保留其独特性，但又容易与其他领域结合，扩展亲属研究的范围。这样的研究方向，不仅可避免传统亲属研究所隐含西方亲属的民俗模式所假定的生殖与血缘基础之偏见，更可避免西方哲学观念中视"物质"为具体而固定之看法的限制。

第六节 结 语

这一章的讨论相当复杂，涉及亲属研究的基本定位、理论转变、与其他社会制度的关系以及当代的亲属议题。在前面的讨论中，简略地回顾了人类学的亲属研究进展：从传统的继嗣理论、联姻理论、物质论与象征论，乃至近来视亲属为文化的建构与实践的发展；其主要的问题意识，由最早试图回答"社会秩序如何可能"的问题，逐渐转变为不同类型社会的构成原则与机制为何，到其亲属组织或体系的基础为何，到亲属概念如何被其文化所建构与实践。这样的转变，实涉及亲属与社会的关系，转变为亲属与经济的关系，乃至于探讨亲属与文化的关系。

另一方面，亲属研究的理论发展，往往又与被研究社会的社会文化特性有关。如：非洲氏族社会固然是继嗣理论的大本营，联姻理论更与东南亚的婚姻交换不可分。物质论关注于非洲前资本主义社会的亲属组织如何控制生产要素，象征论常见于亲属已经成为独立类别的现代社会之中。而视亲属为文化建构与实践，更常见于强调亲属认定是通过长久持续的建构过程而来的东南亚家社会、大洋洲与亚马孙地区的"社会性"社会等。

随着亲属研究与理论的发展过程，人类学也不断试图剔除原有理论知识中的西欧资本主义文化的限制与偏见。继嗣理论挑战西欧文化认为维持社会秩序的正式制度仅限于政治法律的偏见；联姻理论试图剔除西欧亲属的民俗理论中的血缘偏见。物质论（特别是结构马克思论）剔除西欧资本主义文化将经济活动界定在经济制度上的偏见。晚近视亲属为文化建构与实践的发展，更是试图剔除西欧亲属的民俗模式中，有关生殖与血缘的假定所造成亲属的认定是天生命定而非过程的限制，以及物质为具体固定之偏见与限制。这些努力的结果，不仅使亲属概念具有更大的弹性来呈现不同社会文化的特色，更企图保持亲属作为一个独特的研究领域，有其独特的性质。

下一章，将谈到与亲属研究高度相关的一个次领域——性别。对比于"亲属"一向作为人类学的核心理论，"性别"课题的发展相对较晚。但自 1980 年代以来，这个领域却因为新议题的开展，呈现出蓬勃的生命力。这一章对于亲属理论的背景说明，当有助于了解人类学性别研究兴起的背景，以及左右其理论进展的主要辩论。

第六章　性别人类学研究

在人类学知识的形成初期，性别研究只是学科的边缘问题。一直到1960年代末期至1970年代初期，在西方世界学生运动和社会运动要求改革种族歧视、男女不平等与剥削等问题的推动下，加上马克思理论的广泛被接受，造成了女性研究和女性人类学（anthropology of women）的兴起。1980年代，女性人类学所假定的普遍性女性本质（universal essence in womanness）遭到挑战，性别人类学取而代之。时至今日，性别议题结合了人观、国族主义、展演理论、实践理论，更结合地区文化特性，蔚然成为当代人类学最活泼，也最具开创性的新领域之一。

第一节　传统人类学对于性别课题的探讨

不同于亲属研究一开始就是人类学的基本素养，"性别"此课题在结构功能论主宰的传统人类学时代，并不是人类学主要关怀的课题。不过，有一个例外，那就是米德的《三个原始部落的性别与气质》（*Sex and Temperament in Three Primitive Societies*）（Mead 1935）。

米德写作这本书之时，一般对于男／女气质的看法，往往受西方民俗观念影响，认为女性是温柔的，男性是强壮的。但这并不是普遍性的原则。因为，男女性别的气质往往是由文化所塑造的。这本书便着墨于新几内亚三个邻近部落男／女气质的讨论。

阿拉佩什（Arapesh）人是住在山区、靠种植芋头维生的和平民族。男女气质都文静、和平、感情丰富。即使是男人，也跟女人一样从事家务与生产活动，照顾小孩，气质很像西方社会的女性。第二个民族，则是新几内亚河畔有名的猎头和食人民族蒙杜古马（Mundugumor），盛行多妻制，男人多半以姊妹交换婚甚至暴力抢婚方式获得配偶。夫妻关系紧张尖锐，儿子经常目睹母亲被父亲虐待，而使得父亲和儿子之间也感情不睦；甚至可能因为父亲跟儿子竞争同样一位女人，而产生很大的仇恨。在这个文化中成长的女性也具有男性气质：粗鲁、嫉妒、自私、侵略性高；夫妻关系紧张。以西方观点来看，这个民族的气质是非常男性化的。第三个民族，是靠湖边的德昌布利（Tchambuli）人，他们的生活环境优美，风景如画，鱼产量丰富，不需要花费很多时间从事生产。因此，该社会投注大量时间在宗教仪式上。表面上，男人是一家之主，却因为专注心力于宗教仪式，女人遂成为家的主要生产者，比男人还主动。因此，这个社会里的男女气质刚好跟西方社会相反：男性温和退缩，女性则积极进取。

米德的研究，透过新几内亚三个地理位置上非常接近的民族，呈现出男女气质跟西方社会的差异。最后，她要证明的是：男女气质并非自然的生理现象，乃是社会文化的产物，是由文化所塑造的。

米德的研究，在当时既新颖又具有挑战性，但并没有引发后续的相关研究。因此，有关性别议题的探讨未能进一步发展，直到1960年代末期，情势才有所改变。在此之前，米德的《三个原始部落的性别与气质》一直是这主题的经典。

第二节　女性研究与女性人类学的兴起与发展

一、恩格斯理论影响下性别研究的关怀

1960年代末期到1970年代初期，西方的社会改革声浪风起云涌。不

只出于对越战的抗议，也是对种族不平等与男女不平等问题的指责，特别是女性被剥削的问题正式浮上台面。这样的运动，刚好结合当时开始在西方学术界被接受的马克思理论，尤其是恩格斯的古典著作《家庭、私有制与国家的起源》(*The Origin of the Family, Private Property, and the State*)(Engels 1972)，使与性别有关的女性研究得以快速发展。因此，在社会条件和学术发展的结合下，性别歧视和性别剥削便成为新的重要研究课题，进而发展为女性研究（Women's Studies）或女性人类学（anthropology of women）。而萨克斯（Karen Sacks）的研究便是当时的典型代表（Sacks 1975）：

> 这篇文章讨论恩格斯的《家庭、私有制与国家的起源》，认为他最大的贡献是指出人类早期的原始社会，财产是属于群体的（原始共产制），是为了使用而生产。而且，男女均能够拥有生产资源与工具，因此，男女是平等的。可是，随着生产工具的发达，生产有了剩余，因此产生为了交换而生产的现象，也产生了新的社会生活单位："家"，以及私有财产制度。这使得女性的劳动领域开始限制于"家"的范围之内，劳动目的也局限为"家"的繁衍。男性掌控了财产所有权，更进一步使得女性成为男性宰制下的被剥削者，性别不平等关系便由此产生。为了继续保障财产私有制，以及财产拥有者的权力宰制，"阶级"逐渐在社会中形成，阶级之间的利益冲突也由此产生。国家便是为了解决阶级之间的冲突而产生。这是恩格斯这本书的主要论点。
>
> 萨克斯使用四个非洲民族来证明恩格斯的推论：姆布蒂（Mbuti）是一个打猎采集社会，位于刚果，也就是现在非洲中西部的扎伊尔；洛维杜（Lovedu）是一个农耕社会，蓬多（Pondo）是一个农业与游牧的社会，这两个社会位于南非，接近莫桑比克；甘达（Ganda）是一个农业的阶级社会，位于乌干达境内。透过这四个族群的比较研究，作者发现女性权力以及与男人的关系，从第一个民族到第四个民族，依序逐渐没落。最主要的关键，在于女性劳动是否被视为社会性的劳动，还是只是家内的服务。在光谱上，性别权力最不平等的端点甘达社会中，女性只从事家里面的工作，公共活动完全由男人或

其先生所垄断。这种男人工作社会化（socializing）、女人工作家内化（domesticating）的分工趋势，在工业资本主义社会中造成了两性同工不同酬的现象，更加深了男女不平等的关系。由此，作者修正恩格斯的论点，强调"家"作为制度性的机制，区分了公众（社会）/家庭，使得男女工作有了分类上的差别，也使得男女不平等的关系得以一直延续下去。

这篇文章，代表了当时在马克思理论影响下，对于性别关系不平等的关怀与研究。可是，这个研究也凸显当时人类学研究的缺陷。在结构功能论所主导的传统民族志里，女性的活动很少被描述，遑论探讨女性被剥削的现象。[①] 这种性别偏见，一方面是 1920—1950 年代的人类学理论架构本身就忽略了女性的活动，另一方面是当时占学院主导地位的男性人类学家，因其男性身份而无法参与或理解体会，以至于忽略性别方面的民族志资料。因而，当时的民族志作品，往往具有双重的性别偏见（Ardener 1972；Milton 1979）。1960 年代之后性别主题的发展，反而挑战了民族志中所蕴含的男性偏见。也因此，在 1960 年代末期与 1970 年代初期所谓的女性研究，乃吸引很多女性人类学家加入，逐渐发展出不同于上述萨克斯的马克思理论解释。

二、奥特纳（Sherry B. Ortner）与罗萨尔多（Michelle Z. Rosaldo）的普遍性象征结构

当愈来愈多的女性加入人类学的研究后，有关女性活动的民族志资料累积愈来愈多，她们发现女性不平等是文化上相当普遍的现象，并对萨克斯等马克思论者的解释提出不同的看法。这可见于《女性、文化与社会》（*Woman, Culture and Society*）一书中（Rosaldo & Lamphere 1974）。其中，罗萨尔多和奥特纳的文章最具代表性（Rosaldo 1974；Ortner 1984）。罗萨尔多在文章中提到：

---

① 即使当时女性人类学家所搜集的资料，观点上也往往与男性人类学家类似，缺少女性活动。

她同意前述米德的看法，认为男性与女性的关系基本上是文化所建构的。但她认为这种不平等的男女关系是普遍性的，就如同公众／家庭的区分也是普遍性的。为什么女性只会从事家庭生活而居于弱势的地位？她认为这是基于女性从事生殖与养育活动，因而不得不和家庭结合在一起。那么要如何克服这种不平等的关系？最重要的是如何让男性／女性的区分和公众／家庭的区分松绑，才有可能避免男／女性别的分工，所导致与公众／家庭对比的结合而产生男／女的不平等关系。

奥特纳的文章将罗萨尔多的论点进一步发展。她认为前述的男／女对比，不只是等于公众／家庭的对比，也等同于文化／自然的对比，因此也使得这本书无形中提出"男性：女性∷公众：家庭∷文化：自然"的象征结构。而且，在这象征结构中，男性、公众、文化的象征间，就如同女性、家庭、自然的象征间，是可互换的。同时，前者优于后者。正是这种文化象征结构导致女性地位低于男性，而这样的象征结构却又是所有文化都普遍存在的现象。这个建立在新的民族志研究成果所发展出来的新解释，一时成了女性人类学研究中的最主要的课题与假设，也带来后续的发展（MacCormack & Strathern 1980；Ortner & Whitehead 1981）。

三、对于上述普遍性象征结构之挑战

然而，在累积了更多深入的民族志研究之后，罗萨尔多与奥特纳的论点开始被质疑。这可见于《自然、文化与两性》（*Nature, Culture and Gender*）一书（MacCormack & Strathern 1980）。在书中，哈里斯（Olivia Harris）由南美玻利维亚莱弥士（Laymis）人的研究提出反驳（Harris 1980）：

> 位于玻利维亚西南部安第斯山高地的莱弥士人，并不将男女视为对立的。在象征上，男女如何组成一个家，比男女对立更重要。其次，这个文化更强调男女创造与转变自然为文化。亦即，自然与文化也不是对立的，关键反而是在人为的创造和改变。至于男女差异，也

是在当地人生命过程中逐渐发展出来，每个阶段都不同。例如，新生儿在刚出生时，没有明显的性别区分，性别的区分是在成长过程中逐渐分明的。最后，该文化中的男女象征观念本身是多义的，因此，可以因为用于社会文化中的不同活动而有不同的关系；并不是同质的结构，而是因应活动、脉络与行动者而有不同的意义。

事实上，这个问题更涉及了在个别的社会里，男女对立的象征是否重要。古德尔（Jane C. Goodale）所研究的新几内亚考隆（Kaulong）人，便提供了另一个民族志例子（Goodale 1980）：

> 位于新几内亚东边新不列颠西南部的考隆人，在其人观中，虽不能说没有男女之别，但正如他们并不以性别来分工一样，男女之别并不是他们的主要关怀。他们更关心如何由自我认同的繁衍达到不朽，以及由生产和贸易等社会活动达到自我发展。前者经由婚姻或性交而来；后者必须在空地生产或住地从事贸易、建立联盟与扩张网络。由于单身的贸易伴侣往往较少行为上的限制，因此，他们是透过个人在不同地域所从事的活动来塑造自我认同：未婚者在空地和居住空间所从事的生产工作、仪式和交换，均属于文化的范畴；性行为及生殖必须在森林进行，和动物或精灵等非人一样，是属于自然的范畴。因此，当地人不仅是以单身／已婚来对应文化／自然，更将空间上的空地与森林视为重要的区辨。

由上面所举的两个例子，我们可以发现：相对于莱弥士人之男／女象征随其不同情境而有不同的连接与意义，考隆人的例子几乎忽略男／女象征本身。这两个例子，实足以让我们质疑奥特纳和罗萨尔多所提出的性别象征结构之普遍性。而斯特拉森（Marilyn Strathern）在新几内亚哈根（Hagen）的研究，更进一步挑战了奥特纳与罗萨尔多的论点（Strathern 1980）：

> 哈根人位处于新几内亚中部高地。在其文化中，男／女、文化／

自然、公众／家庭、栽培的／野生的等等二元对立概念，在实际生活中存在着很多的变异性。而且，这种二元对立概念并不是系统性地被组合，而是依不同的情境而重组。男／女有时候等同于文化／自然之辨，可是，在某些情境中却是相反的。

奥特纳以象征论、结构论的方式来处理二元对立的象征秩序时，隐含这些结构之间存在着"相应一致性"（homology）。但对于哈根人而言，这种象征秩序并不是本质性的。家庭的象征不一定要与公众的对应成一对，而可能是与外来的或野生的对应成一对，而且并不等于文化与自然的二分。因此，斯特拉森隐隐批评这种"相应一致性"的象征秩序是西方的观念。换言之，这类"男性：女性：：公众：家庭：：文化：自然"的普遍性文化象征结构是建立在西方文化的基础之上。特别是"相应一致性"的观念，可能仅存在于西方的文化中。

斯特拉森的批评，实源自对当地民族志的深入理解，以及整体的象征系统之探讨，如此才能够质疑奥特纳和罗萨尔多提出的普遍性象征结构其实并不存在。但这样的取径，无法解释奥特纳与罗萨尔多一开始想要解释的：为什么在很多社会里，女性与男性是不平等的、是被剥削的关系？

四、马克思主义女性人类学的挑战

对于奥特纳与罗萨尔多的普遍性男女对立之象征结构最主要的挑战，还是来自马克思理论。利科克（Eleanor Leacock）基于恩格斯理论所做的反驳，便为其中代表（Leacock 1978）。她认为：要反驳奥特纳和罗萨尔多所提男女不平等是文化上的普遍现象，就是去证明人类社会一开始就是平等的：

利科克探讨原始的平权社会。她发现：女人不仅是独立的，也参与公众群体活动，同时也是生产物的分配控制者。即使无法明确证明男女是平等的，至少可以证明男女是互补而不相属。她更进一步讨论：因为生产工具发达有了剩余，乃产生了为了交换而生产的情况，使得产品不再可为生产者所控制。又因为创造出新的经济单位（家）与联系，使得男女分工专业化，也使得女人的工作成为家的附属而不再是公众的。男人属于公众活动，而女人因工作而附属于家，而有所谓公众／家庭分别的出现。这个过程并不是简单、自动或快速的。事实上，许多平权社会的原始民族之转变过程，更是直接受到资本主义经济的贸易与殖民主义的影响。即使如此，我们还是可以看到在这影响过程里，刚开始的时候，女性原有的优势或权力，甚至有着形式（制度）化的过程加以保障。但是，这个形式化过程反而在受到资本主义经济影响之后遭到破坏，女性的独立地位因而也被逐渐解消。更重要的是，人类学家之所以会认为女性处于被压迫的弱势地位是一种文化上的普遍现象，忽略原始社会男女平等的事实，往往是因为他们在从事民族志分析时，忽略这些社会的不平等传统其实是已受到资本主义与殖民主义影响的结果。

类似的批评，更具体表现在西尔伯布拉特（Irene Silverblatt）的研究上（Silverblatt 1987）：

秘鲁安第斯山区的印第安人，在还没有被印加帝国统治之前，传统的宇宙观里的两性象征是阶序、互补性的隐喻，可以同时象征不平等关系和互补性关系。等到印加帝国统治这个地区之后，统治者便操纵两性意象本身的暧昧性，刻意凸显其阶序性，以支持、合法化其对印第安人的统治，也合理化政权的支配性。换言之，两性象征成为统治阶级合法化阶级关系和不平等关系的实践形式。西班牙统治的时代，一方面破坏了印第安女性取得社会物质资源的传统生活，另一方面又侵蚀政治宗教制度中的性别地位。例如，通过富含阶序意味的天主教传入，使得殖民统治过程中的印第安女性遭受到比在印加帝国时期更深的阶级性歧视。西班牙殖民统治比印加帝国更积极破坏女性原有的权力，而造成性别歧视与对女性的剥削；但这样的剥削，也导致了印第安女性通过宗教实践来对抗殖民统治——她们借由实行巫术、崇拜天主教反对的偶像与异端信仰，反叛殖民统治。

这个研究，不仅凸显了国家意识形态的建立，与统治者如何利用两性象征来合法化其统治，更凸显了当地女性也利用类似的象征来对抗统治者的剥削，从而具体呈现了过去女性人类学研究的盲点，忽略被研究对象早已经纳入更大政治经济体系里的严重性。这个研究也凸显出过去女性人类学研究的局限，使性别研究有了明显的转变：它不仅是由整个社会的象征体系运作来了解，同时，必须与更大的政治经济体系或条件相结合。但如此一来，读者已逐渐不清楚女性研究或女性人类学的研究，与其他人类学研究有何不同；其研究上独特的课题与焦点或问题意识为何。此时，斯特拉森在马林诺夫斯基演讲上的讨论，将此研究领域推到了一个转折点（Strathern 1981）。

第三节　性别人类学的代兴

一、解构女性人类学

斯特拉森在她的文章中提出一个问题：女性人类学到底是在研究什么？是性别吗？她试图说明：在女性人类学、人类学的女性研究背后，有几个习焉不察的稻草人假设：

> 女性人类学的几个"稻草人假设"在于：第一，女人是适合研究的类别；第二，女性人类学家反而可以剔除男性的习惯性偏见；第三，女性人类学家对其他女性的状况有其敏感性的洞识。因此，在这三个假定之上，女性人类学可以成为人类学的一个分支。但这三个假定都建立在一个共同的基础上：存在着普遍性的女性本质。可是，斯特拉森认为：根本上没有普遍性的女性本质可作为这个分支的研究对象之基础，更遑论清楚的研究对象。她用哈根（Hagen）和维鲁（Wiru）两个例子来说明，女性性质（womanness）是不同文化透过不同方式去建构的，所以根本没有普遍性的女性本质。

以哈根为例，透过有名的仪式性交换（Moka），我们发现猪、贝壳、钱是主要的交换物，由女人所生产，而由男人控制其交换。交换的伙伴是经由缔结婚姻而来的姻亲或母方的亲属。因此，交换本身可以确定因婚姻而缔结的氏族联盟关系，从而具有政治上的意义。这种群体间的关系，固然凸显女人的中介角色及其女性的性质，但更重要的是，交换过程所建构的女性性质，是建立在女性与男性的对立与相对性上，故性别是男女交叉互补而成的，两者是不能替代的。在仪式的交换过程里，可以看到男人回报给孩子母亲的猪，本身代表着母亲氏族传递给小孩的物质（substance）。因此，其象征机制是一种"换喻的"（metonymic）——被象征体与象征间，有部分的成分是相同的。

在维鲁文化里，交换并不透过仪式而进行。男方送给女方称为皮肤偿付（skin-payment）的猪肉，以偿付小孩身体物质的代价；其赠予对象是扮演母亲角色的女人，因此，可能是小孩的生母或继母。由此可以看到，在维鲁文化中，母亲的角色和女人的个体是分开的。更重要的是，女性性质本身是"自行赋以意义"（self-signifying）的，其本身就可以单独成为象征，不像哈根社会是建立在男、女的不同及两者的对立和互补关系上。在维鲁社会，母亲作为孩子的生产者，其价值表现在母亲本身的生产活动上。因此，回报她的礼物是标记母亲本身，以及母亲角色的社会关系之转变。所以，礼物本身所创造出来的是已经存在的关系，亦即，礼物交换本身，是承认和"标记"女人已经做的。故这个象征化过程是"隐喻的"（metaphoric）。

由上，斯特拉森要强调的是：所谓的性别或者女性性质，是由文化的逻辑来建构的。哈根和维鲁两个社会所呈现的象征机制是非常不同的，其象征化过程的性质也是不同的。若要能够了解这整个象征化过程，还涉及人观和个体性等知识的分析，也往往必须由当地人对于性别关系、生殖、抚养等观念，以及这些观念在整个社会的象征系统里的关系来了解。换言之，女性性质本身是文化建构的，并没有普遍性的女性性质存在，因而不可能成为独立研究课题，甚至被化约为其他的概念来了解。因此，她认为根本不存在所谓的女性研究或女性人类学。

这篇 1981 年发表的文章，解构了从 1960 年代末期以降蓬勃发展的女性研究。此后，女性研究和女性人类学的名词逐渐被性别研究（gender study）或性别人类学所取代。新兴的性别人类学，除了不再使用"女性人类学"这个词汇之外，也反省了过去女性研究的偏见——过度偏重女性部分，而未能放在整体社会文化脉络来了解性别建构，并将其重新安置于社会文化脉络和整个象征体系中。《性别与亲属：趋于结合的分析论文》（*Gender and Kinship: Essays Toward a Unified Analysis*），便是这股趋势下的代表作（Collier & Yanagisako 1987）。其中，布洛克（Bloch 1987a）的研究便是一个典型的代表：

> 分布于马达加斯加岛中部的梅里纳人，其文化中至少存在着三种不同的性别意象。第一是每天互动中的两性不平等关系；第二是有如超越个别生命而永恒存在的继嗣象征体，往往忽视或否定两性的差别；第三是被视为非继嗣性而属于生物性亲属纽带的女性象征。它往往被认为是低下的、脏的、分裂的。这三个性别意象属于不同的社会类别，彼此矛盾但又相互依赖。更重要的是，作为意识形态，这些意象都是社会过程中的一部分。因此，布洛克强调两性建构的复杂性，以及性别作为社会过程的组织原则。

一般而言，布洛克是从"意识形态"的角度来处理性别。正如亲属或社会结构，性别可以由几个相矛盾与互补的象征来理解，但它也代表着几种不同类别的知识。更重要的是，性别作为社会过程的组织原则，是象征过程的一部分，并建构了意识形态。事实上，正如这本书中的其他研究一样，性别象征不仅必须与更大的社会政治经济脉络结合，更要放回社会文化脉络中，不可能跟亲属、人观等分离，甚至必须与该文化中更基本的分类概念与社会和象征过程结合，才可以去了解其性质与实际运作的意义。不过，这个解构后的发展过程并不意味着原来的"性别研究"被消解。相反地，性别研究在现代社会往往因为结合其他社会制度，而拥有更大的发展空间。

"性别"自然与亲属有关，但性别研究的新发展，更与国族主义和族群问题结合，以重新回答上一章提到过的安德森问题：为何现代国家可以使其公民产生极端强烈的情绪诉求？为什么人们会为其国家而死？这可见于下述几个例子。

二、性别与国族主义

第一个例子，是上一章已提过的有关土耳其现代国家建立过程的研究（Delaney 1995）：

> 被尊为"国父"的凯末尔，1923 年建立土耳其共和国。但在他建立现代民族国家的过程中，最大的问题是如何避免泛伊斯兰主义的阻碍。于是，他决定使用土耳其人"家"的意象来塑造他们的国家。凯末尔被称为 *Ataturk*，即土耳其人的父亲（Father of the Turk），或简称为 *Ata*，父亲或祖先之意。这使他成为这个民族象征上的亲生父亲，以及国家的父亲。祖国（motherland）被称为 *Anavatan*，而公民为 *Vatandas*，意即祖国的成员（fellow of the motherland）。"家"成为沟通和建构国家认同的中心意象，也使一般人愿意为了祖国而对抗奥斯曼帝国的统治。凯末尔能成功地动员一般老百姓加入独立建国运动，主要是他应用了原来文化中的亲属意象与观念，"自然化"（naturalize）所有成员为一个自然单位。亦即，他把"亲属"与"家"的概念扩展到整个国家。但也正是因为家或亲属的意象与观念扩大到整个国家，两性间的不平等阶序关系也随之自然化，使得原本家里面的男性家长得以代女性发言，也使得女性因国家公民图像反而凸显两性的不平等。因此，土耳其在独立之初，虽然采用瑞士法律，在 1920 年代便赋予女性公民权，但家内不平等关系的自然化，反而破坏了原建立民族国家的民主企图。

> 德莱尼不仅证明第三章"文化的概念与理论"和第五章"亲属、社会与文化"所提到过的，施耐德强调亲属、国籍、宗教背后有共同的象征基础；作者更进而指出：土耳其文化的生殖理论中对于"性别"的定义，提供了亲属、国家、宗教三者整合的不同方式。例如，土耳其人认为父亲提供种子而产生下一代，这不同于美国亲属观念中，小

孩是由男女共同合作所创造。由于土耳其文化的生殖观念强调父亲是子嗣的制造者，因此，凯末尔得以在土耳其民族独立建国的过程中，有效地扮演父亲的形象，这一方面使得"亲属"与"家"的观念与意象扩展到整个民族，又同时使自己成为家、国家、宗教的领袖。

这个研究不仅涉及前一章所谈的亲属隐喻如何被扩大运用到现代国家的建立过程，更涉及亲属与性别的观念如何自然化亲属象征，使之得以扩大与涵盖整个国家的成员。这不只是使用隐喻方式让亲属观念象征整个国家，而是在实际上也产生作用。不过，亲属概念和意象如何可以产生自然化的力量，力量又来自何处？这可以以第二个例子来说明。

第二个例子，也是在上一章提过的巴勒斯坦建国的例子（Jean-Klein 2000）：

> 从 1989 年到 1990 年，作者在巴勒斯坦的以色列占领区进行巴勒斯坦建国运动的人类学研究。巴勒斯坦原本是父权社会，其认同是来自父亲，母亲只是给小孩子身体。然而，自从以色列占领约旦河西岸之后，大部分家庭的父亲都到其他地区或国家去赚钱，以维持家庭的生计。即使是留乡的男人或家长，不是忙于农事，便是经营杂货店或小生意。因此，占领区的家庭往往只剩下女人和小孩。在整个建国的过程中，年轻人从十几岁开始便参与反对以色列军事占领的反抗运动，年轻男子不断被捕入狱，而他们的母亲、姊妹、妻子，则承当了掩护工作。甚至在男人入狱之后，这些女性四处宣扬孩子、先生或兄弟的英勇行为，也安慰被捕者的女性家人。所以，在长久建国过程中，占领区的家逐渐转变成以母亲、姊妹为中心。巴勒斯坦的建国活动，便是建立在以女性为中心的家之基础上。甚至，不少父亲从外地回来，才发现原本的父权家庭结构已经转变，英雄的母亲成为家庭的重心。
>
> 本来，巴勒斯坦文化的自我认定是以个体为主，但是，在建国过程中，逐渐发展出集体性的认同。因为，年轻一代在成长过程中，甚至到参与反抗活动，都受到很多人的支持和掩护，他们自己也认同与其他人是不可分的，因而产生集体认同的现象。

作者在这个研究中要说明的是：亲属与性别在现代国家建立的过程中之所以可以产生力量，是在实际日常生活中呈现的，并不只是纯粹象征性的。但是，这并未真正回答传统的亲属与性别意象与观念被扩大运用到国家时，其"自然化"的力量从何产生。这不只是运作于日常生活中，而是个人的亲属转变为"国家层级亲属"（national kinship）的集体认同产生作用的结果。这可见于第三个研究案例。

第三个例子是有关塞浦路斯的研究，针对前面的亲属、性别和国族主义的关系，有进一步的讨论（Bryant 2002）：

> "亲属"不只是象征，而是具有自然化国家成为如同亲属单位的力量。但是，作者强调：这样的力量，其性质已经不同于原本的亲属，而是经过转换而来。如何转换？作者试图以塞浦路斯的研究个案来回答。
>
> 塞浦路斯位于地中海靠近土耳其一带，由希腊后裔和土耳其后裔所组成。该研究的重点，便是这两类后裔如何建立其不同的国族主义。他指出，希腊裔和土耳其裔的"国家层级亲属"（national kinship）之想象是建立在对土地、人的共同物质（substance）上。一方面，希腊裔是以精灵或灵魂的观念，来理解塞浦路斯如何成为一个国家。在该族裔的观念中，"国"的建立正如"家"一样，是建立在人和土地的精灵之纯洁上。他们也竭力证明自己是希腊祖先精灵在这片土地上的真正后代。与之相对地，土耳其裔是用"血"的观念，认为塞浦路斯是用血征服土地而来。这两者的差别虽是源自各自的亲属观念，但他们用在建立国家层级亲属时，是通过历史论述（historical discourse）的重要转换过程来论证。希腊裔人民讨论历史时，往往是追溯其系谱上的来源，以发现并证明其历史的延续性。反之，土耳其裔人民的历史论述，则着重于证明历史的偶然性，以及强调征服的过程。因此，两种不同性质的历史论述，反而凸显两种不同性质的国族主义。
>
> 可马洛夫（John Comaroff）曾提出两种国族主义：ethno-nationalism 与 Euro-nationalism。前者承认国族有其本质性的存在，后者则认为

国族乃是建构出来的类型。本质性的论点，往往会将过去的历史视为可继承的物质。强调国族主义是一建构过程的，会特别关注历史过程或同质化过程的年代学。因此，历史论述使得原亲属概念被转化为国家层级亲属，而产生国族主义的力量。但历史论述之所以具有这样的力量，仍是源自他们对"可继承性物质"的思考方式而来。换言之，在国族主义的建构过程中，每个民族都可以使用具有自然化力量的特殊文化方式来转换原有的亲属关系，也使其历史论述成为一种具有文化理由（cultural reason）的形式。

上述这几个例子可以让我们清楚地看到，"性别"正如上一章所讨论的"亲属"一样，在现代社会中，无法维持如早期为一独立分支的独立自主之性质与范围，而必须跟更多其他现象结合在一起，甚至必须深入文化的深层，以及更广泛地结合政治经济结构，才能看出其角色与意义。这也正如第三章有关人类学文化理论发展中谈到的，分析得愈深入、更多因素加入，使得分析的现象愈来愈复杂。因此，如何找到新的综合性研究切入点，势必是未来的发展所必须面对的。性别研究即具有作为新综合性切入点的潜力。晚近性别研究的新发展——从展演（performance）的理论角度切入——更具体说明了研究上的突破与新方向。

第四节　展演理论下的性别研究

虽然，自 1980 年代以来，性别早已成为学术界的显学而超越学科的界限，各家理论学派不断推陈出新。其中对人类学最有影响力的则是从展演角度切入所开展的研究，因其往往挑战了过去对于被研究对象社会文化特性的了解而有所突破，以致备受注意。如摩尔（Henrietta L. Moore）所带领的研究，最具有代表性（Moore，Sanders & Kaare 1999）。

一、展演理论的挑战

摩尔所带领的性别研究，最主要的成果可见于她与她的学生合编的

《玩火的人：东非与南非的性别、生殖力与转换》（*Those Who Play with Fire: Gender, Fertility & Transformation in East & Southern Africa*）一书（Moore, Sanders & Kaare 1999）。这本书主要的成就与贡献，正如她在导论中所说（Moore 1999）：凸显出性别是关键性的结构性原则，更是象征体系与宇宙观的基本隐喻。这就如同在东非和南非，性与进食具有广泛性的联想，而生殖和母体的象征概念与日常生活行为和安排家内工作、维生、维持社会关系等交织在一起；或者如同火的象征一样，是人成长过程不同阶段之转换的宰制性基本隐喻。这些重要的隐喻均意涵着生命。如：小孩是混合男女之流体或物质而来；母体和煮食意象本身就象征着生命；打猎更标记着男人对于生命的赋予。然而，过去的人类学非洲研究，往往过于凸显父系继嗣或父权意识形态的重要性。这是因为过去的研究是以西方二元对立的性别分类来了解非洲，使得西方性别分类强调两性的界限、截然不同性及其间的阶序性关系，或各自类别的独立自主性，而阻碍了我们了解非洲的性别建构本身其实是一种已身有如同一单位内的细分（即雌雄同体），母体就包含了两性和两种生产，因此，两性必须关联在一起加以理解（relationally understood）。换言之，过去将非洲文化的性别建构视为个别而有界限的分类，其实是错误的。实际上，非洲文化的性别分类不是固定或封闭的，而是随其生命成长过程的日常生活与仪式之实践来建构的。在这包含想象与实际的过程之中，隐喻的联想从来不曾固定下来，更不可能终止。因此，摩尔强调：性别除了被文化所建构之外，更必须被展演，以向文化成员传达自身。她更进一步强调："展演"的观念发展了性别，使它依历史变迁与跨文化的变异而有其建构与实存的关系。简言之，透过"展演"，我们不仅可以知道"性别"在非洲社会历史过程中，确实扮演着过去不曾了解到的关键性结构原则的地位，甚至可以剔除西方文化假定"性／别"必定是相互排除而独立的个别分类之偏见。

　　这个突破性的研究成果，不仅让我们深化了对于非洲民族志的理解，能注意到"展演"的重要而开展与过去不同的视野（Moore 1994；Ebron 2002），也使"性别"有了类似"亲属"作为社会之结构原则的重要性。这个新发展，也逐渐影响到其他文化区的性别研究上，如亚马孙地区（Rival 1998a；McCallum 2001）或南亚的研究（Busby 2000）等。

二、早期的展演理论

　　展演理论下的性别研究，其实经历了一个很长的发展与改变过程，才产生今天的成就。1980 年代的早期展演理论，往往只从仪式的展演着手，来为女性发声，含有较强的反霸权（anti-hegemonic）意识形态的抵抗（resistance）意义在内，往往较忽略其日常生活，而难对其社会文化特性的了解有所突破。这段时期的经典之作，当属博迪（Janice Boddy）的《子宫与外来精灵：北苏丹的女人、男人以及 Zar 治病仪式》（*Wombs and Alien Spirits: Women, Men, and the Zar Cult in Northern Sudan*）（Boddy 1989）：

> 　　侯福利雅梯（Hofriyati）人生活在苏丹北部，属于阿拉伯语系，宗教信仰上多为伊斯兰教徒。四千年来，他们一直受到城市、商业、伊斯兰乃至西方殖民与资本主义文化的影响，形成一异质性很强的民族与文化。当地人不仅很早就意识到外来强而有力者的干预，社会内部的男女不平等关系，更是其明显的特色。
>
> 　　在 19 世纪初期，当地女性常因生产上的困难而被解释为被精灵附身，必须参与称为 Zar 的治病仪式。然而，作者透过深入而广泛的仪式分析，揭露出日常生活中男女的互补与不平等关系，实隐含外来者与当地人间的关系。更重要的是，借由 Zar 仪式里的附身与展演，一种社会论述的形式或文本被制造出来。特别是附身时的精神恍惚（trance）和治疗过程，建立了女人的自我。这个 "自我" 与日常生活中的自我不同，包含了非人的各种精灵成分，可以说是 "非自我"（nonself），并且是复数的 "我们"（we）：一个人可以同时拥有多个附身的精灵，包括埃塞俄比亚人、欧洲人、阿拉伯人、奥斯曼帝国的行政官僚、军官、医师、流动小贩、商人、奴隶、佣人、妓女乃至北苏丹的巫师等外来者。同时，这展演所产生的社会论述，基本上是 "形而上的文化"（metacultural）或反语言的（anti-language）。它并不在于明显表达阶级意识，既非革命性的，也不是另类的霸权意识形态。它只是一种 "反霸权意识形态"，从被压迫者的观点来预演被霸权主宰的现实。不过，更重要的是 Zar 仪式展演所产生的社会论述或文本，

其实是一种美学的文类（aesthetic genre），一种讽刺的讽喻（satirical allegory）。因为它常常由外来者的精灵呈现其他可能的不同自我（other selves），病人得以拉开与自己的距离来客体化（objectivate）自我，因而达到脱离己身文化脉络的目的。尤其当地人一再参与 Zar 仪式的结果，可以累积自我的各种面向，使她们可以从单一的（monological）世界移到多元（polyphonous）世界。因而，该仪式提供了一个途径去打开自己的主体性，以产生反省的、批判的意识。是以，Zar 仪式的展演，不仅是打开个人的思考或打开人类的心灵来对抗文化建构的束缚，进而可能得到新的洞见，或更精巧的了解，或持续的成长，来深思如何越过障碍，乃至于适当的再生。经由这个仪式，不少人得以改变其视野，改变其身体的倾向，甚至获得情绪的平衡等。

博迪的经典研究，呈现了"论述"（discourse）或文本分析研究的优点，特别是附身精灵带来外来知识的分析，提供了当事人反身自省，乃至于文化创新的可能性。但也因为作者没有意识到展演无法与实践理论分离（Morris 1995：571；Busby 2000：12-13；McCallum 2001：171），过于重视仪式的论述文本，并忽略日常生活的实践，使她无法对被研究文化的特性提出更具有挑战性的理解与解释，造成这类研究只停留在为被压迫者发声的贡献上。

三、展演理论与实践论的结合

上述展演理论的限制，因带入日常生活实践的探讨而改观。岑格（Anna L. Tsing）的《钻石女王的领域：一个不在正路上之地方的边陲性》（*In the Realm of the Diamond Queen: Marginality in an Out-of-the-Way Place*）便是一个典型的例子（Tsing 1993）：

这个有关婆罗洲南部原住民梅拉图斯（Meratus）人的研究，主要是从当地人的各种口传故事、仪式中所唱的歌谣，以及日常生活中有关国家统治、区域族群性的形成和性别分化角度等切入，探讨当地人在边陲化过程中，如何建构他们的政治与文化边陲性。这个研究涉及当地文化的两个特性：边陲性（marginality）与流动性（mobility）。当地人一方面认识到他们与全国宰制性文化间的不协调关系，另一方面，他们却培养出"离散"（dispersal）有如一种独立自主的形式，以及通过与边陲性的协调而形成多线或替换性联盟，来发展出文化认同的多样与弹性。不过，流动或旅行不只是这个流动性社会（fluid sociality）的特色，更是有野心者得到知识并与外力结合来建立其领导地位的方式。除此之外，在这个社会中，男人要建立其领导地位，还必须具备说故事的能力。因为，"论述"是重建政治隶属和主体性的关键性技巧。事实上，在这个社会中，故事可以形塑政治、政治社群以及政治表演者。这是因为故事涉及他们对于国家力量的想象。

其实，在这个地区的边陲化过程中，不仅国家与当地人对于对方的想象不同，国家对于当地人的生活条件之理解也不同。对国家政府而言，这地区的森林价值不高，因是混合林而不是全具有商业价值的林木，而梅拉图斯人更被国家视为边陲化的"野人"。但对梅拉图斯人而言，他们有意维持林木品种的多样性和变异。这种对比，就如当地男女的不平等关系一样，正呈现国家与地方文化间的不协调关系。我们也可以由书中许多女性个案研究（包括女巫），发现他们也都个别发展出不同对应方式来解决男女间的不平等关系，就如同解决外来宰制性国家文化与地方文化间的对立一样。

岑格的研究，除了在展演与论述的主要分析外，还带入了实践理论的观点，使得这原本充满后现代理论色彩、强调文化上流动与混合的性别研究，有了坚实的民族志基础，也凸显出梅拉图斯人以移动或旅行为其关键象征的文化特色，以及语言或说故事的重要性，更提供我们进一步了解东南亚民族在象征上的语言交换之特性。[1] 此外，对于边陲社会如何超越中心／边陲对立的结构之研究，提供了一个重要的民族志基础。虽然，在有关边陲性研究的理论贡献上，它可能比不上后来有关匈牙利吉卜赛人（Stewart 1997）、采集与狩猎的民族（Schweitzer et al. 2000），

---

① 有关东南亚民族的象征性语言交换，可参阅 Rosaldo（1980）以来的讨论。

乃至于许多被认为是边缘人的民族（Day et al. 1999）等的研究，但对于东南亚这些原以刀耕火耨为主要生产方式而以女人为家之中心的民族之文化特性的了解上[①]，却有其一定而重要的贡献。

岑格的研究虽因开始带入实践论而得以凸显被研究文化的特色，但还未能挑战既有理论的资本主义文化偏见。这点，还必须等到本节一开始所提到摩尔所领导的研究，才有所突破。这种将展演与实践理论结合来探讨性别的问题，更清楚地表现在巴斯比的研究上（Busby 2000）：

> 借由在南印度 Kerela 地区所进行的村落田野调查，作者发现当地男人与女人的分辨，主要是从他们所做的，特别是工作，以及与工作相关的其他生活活动，来凸显并加强性别的差别与认同。如男人捕鱼，女人卖鱼；男人主要活动在海上，女人在土地上；男人睡在海滩，女人睡在家里，等等。男人的特性是勇敢、鲁莽，而女人则是聪明而善于以言辞说服人。是以，男女双方的交换便变得很重要；他们强调男女是互补而平等的，男女也必须结合才能生产财富、生殖下一代并创造权力。这与过去南亚研究以卡斯特阶序为其特色，并强调男包含（encompass）女的预设不同。实际上，这涉及卡斯特阶序与性别的平行特性：在阶序体系中，愈高阶者，愈包含低阶，男性也愈包含女性。但在愈低的阶序地位中，男女则愈互补而平等。这必须由当地文化中性别与身体的关系来了解，而自然涉及当地的人观：一方面，他们强调男女生理上有基本的不同。但另一方面，这生理上的成分，并不是固定不变的，而是具有流动性的。因而可相互影响、相互关联，乃至于附着其上而影响其性质。胎儿在子宫之中，即因父母物质的比重不同而成为不同的性别。父之物质（指精子或男人的血）多时，小孩便成为男性。母之物质（特别指母奶）多时，小孩即成为女性。由此，作者进一步认为：过去有关性别的研究，不是过分强调展演或文化建构，便是建立在身体构成的生物性上，而这两者都不是不证自明的。

这个研究，实调节了"展演"和"身体构成"两类研究取向。即

---

① 有关东南亚民族的家以女人为不动中心的论点，请参考 Waterson（1990：191，197）。

使作者受到展演理论的影响，但和先前的展演研究有所不同，她凸显出日常生活中实际的展演，以弥补过去的展演研究过分局限于论述（discourse）而导致性别反而是暧昧而具有"不确定性"（indeterminancy）的。其次，借由当地的人观对于卡斯特阶序与性别平行的解释，作者正可在民族志上说明印度或南亚社会文化的变异性。对她而言，只有结合卡斯特阶序与人观研究，才可能进一步理解印度的性别分辨与权力关系，进而全面地了解印度文化。

由巴斯比的研究成果，我们可以知道：结合展演与实践理论，可以对被研究文化有更深而不同的了解。事实上，这个研究的成就，还涉及了南亚人类学曾存在过的两个相互竞争的模式：迪蒙（Louis Dumont）的纯净与非纯净之二元对立宇宙观和马里奥特（McKim Marriott）透过当地人的人观来了解的不同方式。最后，迪蒙的观点主导了后来的印度研究。但巴斯比不仅证明了马里奥特的理论对于印度各地乃至南亚的地区差异性有更大的解释力，她更透过美拉尼西亚"可分割的人"（partible person）的比较，以"可渗透的人"（permeable person）凸显了印度或南亚文化相对于大洋洲南岛文化的相似性和特殊性（Busby 1997）。这种探讨方式与迪蒙最大的差异之一，在于巴斯比是与美拉尼西亚人比较，而迪蒙是与西方比较。这使迪蒙的学说很快就被当时的主流国际人类学界所接受。这背后是否涉及了西方文化中的东方论，实在值得进一步思考。

第五节 结 语

由本章的讨论，我们可发现性别研究在人类学知识的形成初期，除了米德的《三个原始部落的性别与气质》（Mead 1935）特别突出之外，一直是人类学研究的边缘问题。但从 1960 年代末期到 1970 年代初期，在学生运动和社会运动风起云涌的背景下，配合马克思理论被广泛接受，酝酿了女性研究和女性人类学的勃兴。这个发展虽剔除了传统人类学知识中的男性偏见，却导向视女性的弱势地位为普遍的现象，而且是由普同性的"男性：女性：：公众：家庭：：文化：自然"象征结构所造成。这样的课题与假设，后来虽然遭遇更深入的民族志研究驳斥，又受到马克思理论的批判，但也使性别研究被置入更大的政治经济体系、社会文化脉络、整体象征体系之中来了解。唯如此一来，也导致女性研究或女性人类学独特的研究课题、焦点或问题意识反而日渐模糊。1980年代初期，性别人类学代兴，"性别研究"进入另一个重要的发展阶段。

另一方面，在性别研究的发展过程中，也陆续剔除数项西方文化固有之偏见。米德的萨摩亚研究让我们剔除西方文化视男女气质为生理的自然现象之偏见。哈里斯、古德尔、斯特拉森以及马克思主义女性人类学者挑战普遍性象征结构的假设，实剔除了西方自资本主义兴起以来所发展出的男／女象征对照于公众／家庭象征的文化偏见。斯特拉森的新几内亚哈根研究更剔除西方文化强调象征结构的"相应一致性"观念的偏见。非洲乃至南亚和亚马孙地区，由展演切入的性别研究，更剔除了西方文化视两性分类为相互排斥而个别独立，甚至固定的偏见。

再兴的性别人类学，否定了普遍性女性性质（universal womanness）的存在，和"女性人类学"作为独立研究课题与领域的可能性，代之以"性别"主题。该主题又与文化中更基本的分类概念与社会和象征过程结合，使其愈来愈与其他许多因素结合而愈显复杂。在此同时，由展演角度切入研究性别，使得性别领域有了突破性的发展，特别是结合了展演与实践理论的探讨。这不仅让我们注意到"展演"的重要性，而使性别研究具有类似亲属一样重要地位之可能，也开始与文化区的特性结合，更透露出人类学知识一直在寻求新综合性切入点的企图。

第七章　政治与权力

　　这一章讨论人类学的另一个主要分支：政治人类学。尽管它不像亲属研究一般占据人类学理论发展的核心地位，却最能够直接回答学科的古典命题："社会秩序如何可能？"探讨这个分支在 20 世纪的发展史，可以部分窥知人类学理论的演变，更可以反省对人性、权力、社会秩序的假定。本章将以"权力"的概念作为核心，略论政治人类学的发展。

　　本章将由"权力"的性质切入，呈现政治人类学的发展。这样的切入角度，有别于过去一般政治人类学的讨论主要以政体为轴心（Fried 1967），或讨论"政治"与其他制度之间的关系（Balandier 1970）的做法，而比较接近格莱德希尔（John Gledhill）的处理方式（Gledhill 2000）。不过，格莱德希尔的理论立场明显受福柯（Michel Foucault）的影响，而笔者的选择却与福柯无关。笔者以"权力"作为政治人类学核心议题的主要理由是：传统政治人类学的做法，受限于西欧资本主义文化着重于制度层面，往往限制了对于前资本主义社会的理解。另一方面，透过对"权力"之不同性质的探讨，可凸显出被研究文化的特色。因此，笔者选择以"权力"作为切入角度。

　　虽然如此，人类学的政治研究，一开始还是探讨"制度"层面。这就必须由结构功能论讨论起。

第一节　结构功能论：组织性的功利主义式权力

相对于亲属研究，直接面对"社会秩序如何可能？"问题的政治人类学，其发展要晚得多，但仍比性别研究要早而成熟，因此，在英国被认为是人类学的四大分支之一。福蒂斯和埃文思 - 普里查德合编的《非洲政治体系》（*African Political Systems*）一书（Fortes & Evans-Pritchard 1940），更是被认为是政治人类学的开山之作。

这本书一开始就清楚阐明他们所要讨论的问题：缺乏现代国家政治制度的社会，如何维持社会秩序？由于他们所研究的非洲，主要是以氏族、世系群为支配性制度的社会，因此，这本书所要探讨的是，具有政治功能的氏族或世系群，如何建立、维持社会秩序。也因此，拉德克利夫 - 布朗在为该书所写的序中，重新界定"政治制度"，以便适用于非洲的氏族社会。他认为政治制度主要是指在特定的土地所有权架构下，能够使用武力（physical force）并有组织地实践强制性权威的过程。这样的定义，不仅可以用来讨论制度化的现代政治组织，也可以用来讨论氏族组织。

上述立场，更具体地表现在埃文思 - 普里查德的名著《努尔人：对尼罗河畔一个人群的生活方式和政治制度的描述》（*The Nuer: A Description of the Modes of Livelihood and Political Institutions of a Nilotic People*）一书中（Evans-Pritchard 1940）：

> 努尔人居住于苏丹中南部的沼泽地区。每年的四月到十月是雨季，几乎所有的田地都被淹没。此时，他们就会集中居住在较为干燥的高地。每年十月到四月是干季，他们到处游牧，也生产小米和玉米。这样的生态体系，影响到整个社会的生活节奏。
>
> 在该社会中，有三种主要制度在建立与维持社会的秩序：政治制度（依土地而来的地缘组织）、世系群（依血缘而来的亲属组织）、年龄组织（依年龄而来的社会组织）。不过，这三种组织都受到世系群体系之构成的结构原则——分支（segmentation）原则的影响。这个原则使得亲属团体往往分成两个对抗的部分，但他们又可以整合起来对

抗另一个相对大小的部分，使得同一层次的世系群组织单位间，既是对立又是互补。而这个结构原则又影响其政治组织与年龄组织。因土地往往属于世系群，使得世系群地方化而与政治组织重叠。同样，年龄组织基本上是在对抗外力时结合起来，内斗时又分开。所以，在世系群与氏族具支配性的非洲社会里，该世系群结构原则影响了社会秩序维持的方式。这样的社会，虽然没有现代国家或西方观念里的正式政治组织，仍然可以通过世系群或氏族组织来建立与维持社会秩序。

但在这样的社会里，权力性质完全不属于个人，而是决定于氏族或世系群内部的结构位置，由其决定社会的领导地位。例如，在父系社会里，父系之长嗣必然成为世系群或氏族的领导者，同时也是地缘团体以及年龄组织的领导人。因此，整个政治社会秩序的维持是来自组织性的权力，并具备功利主义式的权力概念之基础与性质——体力或武力。这种基于结构功能理论而来的权力观念，其最大缺点，就是没有解释个人实际的权威地位从何而来。其次，是在说明社会秩序如何维持之时，假定了一静态同质的社会。因此，虽然这样的研究模式在 1930—1960 年代的人类学理论中具有主导性，也剔除了西方现代观念中的正式政治制度之偏见，但仍因上述限制而遭到批判。巴尔特（Fredrik Barth）的交易学派（transaction school），便针对其缺乏个人地位的局限而提出批评。

第二节　交易学派：个人理性选择的功利主义式权力

在人类学理论中，巴尔特是以提出"边界"（boundary）观念来界定族群而闻名。在政治人类学领域中，他依据个人的理性选择角度来了解社会文化现象，建立了交易学派，挑战了结构功能论的主宰地位。他依据在巴基斯坦的斯瓦特巴坦人（Swat Pathans）之研究成果，写出了经典之作：《斯瓦特巴坦人的政治过程：一个社会人类学研究的范例》（*Political Leadership among Swat Pathans*）（Barth 1959）：

斯瓦特巴坦位于巴基斯坦西北部，接近阿富汗地区，是个伊斯兰教社会。它是以整个居住地的山谷为区域体系的最大单位，其下分成十三个地区（areas），再区分为村落、区（ward）、家。从政治制度来看，领导者是酋长，宗教上的领导者则是圣人。两个领域相互影响，而政治领袖和宗教领袖不一定一致，彼此之间往往关系紧张，甚至存在着轮流替换的结构关系。[①]

在斯瓦特巴坦的研究中，巴尔特强调：一个人要成为酋长，除了本身必须具有政治影响力之外，拥有土地也是先决条件。领导者借由将氏族或世系群继承而来的土地慷慨分给无地者，使其影响力从家逐渐扩及更大的社会政治单位——区、村落、地区、整个区域体系。而在土地稀缺的背景下，一般人都没有土地，必须慎选并追随有土地的人。因此，酋长也必须积极而非常慷慨地将土地分给没有土地的人，以得到很高的声誉和足够的追随者，这样才能成为政治上的领导人。同样，圣人也是如此。圣人原本只居住在边缘地区僧人修行的地方，特别是坟墓地带，从事教义的宣扬，也因此拥有附近的土地。但随着圣人的声望逐渐增加，土地也扩展到附近的无主之地。更多追随者也随之而来，提供了宗教领导者成为政治领导者的契机。简言之，无论是圣人还是酋长，要得到很多跟随者，提供土地都是必要的条件。因此，"慷慨"成为这个社会里的重要价值。

在这个研究里，有几点必须进一步说明，以凸显巴尔特的理论立场。第一，他对于"政治制度"的定义，与结构功能论没有太大差异。可是他更强调一点：所有人，就如同市场上的个体，都在追求最大利益，而

---

① 伊斯兰教僧人强调禁欲，甚至反对政治领袖的某些世俗活动；而政治领导人在建立国家与确立统治权的过程中，却常有违反伊斯兰教教义的言语与行为。是以，在政权建立之初，圣人往往是居住在政权的边缘地区，行止表现出高度的宗教性和道德性，而吸引许多跟随者。等到圣人的影响力发展到一定的程度，往往开始建立都城，并进行世俗性的政治活动，甚至推翻原有的政治领导人，逐渐成为世俗性政治领袖。此时，另一个圣人便在新政权的边缘出现，形成对该政治秩序的对抗。所以，几乎所有的伊斯兰教世界，都在酋长和圣人所代表的两种秩序之间摆荡。参见 Gellner（1969，1981）。

政治的本质就是利益上的冲突。冲突最后达到平衡，才使得社会秩序能够建立、维持。[①] 第二，一个人之所以成为领导人，很重要的是他的能力能对他人产生影响。这种对权力的界定类似韦伯对卡里斯玛式权威（charisma）的界定——依其个人特质和能力吸引跟随者。因此，巴尔特的理论和结构功能论之组织性权力观念的最大歧异，在于他带入个人特质与影响能力的概念，来讨论领导者的权力来源。第三，这本书还涉及普遍存在于伊斯兰教世界的结构性权力：神圣／世俗间的摆荡。[②]

另一方面，巴尔特在斯瓦特巴坦的研究，试图由社会整体来回答社会秩序如何可能的问题，不仅延续了结构功能论的传统，更剔除西方资本主义文化将社会秩序问题限于正式的政治、法律制度上的偏见。并且，他挑战了结构功能论在解释上过于静态与忽略个人地位的局限，带入了个人的理性选择观点于其解释之中，奠定了交易学派的研究取向。虽然，这样的成就也造成了该研究的主要问题：假定了所有人都在追求个人最大的利益，这仍复制了市场经济模型的基本默认。

第三节　缅甸高地诸政治体制的挑战

对于结构功能论组织性功利主义权力观念的挑战，除了上述巴尔特交易学派理性选择的挑战外，利奇在克钦地区研究成果，《缅甸高地诸政治体制：克钦社会结构之研究》，提供了另一个重要的挑战（Leach 1954）：

> 利奇这本名著，除了如本书第五章曾提到的，是联姻理论的重要民族志之外，也是经典的政治人类学著作。这整个地区有给妻者（mayu）与娶妻者（dama）的社会分类，前者比后者地位高，加上贵

---

① 例如，在斯瓦特巴坦社会中，没有土地的人为了生存，必须得到土地，但他们可以慎选以及依附慷慨的有地者。这种选择过程在最后达到平衡，这个平衡便是社会秩序的建立。

② 虽然，这个问题在这个民族志研究中并没有被独立讨论，而是要等到盖尔纳的著作出版后，才厘清了这种性质的权力（Gellner 1969，1981）。

族与平民的区别，使得娶妻者若要娶地位较高的女子，就必须付出更高的聘金，造成有贵族身份的给妻者，得由婚姻机制来累积财富，并集中权力而有中央集权的阶序化趋势。因此，通过婚姻机制运作的结果，使得贵族制度发展到最后形成像 *Shan* 之类由贵族统治的中央集权社会。但这种专制独裁的社会发展到极端便导致革命，而变为 *gumlao* 的平等社会。然后透过婚姻交换过程，又重新开始累积财产，往阶级性社会发展。而大部分社会是介于中央集权与平等两个极端之间的中介形态：*gumsa*。是以，整个地区透过婚姻机制的运作，产生三种政治体制：一种是最极端而由贵族统治的中央集权社会，即"*Shan*"政体；第二种是平等的 *gumlao* 社会；第三种是介于前两种之间的 *gumsa* 社会。这三种政治制度都是流动而不断转变，使得社会不再是静态的，因而挑战了过去传统结构功能论假定社会是稳定而平衡的看法。

另一方面，利奇在这本书中所呈现社会秩序之所以能够建立与维持，并不只限于结构功能论的组织性之功利主义式权力，还涉及因生产工具与主要资源的控制而产生的阶级分类。这就涉及马克思理论因阶级关系或政治经济结构而来的"结构性权力"（structural power）[1]，是因对生产工具的控制而产生的不平等权力关系。此外，利奇更注意到"象征性权力"（symbolic power），包括因象征物而来的权力，以及通过仪式而合法化的权力。前者如国王拥有的玉玺，具有权威性的象征，可以代表权威和社会地位；后者如国王的就职典礼。[2]

不过，这本书在政治人类学的发展上之所以具有重要的挑战性，不只是因为利奇已指出后来政治人类学进一步讨论的多种不同性质的权力，以及类似巴尔特认为政治活动是建立在个人选择的假定上，更进一步指出政治活动背后的基本人性假定：争取权力是（人类）普遍

---

[1] 利奇本身并没有特地凸显这类与生产关系或政治经济结构有关的权力，也未以"结构性权力"称之。但书中确实提供了相关的资料，如第 83 页和第 141 页等。而结构性权力的分类与名称，则借用 Wolf（1990）的用法。见下一节。

[2] 利奇在这书中虽也没有使用"象征性权力"这个词汇，但他在讨论 hpaga（wealth objects）时，便说它是仪式象征的，同时也是经济的（第 154 页）。见本章第五节。

的动机（Leach 1954：10）。

正是因为所有的人都有想要得到权力的普遍性动机，才能使我们了解为什么这种婚姻机制会继续运作，而使阶序关系得以延续。[①] 或者是说，通过婚姻机制所造成的不同政治制度，背后均涉及同样的普遍人性，政治制度才有可能不断累积与转换。也只有在这样的人性动机假定下，社会秩序才有可能。

这本书之所以会成为经典民族志，除了挑战了传统结构功能论的组织性功利主义权力观念，以及静态平衡的社会假定外，还蕴含了几项重要成就：试图由社会整体来回答社会秩序如何可能的问题，延续了结构功能论的传统而剔除西方资本主义文化将社会秩序限于正式的政治、法律制度上的偏见。另外，此书还证明了列维 - 斯特劳斯的联姻理论与结构论，以一个包含多种不同语言与文化的多种族地域取代同质性的社会为研究单位，强调"社会过程"，强调仪式中人的活动与仪式语言的不可分等，为后来人类学知识的发展，留下了独特的贡献。

第四节　结构性权力

一、对于利奇《缅甸高地诸政治体制》的政治经济学批判

利奇的经典研究，仍然引起不少批评，包括了结构论（de Heusch 1981）、象征论（Ho 1997）、马克思理论（Friedman 1975；King 1981）或政治经济学（Nugent 1982），等等。在这些许多不同理论的批判中，虽都有其言之成理的论点，但在政治人类学知识发展上，产生较深远影响的，则是从政治经济学的结构性权力角度出发的批评（Nugent 1982）：

---

① 亦即，通过婚姻以取得较高地位的人，都有着想得到更多权力的动机。否则，不需要付出大量聘金以争取地位高的女子；此种婚姻策略造成贵族的权力与财富逐渐累积，最终导致了中央集权政体（Shan）的产生。

Nugent 主要批评利奇的研究没有注意历史脉络和政治经济条件。若纳入历史脉络中，我们就会发现：整个缅甸北部山区在 19 世纪上半叶时，大部分的社会是属于中间型的 *gumsa* 社会，在下半世纪时则大部分是 *gumlao* 社会。换言之，在历史过程里，并非每个社会都是自行在 *gumlao* 社会到 *Shan* 社会之间摆荡，而是受到当时的趋势所左右。*gumsa* 形态在 19 世纪上半叶非常普遍的原因在于：中缅边界长久以来都是贸易地区，尤其是鸦片贸易。所以，财富很容易借由鸦片贸易而取得。这个区域的社会形态，介于极权社会与平权社会之间，彼此竞争非常激烈，使得整个地区不断有竞争、叛乱，最后往往导致贸易的中断。每个社会都有着向中央集权社会发展的倾向，但是，每个集权社会的规模都很小，且为了控制鸦片而不断产生战争。到了 1873 年左右，贸易中断，导致整个区域的经济崩溃，所依赖的鸦片贸易也垮掉，*gumlao* 社会又逐渐浮现。可是，到了 19 世纪末叶，英国和南方的缅甸为了控制这个地区，想办法扶植这个地区的社会，使之发展为英国和缅甸能够行间接治理的贵族统治之中央集权社会。在这样的过程中，也加强或导致原来 *gumsa* 社会间的激烈竞争最后形成像 *Shan* 一样的中央集权社会。但到了 1890 年代以后，英国殖民政府已完全控制了这整个地区，不仅不再需要贵族政体，更禁止鸦片交易，也导致整个贸易无法再兴。所以，1890 年以后，原来的 *gumsa* 和集权社会渐没落，而为平权的 *gumlao* 社会所取代。

这个讨论，不仅说明利奇的研究因未能放入历史脉络所造成的问题与限制外，更积极地证明政治经济结构的解释可能更具有说服力。至少，这整个地区的改变动力，并非像利奇所说的那样是来自内在结构上的不稳定；外在政治经济力量，尤其是当地社会与殖民者之间的关系，才是使该区域社会不断于三种政治体系中转换的最主要动力。这类政治经济学或马克思论的批判，同样可见于阿萨德对于巴尔特的斯瓦特巴坦研究之批评上。

二、对于巴尔特《斯瓦特巴坦人的政治过程》的马克思论批评

阿萨德对于巴尔特有关斯瓦特巴坦人的研究，以个人理性选择的机制来进行政治过程的分析，很不以为然（Asad 1972）[1]：

> 巴尔特认为，斯瓦特巴坦人的政治或社会秩序是个人理性选择的平衡结果。在 1917 年以前，这个地区其实是个群龙无首的政治体系，直到 1917 年才设立了中央集权的国家，其下进而分设地区、村落、区、家等不同层级的单位。但建立在职业分类上的卡斯特体系，以及奠基于土地继承而来的世系群组织，一直有重要的影响力。通常作为地主的政治领导人，必须以他的名誉、亲切和土地的控制来吸引跟随者。而没有土地的农民可以自己选择、决定甚至改变他们对于地主或领导者的忠诚度。因此，身兼领导人的地主彼此之间也在相互竞争依附者；依附者的个人选择最终会决定哪位地主可以脱颖而出，成为地区的政治领袖。这个机制，也同样运作于更高层级的政治体系。

> 但，阿萨德强调，并不是每个人都可以成为领导人，只有地主才有可能。因此，巴尔特的研究路径根本就忽略了阶级的存在。而且，土地是由世系群所控制，使得地主更限于控制生产工具（土地）的特殊群体。更重要的是，斯瓦特巴坦正位于印度、阿富汗、俄国之间，又是相对难以接近的高山地区，很难以正规的部队来防守。英国为了维持其间接治理的殖民统治方式，必须加强并稳定这地区原有的政治体系，扶持当地原有的领导者，使得原本伊斯兰世界中，摆荡于圣人与政治领袖之间的结构性震荡也降低。因此，阿萨德强调如何将研究置于更大的历史社会脉络，以凸显外在政治殖民力量与内在阶级结构的重要性。

---

[1] 对于巴尔特的斯瓦特巴坦研究的重要评论，除了 Asad（1972）外，有名的还有 Ahmed（1976）、Meeker（1980）、Lindholm（1982）等。除了 Lindholm 的讨论将会在本章后面进一步讨论外，其余因与笔者本章主要关怀较远而省略。

三、上层结构与下层结构辩证关系下的结构性权力

上述两个例子，都由对过去研究路径之缺陷的批评，凸显出结构性权力的存在与重要性。事实上，马克思论或政治经济学的研究者，往往能透过"结构性权力"的探讨，重新解释某种政治制度或体系的形成。例如，在本书第二章"社会的概念与理论"中的马克思论，我们就引用了结构马克思论者泰雷（Terray 1974）有关非洲科特迪瓦与加纳交界的王国之研究，说明非洲在西方资本主义侵入之前许多王国的形成，往往是建立在亲属为依据的生产模式与奴隶生产模式的"连接表现"，来超越过去以长距离贸易来解释王国形成的限制。而戈德利耶（Maurice Godelier）有关印加帝国的研究（Godelier 1977），则是另一个有名的例子：

15 世纪中叶，印加帝国统治了整个安第斯山地区。当地印第安人原本的社会组织，是以世系群等亲属团体为基础的印第安人地方村落——*ayllu*。*Ayllu* 的土地属于村落共有，定期分配给特定家庭使用，使用权不能转手买卖。村落成员基于村民相互合作的道德规范，从事公共土地的劳动工作。共同劳动的所得，用来维持村落领袖、墓园、地方神灵有关活动之用。村长与一般平民之间，并不存在着明显不平等的社会地位之别。

印加帝国统治时期，表面上并没有造成地方社会根本的改变，而只是将村落一部分公有土地划归帝国所有，这部分土地的农业生产属于国家，其他土地仍照 *ayllu* 原来的使用与分配方式。帝国提供生产工具和种子，并让当地人在从事国家土地上的生产工作时，宛如参与假日庆典一般穿着仪式服装，载歌载舞。事实上，帝国将传统形式的意识形态与仪式，挪借来从事经济剥削与劳役，将原有对村落公有土地的服务转移到国家，并否定了 *ayllu* 原有的独立自主性，造成与地方传统的许多矛盾与冲突。帝国更利用帝国土地的生产所得，建立了控制全国的行政体系、扩展殖民地与奴隶，成立镇压叛乱的军队，并将印加太阳之子的仪式推广至全国，进而衍生出类似亚细亚生产模式的帝国生产模式。

17 世纪初，西班牙征服印加帝国。殖民者接收了帝国辖内的广大土地，并以印第安人原有对于村落领导人的依赖，建立他们对于西班牙主人的个人依赖；将原本的印第安村落组织，转换为类似西欧封建形式的新剥削体系——*encomienda*。① 而且，这种依赖关系更披上了宗教的外衣，即天主教的皈依关系，进一步造成原村落上层结构与意识形态的改变，使得新的殖民生产模式取代了印加的亚细亚生产模式，更使当地印第安人村落无法繁衍，危及当地人的生存。

　　马克思理论或是政治经济学的"结构性权力"概念，虽然可以解释历史上政体的形成，但是，最能应用该理论的反而是现代社会，特别是解释世界体系理论或依赖理论所讨论的非核心国家与核心国家的不平等关系，如中南美洲等边陲国家对核心国家的依赖。不过，这类由马克思理论或政治经济学对权力性质的解释所发展出的依赖理论或世界体系理论，虽有其解释上强大的说服力，却由于强调正式政治与法律制度在维持社会秩序上的重要性，而延续了结构功能论所抨击的文化偏见。对人类学家而言，这类研究有三个基本的问题待解决：第一，无法解释在同样的政治经济条件之下，为何产生不同的政治体系；第二，无法解释当地人为何愿意被统治、被宰制；第三，无法凸显当地社会文化的特色，更无法由对其文化特色的掌握，剔除已有政治权力理论中的西方资本主义文化偏见。这些问题，必须在政治人类学对权力性质的讨论有所突破之后，才有可能。下一节要谈的象征性或文化性权力观念，正是对这些批评的回答。

第五节　东南亚民族志：象征性或文化性权力

　　上述结构性权力观念，虽不同于源自资本主义文化而来的功利主义式的权力概念，但基本上仍是西欧文化下的产物，因而难以凸显非西方

---

① 　encomienda，或翻为"委托监管制"，意指王室将原住民村社分封给有功的殖民者，委托其"教化"辖内的印第安村社 *allyu*（陈品妘 2007：30）。

地区的社会文化特色。但这个困境在政治人类学发展的过程中早已被注意到，研究成果也一直不断在累积中。格尔茨《尼加拉：19世纪巴厘剧场国家》（*Negara: The Theatre State in Nineteenth-Century Bali*）一书，就是以东南亚民族志提出"象征性权力"概念的经典著作（Geertz 1980）。但在该书问世之前，人类学家已经注意到近似于"象征性权力"的存在与运作。

在早期结构功能论宰制的时代，埃文思-普里查德（Evans-Pritchard 1962［1948］）与格卢克曼（Gluckman 1963［1952］）都曾讨论在非洲某些王国中，"象征性弑君"的仪式展演意义。埃文思-普里查德强调：该仪式赋予国王神圣与神秘的地位，象征着社会的永恒与统一，而使君王本身成为整个社会的代表。另一方面，当国家有灾难时，通过仪式的弑君行为，王国得以再生，以维护社会或国家的利益。这种机制正可以弥补缺少中央集权行政组织的限制。而格卢克曼则强调：该仪式可宣泄净化统治者与被统治者的紧张关系与冲突，并重新确定国王、自然力量以及国家福祉间的关系，以维持阶序与秩序。故他视这种仪式乃至实际的篡位，均是在既定社会秩序内的反叛。表面上，两人均不直接讨论权力性质，不过，他们的理论被后来的政治人类学研究者沿用。他们指出（Kuper 1947；Beidelman 1966；Bloch 1987b）：国王本身除了作为王国的象征，更透过仪式和权力的象征力量，合法化了他们的权威，来维持阶序并达到统治的目的。甚至，在库珀（Hilda Kuper）有关斯威士（Swazi）的民族志中（Kuper 1947），我们可以发现：当地人建构他们的人观来解释并提供仪式的神秘力量，实具有上述利奇提到的"象征性权力"性质，更与迪蒙通过印度的宇宙观与观念中的纯净与不纯净原则来解释卡斯特阶序制度（Dumont 1970），有着异曲同工之妙。

不过，上述研究，仍偏重分析仪式象征，而不是从当地社会文化特色的角度来思考。直到东南亚文化区研究累积了足够成果，特别是安德森与埃林顿（Shelly Errington）由研究印尼所提出当地人对权力的特殊概念"能"（potency）（Anderson 1972；Errington 1989），以及坦比亚（Stanley J. Tambiah）研究泰国所提出"星云式向心政体"（galactic polity）概念时（Tambiah 1976，1985a），才能对于象征性、文化性权力提供充分的民族志资料，进一步与已有的权力观念对话。关于"能"的概念或象征性权力内涵，可见于格尔茨的《尼加拉：19世纪巴厘剧场国家》（Geertz 1980）一书：

这本书所呈现的是19世纪位于印尼爪哇东边的巴厘岛王国。这个王国一直没有清楚的边界，统治者不依靠抽税维持王室与都城所需，而是依赖于都城周围直接管辖土地的生产所得。在这个王国里面，每个地方社会都是独立的，并不向中央纳税。王国的人民是被国王所吸引而来，而不是被征服。但国王如何吸引人民？主要是通过华丽仪式的举行与参与。

这本民族志是描述一个国王过世后所举行的葬礼仪式，其过程富丽堂皇，甚至有妃子陪葬。在整个仪式过程中，参与的人不只是顺从王国，而且将国王视为模仿的对象。由此呈现当地权力的特点：第一，政治上的领导人的行为举止是当地人行为模仿的典范。亦即，国王对其他人的影响并非通过财产控制、政治制度强制或武力胁迫，而是借由自身作为行为表现的典范，成为子民模仿的对象。第二，这个王国的政治秩序不是由上而下地借由抽税或武力等制度来维持，是由下而上地堆积上来，由臣民的模仿和顺从而建立影响力。第三，也因为这种权力的性质是来自平民对国王的模仿，因此，权力是建立在当事人之间的关系。第四，权力是建立在华丽的意象上。这华丽的意象，不只是通过仪式的实践而建立，更通过仪式实践具体证明了权力的存在，并产生实际作用；它更是一种思考方式。也因此，皇宫的建筑结构也是依此意象而来，而象征其为宇宙的不动中心，就如同国王是国家人民的模仿对象与中心一样。第五，仪式的运作过程不仅再现了权力，参与者更通过视觉而感知，进而模仿。因此，这样的权力概念基本上是建立在感觉（perception）之上，而有感官和情绪上的基础。这使得政治成为自然热情（natural passions）的不断展现，整个国家的秩序就是奠定在全国人民的热情展现上。因此，这个国家秩序所呈现的并不只是社会秩序，而是宇宙秩序。

这样的秩序，背后的权力性质跟前面所提过的组织性和个人理性选择的功利主义式的权力概念，乃至于结构性权力，均有所不同，而是涉及整个东南亚地区对权力的特有概念——"能"（potency），意指个人与生俱来的、对他人的潜在影响能力。由对东南亚文化上的象征性、文化性权力的理解出发，格尔茨进而挑战西方自 16 世纪以来，在功利主义权力观念主宰下的国家政治理论，如马基雅维利、霍布斯、马克思、帕累托等。

过去有关"权力"的人类学研究，从结构功能论、交易学派、结构论，乃至结构马克思理论与政治经济学，所讨论的权力性质虽然有差异，但基本上仍是属于西方功利主义式的权力概念下的变异。因此，格尔茨的研究，是以具体的民族志研究成果提出对于西方在资本主义经济兴起以来，占主导地位的"权力"概念之挑战，而成为政治人类学研究发展上的一大突破。事实上，格尔茨透过东南亚社会文化所强调的"能"概念，不仅可凸显出非功利主义式的权力亦可建立与维持社会秩序，更重要的是，它使我们得以跳出功利主义权力概念的限制，而开展出新的视野，并得以重新理解现代国家本身。

另一位政治学者安德森并没有明显地受到福柯的影响，[①] 但他在印尼的田野工作中，也曾面对当地"能"的权力概念，之后完成他有名而影响深远的《想象的共同体：民族主义的起源与散布》（下文简称为《想象的共同体》）（ *Imagined Communities: Reflections on the Origin and Spread of Nationalism* ）一书（Anderson 1991［1983］），不仅说明了现代（民族）国家起源，以及"二战"后为何现代国家在第三世界普遍浮现，更说明了现代国家如何能团结平常不曾互动的陌生人，使之共同为国牺牲生命的权力基础。这种类似福柯所强调的无所不在却又不同于功利主义的权力，虽与东南亚的"能"仍有所不同，但无可讳言，"能"突破功利主义权力概念限制的贡献，仍是使他能开展另类"权力"概念的重要基础。更因为他原先有关"能"的研究能够有效凸显该地区的文化特色，使得他在人类学理论原创性的贡献上，早期的成就（Anderson 1972）并不亚

---

① 至少，他在书中并没有引用过福柯的著作。

于《想象的共同体》，尽管《想象的共同体》一书所产生的广泛影响力，早已超过人类学界。

第六节　各种权力交错的实践

象征性或文化性权力概念，是建立在区域文化特性上，同时去挑战既有的权力概念。在实际研究上，当我们把地区性社会文化特性带入现实社会的讨论时，前面所说的各种权力组织性功利主义权力、个人的理性选择、结构性权力、象征性或文化性权力等，往往是交错运作，使得实际地方社会或现代国家的权力，在理解上变得非常复杂。正如第三章"文化的概念与理论"提到可马洛夫夫妇所研究的南非案例（Comaroffs 1991，1997），便因英国殖民统治过程中，殖民政府、商人、教会都代表英国社会的不同阶级：上层阶级、商人阶级、中产阶级，因此，这些不同统治的能动性（agency）在南非统治过程中带入了不同性质的知识，建立了不同性质的权力。再加上当地人对于各种知识与权力的不同理解，产生了各种不同的反应过程与反抗，使得内外各种力量与主客观立场纠结一起，导致整个殖民历史过程的权力交错变得非常复杂。由于该书第三卷至今尚未出版，尚无法在此简单说明，故笔者以个人较熟悉的东埔社布农人为例，说明"各种权力交错的实践"（黄应贵 1998）。

传统东埔布农人间的不平等关系与社会秩序的建立与维持，是通过三种不同的交换方式而来——*isipawuvaif*、*isipasif* 与 *ishono*。这三种交换方式所建立的不平等关系，实隐含不同性质的权力。*isipawuvaif* 是属于巴尔特所说的：人跟人之间追求个人最大利益的竞争性交换，由个人和个人之间的精灵（*hanitu*）的相对抗而来，建立的是功利主义式权力关系。*isipasif* 则是一种个人与群体间的交换，来自 *hanitu* 的共享，建立的权力关系是共享性的，普遍存在于东南亚社会。*ishono* 则是一种只有施而无回报之期望的交换，往往建立受恩者对于施恩者的模仿而来的不平等关系，虽具有类似东南亚"能"

的概念，但很少人做得到而少发生实际的作用，其出现往往是例外。*isipawuvaif* 通常用于聚落外具有敌意的对象上，后两者则用于聚落内或已有关系的人之间。不过，由于传统布农人的人观强调人生而能力不同，个人的成就与地位依其对社会的贡献来决定，并且很早就发展出强者必须照顾弱者的人生观。这些观点的实践，乃建立了他们的平等社会。共享性的 *isipasif* 交换方式乃为其社会特色。

　　日本殖民统治时期，日本殖民统治者以武力为后盾指派特定人士为头目，以处理当地与殖民统治者之间的关系，当地人称这类事为 *seizin*——即日语的政治之意。换言之，对布农人而言，他们原本没有"政治"的分类概念，直到日本殖民统治由外置入殖民统治与地方间的不平等关系，"政治"概念才被引入。由于殖民者力量属于聚落外且是有敌意的，当地布农人乃以 *isipawuvaif* 的交换观念，建立新的权力关系，这样的理解一直延续到战后。更因政府将新政治秩序扩展到经济、文化等秩序的建立上，使得东埔社不仅被置入资本主义经济的结构性权力，更被主流意识形态下的福柯式权力所渗透，更加扩大和凸显 *seizin* 与 *isipawuvaif* 交换方式的使用范围。另一方面，东埔社为了对抗各种外力对该聚落的负面影响，更强调共享性的 *isipasif* 在聚落内的运作；内外力量的颉颃，导致东埔社成为战后与外力对抗最激烈的聚落之一。

　　1980 年代之后，随着该聚落全面纳入整个台湾资本主义经济体系，市场经济机制及其背后的结构性权力更深入且有效地运作于当地，东埔社所属的整个陈有兰溪流域逐渐形成为一个由汉人主宰的区域性经济体系。东埔社布农人乃通过 *ishono* 交换方式，发展出对抗外来经济剥削的新宗教运动，更在基督长老教会的支持下，整合中部布农人，形成宗教性的区域体系，重建其文化与族群认同。在这历史过程的各种抗争中，东埔社布农人都是以"强者必须照顾弱者"的意理来合理化其行为，也重塑并加强了文化中原有的权力观念及其背后的人观。

由上面的简述，我们可以发现：东埔社布农人在被纳入现代社会体系和资本主义经济体系的过程中，以各种不同交换方式背后所涉及的不同权力，对抗外来的功利主义式权力、结构性权力乃至福柯式权力。而为了凝聚内部，聚落内仍然继续使用乃至强调原有的共享性权力，但对外则使用竞争性的权力概念。由此并建构"seizin"或"政治"的类别。但这些认识与反应，却是建立在他们原有的人观和 hanitu 信仰上，因而加强了他们的文化认同。换言之，现在我们习以为常的"政治"领域，不仅在许多非西方社会是缺乏的，现代意义的"政治"，即使在西方，也是在十五六世纪资本主义兴起过程中逐渐发展出来的。在许多非资本主义或前资本主义社会，社会秩序的建立是通过非功利主义式的权力运作而来，更是由文化所界定。也因此，正如东埔社的例子，这些社会被迫纳入现代社会与世界性资本主义经济体系的过程，充满着各种性质的权力交错运作，不仅呈现现象的复杂，也凸显了在地文化的特色与主体性之重要。特别是依据个人与群体关系而来的共享性权力，不仅凸显布农文化特色，更质疑并剔除资本主义文化因限于群体／个人之二元对立思考方式，往往将权力视为群体间或个人间关系，而忽略个人与群体间类似布农人共享性权力的关系。这种文化偏见也来自该文化认为政治运动是一种基于个人间或群体间关系而来的人性假定。这种有关权力之心理基础的讨论，也正是政治人类学的进一步发展。

第七节　权力的心理诠释

一、斯瓦特巴坦政治过程的心理解释

现代意义下的政治活动，正如巴尔特所研究的斯瓦特巴坦（Barth 1959），是建立在每个人都理性选择以追求个人最大利益的假定上，或如利奇假定追逐权力是人类的普遍动机（Leach 1959）。然而，既然权力可以由文化所界定，而由政治活动所建立的社会秩序背后，可否建立在不同的心理动机或人性假定上？林霍尔姆（Charles Lindholm）重新研究巴尔特所研究过的民族，提供了不同的答案（Lindholm 1982）：

林霍尔姆重新研究位于巴基斯坦西北部、接近阿富汗地区的斯瓦特巴坦，其动机是他在巴基斯坦旅游之时，当地的贵族对他倍加照顾，让他任意使用自己的房子，其热情真挚如生死之交。由于这跟巴尔特所描述的功利主义权力观念下的人有着天壤之别，林霍尔姆相当讶异，并决定以这个地区作为博士论文研究对象。

在研究过程中，林霍尔姆发现巴尔特的描述是正确的。男人之间确实充满竞争与敌意，原因是这个地区缺少土地，极度依赖氏族制度来保障土地权利，氏族的分支结构原则极为鲜明，对外均高度团结。但是，跟非洲不同的是，氏族内部的个人关系是高度竞争的。兄弟姊妹之间、父子之间存在着潜在的敌意。例如，初为人父者固然欣喜于新生儿的降生，但当儿子渐渐长大之后，父子之间便开始产生紧张关系，父亲担心儿子怀抱着篡位企图。在当地文化中，男子被培养成具有独立自主与攻击性的个性，这样的特性更与社会结构相辅相成。在这个社会看不到信任、爱、亲密关系，反而看到孤独的个人。也因此，该社会赋予友情很高的价值，特别是与陌生人建立的友情。因为，陌生人不具有抢夺土地的动机。

此外，林霍尔姆也注意到政治活动背后的普遍性情绪模式之基础，那是由爱与恨、统一与分离、群体与个人之间的辩证关系所构成。简言之，由于当地社会过于强调个人的独立自主，造成心理上偏向敌意与恐惧，也因此，为了心理平衡，在制度上发展成对陌生人的亲切友情关系，以弥补原来的孤立与敌意。社会的运作与社会秩序的建立，不只是来自人跟人之间追求最大利润的互动，背后还有心理的趋力。

这个研究，提供了巴尔特之交易学派取向的另一个重要补充，同时，也开启了透过心理机制来了解社会秩序建立的可能。这个可能性，借由亚马孙地区研究所累积的成果，而得以完成。

二、亚马孙地区非理性心理机制下的权力

亚马孙地区的人类学研究经常遭遇一个困境：当地的社会形态以平等

社会为主，几乎没有依角色、身份、社会结构而来的社会组织，以组成社会团体，唯一确定的社会群体只有"家"。甚至在家里，也是强调人跟人之间的互动和互为主体的自我关系来依附成群。因此，这样的社会性质，通常使用"社会性"（sociality）概念会比使用传统的"社会"（society）概念来理解更适切。如何理解组织松散社会的秩序？这可由奥弗林（Joanna Overing）所领导的集体研究成果来回答（Overing & Passes 2000）：

> 在第二章"社会的概念与理论"已经提到：位于南美北部最大河流——亚马孙河流域的亚马孙地区的原住民社会，大多属于流动性大而没有清楚边界的平等社会，往往缺少世系群或法人团体之类的组织，也缺乏拥有土地的团体、权威结构或政治与社会结构等。他们在道德上与价值上，均高度强调如何跟其他人高兴地生活，强调友情、快乐、生活实践与技巧上的艺术品位。日常生活着重于美学和感情上的舒适。这样的社会里，人与人之间的关系洋溢着爱、照顾、陪伴、慷慨等情绪，而这类情绪往往构成社会秩序的基础。一旦打破和谐与欢乐的关系，马上产生反社会的情绪：愤怒、恨意，而导致社会秩序的破坏与群体的分裂。因此，爱与愤怒是社会政治体的两面；理想化的友情与欢乐在实际运作上，便已经埋下它们自行破坏的种子。它们由于完全建立在人跟人之间的爱心、慷慨之上，往往不能持久。所以，社会发展到一个阶段就会瓦解。因此，尽管亚马孙地区和大洋洲的美拉尼西亚，其社会文化特性均适宜以"社会性"来理解，但相对于美拉尼西亚以交换为支撑机制，亚马孙地区的秩序是建立在情绪的机制之上。这并不表示亚马孙地区没有交换的行为，他们对交换的看法是一种陪伴、友情，因为通过交换的过程可以跟别人接近、拜访别人。所以，对当地人而言，交换本身意味着喜欢某个人的陪伴跟共享，是爱与亲善的表现。

由上我们发现，亚马孙地区通过心理机制来建立的社会秩序现象，远比林霍尔姆所研究的斯瓦特巴坦社会更为明显，因为斯瓦特巴坦仍有许多正式制度的存在，而亚马孙地区的社会并不存在着明显的制度性组织，使得每个社会从外表上看起来，都很容易形成与消失。但这反而凸显亚马孙地区社会文化的特性，并剔除西方资本主义文化所预设的偏见——非理性之心理因素，因其不确定性而难以作为社会秩序维持的机制。

当然，这并不表示：情绪作为社会秩序建立与维持的动力与机制，只可以在亚马孙地区见到。只是在这个地区，因涉及其文化特性而特别凸显。即使在西方社会中，我们也可以看到这类的现象。至少，埃利亚斯（Norbert Elias）认为西方社会从中世纪的黑暗时代到现代社会的发展，并不是像过去所认为的，是由资本主义兴起与工业革命造成现代性与现代西方文明的形成。他强调：西方文明发展过程，最主要的是要克服人内心与生俱来的各种心理冲动，特别是暴力倾向与攻击性。因此，需要建立餐桌礼仪，乃至后来的各种运动比赛制度，让市民的暴力和攻击性得到制度性的发泄而加以控制，使西方得臻于文明的境地。因此，对埃利亚斯而言，西方现代文明的开始，便在于建立各种制度，来克服这种心理的潜在本能（Elias 1978，1982）。这种对西方现代文化的文明化过程之解释，实建立在弗洛伊德理论的基本假定——人天生具有暴力倾向与攻击性等本能。这类研究，正如上述亚马孙地区的研究，不仅让我们看到社会秩序的非理性心理基础，更让我们得以剔除西方资本主义文化质疑非理性因素的不确定性而难以作为社会机制的偏见，得以面对至今未明的权力性质。

第八节 结 语

人类学政治研究的演变，呈现了从结构功能论、交易理论、结构论、马克思论与政治经济学、象征论或文化论、文化实践论，到非理性心理层面的解释等的理论发展过程。这个发展历程，正凸显人类学理论对"权力"性质看法的改变：从组织性的功利主义权力、个人理性选择下追求最大利益的功利主义权力、结构性权力、"能"、共享性权力、依非理性心理机制而产生的权力等。整个发展还涉及区域文化特性：非洲世系群的组织性氏族统治、斯瓦特巴坦因土地缺乏造成强烈的个人竞争性、大陆东南亚的交换婚、安第斯山地区的殖民统治、岛屿东南亚的"能"、布农人的人观与共享、亚马孙地区情绪的重要性等特性，正说明人类学的研究不只是解决前面所留下来的问题而已，新的发展更必须能够有效地凸显被研究对象的文化特性。

　　另一方面，政治人类学的研究，也不断地试图剔除西方资本主义文化的偏见。结构功能论在非洲的研究固然剔除了西方将社会秩序限于正式政治或法律制度范围的偏见，利奇结构论乃至于巴尔特的交易理论，也都试图证明政治权力是与宗教、社会不可分的整体，无法如现代西方社会一般，以自成一格的特殊领域看待。象征性或文化性权力更直接挑战了西方自资本主义兴起以来居于主宰地位的功利主义权力概念。布农人的共享性权力则挑战了个人与群体对立的思考方式。亚马孙地区依心理机制而来的权力，更质疑了资本主义文化将非理性的心理因素视为极端不稳定与不可控制，因而难以作为社会机制的偏见，并开启了从心理机制探讨"权力"的新取径。这些成果，有助于我们去理解当代新自由主义秩序下，国家被弱化后的新现象。不过，这也已涉及下一章的主题："国族主义"与"族群"。

第八章　国族主义与族群

民族国家或国族主义与族群，是当代人类社会最普遍的热门现象与问题，也是当代世界众多争端的来源，因而成为许多学科共同关怀的课题。然而，相对于政治人类学有关"权力"的研究，这两个研究领域的进展与突破，一直有限。即使族群研究在1990年代因重新带入"文化"的概念而有突破性的发展，但也导致族群与文化认同等混淆的问题。这都涉及这些研究课题往往与其他现象和问题密切连接而不可分的复杂性，更涉及这些课题在研究发展过程中，一直无法建立其在理论上具有涂尔干所说的社会事实之不可化约的独立自主性，以至于其研究结果愈来愈复杂而治丝益棼。但另一方面，当人类学家从事这类问题的探讨时，与其他学科比较，则有其独特的贡献。

第一节　民族国家与国族主义

上一章由权力的性质来回答社会秩序如何建立的问题。政治人类学的理论发展，亦有助于我们了解当代社会的许多新现象，特别是本章主题——国族主义与族群问题。本节就从国族主义（nationalism）这个问题谈起。

事实上，国族主义这个现象，从18世纪以来就一直在发展。"二战"之后风起云涌的殖民地独立运动，使得国族主义这一现象更加凸显。虽然如此，社会科学的国族主义研究，却一直晚到1983年，盖尔纳出版了

《国家与国族主义》（*Nations and Nationalism*）（Gellner 1983），以及同一年安德森（Benedict Anderson）出版了《想象的共同体》之后，才有真正系统性以及理论性的探讨，也使得这个问题很快地成为热门的研究课题。

盖尔纳在这本书中的主要论点是：国族主义其实是因应工业化或者工业资本主义的发展而来的结果。

> 国族主义是因为工业资本主义的发展或者工业化的发展，必须建立新的社会秩序所产生的一种现象。在这现象里，有两个基本的重点。第一，这种新的社会秩序背后，社会组织的原则应该如何创新，以组成一个新的社会单位来取代旧的社会组织形态，而这个新的社会单位就是我们现在所说的民族国家（nations 或者 nation states）。第二，相对于社会组织层面，另一个重要的课题是：如何在意识形态的层面来合法化政权或者统治者的权力？也因此，为了新社会单位的民族国家能有效运作，就必须发展新的意识形态来取代旧的意识形态，而这个新的意识形态就是我们现在所说的国族主义。

盖尔纳主要的研究，仍然是建立在欧洲历史的发展跟西欧本身已有的政治理论之上，特别是我们前一章已提到：从十五六世纪以来居支配性地位的所谓功利主义的权力概念。所以，即使他提出了一个可以解释西欧国族主义兴起的解释，却仍难以用到其他地区民族国家浮现的解释上，也没有影响到其他社会科学研究。直到安德森的《想象的共同体》出版以后，国族主义这一问题才得到广泛的关注。

一、《想象的共同体》

对安德森而言，国家起源的问题是马克思理论的成功；可是，国族主义的兴起反而是对马克思理论的背离：

> 他认为我们这个时代最普遍的合法化价值就是所谓"国家性"（nation-ness），也就是说，民族国家本身便提供了当代许多现象存在的普遍理由或价值，因为当代所有的政权或者政治制度的建立，必须

建立在这个基础上。不过，他一开始也讲得很清楚：无论是国家性还是国族主义，都是特殊类别的文化创造物（cultural artifacts）。他甚至进一步说，国家是一个想象的政治社群，有它的主权以及它内在的限制。这里所说的"想象"，是因为现代国家的人民不可能认识所有的国民，所以必须透过根植于国民心中的团结意象来连接彼此。然而，安德森也意识到，每个社会的想象有不同的风格（style）。比如像印尼，便以亲属跟侍从关系（clientship）来结合人民。土耳其是以亲属（特别是父亲的意象）和性别来建立他们的国家意象。

然而，现代国家之所以可以作为"想象的共同体"，其实是有条件的。在消极条件上，它在建立新的认识世界方式前，必须打破原有的文化体系、宗教社群与帝国纪年等旧的认识世界之方式。这就像西欧现代国族主义或者是民族国家的建立，其实伴随着世界观的转变放弃拉丁文、放弃社会阶序中以上层统治者为核心的信仰、放弃人的起源与世界起源一致的时间观念。世界观的转变，固然有赖于文艺复兴、启蒙运动、宗教改革等思潮，逐渐改变了近代西欧人从中世纪以来所建立的对于世界的认识方式。虽然放弃旧的认识世界方式，但还不足以建立新的民族国家。认识世界的新方式，必须具备三个重要的条件：第一个就是印刷工业，特别是印刷资本主义，提供今日大家已习以为常的报纸，使"想象的共同体"之中所有的人，不需面对面直接互动，就可以得知遥远所在的最新消息，而产生休戚与共的感觉。第二个条件是标准化的语言，使共同体成员间的沟通成为可能。也只有在此条件下，印刷工业才可能发挥效用。第三就是国家统一的教育体系。只有在这个条件之下，民族国家才能发展出，或者建构出他们新的认识世界方式。也只有在前面这些消极和积极的条件下，整个人类社会经过了四波的民族国家的形成与发展。到今天，我们可以看到全世界各地都发生了所谓建立民族国家的普遍现象，甚至遍及偏远的大洋洲小岛。

这本书最成功的地方，如吴叡人所说，在于它结合了历史社会学、政治学理论、马克思理论以及人类学强调被研究者的观点之文化观念（吴叡人 1999)。虽然，在权力性质的理解上，此书并没有超越先前东南亚民族志奠基于当地特殊权力观念"能"，进一步探讨当地象征性或文化性权力所累积的成就（Anderson 1972；Tambiah 1976，1985a；Geertz 1980；Errington 1989）。不过，安德森先前的印尼研究基础，使他清楚意识到当地权力观念与西方的宰制性功利主义式权力概念的不同，也影响到他特别注重现代国家在建国过程之中，对于象征性或者是文化性权力的使用。①

二、英国的例子

当然，现代国家的建立，并不是只奠基于想象的力量。以英国研究为例，要建立一个国家界线与文化界限一致的单位，必须经过非常长久的过程（Corrigan & Sayer 1985）：

> 英国成为一个民族国家，是从 1530 年（甚至可溯及中世纪的尾声，12 世纪）以来，逐渐发展而成。第一，英国现代国家的形成，包括从中世纪的封建组织转换而来的国王，以及作为统治者象征的王权之形成与发展，也包括由王权转换为国会权的发展过程。第二，是实际执行民族国家治理的中央政府跟文官制度的建立。第三，负责压制的警察、监狱、国家武力等的建立与制度化。第四，经由立法过程来建立人民行为规范以及国家本身运作的规范。第五，通过一致的教育体系以及共识的控制，建立全国性最基本的生活标准。第六，关于财产、纪律方面的观念、分类、法律，以及相关制度的改变，都与英国资本主义的发展相配合。

> 虽然资本主义是英国近现代国家建立的重要条件，但是，两位作者并不认为英国国家的建立是以经济为动力。他们强调：民族国家的权力是来自道德的规范、认识与评价。苏格兰人从 18 世纪以来发展的道德哲学，尤其是亚当·斯密的理论，与国家的形成同步进行。国

---

① 当然，除了政治人类学研究上的发现外，福柯也注意到了类似的现象与问题。他的研究便强调：西方民族国家的建立过程，主要是奠基于无所不在却又看不见的权力基础之上，这非常不同于西方政治理论所熟悉的权力概念，因而也产生了类似安德森《想象的共同体》一书的广泛影响。

家的形式通常也因特殊的道德风气而得以合法化、活泼化。所以，作者认为，现代国家的形成有如文化革命，国家建构与文化工程，两者密不可分。其建构的过程既是物质的、制度的，也是文化的。

这本书实际上补充了安德森的国家建构理论：现代国家的建立，是一个非常庞大的工程，并不只依赖于国家意象的建立。

但是，从人类学者的观点来看，无论是盖尔纳还是安德森，在理论上都有一些问题有待克服。第一，他们对现代国家的看法，是依据欧洲的历史发展经验来讨论，因而充满欧洲中心主义（Eurocentrism）的论点。虽然，安德森已注意到现代民族国家最早的发展并不是在西欧，而是在美洲新大陆，但是，就像一些人类学家的批评（Segal & Handler 1992；Gladney 1998）：盖尔纳与安德森仍然依据欧洲历史中的现代国家为样本，强调现代民族国家有清楚的界线（boundedness）与同质性。可是，在许多非西方社会的民族国家中，如美拉尼西亚，往往是多元的、多族群的，而由优势族群所支配的（Foster 1995）。少数民族的问题一直是其无法解决的困扰。事实上，这也是人类学对于现代国家研究所提出的独一无二贡献：剔除西欧认为现代民族国家是界线清楚而同质的偏见。第二，安德森虽然一开始便强调被研究者的文化观念，而注意到意象的建构是透过文化的风格，但是，他并未区辨不同的文化在建构、想象自己的国家或社群时有着如何不同的风格，因而未能进一步探讨在不同文化或风格下，想象的共同体如何被建构。这反而是人类学研究最能提供的贡献。卡普费雷尔（Bruce Kapferer）的研究便是一个典型的例子。

三、人类学研究的贡献

卡普费雷尔在《人民的传说，国家的神话：斯里兰卡与澳大利亚的暴力、不宽容与政治文化》这本书中提出（Kapferer 1988）：不同的文化会以不同的方式来建构国家意象。他用了斯里兰卡和澳大利亚的例子来说明：

在斯里兰卡的神话与传奇里，许多著名的建国英雄，如 Vijaya 与 Dutugemunu，都因为对国家造成威胁而被迫离开，之后返乡再以暴力手段复兴这个国家而成为英雄。因此，他们认为外来力量是强而有力的。而且，依其轮回的信仰，过去与现在交织。同时，国家或社会是依阶序来维持秩序的。当他们要建立一个国家时，就必须以暴力手段将外来强而有力的恶灵纳入其佛教国家的阶序中，就如 Suniyam 仪式将受恶灵影响的人重新纳入其阶序性的社会体系中一样。他们便依据这样的文化逻辑，来塑造并建立其现代国家。是以，在建国过程中，他们不但对于到中东工作赚钱回来而助其经济的年轻人，举行类似神话传奇里的 Suniyam 仪式而给予某种阶序地位，更对外来的少数民族泰米尔（Tamil）人，以同样对付恶灵的暴力手段，将异族纳入其民族国家的阶序中。因此，从一开始到现在，他们对泰米尔人的处置方式都非常暴力。这也说明本体论上的文化逻辑影响其对于外来异族的认识，并产生意识形态式的激情。

在澳大利亚的例子中，由于长期属于英国的殖民地，即使有土著文化，也在澳大利亚社会中被长期边缘化。澳大利亚的统治者主要是白人，加上流放的犯人，或是到澳大利亚冒险来寻求发展的失意人。这些人往往不遵守规范或秩序，我行我素，但是又非常强调义气。"一战"时，澳大利亚象征性地派 Anzacs 这个地方的人参战。这个部队其实是非常强调个人主义而没有秩序的。这些人在 Gallipoli 和土耳其人打仗，不幸全军覆没。但是，由于第一次世界大战最后的结果是土耳其大败，澳大利亚属于战胜国，所以，这群牺牲者代表的是无上的荣誉。因此，他们的牺牲以国家的节日方式来纪念。不过，这样的节日并不是非常仪式性的，而是大家饮酒作乐、全国狂欢。如此便成为后来建立民族国家的主要象征与对国家认同的对象。换言之，由于他们没有文化传统，所以这个事件便成为他们建立文化认同的基础，因而建立了一个新的文化传统而成为建立新国家的基础。可是，Anzacs 的人就如同他们刚来到澳大利亚时一样，充满平等主义与个人主义的思想。因此，以这个地方的人来建立国家的意象，自然充满着平等主义，以及平等主义背后的理性主义。是以，在国家建立的过程中，所建立的意识形态是承认个人独立性、平等以及相互依赖，强调个人先于社会，社会是由个人所组成。这种平等主义与个人主义的意识形态，使得澳大利亚在历经政治社会的转变过程以及现代民族国家的建立过程，社会的分化愈来愈明显而凸显出种族问题时，这种平等主义和个人主义仍然是整个国家意识形态的基础，而这个基础也合法化了白澳政策：他们要的是有同样能力的伙伴成为澳大利亚公民。因此，当地的土著便因被认为"能力不足"，而不被赋予公民权。

由上两个例子，卡普费雷尔进一步指出：现代民族国家的建构，是经由国族主义制造出国家文化为其成员膜拜的对象，而产生其力量。在国族主义与宗教信仰共同的作用下，国家文化经历了一圣典化（sacraliza-tion）的过程，这圣典化的文化，一旦被塑造出来，便有如民族国家的本质，造成其统一的条件。由此，卡普费雷尔进而批评霍布斯鲍姆（Eric J. Hobsbawm）认为被创造出来的传统是有别于日常生活的习惯或文化的看法（Hobsbawm 1983）。对卡普费雷尔而言，这被创造出来的文化传统与日常生活的习惯，其实都是由人所建构，无法与历史分离，更源自共同的文化而有其共同的文化逻辑与本体论的基础。而且，国族主义之所以如此强而有力，不只因为它是通过文化之本体论来运作的意识形态，更因它能够激起情感。文化（逻辑）及其后的本体论必须通过人的活动才能存在。也因此，它的意义必须与历史脉络相衔接。最后，他的结论是：不同的文化（逻辑）或本体论，对于历史、权力、国家、个体、人等有不同的看法，因而建构的国族主义之形式、内容乃至方式均有所不同。

虽然，国族主义或民族国家发展为系统性知识，是从1983年盖尔纳的《国家与国族主义》问世之后开始，但到2005年为止，整个理论的发展并没有太大的突破。安德森的《想象的共同体》至今仍是该研究领域中的主要经典。[①] 更严重的问题与质疑是（Breuilly 1982；Hobsbawm 1990，1992）：民族国家或国族主义是否是了解当代政治现象的适当概念？尤其在苏联与东欧解体之后，我们发现许多研究实际上将民族国家（或国族主义）与文化认同和族群认同等概念混淆不清（黄应贵 1998：

---

① Chatterjee（1986）算是例外，但未能像安德森那样产生影响，这多少与当代国家的性质，在新自由主义经济的强力渗透影响下，早已产生变化有关。见下一段第三点的说明。

119）。① 从 1983 年以来，我们所看到的民族国家的研究，一方面是愈来愈复杂，另一方面则是愈来愈混淆，以至于研究难以突破。出现这样的结果，有几点原因。

第一，民族国家或国族主义作为一个独立的研究课题，在理论上从来未被视为是涂尔干所说的社会事实。换言之，对于民族国家或国族主义的研究，从来没有清楚界定研究主题的性质为何，自然就没有弄清楚其研究对象为何。第二，国族主义或民族国家的研究从 1980 年代以来的发展，事实上是建立在新的权力观念之上，尤其是由东南亚研究发展而来的"能"等象征性或文化性权力概念，或是福柯所说的在西欧民族国家建立过程所产生的无所不在却又看不见的权力，这些都是民族国家或是国族主义研究发展背后的主要基础。然而，目前为止，在权力性质的研究上仍未有新的突破。② 第三，自从 1970 年代末期，新自由主义秩序兴起并全球化发展至今，全球资本流通加速，早已超越国界而非民族国家所能控制，现代国家与（工业）资本主义经济相辅相成乃至于一体两面的时代已经过去；国家力量式微，使原国家理论所具有的解释力大受限制。国家是否是个有效的研究概念之质疑，再度浮出台面。③ 第四，国族主义或是民族国家的研究，牵涉的层面非常复杂，不只是具体的制度，还包括抽象的文化观念，但又必须结合这些层面④，这往往更容易造成现象与解释的混淆。类似的问题，也发生在族群研究上。

---

① 这点质疑，更因 Handler（1988）的研究所呈现出魁北克争取国家独立的文化逻辑，类似资本主义经济背后的个人主义逻辑时，更加凸显。

② 虽然，近年来的亚马孙地区人类学研究已透露了某种新的可能性。如 Taussig（1997）、Coronil（1997）等试图以拜物教之类有关国家巫术来探讨权力的努力，在有关新的权力之探索上有其贡献，但并没有真正超越福柯或东南亚的文化性或象征性权力概念。

③ 晚近有关新自由主义秩序的讨论，特别是有关新自由主义秩序下的主权（sovereignty）、治理（governmentality）、公民权（citizenship）等的讨论，虽还未能发展出有效的理论架构，但显然已成为政治人类学研究的新方向。参见 Harvey（2005）、Ong & Collier（2005）、Sassen（2006）、Ong（2006）等。

④ 安德森《想象的共同体》一书之所以能够成功，就是因为他能够结合各种相关知识。

第二节　族群研究

一、根本赋予论与情境决定论的争辩

关于族群研究，巴尔特在 1969 年出版的《族群与边界：文化差异的社会组织》（*Ethnic Groups and Boundaries: The Social Organization of Culture Difference*）（Barth 1969a），开启了人类学里关于族群（指 ethnic groups）或族群性（ethnicity）问题的讨论。在这本书的导论中（Barth 1969b），巴尔特通过"族群边界"的概念，来讨论族群的范围，以及界定范围的基础。这篇有名的文章，带出了日后人类学族群研究至今的几个主要的共同论点（Eriksen 2001：262-267）：

> 1. 族群或族群性的发展是制造差别（making difference）的过程。所以，一开始一定是发生在非常相近的群体之间。对于差别很大的群体，族群性的界定不会造成困扰。
>
> 2. 族群性是通过相似群体的互动过程而产生出来的。
>
> 3. 族群性是相关团体之间的关系，而不是个人或群体的性质。
>
> 4. 族群性不只是团体内部所承认的，也是团体以外的人所承认的。
>
> 5. 族群性经由宗教、婚姻、语言、工作等来实践。
>
> 6. 为建立族群的传统，一团体往往会据有某种历史为其根据。
>
> 7. 族群性是相对性的，也是情境的。因此，埃里克森（Thomas H. Ericksen）提到：族群认同往往是"分层的认同"（segmentary identities）。如同埃文思 - 普里查德在《努尔人》一书中，以及福蒂斯在非洲塔伦西人研究中所指出的分支结构，在不同的层次上有不同的联结与对抗关系。①

---

① 例如，兄弟各"房"之间是对抗的，但是，在与叔叔那一"房"对抗时，兄弟又联合起来，对抗叔叔；与亲属关系更远的亲戚对抗时，兄弟又可跟叔叔一房联结起来，成为一个一致对外的团体（参考第五章所提到的"非洲的继嗣理论"）。

8. 族群性是相对的，也是过程性的（processual），是社会过程中的一个层面。

不过，即使埃里克森综合了自巴尔特以降的研究成果，有一个问题仍必须面对："族群"或"族群性"真的是那么确定吗？这便回到巴尔特一开始所提的问题：界定族群边界的基础是什么？这里已涉及族群研究中两个主要取向的争辩："根本赋予论"（primordialism）和"情境决定论"（circumstantialism）。前者认为，族群性是天生的，就像亲属一样。因此，族群团体就如亲属团体一样，是天生自然的。但是，正如第五章有关亲属的讨论，所谓"天生自然"，往往是文化所建构的。至于后者则认为，族群或是族群认同是易变的，会随着政治经济条件而变动。①

这两个取向，在争辩过程中，也产生许多介于两者之间的论点与立场。比如，原为根本赋予论的凯斯（Charles F. Keyes），便修正为辩证的研究路径（dialectical approach）（Keyes 1981）；原为情境决定论的纳加塔（Judith A. Nagata），便提出折中论点（Nagata 1981）等。事实上，基本的问题不再是哪一派的解释比较正确，而是这两派所讨论的课题本身，是否有清楚的界定。否则，两个取向之间是否可能进行真正的对话，尚有很大的疑义。这个问题，在林纳金（Jocelyn Linnekin）与普瓦耶（Lin Poyer）的突破性研究中（Linnekin & Poyer 1990b），被凸显出来。

二、将文化的概念带入族群研究

林纳金与普瓦耶在《大洋洲的文化认同与族群性》（*Cultural Identity and Ethnicity in the Pacific*）一书的导论中，一开始便说明文化认同（cultural identity）与族群性（ethnicity）是不同的，群体认同（group identity）与文化差异（cultural difference）也是不同的（Linnekin & Poyer 1990a）：

---

① 埃里克森在加勒比海的研究（Eriksen 1988），便是一个典型的"情境决定论"范例：迁移到千里达岛的印度人，起初适应不甚成功，认同自己为有色人种。但是，后来因为经济地位提高而晋升为中上阶层之后，便认同自己是印度人，有别于有色人种。

过去，有关族群或族群性的争辩，主要还是在于厘清分类背后的认同基础。例如，根本赋予论认为分类的基础是天生自然有如血缘一般，可依附于地方、亲属、语言、宗教、习俗等之上；情境决定论则归之于社会政治条件的功能。但我们若由文化认同的象征建构与发明的角度切入，就会发现：过去的族群研究，基本上是立基于生物继承与个体心理学，完全是西方群体认同的本土理论（ethnotheory）①，假定了每个人都是独立自主的生物体。反观大洋洲，当地族群的文化认同是建立在"共有的社会性人观"（consocial personhood）上，认为个体是由关系建构而成，与西方的独立自主人观有着根本上的不同。

　　林纳金与普瓦耶将族群性分为两种形态：门德尔型（Mendelian model）与拉马克型（Lamarckian model）。前者强调了族群性是由类似亲属的继嗣所决定，是天生的；后者是经由行为的转变过程（process of becoming）而来，是以实践的结果建构其认同，更是大洋洲民族在族群性界定上所表现出来的特性。大洋洲的文化认同不仅可以自我转换，而且往往是有多重认同，必须存续于社会关系中。这种奠基于大洋洲人观而来的自我与族群认同，遂成为大洋洲民族志在族群或族群性研究上的独特贡献。

　　不过随着大洋洲逐渐被纳入现代国家和世界性资本主义经济体系中，当地人的文化也逐渐受到被置入的外来分类之影响，而渐渐地改变。即使如此，当地人还是试图在传统文化的基础上进行文化复振运动，如有名的 kastom。虽然，这类运动往往把"传统"客体化而带来其他问题。

　　林纳金和普瓦耶界定大洋洲民族的族群性为拉马克型，以相对于一般族群理论所呈现的门德尔型。但这两种类型的命名与分类，均源于西方生

---

① "ethnotheory"译为"本土理论"，意指当地文化所建构出的一套知识体系，因而带有很强的文化中心主义（ethnocentrism）在内。在人类学理论史上，施耐德（Schneider 1984）曾以此概念抨击亲属研究亦为一种西方中心主义的 ethnotheory，而与清水昭俊展开一场辩论（Shimizu 1991；Schneider & Shimizu 1992）。林纳金与普瓦耶使用这个词汇，意指族群理论亦是西方中心主义的文化建构。

物学的隐喻，也可以说是西方的本土理论。林纳金与普瓦耶更要强调的是：大洋洲地区强调实践的文化特性，使其呈现出有别于其他民族的特殊族群认同倾向，让我们知道：族群分类的基础是依据文化而来。在阿斯图蒂（Rita Astuti）的研究中，更清楚阐明了这一点。她的民族志，讨论了马达加斯加岛西部滨海的维佐（Vezo）人群体认同如何建立（Astuti 1995a）：

> 维佐人的自我认同，来自当下"所做的"（doing）行为，而非源自历史或由起源祖先所决定。换言之，"是维佐人就是作为维佐人"（to be Vezo is to act Vezo）；"维佐人"是一种行为的结果，而不是一种存在的状态。"作为维佐人"的行为，是由学习而来的，但他们并不强调"过程"——相较于大洋洲民族强调"转变的过程"与时间上的持续性，维佐人更强调人与地的关系，以及突然转变的行动——只要在维佐人的土地上做维佐人所做的事情，就是维佐人。

> 维佐人这种通过行动与地缘界定的认同（geodetermined identity），不仅可区辨他们与其他拉马克型族群在行为规范上的不同，更凸显出他们转换到不同的地方，就从事不同的行为与生活，而可以快速改换认同的特点。此处不仅涉及维佐乃至整个南岛民族都有的文化特性："累积性人观"（cumulative personhood），更涉及他们强调在特定地方之行动的当下，以否定过去或历史的决定性。如此一来，更彰显"成为维佐人"（To be a Vezo）是个转换的过程；非维佐人通过时间可借由行动变为维佐人。因此，维佐性（Vezoness）不是固定不变的，而是着重当下的外显行动。故此，阿斯图蒂认为维佐人有如透明人，没有内在的本质，相对于塔伦西人的族群认同是建立于过去不变的历史，两个文化有根本的差异。

由此，阿斯图蒂不仅进一步讨论了：拉马克型的文化认同，必须由当地人的本土理论（Vezo's ethnotheory）来了解，读者更可以在这个个案中，进一步看到维佐的文化认同是如何由其人观、空间、时间等所建构，将族群研究的最终目的回归到文化本身的了解上。也因此，族群性与族群认同，在不同的文化里，有着不同的文化方式来建构与表达。这可见于台湾赛夏人的研究。

在郑依忆的《仪式、社会与族群》（2004）一书中，由赛夏人矮灵祭的讨论，凸显出该族群如何以特殊的方式建构与表达他们的族群意识与族群认同：

> 台湾北部苗栗县靠山地区的赛夏人，从有历史记忆以来，不断历经与强势文化的互动——如神话传说中的矮人文化、有历史记录以来的泰雅文化、客家文化、日本文化、西方基督教文化，以及目前台湾大社会汉人主流文化等。在这些互动过程中，他们学会了较高的生产技术，如水稻种植取代了原来以刀耕火耨方式所生产的小米，却也使得土地与妇女不断流失，成员不断地分散到台湾各地，甚至文化也深受异己群体的影响，如赛夏人的北群明显地泰雅人化，南群则是客家化，目前在语言、服饰、住屋和生活方式等各方面，已经很难与泰雅人或是客家人分辨开来。因此，赛夏人如何构成一个群体而维持其文化认同，并解决其与其他群体之间的历来冲突？这是此文化目前急于解决的主要问题。
>
> 透过矮灵祭的举行过程，赛夏人将分散台湾各地的成员召回原居地，共同出钱出力、遵守禁忌、共享祭仪成败的福祸，使得赛夏人产生一体感而建构出"我群"意识。仪式分南北两地举行，但在仪式结构上，北群晚一天举行而使得仪式中的送灵部分得以由南群衔接到北群而终结，使两个群体得以整合在一起。迎灵之后的后半段仪式是欢迎所有其他群体的朋友、客人甚至陌生人一起参与。在这个阶段，所有赛夏人都穿起他们的传统服装，使他们更易于与其他群体分辨，又易于与群体成员认同。另一方面，他们不但在仪式的第二阶段邀请不同群体的人共舞，与他们打成一片，更用食物来宴请他们，使彼此和谐相处。在仪式的最后阶段，伐榛木送灵之后，所有参加祭典的人，不分族群，共同享用主祭家族所准备的酒与糯米糕，达到融洽的最高境界，仪式随之结束。

透过矮灵祭的执行过程，赛夏人不仅将分散各地的成员凝聚成为一个群体，同时，也透过仪式的象征实践过程，试图解决其与其他群体之间的矛盾冲突。透过仪式，他们建构并表达了赛夏人的族群与文化认同。

不过，赛夏人的例子，也凸显了族群研究从1969年开始发展至今，一直没有办法有效克服的基本问题：到底族群性或族群认同，如何与文化认同、阶级认同等等有效地厘清分辨？因此，埃里克森（Eriksen 2001：267）强调族群问题本身是跟很多非族群因素结合在一起的。所以，"族群"问题往往可以被化约为其他的问题，而产生混淆与困扰。例如，北爱尔兰的冲突，究竟是族群问题，还是宗教问题？换言之，正如民族国家或国族主义一样，我们至今仍无法证明族群本身是一社会事实（John Comaroff 1992［1987］）。在这情形下，族群研究虽如民族国家或国族主义的研究一样，一直是个热门的研究领域或课题，但在1990年之后，在理论上，就没有明显的突破。

虽然如此，在族群研究领域，至少有两个不同的努力方向在进行着：一个是让族群问题与其他层面衔接，以凸显其实际上错综复杂的特性；另一个则是重新反省并试图突破巴尔特用界限概念界定族群的限制。

三、族群研究的新方向

就第一个方向而言，阿斯图蒂（Astuti 1995b）便进一步注意到：维佐人的（拉马克型）认同除了上述依地点与作为而产生（geodetermined），还有一种是依继嗣原则，依据死去的人而来的（门德尔型）认同，直接说明了（族群）认同可能是复数的复杂现象。[1] 此外，贾米森（Mark Jamieson）在尼加拉瓜东部海岸的研究，除了说明大家都已知道族群性是因脉络而异（contextual）与可协调妥协的（negotiable）性质外，更将不同的族群性与不同性质和周期的经济活动相结合，讨论不同的认同实际上如何被应用到经济活动上，以达到社会生存与繁衍的目的（Jamieson 2003）。这个研究，凸显了族群与其他因素不可分的复杂性，但也导致

---

① 阿斯图蒂在文中只用了"认同"（identity）而非"族群认同"（ethnic identity）。甚至，因为大洋洲的族群认同是依其文化而来，倾向于所谓的"拉马克型"，不同于其他地区的"门德尔型"而倾向称之为文化认同。在这一章中，为了凸显族群问题本身，笔者在文中以括号加入拉马克和门德尔型族群认同。

"认同"反而逐渐取代了族群性本身，更加无所不在。因此，正如鲍曼（Zygmunt Bauman）所说，当代生活的各主题研究必须通过"认同"作为支柱来掌握，以呈现当代人类社会的现状。也因此，相关的研究往往聚焦于各种不同的认同（Bauman 2001）。[①]但认同研究正如族群性研究一样，既无法证明其为社会事实，也无法厘清其与其他概念（如族群性、国族、阶级等）的分辨，而难有理论上的突破。[②]

正因为第一个努力方向造成"认同"取代了"族群性"，另一个努力方向便更值得注意。首先是韦尔默朗（Hans Vermeulen）与戈韦尔（Cora Govers）在 1994 年出版的《族群人类学：超越"族群与边界"》（*The Anthropology of Ethnicity: Beyond "Ethnic Group and Bourdaries"*）一书中指出：巴尔特当初以"边界"来界定族群，不仅使"文化"与族群性分离，而使得族群性成为互动而非静态的概念，但也造成后来的研究几乎完全忽略了"文化"与"族群性"间的关系（Vermeulen & Govers 1994）。因此，这本书，正如前述林纳金与普瓦耶或阿斯图蒂一样，由"边界"如何被界定而呈现文化的差别，因而将文化带回族群研究中。但就族群概念本身，其实并没有什么太大突破或发展。2000 年，科恩（Anthony P. Cohen）出版了《象征化的认同：关于边界与竞争性价值的人类学观点》（*Signifying Identities: Anthropological Perspectives on Boundaries and Contested Values*）（Cohen 2000）一书，其主题已不只是讨论"边界"如何被界定，而是把边界视为"看与知的方式"（ways of seeing and knowing）。比如，萨蒙德（Anne Salmond）的新西兰研究，借由探讨西方传教士与土著对当地土著领袖死亡的不同解释，指出：传教士呈现西方文化以自我为中心的分析思考方式（analytic thinking），强调"边界"是分离的地方，而毛利人则呈现了关系性的思考方式（relational thinking），强调"边界"是结合的地方（Salmond 2000）。虽然如此，

---

① 比如，汤普森（Thompson 2003）所研究的马来西亚，便呈现出人们是如何在分离（dissociate）或连接（associate）各种不同的认同，包括国家、族群、阶级、性别乃至地方认同等等。

② 如，汉德勒甚至质疑了认同概念的有效性（Handler 1994）。哈里森则质疑：认同并不在于凸显差异，相反地，是因其相似但具有私有资源的性质，而成为排他性据有的对象（Harrison 1999）。

不同的文化背后，还是有着边界结构原则的共同性——边界有其形式与结构性。中心的人看边界，往往带有自我中心的独断视角，但位于边陲的人，则更容易考虑中心的想法，而产生比较的观点。是以，"边界"是有其结构与形式的，不论是民族国家、族群建构，甚至建立在身体边界的个人经验，均可以看到这样的结构和形式。由此，我们可以看到：这新的努力方向不仅企图剔除西方文化视"边界"为分离的偏见，更将不同文化视野背后的共同性带入思考，并将族群研究带入心理的层面。

即使如此，上述研究的新方向，基本上还是没有跳出巴尔特由"边界"界定族群的基本立场。但另一方面，有一些研究试图透过当代正在发展中的区域体系或新地方社会，由同一区域里面不同族群文化或来自不同地区的人所建构的不同区域认同，来重新检讨并寻找新的族群与认同概念（黄应贵 2006a）。由于这类因交通和沟通工具的急速发达而造成资金、信息、人、物等快速流通所发展出来的区域体系或新地方社会，不同族群文化或来自不同地方的人往往交错地生活在一起，加上象征性沟通系统早已超越人与人直接互动方式的限制，使得个人乃至族群日常生活的界限不再清楚一致，也使得他们所建构的区域认同或族群与文化认同，不再是以"边界"来认定，因而提供我们思考如何真正跳出巴尔特以"边界"界定族群的限制。托马斯（Philip Thomas）有关马达加斯加道德地理的研究，便值得我们注意（Thomas 2002）：

在马达加斯加东南沿海 Manambondro 地区 Temanambondro 人的研究中，托马斯指出：当地人是以河流隐喻他们的家乡。因他们的祖先由四面八方来到这里，就如同河流是由上游许多小河汇集而成一样。更因为这条河是他们的祖先早期生活的依据，而被赋予他们的历史经验与文化传统，包含了他们对于人、地、历史、人群等观念在内，使得这条河流不仅是历史时期的主要活动地，现在仍是被他们赋以认同的所在。在殖民势力的影响下，他们的生活领域被迫扩大到市镇，并建构了与家乡相对而又有阶序意涵的空间类别——城市，也建构了新的象征分类系统：家乡（或乡村）相对于城市，有如当地人相对于外来者、传统相对于现代，或保守相对于进步。这个新分类，并不只是建立在原有传统的河流空间象征上，而是结合了外来殖民过程的历史经验所发展出代表现代与统治中心的都市，并赋予新的地方（都市）文化意义。而这个新分类体系，在解殖独立后继续发展，逐渐建构出马路作为新的宰制性场所。马路不仅延续了过去的历史经验，更呈现了他们是谁、他们在哪儿，以及他们将变为谁的当前关怀。在这个研究中，作者指出：所谓的道德地理（指由当事人主观的历史经验而来而具有区域认同的地方感），不仅是了解与想象的面向，它的空间想象更是由观念、惯性、实践、认同、道德、社会性、记忆与历史、经验与想象力等交织所构成的。这些要素既可显示殖民时期（与外来者）的不对称与阶序关系，也可显示当下后殖民的情境。一言以蔽之，道德地理招来过去而使当代有了意义，但过去并非清楚地决定了当代，而是重新拼凑过去来想象未来。

虽然托马斯的研究尚未将同一地区内不同族群文化的外来者之不同区域认同衔接；对于人文或文化地理学提出"区域认同"的概念所包含的外在结构力量与当事人主观的历史经验，他也仅涉及后者而无法包含前者，故其研究虽已能讨论或再现威廉斯（Raymond Williams）的"感觉的结构"（the structure of feeling）（Williams 1977），但还不足以充分呈现地方上的人在区域体系形成过程的主动性，自然无法以这种认同来对于巴尔特族群性概念有所挑战。但他的研究已足以令人有所期待。

此外，在新自由主义政经条件下，族群正与文化一样，逐渐成为资本的一种，成为当事人争取政治经济利益的符码，而不再只具有社会群体运作或文化认同的实质意义。甚至，其表面上的"族群性"活动，实际上可能只是当地人具体的区域性活动中的一环。比如，在台湾东部的撒奇拉雅人，2007年正式由阿美人分出并得到有关部门的正式承认。但除了特定节日集合各地的撒奇拉雅人一起，穿着新创造出来的"传统服饰"来展演他们新近创造出来的火神祭活动外，日常生活几乎没有任何改变。① 他们依然与阿美人一起生活，讲阿美语。这暂时的集体性的"族

---

① 有关撒奇拉雅人民族志相关资料，参阅 Huang（2007）。

群"活动，正如其他不同范围的区域性政治、经济、宗教乃至于观光等活动，都只是他们日常生活中的一环。对于这类新秩序下的新现象与新经验，我们是继续称之为"族群"呢？还是寻找新的概念来有效呈现它？这个在新自由主义新秩序下的新思考，基本上是视"族群"为特定时空背景下的产物而根本质疑了此概念在当代的有效性，故寻求新观念以取代"族群"，成了另一个可能的新发展。

第三节　结　语

由上面的讨论，我们可以发现，民族国家或国族主义与族群，是当代人类社会最普遍而最易见到的热门现象与问题，也是当代世界许多争端的来源，因而成为许多学科共同关怀的课题。然而，相对于政治人类学有关权力的研究，在人类学中，这方面的进展与突破一直有限。即使族群研究在1990年代因重新带入"文化"概念而有突破性的发展，但也导致"族群"与"文化"甚至"认同"等概念混淆的问题。这都涉及这些研究课题与其他现象与问题密切联结而不可分的复杂性，更涉及这些课题在发展过程中，一直无法建立其在理论上具有涂尔干所说的社会事实之不可化约的独立自主性，以至于其研究结果往往愈来愈复杂而治丝益棼。但另一方面，人类学家从事这类问题的探讨时，与其他学科比较，还是有其独特的贡献：剔除原有观念中西方文化的偏见。至少，有关民族国家或国族主义的概念，人类学研究便清楚地指出它所隐含的文化偏见是基于西欧历史经验而来，认为现代民族国家是界线清楚而同质的。同样地，在族群研究中，人类学的大洋洲研究成果已指出：过去族群的概念往往建立在西方生物继承与个体心理学的文化中心理论上，因而预设了每个人都是独立自主的生物体。而在有关族群边界的研究讨论上，人类学家提出的视边界为分离的预设，更是作为中心的西方文化之偏见。但不论是国族主义还是族群的研究，在面对新自由主义新秩序的挑战下，都面对其原有性质上的根本改变，而有寻求新观念来取代的可能性发展。透过已知的反省来探讨未知而有所创造，原就是人类学知识发展的一个特性。

第九章　经济与社会

经济人类学的发展，自从马林诺夫斯基奠定三个基本课题——资本主义经济学的概念是否可适用于了解非西方社会的经济现象、经济必须由非经济的社会文化脉络来了解、注重被研究者的观点，历经形式论与实质论的争辩、礼物经济、现代化理论、乡民经济、结构马克思理论，到政治经济学的发展，最主要的成就是凸显了如何由社会文化的脉络来了解经济。也因此，经济人类学至此，所建构的并不是经济理论，而是社会理论。同时，为解答资本主义经济学的概念是否可用于了解非西方社会的经济现象，经济人类学不仅挑战了资本主义经济学概念的适用性，并试图剔除资本主义经济文化的偏见，更体现寻求资本主义经济以外的另一种可能的努力。特别是在礼物经济、乡民经济、结构马克思论等的探讨上，特别明显。在这方面，经济人类学的成就，相对于本书其他各章所讨论的人类学其他分支，成果更为丰富。

第一节　经济人类学的基本研究课题

经济人类学始自马林诺夫斯基的古典著作《西太平洋的航海者》（ *Argonauts of the Western Pacific: An Account of Native Enterprise and Adventure in the Archipelagoes of Melanesian New Guinea* ）。通过对特罗布里恩群岛交换体系的探讨，他建立了经济人类学的三个主要研究课题（ Malinowski 1961 [1922]）。第一，西方资本主义经济学的概念是否可适

用于了解非西方社会的经济现象。这个问题意识起源于特罗布里恩群岛岛民参与库拉圈（Kula ring）交换的动机。不同于资本主义经济学中追求最大利润的"经济人"假定，特罗布里恩群岛岛民主要的生产所得是供给姊妹一家，而不是累积在自家中。另一方面，他们所交换的主要物品，像项链、手镯等宝物，既缺乏实用价值，也不具有货币的功能。在此，马林诺夫斯基认为特罗布里恩群岛岛民的"非经济"动机与行为，与西方资本主义经济学定义下的"经济"观念强调从有限资源中选择必要手段以达到最大的满足有根本上的差别。这是由比较得来的。

关于第二个课题，马林诺夫斯基认为：经济必须由非经济的社会文化脉络来了解。不同于第一个课题所涉及的比较观点，这个课题涉及人类学所谈的整体性的观点（holistic point of view）。在特罗布里恩群岛，男人生产所得必须交给姊妹的家，这必须从该社会的"母系"社会组织来理解。同样地，在特罗布里恩群岛，生产过程中的不确定性愈高，就愈得依赖宗教（例如巫术）来肯定和保障己身所得。比如，由于近海捕鱼仅需仰赖自身的工具与技术，不确定性低，岛民在从事近海珊瑚礁捕鱼时，从不求助于巫术。但当捕鱼活动愈往远洋深海移动，所得的不确定性与危险性同时增加时，岛民愈依赖宗教（特别是巫术）的帮助。同样地，当特罗布里恩群岛人进行远航贸易时，由海上的危险与不确定性所产生的心理恐惧，必须依赖巫术来解除和缓和。仰赖巫术以解决生计或贸易活动所产生的焦虑，也展现出当地人的想法——纵使有再多不确定的因素，还是要想出办法来解决。虽然，以现代人的观点来看，这个办法并不是个科学的办法，但至少当地人还是使用了自己所能想象得到的方式，来解决问题。

这本书所牵涉的第三个课题，是如何呈现经济活动中当地人的观点（native's point of view），也就是现在所谓的被研究者的观点。比如，特罗布里恩群岛民族志出版之前，在西方社会普遍的刻板印象中，都认为原始社会的人非常懒惰、追求快乐以及自私自利。但这本民族志中所呈现的是：特罗布里恩群岛人十分勤劳并且高傲，经常把所得到的东西送到姊妹家里，而不是为自己所用。而且他们努力地交换来建立个人的社会地位。这些都表现出他们经济活动背后的行为规范，也说明了对原始人的懒惰、自私自利的刻板印象是一种西方的偏见。这让笔者想起大学时听过的一个小故事：

在菲律宾著名的观光胜地碧瑶，经常可见来自世界各地的企业家来此度假。有一天，有一个成功的企业家信步走到湖边，看见当地一个小孩在湖边钓鱼，便询问那个小孩：你为什么不去赚钱而浪费时间在这里钓鱼？小孩反问企业家：赚那么多的钱做什么？企业家回答：赚了钱之后，可以到世界各地度假。小孩说：我现在就在度假。

这故事当然有点讽刺，但也显现了经济活动的价值究竟是产生于手段还是目的的不同观点。这正是马林诺夫斯基在《西太平洋的航海者》之中非常强调的一点。

事实上，这本民族志中除了与上述三个研究课题有关的现象外，所提到的许多经济活动，都有着心理上的基础。首先，交换者不仅对于仪式性的宝物交换怀抱着敬畏的心理，更有着一股"攻击性的热忱"（aggressive eagerness）——他们积极主动地进行交换，以得到更有价值的物品，进而得到更高的社会地位。其次，由于人的嫉妒心与野心，交换过程中的成功者往往也会同时招致许多敌人。最后，特罗布里恩群岛的习俗之延续，往往牵涉到人的心理惰性，也就是人往往喜欢一致性而不愿改变现状的心理状态。

此外，马林诺夫斯基虽建立了三个经济人类学的主要研究课题，但这本民族志还隐含了另一个他当时并未直接点明的重要课题。这个大问题，直到莫斯在《礼物：古代社会交换的形式与理由》（*The Gift: The Form and Reason for Exchange in Archaic Societies*）（后简称《礼物》）一书中才清楚点出。那便是：资本主义经济之外有没有另一种可能？

马林诺夫斯基的学生弗思（Raymond Firth），对他所提出的三个基本研究课题提出挑战。弗思有三个基本的看法（黄应贵 1974：146）：第一，他认为马林诺夫斯基对于"经济人"的认定是有问题的。所有人类，不论原始人还是现代人，都要面对资源有限但欲望无穷的问题，这种矛盾是人类的困境。也因此，所有人都必须面对如何投注最少的劳力却能得到最大的满足，这就是资本主义经济学对于"经济人"的基本假定。即便是马林诺夫斯基所描述的特罗布里恩群岛人，其动机与行为迥异于西方社会的"经济"定义，但仍不会脱离这个以最少劳力获得最大满足的经济人核心假设。第二，在原始社会甚至乡民社会中，不一定存在着具有现代货币功能的价值量度工具。但是在这样的社会中，时常可以利用其他的方式，例如劳力、时间来计算他们经济活动产品的价值。因此，当地人对于宝物的情感，并不是宝物唯一的价值来源，其生产过程所耗费的劳力也可以界定宝物的价值。因而使得宝物也具有价值衡量尺度的功能，而非如马林诺夫斯基所认为的，只具有主观认定价值。第三，奠基于上面对于"经济人"与"价值"的普遍性默认，不论是现代社会还是原始社会的"经济"，其实只有程度上的不同，而没有类别上的不同。

弗思的观点，受到美国人类学家赫斯科维茨（Melville J. Herskovits）的支持（Herskovits 1952）。赫斯科维茨以民族志资料来证明经济过程一些共有因素与架构的普遍性。与此同时，马林诺夫斯基的看法也受到某些美国人类学家民族志的支持。像北美西北海岸印第安人的"夸富宴"（potlatch），在仪式中焚毁大量的有价物资（如毛毯或铜杆），便提供非常有名的"非经济行为"之民族志典范。这些均提供了进一步理论争辩的基础。

第二节　实质论与形式论的争辩

弗思对马林诺夫斯基观点的质疑，正反映了在经济人类学中实质论与形式论的争论（黄应贵 1974）。简单来说，形式论者认为：所有的经济现象都可以用西方资本主义经济学的观点来了解，只是在概念定义与适用范围上必须做些修正，如以劳力取代货币来计算价值，或将经济利益扩大到社会目标等。而实质论者，正如马林诺夫斯基，认为西方资本主义经济学并不适用于解释非西方资本主义社会的经济现象。不过，真正把这个问题带到理论上的争辩的，一直要到波兰尼（Karl Polanyi）与其他两个学者合编的《早期帝国的贸易与市场》（*Trade and Market in the Early Empires: Economies in History and Theory*）一书的出版。

波兰尼认为人类社会中有三种交换的体系（Polanyi 1957）：互惠（reciprocity）、再分配（redistribution）、交易（exchange）。这三种不同的交换体系存在于不同类型的社会之中。以互惠为主要交换制度的社会，是由对称的社会群体所组成，最主要的经济现象是个人间的"互利互生"

（mutuality）。如澳大利亚的采集狩猎之部落组织社会，是个无单一首领的平等社会，互惠即作为整合社会成员的机制。以再分配为主要交换制度的社会，通常比较复杂，且具有阶级性的权力组织，有一个物资分配中心成为整个中枢的结构。他们重要的经济现象是人与人之间的"共享"（sharing），通过再分配的机制使得社会整合在一起。以交易为主的社会，具有价格作为主要运作机制的市场体系，关注个人的贸易行为，并通过市场体系来整合社会，如现在的西方社会。①

　　这样的理论建构牵涉几个主要论点：第一，他把经济看成制度性的过程，也就是说，经济是镶嵌（embedded）在社会制度之中，使得经济与非经济的制度是不可分的；第二，不同类型的社会有着不同类型的经济行为；第三，他强调：当前的资本主义社会与市场经济，其实是人类历史中最晚近也是最短暂的社会经济形态。换言之，资本主义市场经济学只适用于市场经济发展以后的社会，之前的社会必须用别的理论观点去理解。

　　波兰尼所建构的这一套理论，也引起其他经济人类学家的批评（Burling 1962；LeClair 1962；Cook 1966）。他们的主要论点有二：第一是抨击波兰尼误解了经济学。经济学的理论模型与实际经济现象原本就属于不同的层次，经济人类学在讨论时往往把经济学的理论模型混同于现实，而误解了经济学。另外，经济学中的经济分析、政治经济学、经济思想等是不同的，人类学的讨论也往往把它们混淆。简言之，经济人类学家误解也误用了经济学，不是将它窄化了，就是将它扩大了。事实上，经济学在处理经验现象时，经常限定在讨论特定条件下的某些行为。在此限定的领域之内，经济学可以有效预测与解释人类行为。甚至，经过适当的转换过程与条件设定，经济学的概念可以适用于其他领域。比如，市场模型也可以用来分析权力与竞争。第二，他们认为，实质论者往往带有19世纪浪漫主义的意识形态，把市场视为工业社会的邪恶象征。换言之，若整个实质论的讨论都建立在反市场的意识形态上，则如何与自认不带任何意识形态的经济学者对话？

　　形式论的批评自然引起实质论支持者的反击，包括波兰尼的学生多

---

① 波兰尼并没有否认，一个社会可能并存着不同的交换体系，但他认为每一个社会都有一个主宰性的交换体系。

尔顿（George Dalton）、萨林斯、博安南夫妇（Bohannans）（Dalton 1961；Sahlins 1960b，1963，1969；Bohannans 1968）等。而形式论者也不断加入战局，如索尔兹伯里（Salisbury 1962）、弗思（Firth & Yamey 1963）等。但其间的对话愈来愈少，正如笔者的分析（黄应贵 1974），这其实是不同立场的争辩，涉及了两派学者对于人类学根本不同的看法，以及分析探讨路径的差异。形式论者往往视人类学为科学，研究上往往以个人为分析单位，以客观的立场来探讨研究的对象；实质论则是偏向人文学倾向，追求的是对社会文化特殊性的了解，分析的是社会本身，重视被研究者的主观立场。由于这个争辩牵涉到两派对于人类学看法的不同，乃至于研究目的、分析单位、方法论上的歧异，但却没有提升到本体论或认识论的层次来做讨论，以至于彼此难以对话，甚至忽略了当时出版的重要研究——莫斯的《礼物》。所以，尽管形式论与实质论的辩论从 1950 年代中期到 1960 年代中期，在经济人类学中十分热门，但在 1960 年代中期以后，却由于争辩无解而渐渐没落，代之而起的是对于经济变迁现象的关注。

随着资本主义的全球性扩张，人类学研究的弱势族群或非西方文化，在不同程度上，均已受到了资本主义经济的影响。即使在马林诺夫斯基所研究的特罗布里恩群岛，我们也看到当地人潜水采珍珠卖给西方商人的情形。这个情形，因为"二战"以后以美国为代表的世界性资本主义经济的急速扩张而益加凸显，更是当时各国所关怀的急迫问题。不过，在进一步讨论这个新发展之前，先回到 1950 年已经出版，却在当时形式论与实质论的争辩中被忽略的课题：礼物经济。

第三节　资本主义经济之外的另一种可能：礼物经济

莫斯的《礼物》一书出版于 1950 年，英译本出版于 1967 年，但在当时的英语世界却完全被忽视。主要原因是：当时国际人类学界仍为经验论科学观所宰制，该书走在时代的太前端，没能被给予应该有的重视，直至 1970 年代末期，其价值才真正被重新认定，发挥深远的影响。

莫斯研究的是一个非常普遍的现象：送礼。他一开始说明：送礼是个义务性的行为；送的人基于某种义务而送礼，收礼者也基于某种义务而收下。这个十分普遍的现象牵涉到许多人与人之间的关系与权力。更重要的是，接受礼物本身还产生还礼的义务。送礼背后已经涉及几个特点：第一，在给与受之间产生了结构性的关系。第二，它存在于社会生活的各个层面上，不论是经济、政治、法律、宗教、道德。第三，在这个现象背后，有一个普遍的原则，莫斯称之为"全面性的偿付"（total prestation），就是一般所说的交换。在这个普遍原则之下，任何人或物在进入这个给予、接受、偿付的结构之后，人与物的性质也就改变了；物进入了这个过程之后，可以成为神圣的物品；而人进入这个过程之后，就与别人产生不平等的关系。

那么，为什么送礼会产生这种结构性的过程与结果？莫斯认为：送礼的人与接受礼物的人之间有着共同的信仰，而每个文化的信仰是不同的。例如，在毛利人的精灵信仰之中，认为所有的人与物背后都有精灵（spirit）；一个人送出东西时，也同时是送出他一部分的精灵，若没有回礼，这精灵可能会报复。换言之，日常生活中习以为常的送礼，是一个整体的社会现象（total social phenomenon），存在于社会中的各个层面，涉及信仰，并非只存在于经济层面。而这个现象背后的原则，他称之为整体的社会事实（total social fact），即交换。这是送礼、接受、还礼这个现象结构背后更深层的原则或结构。交换无法化约为其他课题。因此，列维-斯特劳斯视莫斯为结构论的先驱（Lévi-Strauss 1987），更受到莫斯将交换视为结构原则之论点的影响，发展出他的联姻亲属理论。

此外，莫斯的理论还涉及了"本土理论"（indigenous theory）。因为，尽管交换普遍出现于各个文化之中，不同的文化常常透过该文化中的一个最清楚、简单的观念去涵盖整个现象。例如，马林诺夫斯基的《西太平洋的航海者》用 kula 这个概念去涵盖经济交易、婚姻交换，甚至参与葬礼、成年礼等活动；而这些活动也都具有神话的、宗教的、巫术的乃至道德的层面。因此，莫斯认为"就 kula 的本质性形式而言，它本身涵盖特罗布里恩群岛人整个经济与社会生活的服务与偿付广泛体系中最庄严的部分……它具体表现出与许多其他制度的结合点"（Mauss 1990：27）。换言之，对于这样既有复杂、多样的社会表象，以及具有表象之下的深层结构之社会真实，当地人反而能由 *kula* 一语简单而深厚地表达出来。这种表达，正像神话与意象，是象征性的，也是集体性的。毛利人的精灵信仰——"*hau*"的观念，也像是特罗布里恩群岛岛民的 *kula* 一样，属于莫斯强调的"本土理论"。而且，也正是透过这种当地人关键性的象征与概念，我们可以清楚地掌握非常复杂而广泛的现象。从本土理论出发，《礼物》一书提供莫斯晚期发展"社会象征起源论"的思想源泉。①

不过，这本书在经济人类学的发展上，有其根本性的挑战。莫斯当初之所以撰写这本书，是他对于现代资本主义的支配性影响有着很大的不满。因此，他试图探讨一个问题："资本主义经济之外，有没有另外一种经济与社会形态的可能？"在 1980 年代以后，莫斯的著作重新受到重视，《礼物》一书的地位也被提升到相对于资本主义商品经济的"礼物经济"上。最典型的代表便是格雷戈里（Christopher A. Gregory）的《礼物与商品》（*Gifts and Commodities*）一书（Gregory 1982）。

莫斯这本小书之所以能产生深远的影响，是他已经触及理论上的本体论问题。尤其是，相对于经验论立场的马林诺夫斯基，莫斯在本体论上完全倒转经验论的假定，承认信仰、观念在了解现象上的解释性与决定性。亦即，观念才是现象的本体。这与形式论和实质论均接收经验论假定——真实可透过感官经验（特别是视觉）来证明的本体论假定，完全不同。如此，我们也才可了解为何他的作品，在实质论与形式论争辩时，完全被忽略。

不过，莫斯的重要性与影响力，还是要等到 1970 代末期以后才被承认。② 在当时经济人类学领域内，形式论与实质论的争辩没落之后，研究课题已转移到经济变迁与乡民社会上。

---

① 在莫斯晚期的思想中（Mauss 1979b），把涂尔干的社会理论颠倒过来。涂尔干将象征视为社会的产物，而莫斯则认为，社会之所以产生，是建立在象征的基础上。

② 严格来说，在 1950 年代，埃文思 - 普里查德、尼达姆等学者早已注意到他，并翻译了《礼物》这本书。但当时对他的注意，主要还是延续对于涂尔干理论的重视，而不是他涉及本体论及较有创意的部分。这差别可见于《礼物》一书不同版本的翻译。1967 年英文译本的副标题是 "forms and functions of exchange…"（……交换的诸形式与功能），但 1990 年译本的副标题却是 "form and reason for exchange…"（……交换的形式与理由）。

正如前面所提到，在全球性资本主义经济的扩展影响之下，已经没有所谓的孤立原始社会了。在 1910 年代马林诺夫斯基从事特罗布里恩群岛田野调查工作时，已有许多特罗布里恩群岛人采集珍珠卖给商人。此外，关于货币进入当地原有经济体系会产生何种变迁，非洲的提夫（Tiv）人提供了经典的民族志例子（Bohannans 1968）。提夫人对于物品的传统分类有三：第一类是日常生活用品，价值等级低；第二类是铜杆、牛、马、奴隶等贵重物品；第三类则是女人与小孩等家属成员，价值等级最高。价值等级高的类别，可以用来换取价值等级低的货物，但价值低的物品不可能用来换取高的物品或者人。但货币进入这社会之后，无论什么类别的物品都可以用货币购买，而打乱了原有的清楚分类。另一类涉及商品对于原始社会的冲击，经典的例子便是夏普（Lauriston Sharp）所研究的澳大利亚采集狩猎民族伊尔约龙特（Yir-Yoront）人（Sharp 1953）。原本，仅有男性长老才可拥有石斧，领导地位也建立在石斧的拥有权上。当地人如果要盖房子、砍树，都必须跟领导人借石斧。可是，当传教士进入该社会之后，与传教士关系良好的女人与小孩取得了铁斧。原有的社会体系、性别关系、年龄阶序被扰乱，再也没有人跟长老借石斧，使得长老的地位崩解。而铁斧的进入，便是资本主义经济所导致。

更多的经济变迁则与现代化理论有关："二战"后代表着资本主义经济的美国，为了与代表共产主义的俄国对抗，急于拉拢或控制非西方世界，乃以改善战后独立的新兴国家落后的经济生活状况为其手段，提出了现代化理论，作为经济发展政策的理论依据，成为当时经济人类学最热门的新研究课题。

第四节　现代化理论与经济发展

在有关经济变迁的讨论中，现代化理论是 1960 年代最盛行的观点。现代化理论以西方在资本主义经济发展上的成功经验，作为最高理想与模仿对象。应用在非西方社会的研究上，所关怀的问题便是：若当地经济要达到西方的水平，要克服哪些阻碍？这几乎是经济人类学在形式论与实质论争辩之后，最主要的热门研究课题。比如，福斯特（George M. Foster）研究墨西哥的农村金遵庄（Tzintzuntzan）（Foster 1967），便发现他们强调一个社会的资源是有限的，因此一个人成功地增加收入，便被认为相对地剥夺了其他人可分到的利益，"资源有限观"乃阻碍了其经济发展。这种强调原有文化传统对于当地人现代化的阻碍，成了当时最主要的研究模式。但另一方面，爱泼斯坦（T. Scarlett Epstein）则由两个印度聚落的例子，探讨灌溉水利系统的设立与区域经济的发展，对当地所产生的不同影响，打破传统只是阻碍的观念（Epstein 1962）。而格尔茨（Geertz 1963）的《小贩与王子：印尼两个小镇的社会发展与经济变迁》（*Peddlers and Princes: Social Development and Economic Change in Two Indonesian Towns*），则进一步挑战现代化理论以西方的历史发展经验为目标的假定，不仅凸显人类学在经济变迁研究中的独特贡献，更对现代化理论做了修正而成了人类学经济变迁研究的经典①：

> 格尔茨所研究而位于印尼爪哇东中部的 Modjokuto 和巴厘岛西南部的 Tabanan，均同属罗斯托（W. W. Rostow）所说的前经济起飞（pre-take-off）期社会。前者是个都市化的市镇，有士绅、生意人、小百姓、中国人等不同阶层。当地的经济形态被称为 *bazaar* 经济，主要中坚分子是以个人身份从事人与人间直接交易的流动性生意人。这类人大都信仰改革的现代伊斯兰教，在当地大都居于社会中的"间隙"（interstitial）位置，既不如中产阶级政府雇员有稳定收入，也不若农人一般具有地产。他们在传统文化之中不被重视，却也因此较不受传统习俗的包袱与限制，而能创新地建立公司形式的企业，并继续再投资。但是，*bazaar* 经济发展的主要问题是：生意人往往缺少社会的基础来募集零散的资金，以从事更大规模的再投资之资本积累；以个人为中心的网络式经营使他们不惯于组成联合经营之企业，无法与团结力量强的中国人竞争。因此，组织之缺乏比起资本短缺或知识技术之障碍，更是妨碍其经济发展而难以达成"经济起飞"的目标。
>
> Tabanan 则是个由贵族与乡民组成的农村，有各种特定功能的组

---

① 下文因讨论重点不同，与第二章同一个案的描述不同，但可互补。

织，如水利灌溉、宗教祭祀、亲属、居住或地域性群体以及志愿性团体，称为 Seka。这些功能性群体的成员范围并不一定相互一致，充分凸显其多重的集体主义（pluralistic collectivism）。农民对于贵族有效忠的义务，而贵族对于农民则有照顾的责任。当贵族欲从事经济发展时，乃利用 Seka 组织，带领农民建立集团性企业。这种经济组织的运作极有效率，但重视"均富"而导致利润过度分散与过多的社会义务牵制，使现有企业无能于再投资行为，妨碍了 Tabanan 经济更进一层的发展。

在这个研究中，格尔茨不仅建构了 Modjokuto 模式和 Tabanan 模式，来说明由前经济起飞期发展到经济起飞期，可以因原有社会组织的不同，而有不同的方式与途径，因而挑战了当时现代化理论以西欧的历史过程为现代化唯一途径的文化偏见。他更进而指出经济现代化或理性化过程有几个特性：（1）创新的经济领导者属于特定群体；（2）在更大的传统社会中，创新的人群往往是有长期在外行走的特殊身份而有超越地域的倾向；（3）创新群体的出现是他们与他们所属更大社会之关系的激烈改变结果；（4）经济变迁的动力不一定来自经济本身，而更可能来自该群体的宗教与道德意识形态；（5）企业家创新所面对的主要问题，往往在于组织而不是技术；（6）在前起飞期的转型过程之中，企业家的主要功能是调整旧有手段以适应新的目的。

不过，格尔茨的研究之所以能凸显出现代化过程的不同路径，多少也与印尼内部文化差异巨大有关。这又涉及印尼的地理和历史条件，特别是多岛国家所造成的文化异质性，而位于东西海上贸易的交通要道又带来各种舶来文化的影响，因而得以不断综合不同文化传统而有所创造。这些均使得印尼文化传统是由许多不同成分组成而为多元与不规则的。

不过，这本受到韦伯的《新教伦理与资本主义精神》影响的研究，虽然挑战了现代化理论以西方经验为唯一途径的限制，但仍接受罗斯托（Rostow 1960）的经济发展史观，以资本主义经济的逻辑来界定不同阶段经济发展的性质与结构。因此也导致了这样的结论：传统社会文化特性仅有助于其在前经济起飞期的发展，到经济起飞阶段，还是要面对和突破传统的限制，才能步向西方国家经济起飞的条件与道路。相对之下，有关乡民经济的研究，则已将莫斯所思考的问题，"资本主义经济之外的另一种可能"之问题，带入考虑。

第五节　乡民经济

一、在雷德菲尔德定义下的乡民社会研究

虽然，经济人类学早期的研究对象，通常是像马林诺夫斯基所研究的特罗布里恩群岛人那样的原始社会。但前面也已提到，这些社会并不如早期研究所预设的那般孤立与同质。大部分的社会不仅已受到资本主义经济全球性扩张的直接影响，更重要的是全世界占有最大人口比例的经济形态是"乡民社会"，而不是原始社会。如中国、印度、东南亚、中南美洲、地中海、中东、苏联、东欧等。"乡民经济"主要指居住在农村里、依赖农业生产来维持生计的经济形态。由于乡民社会往往是大社会中的一部分，因此，雷德菲尔德（Robert Redfield）将其界定为部分的社会与部分的文化（part societies，part cultures）（Redfield 1960）。它可能是城市周边的腹地，而以农业生活为主。或者，它是属于帝国广袤的土地中之大部分以农业生产维生的人。在沃尔夫（Wolf 1966）的《乡民》（*Peasants*）这本书中，便依照其被大社会剥削的不同方式，进一步对乡民经济作出分类。①

沃尔夫认为，乡民社会不仅是大社会中的部分社会、部分文化，往往也是最被剥削的对象。更因为剥削的方式不同，而产生不同类型的乡民社会。也因为这些农民只是部分的社会、部分的文化，所以，往往是通过宗教整合农民和剥削者，并且让这些被剥削的广大农民，在这些社会里能够安于边缘位置。因此，宗教活动在这些乡民社会中就变得非常

---

① 沃尔夫的乡民研究，并不局限于雷德菲尔德的观点，实际上已带入了物质论或政治经济学的观点。故他会提出"宗教有如意识形态"的立论。

重要。换言之，在乡民社会里，宗教活动其实是一种意识形态；剥削者通过宗教活动来合法化其剥削行为。

也因此，当乡民社会里的农民面对资本主义经济的冲击，其反应往往涉及农民的宇宙观。以福斯特在墨西哥金遵庄的研究为例（Foster 1967），在当地农民的宇宙观里，所有的资源都是有限的，因此，只要村里有人赚钱，就表示他剥夺了其他人的资源；"资源有限观"乃限制了墨西哥农民对于资本主义经济的认识与反应方式。是以，1960年代和1970年代的经济发展与组织，总是不断地失败；一个新的技术被带入之后，当地人往往会顾虑是否剥削到其他人，造成内部农民之间的不平衡关系，因而放弃新的技术。如此也证明了当地人并不是像资本主义经济学所假定的那样，均为追求个人最大利益的经济人，反而身陷于道德义务的网络之中。

福斯特的探讨方式与格尔茨类似，都是深入研究当地的社会文化特色如何影响农民对于资本主义的认识与适应方式，乃至于如何产生冲突，并进而试图剔除资本主义文化的偏见。同样的探讨与成果，也可见于台湾农民的研究上。例如笔者（黄应贵 1979）研究台湾农民在1970年代的农业机械化过程：

> 1970年代的台湾农村，因1960年代中期以后的都市化、工业化等的发展，农民大量移民到都市，农村劳力短缺。政府解决问题的策略，便是用机械取代劳力。但要使用机械，必须解决因"三七五减租"和"耕者有其田"政策所造成农民土地面积过于零碎而不利于机械耕作的限制。当时，政府选择了几个水稻耕作成功的地方，实验农业机械化的生产方式。然而，实验的结果却是跟原来的设计相反。原来的设计是将土地集中起来从事机械生产，从插秧到收割均进行标准化的一贯作业程序。可是，实际发展的结果，却是从插秧到收割的机器与生产活动，均分别由不同的家户来经营。亦即，A家有插秧机，B家有耕耘机，C家有收割机，每家都是老板。而且，每个拥有农业机器的家户，都必须找到足够的顾客来使用机器，否则不敷成本。因此，每个拥有农机的家户均独立经营，却又相互支持，最后还是达到

了农业机械化的目的。只是，台湾的机械化生产方式不同于西方的机械化一贯作业方式，反而是将一贯作业中的每个使用机械的阶段或部分均分割出来，让不同的人来经营，使得每一家都是老板。这方式便涉及中国人的人际关系里几个相关联的特性：自我中心、差序格局、多线与多向、互惠。这些特性虽与传统儒家由内而外的伦理相一致，却与韦伯所说的理性科层组织背后的非人际关系假定相违背。

这个研究，不仅反省西方的现代化理论观点，并试图剔除现代化理论基于西方资本主义经济兴起以来所依赖的理性科层制的迷失，更涉及早期有关中国伦理本位文化、差序格局、官僚组织的理性等课题，以及后来有关中国人的关系取向、面子、礼物与关系学等课题的讨论，隐含莫斯所说的本土理论，而为后来社会科学中国化、本土化的先驱。[1]

此外，建立在现代化理论之上的乡民研究，到了 1960 年代末期，开始受到西敏司（Mintz 1953，1973，1979）和沃尔夫（Wolf 1955）的拉丁美洲研究成果的质疑。因为，人类学研究一直将乡民社会视为特殊的类别，既不同于现代社会，也不同于原始社会；"农民"的身份，不同于都市里的中产阶级。雷德菲尔德称乡民文化为小传统，而国家层级、以都市为核心、具有悠久历史的世界性宗教为大传统，并由此探讨两者之间的相互关系，或大传统对小传统的影响。但是，西敏司所研究的加勒比海农民，大都是在糖厂工作的工人。他不禁问了一个问题：这些人是农民吗？他们都是拿薪水的工人，而且，这些工人很早就发展出阶级意识。同样，沃尔夫所研究拉丁美洲的开放式社群（open community），主要是从事经济作物栽种，早已纳入资本主义市场经济中，而不再以生计经济为主。因此，他们便质疑过去对于乡民社会的农民研究，因而发展出政治经济学的探讨方式，使得乡民社会的研究渐渐没落，而被政治经济学的依赖理论或世界体系理论研究所取代。这将在第七节"政治经济学"

---

① 除了在第二章谈韦伯理论部分已提及早期的研究外，晚期有黄光国延续许烺光的关系取向而来的面子（Hwang 1987）、阎云翔的礼物（Yan 1996）和杨美惠的关系学（Yang 1994）等较受注意的研究。但这个研究个案出版时，当时学界还处在现代化理论的宰制下，因此并没有引起任何回响。

中，进一步讨论。但也在此时，有另一支来自俄国小农经济的研究取向开始受到重视，那便是恰亚诺夫（Alexander V. Chayanov）所开启的讨论。

二、恰亚诺夫的农民经济研究 [①]

恰亚诺夫的农民经济研究，并不是要去问乡民社会如何适应资本主义经济，而是回到莫斯所关怀的问题：资本主义经济之外的另一种可能。农民经济，便是资本主义经济之外的另一种经济类别：

> 身为俄国农业官员的恰亚诺夫，花了很多年的时间从事农民研究，最后，他提出农民经济的理论。
>
> 在俄国历史上，早就存在农民经济的形态。农民经济以家作为经济活动的单位。家的经济活动有其双重性。一方面，它是为了满足家的成员之基本生活需要，而且，为了满足这些需要，会不断地投入人力。虽然，结果往往导致效用递减，亦即，投入的人力愈多，经济的产能愈小，最后产生所谓自我剥削的现象。尽管可能最后不符合经济效益，却可以满足最基本的生活需要。因此，家可以独立存在。另一方面，虽然家可以独立运作，却有另一个性质使得它可以纳入其他的经济体系里面——通过与其他经济体系的连接，农民的剩余生产还是可以卖到市场里，因而可以和任何一种经济体系结合在一起。亦即，家既是一独立的经济体系，但又可以纳入其他经济体系。恰亚诺夫认为，农民经济乃是所有人类社会最普遍存在的一种经济体系，从原始的打猎采集社会到现代的资本主义社会，都可以看到这种以家为满足基本需要的农民经济，因而把它视为自然经济。

和美国人类学界当中，乡民研究学者雷德菲尔德等人将乡民社会定义为"部分的社会"不同，恰亚诺夫视农民家户经济为资本主义经济以外的另一种经济类别，有自然的亲属基础，具有普遍性、适应力与弹性，

---

① 虽然恰亚诺夫的著作，英译本一样用"peasant economy"，理当统一译为"乡民经济"，但为了别于乡民只是大社会的一部分之观点，而是另一种类别，他的部分乃译成"农民经济"，以示有别。

不必然得依附于资本主义而存在。他的看法，在经济人类学中引起不少的讨论与影响，包括萨林斯在著名的论文集《石器时代经济学》（*Stone Age Economics*）（Sahlins 1972）一书的前两章便讨论"家户生产模式"（domestic mode of production），回应恰亚诺夫的农民经济理论。

萨林斯认为，恰亚诺夫的农民经济有其历史上的条件——俄国的农民居住于地广人稀的广大土地上，每个家户都有足够的土地以维持其生存，这项基本条件使他们得以不断地投入劳力，从事农作，以满足基本生活需要。但对大部分的社会而言，不一定拥有像俄国农民那样的条件，劳力很可能转向其他部门，而非不断地挹注于农业生产。更何况，恰亚诺夫关于家户的独立自主性之假定，和人类学的社会文化观念相互矛盾。因为，所谓社会文化的观念有一个基本的假定，即社会秩序的存在。家或个人不能独立存在，必须与其他家与人结合。社会秩序需要有人来执行、维持甚至控制，这些拥有权力的人的生活所需，必须由其他人的生产之剩余来供应。因此，即便是家户经济，也得产生剩余，以供家户以上的社会单位所需。萨林斯强调，人乃是生活在社会文化脉络里，从而质疑恰亚诺夫的农民经济或家户生产模式的"自然经济"基础。

基本上，恰亚诺夫的农民经济研究，不仅探讨了资本主义经济之外的另一种可能，也将讨论的焦点由市场、交换转移到劳动力的生产。不过，真正面对资本主义经济之外的另一种可能，乃是依马克思理论而来的研究。

第六节　结构马克思理论

正如第二章所提过的，在 1960 年代末期到 1970 年代末期，马克思理论是当时人类学的主要理论发展，也是当时西方社会在要求改革的反省浪潮下，用以批判己身社会的主要理论依据。事实上，在主流学术界，马克思理论一直到 1960 年代都还被视为一种意识形态。所以，即使阿尔都塞在 1950 年代已经发展出结构马克思理论，但仍到了 1960 年代晚期以后它才真正在学术界发生影响。不过，在人类学领域之中，马克思理论要能成为一般的学术理论，而不仅是批判资本主义的意识形态，或仅能适用于西方社会的发展，就必须面对人类学所关注的文化特殊性问题。因此，在法国的人类学家便致力于应用结构马克思理论于探讨前资本主义社会。例如，戈德利耶（Godelier 1978）关于亚细亚生产模式的检讨，便是这类努力的典型。

结构马克思主义者所累积的民族志成果，凸显了一个问题：在不同的前资本主义社会中，尽管生产模式相似，但是其他主要社会制度或文化，如亲属制度的差异，却可能非常大。非洲便是最好的例子：在相似的生产方式下，却有着父系、母系、双系等亲属制度上的差别。为了解决这个问题，正如第二章与第五章所提到的，泰雷和梅拉索提出了"连接表现"（articulation）的概念，以不同生产模式的连接来解释其差异。第二章曾经举例过的，泰雷有关非洲科特迪瓦与加纳间王国之研究，便以"亲属为基础的生产模式"（kin-based mode of production）与奴隶生产模式的连接，说明该王国的形成，并不如以往研究认为的，是由长距离贸易造成的，而是上述两种生产模式连接表现的结果。这个有名的个案研究即是经济人类学结构马克思理论的典型例子。第七章第四节在"结构性权力"一节所举的例子，即戈德利耶讨论安第斯山区印第安人以亲属为基础的生产模式，与印加帝国、西班牙殖民者等外来统治者的生产模式之辩证互动连接的发展过程，则提供了另一种范例。

简单来说，结构马克思理论在经济人类学发展上所具有的挑战性，主要还是在于三点：认识论上的挑战、剔除资本主义文化偏见、凸显被研究社会文化的特色。就第一点而言，在早期实质论与形式论的辩论之中，实质论派虽然质疑了资本主义经济学的概念是否适用于前资本主义社会，但他们的研究焦点或切入点，仍然着重于交易与分配上，并没有跳出视"市场"为调节经济活动主要机制，或价值由市场机制所决定的假定。然而，结构马克思理论一开始便接受马克思所假定劳力的双重性质：使用价值与交换价值。通过劳力生产出来的是使用价值，可是，工人进入劳动市场所得到的薪资（交换价值）往往远低于其劳动力所产生的使用价值，两者的差价，也就是剩余的部分，往往被资本家所赚取。这个不同于资本主义经济学仅关注交换价值的假定，使得人类学的结构马克思理论研究，一开始便以"生产"而非交易，作为主要的研究切入点，因而产生具有认识论意义的改变。

第二点，就剔除资本主义文化偏见而言，在第二章讨论马克思理论时，便已提到戈德利耶（Godelier 1972）借用了阿尔都塞"决定性"与"支配性"的分辨，进一步说明了许多社会文化里的支配性制度，往往具有经济功能，因而具有决定性。例如，非洲氏族社会的亲属、印度社会里的宗教、古代希腊的政治等，都在当地社会具有支配性，使得氏族或世系群、卡斯特、政治组织也具有经济功能，而具有下层结构的决定性，如此得以剔除资本主义文化将经济限于现代经济制度与活动的偏见。他如，在第三章谈到文化马克思理论时，引用了布洛克（Bloch 1986）有关马达加斯加梅里纳人割礼仪式象征结构作为意识形态的研究，证明农民大众也可操弄该意识形态来对抗统治者，以剔除西方的意识形态概念所蕴含的文化偏见——即认为意识形态是由上而下的，只有统治者可操纵之以遂行控制目的。

至于第三点，上述重提的例子，让我们通过生产模式的连接表现概念，更了解非洲亲属制度的复杂性，认识到王国形成原因的新解释，也凸显了安第斯山地区印第安人所代表的拉丁美洲土著因被殖民过程所造成的文化变化乃至于灭亡。一些细致的民族志研究，可让读者对其社会文化特色能有更深一层的掌握。这点，可以布洛克（Bloch 1975）有关马达加斯加梅里纳和扎菲马尼里（Zafimaniry）的比较研究为例，进一步了解：

> 有关原始社会的马克思人类学研究，最基本的问题之一还是如何解释前资本主义社会的亲属制度到底是上层结构还是下层结构。对于这个问题，布洛克从马达加斯加中部高原的梅里纳人与东部平原的扎菲马尼里人的比较研究，指出这涉及亲属在这些社会中所扮演的不同角色。虽然，这两个社会的亲属称谓几乎相同，但生产模式不同，婚姻法则也不同。布洛克指出：梅里纳人从事水利灌溉的水稻耕作，仅能在山谷有限面积从事生产。由于生产所需的劳力是由奴隶所提供，土地乃成为最稀缺且最具有决定性的生产工具。为了避免土地

流出，当地人主要的亲属团体 *deme* 不仅是土地的拥有单位，更是行内婚制的单位。因此，亲属制度错误地再现（mis-representation）实际的生产模式，而成为上层结构中的一部分，其与生产模式的关系是辩证的，故生产模式的改变不会直接导致亲属的改变。但对于扎菲马尼里而言，他们从事刀耕火耨的生产模式，生计维持主要依赖于劳力的投入多寡，而不是土地的占有面积。其亲属制度是设法通过婚姻吸收陌生人成为其亲属团体的成员。亲属关系直接再现了生产结构，是生产模式中的一部分，是下层结构。故生产模式的改变，会直接影响亲属体系。亲属在这两个社会之所以有这种差异，是因为其社会形构（social formation）的不同。

布洛克的研究，不仅证明亲属在这两个社会中的支配性，并凸显了社会文化上的差别，正好也凸显了结构马克思论或马克思人类学的一个特点与重要贡献。正如哈特（Keith Hart）所说，虽然结构马克思论者仅有一小群人，但在人类学中能产生这么大的影响，主要是他们综合了德国马克思论哲学与英国经验论，而得以活化马克思论，并造成传统结构功能论的再生（Hart 1983）。换言之，结构马克思论带给传统结构功能论和马克思论本身新的生命，而跳出其原有理论的限制。特别是与欧陆哲学或论述的结合，打开了人类学知识传统，让人类学得以不断注入新的生命，如意大利马克思论、德国新康德哲学，等等。

结构马克思论或马克思人类学，终究还是在 1980 年代没落，这自然涉及它在研究上的许多限制。除了在第二章提到的研究单位难以有效确定的问题外，还有几个主要的问题。第一，马克思主义人类学虽以生产取代交易与分配，成为研究的新切入点与主要课题，并使经济人类学研究的发展有了认识论上的意义，但马克思理论基本上是一社会理论而非经济理论；如同波兰尼，都是从社会性质来探讨经济活动的意义。例如，土地在资本主义经济社会是一种商品，可是，在亚细亚生产模式或农业社会中，则是生产工具。换言之，是将经济现象放在不同的社会文化脉络里来看，透过不同类型的社会来解释其经济活动之意义。最后要回答的是社会性质的问题，而非经济问题。① 因此，结构马克思论并没有从本体论上挑战资本主义经济学。第二，结构马克思论的讨论，正如马克思论一样，非常着重"科学知识"（scientific knowledge）的论述，往往充满着许多抽象的概念，并非依据经验层次的研究所归纳出来的知识，而是超越经验层次的抽象知识。② 这不仅容易造成许多研究往往只是应用公式而了无新意，甚至与经验知识不符。第三，苏联的瓦解、东欧的解体的影响。

第七节　政治经济学

一、弗兰克的依赖理论与沃勒斯坦的世界体系理论

政治经济学研究虽然批判资本主义经济，但却承认其具有自我繁殖增生，并包卷非资本主义经济模式，将其纳为己身再生产的一环之结构性力量，加上苏联、东欧等社会主义国家的瓦解，反而使它有更大的发展空间。而弗兰克（Andre G. Frank）研究拉丁美洲所发展出来的依赖理论（dependency theory），便证明了这个学派的可发展性（Frank 1967）：

> 拉丁美洲在资本主义经济的世界性扩展下，与美国之间形成有如大都会（metropolis）与卫星城（satellite）的结构性关系。因为，通过市场交易，美国从拉丁美洲低价买进原料，又将制成的商品卖回到拉丁美洲，在这个过程里产生了双重的剥削。这便涉及资本主义市场经济必须通过投资方式，来寻找与控制商品的市场与原料，因而使得大都会和卫星国家产生结构性的关系。而且，这种结构性关系影响到拉丁美洲的发展。当美国与拉丁美洲在经济上的关系愈紧密时，拉丁美洲的经济状况愈接近谷底；但两者关系疏远时，拉丁美洲的经济状

---

① 包括前面讨论的，由戈德利耶（Godelier 1972）带起的讨论：前资本主义社会的某些支配性制度，如亲属、宗教等，具有经济功能。其实，他的目的是讨论"社会理性"的问题。

② 这涉及了马克思认为他要处理的是现象背后的深层结构，而不是一般的科学知识。

况反而茁壮。因此，在"二战"期间，由于美国忙于战争，没有余力顾及拉丁美洲，此时也是拉丁美洲的国家（如智利和巴西）发展较好的时候。

弗兰克的依赖理论，在当时产生很大的影响。[①]针对第三世界国家的经济低度发展，现代化理论认为，第三世界本身的社会文化特性阻碍了其经济发展进程，因此责任在于第三世界本身；依赖理论则提出，已开发国家与低度开发国家间的经济结构性关系，造成前者对后者的双重剥削，使得前者得以继续获利而继续发展，但后者在这经济结构的限制下，只得继续被剥削而继续停留在低度发展的情境中，两者间的差距愈拉愈远，使后者无论如何努力都无法达到经济发展的目的。故阻碍第三世界经济发展的是已开发国家与低度开发国家间的结构性依赖关系。

但是，依赖理论亦有其限制：无法解释为什么哪些国家是大都会、哪些国家是卫星城。结构关系的形成，必须由历史过程来理解。沃勒斯坦（Immanuel Wallerstein）的研究便适度地补充并修正了弗兰克依赖理论的架构，以核心／半边陲／边陲的结构取代大都会／卫星城（Wallerstein 1976，1979，1980）。一方面，他从历史过程来讨论资本主义市场经济世界性扩张的历史过程，说明世界体系的核心是逐渐形成并转移的，从威尼斯、荷兰、西班牙、英国，乃至于当今的美国。另一方面，中心国家对于边陲国家的剥削，往往也不是直接的剥削，而是通过对半边陲国家进行剥削。因此，资本主义社会对于工人阶级的剥削，并不直接发生在本国，而往往是通过半边陲国家对于边陲国家的剥削而发生于其他国家，这也使得本国并不会产生阶级意识与冲突，而是发生于国家之间。

沃勒斯坦的世界体系理论比弗兰克的依赖理论更具有说服力。这不只是因为他加进了半边陲这个要素，而使得结构更有弹性，更是因为沃勒斯坦认为资本主义经济体系是世界性的，使得任何一个国家（包括社会主义国家在内）都无法避免被纳入这体系中，而弗兰克的依赖理论却

---

① 依赖理论有许多支派。像巴西的 Fernando H. Cardoso，便代表拉丁美洲知识分子研究自己社会所发展出来的理论观点。但就影响力而言，弗兰克的论点还是最广泛而深远，故以他为代表。

是地区性的，或者依附于国家间的权力关系而来。不过，两个理论有基本的共同点，即认为资本主义经济体系的结构均建立在市场交易的机制上。这使他们的理论立场，与结构马克思论或马克思人类学强调生产模式或生产关系，有着基本的不同，也使他们均被归为政治经济学。

二、人类学的政治经济学

弗兰克与沃勒斯坦的政治经济学研究，源自马克思理论的传统。但在人类学领域中，被称为"人类学的政治经济学"研究，则源自美国斯图尔德文化生态学的物质论传统。这个理论传统配合其拉丁美洲的田野研究与世界体系理论，而以沃尔夫的《欧洲与没有历史的人》(*Europe and the People without History*)为大成（Wolf 1982）：

在这本书中，沃尔夫一开始便说明：他所关心的是人类社会如何构成一个多重连接的整体，以解释现代世界体系所展现出来的面貌。他是从"生产模式"切入，但是，他所说的生产模式并不同于马克思理论所说的生产模式，而是强调劳力如何通过工具、知识、技术而从自然获取能量的方式。换言之，他不仅将劳力视为生产模式的基础，更重要的是，在这个界定之下，得以区分资本主义生产模式与资本主义市场两个概念。前者指的是资本家通过对生产工具的控制而迫使劳工将劳力卖给资本家，使资本家得由劳工的剩余价值不断积累来获利。而后者则是资本主义生产模式通过世界性的市场机制来连接非资本主义生产模式。如此可以凸显出：世界性资本主义经济体系是通过全球性的市场，连接、渗透，最后破坏了各地不同的非资本主义生产模式。原来的地方社会被破坏，人群的生活方式也被改变。在这个过程里，资本主义生产模式与资本主义市场逐渐得到支配性的地位——资本主义经济体系通过市场机制，一方面并吞，另一方面结合其他生产模式。

了解了沃尔夫的基本概念后，我们便可以进一步了解资本主义经济体系在14—15世纪形成之后，1520年前后，开始往全世界扩张。拉丁美洲的金银、加勒比海的蔗糖、北美洲的兽皮、非洲的奴隶、印度的鸦片等，先后都被卷入世界性的市场当中。到了 18 世纪，欧洲的商业扩张碰到了瓶颈。此时，英国工业革命成功地以机器取代劳力生产。然而，工业资本主义的发展，不仅需要市场与原料，还需要廉价的劳工，以低廉的工资从工人身上榨取剩余价值。这便凸显出资本主义市场经济本身的资本，具有榨取与移动劳力的性质。

18 世纪中叶以后，全世界产生了三波的移民潮，这都是资本主义生产模式为了降低成本、增加利润所产生的结果；每一批移民潮都为了符合工业生产国的劳力需求，也创造了新的工人阶级。以第二波移民潮为例：1800—1915 年，全世界大概有 3200 万人移民到美国，也因为美国本身有广大的土地与机器从事商业化生产方式，而吸引更多的移民。这波移民潮塑造了今日美国的面貌，不同文化的群体共同生活在美国这块土地上，形成美国的多元社会。不过，这些不同文化群体为了保障自己的利益，浮现了族群、种族的问题，而更为根本的阶级问题，则是通过族群或种族的方式来再现或表达。

由上，我们可以发现资本主义经济的世界性扩张，不仅产生了支配性的资本主义世界性市场，而且是由不同起源、不同文化的人所共同参与、建构，包括了西欧人、美洲印第安人、非洲人、亚洲人，等等。因此，随着世界性资本主义经济的扩展，全世界不同的社会文化都被纳入这个体系里。也因此，对沃尔夫而言，这个世界早就没有列维 - 斯特劳斯所说的"冷社会"（cold societies）。[1] 我们过去所熟悉的人群、社会随着世界性资本主义经济的发展而不断地在改变。每个社会并没有稳定的界限，如同文化也不是固定而有清楚界限，而是流动性的。换言之，文化在历史过程中是不断地建构、解构、再建构。这也对于人类学的文化观念提出了挑战性的看法：并没有所谓本质性的文化存在，文化乃是更大

---

[1] 列维 - 斯特劳斯在《野性的思维》（Lévi-Strauss 1966）一书中提出冷 / 热社会的区分。"热社会"如欧美，视变迁为常态，把历史过程内化为自己的发展动力，也会透过历史来解释与认定自己。"冷社会"如澳大利亚土著，重视恒久不变的神话，在主观上认为己身社会处于长久的稳定状态，而降低了历史过程的重要性。这个著名的区分，对人类学理论发展（尤其是人类学如何处理历史课题）产生深远的影响。

的政治经济发展之下的产物。最著名的例子便是该书第二章提到的北美大平原的印第安人。他们原本是以农业生产为主的定居民族,为了提供粮食给捕捉动物兽皮的猎人与收购兽皮的商人,而成为骑马捕捉野牛的打猎民族。因此,沃尔夫认为,并没有所谓本质性的社会文化。这样的论点受到萨林斯的批评。

三、萨林斯对政治经济学取向的批评

萨林斯同意沃尔夫所说:世界性资本主义经济的发展,是由所有的人共同参与的。但萨林斯不同意"文化"只由这个发展过程所决定(Sahlins 2000):

> 萨林斯认为:世界性资本主义经济会产生作用,是透过地方文化基模的调解而来。这可由他所举的三个例子来了解。以中国为例,乾隆年间,英使来华要求通商贸易,但他们的要求被当时以天朝自居的清廷视为朝贡的请求;英国代表所带来的工业文明日常用品,被认为是稀奇的贡物,陈列在圆明园。当时的清廷认为中国是文明最高的民族,不需要其他民族的生产品;英国人是为了仰慕中国的文明教化,远来朝贡了中国所没有的奇异物品。对比之下,在太平洋 Sandwich 群岛,当地人认为外来者往往是强而有力的,因而喜欢通过对外来物品的占有,来增加他们自己的力量与地位。而且,他们不仅喜欢外来物品,更追求新奇以凸显个人的独特品位。这方式不仅与中国大异其趣,也与北美西北海岸夸扣特尔(Kwakiutl)印第安人不同。夸扣特尔人是以送礼将他人纳入自己的权力范围。因此,世界性资本主义经济体系的进入,使他们更容易取得商品,反而加强了他们特有的夸富宴(potlatch)与竞争。这些例子,说明了世界性资本主义经济体系是如何通过地方文化的调节,才得以实践。而且,由于地方文化的不同,而有各种不同的方式来调节。

在这篇文章中,萨林斯不仅凸显了文化本身的自主性,还进一步触及"文化"与"经济"的问题。这将在下一章进一步来讨论。

第八节　结　语

　　经济人类学的发展，自从马林诺夫斯基奠定三个基本课题——资本主义经济学的概念是否可适用于了解非西方社会的经济现象、"经济"必须由"非经济"的社会文化脉络来了解、注重被研究者的观点，历经形式论与实质论的争辩、礼物经济、现代化理论、乡民经济、结构马克思理论到政治经济学的发展，虽然呈现了研究切入点由交易与分配转移到生产活动上，但最主要的成就，是凸显了如何从社会文化的脉络来了解经济。尤其是如何由社会的性质来了解经济，更呈现了不同理论的差别。从早期结构功能论所研究的原始社会，到现代化理论和乡民经济所着重的乡民社会，到结构马克思论由生产模式探讨社会形构，乃至于政治经济学将研究单位扩大到全世界等，更说明了经济人类学至此最显著的成就，便是由"经济"切入，了解不同社会的相异性质。也因此，我们可以说，经济人类学至此，所建构的并不是经济理论，而是社会理论。

　　其次，为了解答资本主义经济学的概念是否可用于了解非西方社会的经济现象，而产生了自马林诺夫斯基以来的实质论、莫斯的礼物经济、格尔茨的现代化多元路径研究、恰亚诺夫的农民经济、结构马克思论质疑经济限于当代经济制度活动的限制，乃至于政治经济学强调低度开发实是资本主义经济结构所造成的等看法，不仅挑战了资本主义经济学概念的适用性，并试图剔除资本主义经济文化的偏见，更体现寻求资本主义经济以外的另一种可能的努力。特别是在礼物经济、恰亚诺夫的农民经济、结构马克思论等的探讨上，特别明显。在这方面，经济人类学的成就，相对于本书其他各章所讨论的人类学其他分支，成果更为丰富。不过，有关于被研究者的观点，实涉及萨林斯讨论到的经济与文化问题，将在下一章中进一步讨论。

第十章　经济与文化

文化经济学，以莫斯在 1950 年代翻译为英文的《礼物》一书开风气之先，而以陶西格在 1980 年出版的《南美洲的魔鬼与商品拜物教》一书最为著名。这支经济人类学在 1980 年代以来的新发展，让我们真正面对马林诺夫斯基所建立经济人类学三个课题中，有关被研究者观点的问题，也比较可能去面对莫斯理论之中具有本体论意义的挑战。它迫使读者去面对：到底现代经济对当地人文化上的意义是什么？文化与经济又有怎样的关系？文化理论如何影响上述问题的讨论？

第一节　文化经济学 *

一、先驱者：莫斯

如上一章所言，《礼物》这本书不仅假定了文化观念与信仰的本体论基础，使得我们可以从当地人的本土理论等更深沉的角度来了解经济现象，最后更由当地人的信仰来解释。这也呈现了莫斯社会理论的本体论立场：没有"观念"的中介，人类无法得知真实（reality）的存在，即使

---

* 这里所指的文化经济学（cultural economy）与文化研究和经济学里所谈的文化经济学（cultural economics）有所不同。后者是以经济学或文化研究的立场来探讨与"文化"有关的经济现象，尤其关注文化产业的发展。而 cultural economy 是以文化的假定来探讨经济现象。两派学者对于"文化"的本体论认定，基本上存在着歧异。

真实存在，人也无法意识到。莫斯的探讨方式凸显出：必须通过对当地人"文化"的理解，才能了解"经济"在当地人心中所代表的意义；如同生产的物品，必须通过文化的象征化过程，才成为有价值的物一样。另一方面，他更提出格雷戈里所说的"礼物经济"（Gregory 1982），为相对于资本主义经济的另一种经济体系或形态。换言之，莫斯的理论，不仅回答了马林诺夫斯基所提出的三个经济人类学基本问题，更提出了一个根本性的挑战：资本主义经济之外有没有另一种可能？

二、陶西格的文化经济学

莫斯的学说，使我们对经济行为有不同的认识，也对当地文化有更深一层的理解，而成为文化经济学的滥觞。但是，第一本被认为是"文化经济学"代表作的民族志，是陶西格于 1980 年出版的《南美洲的魔鬼与商品拜物教》（*The Devil and Commodity Fetishism in South America*）（Taussig 1980）：

> 陶西格这本书，被视为文化经济学的开端。作者比较了南美洲哥伦比亚和玻利维亚两地的民族志。前者是依据作者自己做的田野调查，后者是依据纳什的民族志（Nash 1979）而来。本书前半部主要是以哥伦比亚 Cauca 的农民为例，讨论资本主义经济生产方式侵入这个地区的结果，它使得当地穷困的农人必须到大农场出卖劳力。他们的工作通常是按件计酬，或仅能依契约付费，所得很少。因此，当地普罗化或是半普罗化的农民，必须依赖原本的乡民生产模式（peasant mode of production），在狭小的土地上从事生计农业，以满足生活的基本需要。这个结果，便是农民繁衍下一代的社会再生产，必须仰赖于生计农业。换言之，与其说资本主义的大农场经济提高了当地农民的购买力，还不如说是乡民生产模式有效地弥补了资本主义生产的无效性。甚至，绿色革命更导致稻米等农产品成为商品，使得女人也成为劳工而不再担负传统乡民生产模式中提供生计食物的角色。这种经验，导致当地人把在大农场工作或是从事经济作物生产所赚的钱，视为无生殖能力的，跟恶魔交易而得来的，因而会很奢侈地消费掉。相

较之下，从事乡民生产模式所获得的收入是有生殖能力的，人们会将其用于再生产、再投资，而不是将之用于购买奢侈品。换言之，他们赋予不同生产方式所赚取的货币以不同的意义，将被剥削、通过劳力所赚取的钱视为与恶魔有关。除非，这些钱可以通过教会的洗礼仪式，才能够成为有生殖力的货币，可以用于再生产、再投资。

在玻利维亚锡矿矿工的观念里，每个锡矿有恶神 Tio，它可能庇佑但也可能伤害矿工。因此，矿工必须祭拜、祈求 Tio 神，才会得到福佑；否则，就会遭遇危险。事实上，恶神 Tio 是从当地原有的善神观念转变而来的。善神会给予当地人生命，同时，当地人也必须用礼物来回报善神。可是，当资本主义经济进入当地从事锡矿开采之后，善神被转换为恶神。也由于恶神在矿坑中的象征性地位，矿工认为采矿所赚的钱，都是跟恶神交易而来。这样的货币也被视为没有生殖能力而被随意花掉或是用以购买奢侈品，而不同于在生计农业之中，生产所赚取的货币被认为具有生殖能力，因而可以用于再生产与再投资。

这两个例子都是通过原有的神祇与恶魔对比的信仰，来理解伤害他们的外来资本主义经济，但背后却隐含着不同的思考方式与文化倾向。在哥伦比亚 Cauca 的例子中，当地印第安人是以类比（analogy）为主要的思考方式，将传统的信仰转换到不同生产模式的理解上，但玻利维亚当地人却是以互惠的辩证方式（reciprocal & dialectic）或辩证式的对立方式（dialectic opposite way of thinking）来思考，有明显的互惠式实践（reciprocal praxis）倾向，往往通过社会运动手段来解决不同生产模式间的紧张。由此也凸显出类似的发展背后有着更深层的不同文化特性。

这个研究指出，当资本主义经济进入当地社会之后，印第安人通过原来的信仰，分辨出不同的生产模式。即使是在西方社会，工人阶级往往认同自己是中产阶级，而另一方面，世界性资本主义经济的资本家，往往不是剥削本国的人，而是剥削外劳。所以，阶级意识往往不是产生于资本主义经济高度发展的国家，反而是产生于像拉丁美洲这样的社会，其阶级意识是更明显的。至少，他们意识到自己是被剥削的，也非常清楚地区辨不同的生产方式。不过，这个研究虽开启了文化经济学的研究而带入文化的观点，作者也进一步指出安第斯山区与玻利维亚两者在文化上的区别，但也因其对当地文化了解的不足，而引起许多批评。哈里斯（Olivia Harris）和萨尔诺（Michael J. Sallnow）便是典型的例子（Harris 1989；Sallnow 1989）。

这两位学者都是研究南美洲的专家。他们发现，货币在当地之所以产生力量，是源自货币的金属性质本身，而不是来自货币作为交易的媒介。因为，安第斯山的印第安人认为，金和银是国家社会秩序的象征。因此，当它被用于个人利益时，被认为是打扰了社会秩序，是不道德的。同样地，地底下的矿产被认为是象征着繁荣与繁衍的核心价值，具有否定原来秩序而创造新秩序的意义。可是，当资本主义经济进入之后，打破了原来的社会与宇宙秩序，金与银成为个人追求私利的媒介。而矿藏的开发，打破了原来山神所保护的矿产，再加上基督宗教信仰的传入，使得山神转变为恶魔。他们二人带入了当地人对于物的象征分类系统，批评陶西格对当地文化的了解不足。亦即，资本主义经济会被视为恶魔，是因其破坏了原来的社会与宇宙秩序，其恶并非源于资本主义自身。这又回到莫斯（Mauss 1990）的《礼物》主题，如何更深入地了解被研究者的文化，并由其文化来了解经济，才有可能提出资本主义经济之外的另一种可能。

不过，文化经济学还必须面对一个挑战：这些非西方社会的人在从事我们现在认为是生产、交易、分配、消费等经济过程的活动时，他们自己认为这是生产、交易、分配与消费吗？这是从马林诺夫斯基以来对于经济过程不曾质疑过的认识论问题，其解答更涉及本体论问题。人类学家从文化的观点来理解经济现象时，其实很可能产生很不一样的连接。

第三章第四节提到的西敏司，其研究便讨论到英国的糖，最早被当作药品、奢侈品，到 18 世纪成为一般人民日常生活的用品。它不仅涉及外在的政治经济条件改变，尤其是工业资本主义经济的发展，更涉及英国人对于糖的观念的改变。因此，这本书虽被视为是政治经济学的代表性研究之一，但已经将"文化"的观念带入。不过，西敏司并没有质疑经济过程本身。同样地，另一支经济人类学的新潮流，1980 年代开始发展的消费研究，将切入点由过去的交易与分配或生产，转移到消费上，但也没有质疑经济过程是由"生产、交易、消费"所构成的假定。换言之，经济人类学理论上的发展，除了莫斯以外，大都只是在认识论上的改变，而不是如莫斯那样具有本体论意义的挑战。

莫斯试图从象征的角度来探讨社会的起源，使他在经济现象的理解与讨论上，会从当地人主观的文化观点来看。这不仅质疑了经济过程的共同假定，更积极地提出由"文化"来回答什么是经济的可能性。这个我们现在称之为文化经济学（cultural economy）的立场，最极端的表现便是古德曼（Stephen Gudeman）的《经济学有如文化：生活的模式与隐喻》（*Economics as Culture: Models and Metaphors of Livelihood*）（Gudeman 1986）。

三、经济学有如文化

古德曼这本书，被视为文化经济学的最典型代表。他不仅质疑了资本主义经济兴起以来对于经济过程的基本假定，更试图将经济视为文化的建构，以回答"什么是经济"的基本问题。

> 这本书一开始便指出，所有的经济学或是经济理论都是社会建构的，而且，都是某一种地方模式。亦即，目前所说的经济学理论，乃是西方社会的地方知识（local knowledge）。因此，这本书想要探讨的是每个文化所建构的生活模式，了解每个生活模式当中的隐喻，特别是具有关键性象征的"聚焦性隐喻"（focal metaphor）。因为，只有从每个文化的关键性隐喻，才可以了解经济过程在当地的意义为何。这本书用了好几个地区的研究成果来讨论。包括代表英国地方知识的李嘉图理论、法国重农学派，还有四个非西方社会的例子。以下举两个较极端的例子来进一步说明。
>
> 以非洲的本巴（Bemba）人为例。当地人的经济活动的中心是祖先的工作。他们最主要的隐喻是"自然有如祖先"。因为，当地人认为，是神创造了自然世界，可是，却是祖先改变自然，使其有利于人。因此，当地人从事任何活动，都必须祈求祖先的帮忙；亦即，任

何与自然有关的活动，都是由祖先以他们的力量引致。所以，祖先是本巴人最重要的隐喻或聚焦性隐喻。

在这个以母系氏族为主的社会，他们的领导人酋长，就是活的祖先。如果生产失败，他们认为是祖先收回土地生殖力的结果。而这些领导人就如同祖先一样，必须保证跟随者的生活基本需要，因而必须累积生产剩余，分配给生产不足者，以提供跟随者的基本需要。所以，这些政治领导人的行为也是在模仿他们的祖先，并被称为活祖先。也唯有如此，酋长才有跟随者。是以，在本巴这个社会中，分配、交换或生活物资的流通，其重要性并不亚于生产本身。适当的分配本身更是再创造或活络生产所需的社会关系，而整个"经济"是由村民、领导者与祖先共同参与。

相较之下，新几内亚多布（Dobu）人生产山芋时，他们把山芋视为人，并认为人与山芋是可相互转换的，山芋跟人一样拥有个别的名字。这样的观念，牵涉到他们的宇宙观当中，认为每种物体都是经由转换而与其他物体相关联。对多布人而言，在田园里生产山芋的活动，不仅涉及他们认为"世界怎么形成"以及"他们是谁""社会是什么""事情如何发生"等深层的信仰，使他们不把生产看成一种特殊的活动类别，或是使用工具来开采自然世界的活动，而是一种游戏或社会展演。比如，他们认为有一个独立的超自然世界存在，人们可以利用巫术与咒语来要求这些超自然力量的帮助，来控制山芋。所以，整个山芋的生产充满了巫术。事实上，对他们而言，经济活动是充满巫术的社会活动。

对古德曼而言，这些"聚焦性隐喻"正好呈现每个文化的"知的方式"（the way of knowing），是当地人认识世界的方式。因此，在本书的结论中，古德曼提出："没有经济学，只有隐喻。"这与威尔克（Richard R. Wilk）讨论本尼迪克特所获得的结论——"没有经济学，只有文化特质"——没有什么差别（Wilk 1996：118）。换言之，在古德曼的探讨之下，只看到文化，而没有经济。①而且，更导致许多二元对立的概念，如传统／现代、前资本主义经济／资本主义经济、礼物经济／商品经济、为使用而生产／为交换而生产等，最后导致"文化"与"经济"是对立的。这是文化经济学典型而极端的发展，自然也产生了理论上的困境。

四、文化经济学的困境

文化经济学最大的困境，一方面来自文化理论本身的内在矛盾，一方面则来自"文化"与"经济"的对立。就前者而言，多半的文化理论，从博厄斯的文化论、马林诺夫斯基的功能论，到格尔茨的文化诠释或萨林斯的文化结构论，都隐含着内在的矛盾：一方面强调每个文化是独一无二的，另一方面又假定原始人与西方人一样地理性。特殊与普同之间的无法调和，形成文化理论上的矛盾。其次，就文化与经济对立而言，如果不是导致古德曼那样强调"文化"而相对压抑"经济"，便是像格尔茨那样"将经济行为看成一独特的文化产物，他通常相对化了经济实践"（Wilk 1996：124）。但不论哪一个方式，这样的探讨，往往忽略了"经济行为"本身（Wilk 1996：131）。

关于"文化"与"经济"之间在理论上似乎不得不然的对立，涉及现实上在目前世界性资本主义经济体系支配的条件下，礼物经济还无法取代商品经济。另一方面，文化特殊性与人类普同性之间的矛盾，又涉及普遍理性与特殊理性，或韦伯所说的形式理性与实质理性间的冲突如何解决。而这些解决方式也都隐含着经济人类学几个新的发展方向。物质文化与消费研究便是其中之一。

---

① 严格说来，古德曼书中的几个例子中，"自然"与"文化"的对立程度不同，由前到后逐渐下降。多布人是全书当中的最后一个民族志例子，几乎没有自成一格的"经济活动"领域，而只有文化（或巫术），是最极端的例子。虽然他在结论中对于"自然"与"文化"的对立性作出妥协，但在论证上，他显然有意要凸显其愈显极端的相对性。

第二节　物质文化与消费

在人类学形成的早期，物质文化一直是主要的研究课题，但这个课题也牵涉了不同的理论立场：演化论、象征论、结构论。

在西方资本主义意识形态影响之下，物被视为是人类创造与劳力活动的结果。因此，早期演化论便以物质发展的程度来表征社会文化进步的程度。这样的研究立场，正如当时资本主义经济学的基本假定，视人与物有着主体与客体之别。相对之下，莫斯在《礼物》一书及日后有关的研究中，为了批评与改正资本主义经济对于人类社会带来的负面问题，由人与物不可分的文化观点，发展出他的社会之象征起源论。不过，在列维 - 斯特劳斯的结构论中，他认为不论是演化论将人与物分离的二元论，还是莫斯将人与物连接的象征论，都是在处理现象的表面。事实上，在有关人与物的现象背后，交换才是关键而为人类学要探讨的对象。因它才是社会的再现与繁衍的机制，是超越人类意识的存在，是属于潜意识的深层结构。而这根基于人类思考原则而来的层面，是可以被客观地加以研究的。而且，由交换的内容与形式，我们还可以掌握不同类型社会运作的机制。上述这三个不同的主要观点，实已奠定当代人类学有关物之研究的几个主要不同理论方向。

到了科学人类学开始，它之所以研究物，主要目的都是在探讨社会结构本身，物只是用来证明社会结构或社会存在的附属物，而没有其独立存在的价值。因此，物与物质文化的研究，在结构功能论于 1940 年代兴起后，便已没落。它几乎成为只是博物馆学的专业，很少为人类学者所重视。这情形一直到 1980 年代初才有了重要的改变。

1980 年代，部分人类学家、考古学家、博物馆学者、文化研究者等开始强调物和物质文化本身有其自成一格而不可取代的逻辑，因而有其不可取代的价值而可成为一独立的研究课题。这种努力与观点，可清楚表现在米勒（Daniel Miller）的《物质文化与大众消费》（*Material Culture and Mass Consumption*）一书上（Miller 1987）：

他由黑格尔的精神现象学提出主体／客体或人／物非二元性关系为这研究领域的分析主轴，并进一步设定主体与客体是辩证（dialectic）与动态的（progressive）关系，以及两者与过程的不可分，而强调两者间的各种关系均是这一过程本身的产物。主体并非先验的，通常是由吸收他所有的客体之过程所构成，因此主客体并不是独立存在的，而是相互构成的，而这相互关系本身仅存于它所有的真实化（realization）过程的部分中。由此，他凸显了"客体化"（objectification）的双重过程：一方面是主体在重新创造的活动中具体化（externalize）了自己；另一方面，主体经由"再吸纳"（sublation）[1] 的过程重新再据有这具体化的产物。如此，他不仅建立了一个必须与客体化相互构成，而没有个人或社会为文化创造之"独立主体"的文化理论，也透露出物有自成一格而独立自主的逻辑与性质，就如同作为客体的器物，之所以同时包含看得见和看不见的两种极端性质，实立基于其物性上。尤其人造物，往往可隐含与时下认知不同的性质，其风格所塑造的文化形式，更可作为互为主体秩序的媒介而整合个人的再现于更大群体规范秩序中。故物或人造物，不仅再现了社会分工、社会群体、社会结构乃至自我，它更结合了生产与消费、个体与群体、主观主义与客观主义，以及各种复杂的力量与能动性，因而凸显了物质文化和消费研究的重要性。故物表面上单纯，实际上是复杂的，充满着许多矛盾的性质、机制与功能，既具体而又抽象，是现代社会的中心现象。故米勒认为物或物质文化和消费可成为人类学重要的研究课题，并希望由此来改变人类学本身。[2]

米勒的论点，固然奠定了当代物质文化与消费研究的理论基础，而成为超越学科的研究课题，但在人类学中，他的主要成就在于结合物自成一格的性质与社会文化特性，凸显人类学在这个研究领域上的独特贡

---

[1] 在此借用了谢国雄的译名。

[2] 物质文化和消费成为人类学的重要研究课题，可具体证之于 1996 年出版的《物质文化期刊》（*Journal of Material Culture*）。至于如何由这新的研究课题来改变人类学本身的讨论，请参阅 Miller（1990）。

献，并产生不少名著。①

　　以阿帕杜莱（Arjun Appadurai）编的《物的生命史：文化观点下的商品》（*The Social Life of Things: Commodities in Culture Perspective*）一书为例，物的生命史成为研究的主要切入点（Appadurai 1986b）。这样的切入点，不只使物与经济、历史、社会文化结合，更使物本身成为研究之主体，而使物有了独立的生命及其独特的价值与重要性。事实上，在科佩托夫（Igor Kopytoff）的"文化生命史"（cultural biography）观念中（Kopytoff 1986），不同于阿帕杜莱所提出的"社会生命史"（social biography）所强调物之象征化的控制是在于垄断权力之政治化（politicized）观点（Appadurai 1986a），科佩托夫反而认为：在历史过程中，每个物的生命史都有其个别化（singularization）与商品化（commodization）两个相反的发展趋势；而其主要趋势则取决于其"交换的技术"（technology of exchange）。但不同类型的社会中，文化规则对于物之生命史特性（biographic idiosyncracies）的制约有所不同。这使他不只结合了物、经济、文化与个人价值，更提出社会限制了当地人的世界并同时建构了物与人之看法。这种强调在社会的条件下如何连接物与人的论点，多少是延续了涂尔干的理论传统，却丰富了物自成一格的研究而凸显人类学的特色。也在类似的视野下，让我们看到从物的切入，能使我们对于法国大革命和印度的殖民统治所隐含的文化与社会改变有了新的了解（Reddy 1986；Bayly 1986）。而在印尼松巴（Sumba）岛科迪（Kodi）人的研究（Hoskins 1998）中，霍斯金斯（Janet Hoskins）以类似科佩托夫的个别化概念，来验证斯特拉森由美拉尼西亚人因其人观而视人为可分解的（partible）、可分的（dividual），以至于人乃至性别是建立在礼物交换的过程而没有现代社会的疏离与剥削的观点，来凸显科迪人的物不仅有两性之别而与自我和交换结合，更因它是过去和个人的人生记忆的集体再现，而说明了物

① 　像 Appadurai（1986b）所编的《物的生命史》（*The Social Life of Things*）、Hoskins（1998）的《传记性的物》（*Biographical Objects*）、Rival（1998b）所编的《树的社会生命史》（*The Social Life of Trees*）、Weiner & Schneider（1989）合编的《布与人类经验》（*Cloth and Human Experience*），以及 Spyer（1998）所编的《世界拜物教》（*Border Fetishisms*）等，均是当时这股潮流之下的著名作品。

在这社会文化中的重要性，也凸显自我认定是依长期的建构、解构与再建构过程而来的特性。

类似的讨论也见于里瓦尔（Laura Rival）所编的《树的社会生命史：树象征的人类学观点》（*The Social Life of Trees: Anthropological Perspectives on Tree Symbolism*）一书中（Rival 1998b）。在他的分析当中（Rival 1998c），读者可以了解：树之所以成为社会过程与集体认同最明显与最具潜力的象征，是因为树作为植物，并不截然划分自然与文化的二分，而肯定生命世界的延续性。[①]它具体象征了活力、生命、成长与繁殖力，而具备了活力与自我再生力量的两个基本性质。更因为树根植于土地，而成为任何农业社会所有生命的基础，它乃成为肯定生命与否定死亡的文化再现。也因此，正如椰子树在东南亚民族，特别是巴厘和 Nusa Penida 岛民，是生命循环的象征（Giambelli 1998）。就如非洲丁卡（Dinka）的牛或阿赞德的巫术一样，已是当地文化的植物性意理（botanic idiom）。

由上述例子，我们可以清楚看到物质文化与消费研究，虽通过物自成一格的理论立场，结合了经济、文化、历史过程，乃至于政治与权力，开展了新的格局，不仅成了人类学乃至于人类学以外（特别是文化研究）的一个重要研究领域，更试图剔除资本主义文化视物为无主体性之客体，以及个人是天生独立个体的偏见，强调了人的自我认定是依长期的建构、解构与再建构过程而来。但是，物质文化与消费研究并没有真正超越文化经济学所面对的经济与文化对立的困境。即使如米勒所说，他意图用"客体化"观念超越象征论，并凸显持续性过程本身的重要性。而这类研究也已将经济过程的相对重要性，由生产、分配转移到消费上。但是，消费行为还是难以成为经济生活中与生产、交易分离的行为领域，反而变成人类创造价值过程的主要文化范畴（Miller 1995 : 277）。换言之，这类研究最成功之处还是在于凸显了物、人、价值如何被象征化与创造，以及呈现被研究文化的特色，而无法以"客体化"观念取代经济与经济过程，因而无法真正超越经济与文化的对立。

---

① 相对之下，动物表现为具有威胁性、野性的有机体，而与人类心灵之间存在着不可协调性。

第三节　文化实践、生活方式与心性

相对于物质文化与消费研究，文化实践则提供了另一种解决困境的可能性。这可以笔者的《作物、经济与社会：东埔社布农人的例子》为例（黄应贵 1993a）：

> 位于台湾中部南投县信义乡最靠近玉山的东埔社，当地布农人的主要作物，从日本殖民统治时期的"文明化"政策，经战后的现代化政策到，"解严"后的 1990 年代，由原来的小米变为水稻、西红柿到今日的茶，东埔社由原来依刀耕火耨自足经济的流动性社会变成固定化的农耕社会，到依赖大社会资本主义经济市场存活，不但具体呈现出其不同时代的社会性质，而且细致地呈现了当地布农人如何在外在的历史客观条件中，经由原有 *hanitu* 信仰与人观来理解、转变乃至创造有关新作物的活动及其文化意义。更重要的是，通过以作物作为研究的切入点，得以超越传统与现代、前资本主义与资本主义、礼物经济与商品经济、为使用而生产与为交换而生产等二元对立观念的探讨之限制，而能进一步呈现出"经济与宗教区隔和经济的独立自主性"如何浮现，以及"纯粹布农人社会"如何消失，也调节了物质论与象征论之间的冲突。

在这个例子里，我们可以看到当地布农人如何透过原有的 *hanitu* 信仰与人观，去了解新作物乃至于背后的资本主义经济，并发展出与新作物有关的"经济"活动，而凸显出深层的文化传统如何影响他们认识新世界并产生反应的独特方式。这样的探讨，虽可以呈现内外复杂因素在历史过程中的辩证性发展，并避免了简单的二元对立思考方式来理解的限制，但仍无法以一更宽广而深入的视野有效地取代经济与经济过程的问题。在西美尔（Georg Simmel）近年来重新被重视的理论，反而可以找到进一步的思考方向。

西美尔的《货币哲学》（*The Philosophy of Money*）一书虽在 1900 年出版，

并于 1907 年被翻译成英文，但在当时并没有产生影响力。一直到 1990 年英译版再版之后，才又重新被意识到其重要性（黄应贵 2004a：14）：

> 表面上，他处理的是货币如何从有价值物发展为功能性货币。但实际上对他而言，货币不只是主客体互动过程的交易手段，更代表着一种生活方式。因为使用货币的社会必须有"个人"和相对的世界观之存在，使追求（个人）经济利益成为可能。社会成员也必须善于使用象征，使心智在实际生活中成为最有价值的支配性能力，心智与抽象思考乃成为当时代的特色。因此，生活本质是基于心智。自然，在这样的社会里，人必须超越直接的互动，因而必须有类似现代国家的中央集权与广泛的社群来维持客观的法律、道德与习俗等。此外，除了社会发展是个人解放与人格化的条件外，心理因素或机制更是整个现象发展背后的基础。因为当货币成为贸易、衡量和表现物或商品的价值之媒介，会造成超越个人形式的客观化生活内容，并导致个人的孤立与自我认同的困惑。所有的认知与价值，就如同货币的客观价格是由主观评估而来一样，均是来自主观的过程与起源，特别是来自主观非理性的情绪。换言之，货币所代表的生活方式，主要便围绕于如何剔除情绪而依赖心智。这里不只涉及每个人都有的普遍性理性与主观非理性的情绪假定，也涉及主观与客观文化间的关系所构成的当时代生活方式。而货币本身不仅是时代的创造，就如同艺术品一样，它更具体地表征着当时代的特性或是深层灵魂。是以，它不仅影响到生活的许多层面，而且它本身就代表着一种生活方式。

西美尔在这本书中，从社会、文化与心理层面，把物与生活结合，并触及背后的心智，提供了一个更宽广的研究视野。不过，他的研究是抽象的理论探讨，缺少特殊的社会文化民族志资料，而无法呈现新的生活方式背后的文化观念与基础，包括新的经济活动的观念是如何被创造出来的。因此，下面将以上述东埔社的例子，进一步说明。

在笔者《物的认识与创新：以东埔社布农人的新作物为例》（黄应贵 2004b）一文中，和笔者先前的研究有所不同，已不再局限于由人观与

hanitu 信仰来看物，而是透过物来呈现当时的生活方式：

      东埔社布农人作物的历史发展过程，从日本殖民统治时期的刀耕火耨之生计经济，到后来的水稻耕作、台湾光复后的经济作物栽种，到茶树与经济作物的种植等，来探讨当地布农人如何通过其原有的人观、土地或空间、工作、知识、*hanitu*、*dehanin* 等基本分类概念，以及经济过程的生产、分配与交易、享用与消费等活动，对新作物进行理解而创新的过程。同时也是有关当地人如何由其原有的基本文化分类概念来理解外在的历史条件而创造新的生活方式与社会秩序，以及以每个不同经济时期的关键性象征，如小米、水稻、西红柿与货币、茶与汽车等，来凸显不同的象征性沟通体系之性质，并反映该社会的深层灵魂或心性的发展。特别是人／物的分离，以及客体化的趋势，使得主体／客体关系得以普遍，也使得象征性沟通系统本身的改变，不只涉及维戈茨基（Vygotsky）所说人的心理过程（psychological process）的提升或心灵发展，更涉及作为象征沟通系统的分类体系本身与沟通手段间的逐渐分离，以及象征与真实之间的分辨与一致的可能性。由此，进而质疑由亚里士多德以来而被康德所系统化的将基本分类范畴视为固定的看法，以凸显人的创造性以及文化传统再创造之所以可能的基础，而这正是物与物质文化研究对人类学理论最可能有的独特贡献。

      以当地布农人种植经济作物的过程为例。刚开始，大家不了解市场的机制，都在同一时间种植前一年价格最高而最适合当地种的作物，经常导致供过于求，无法获利。后来，布农人从邻近的汉人那里渐渐了解市场决定价格的机制。但无论是汉人还是布农人，都无法预测经济作物的市场价格。面对市场价格的不确定性，当地汉人是以连续几年种植同种作物，期待其中一年会大赚一笔的方式作为生存之道，但当地布农人却发展出以传统的梦占来决定在何处、何时、种何种作物。这当然是当地布农人独一无二的文化再创造，更影响他们对于时间、空间、劳力等的认识与使用而形成其生活节奏，构成新生活方式中的主要部分。

这个研究，不只是要像物质文化与消费研究试图跳出文化与经济对立的限制而已，更试图以生活方式及其背后的心性来结合经济与文化，取代原有经济与经济过程概念的限制，回到新的社会秩序如何可能的问题，并重塑文化的概念与理论，以凸显出人的创造性与文化再创造的可能基础。只是，如此一来，这探讨方式并不是直接回答资本主义经济之外的另一种可能，而是企图先理解资本主义经济的新发展。

"新"资本主义经济或新自由主义经济与过去的资本主义经济到底有何不同？又有何基本的共同性质而继续被称为资本主义经济？这些基本的大问题，才开始被学界认真探讨，非笔者目前能在此可以简单回答。但有一点必须指出的是：新自由主义经济已超越现代国家的控制，使市场的机制得以更有效运作，也使资本的流通更加迅速而有效益。资本流动所导致的财政问题，已成为经济过程（原仅指生产、分配与交易、消费）的一环。但这里的"资本"已不限于"经济资本"，它可能是创造性知识、文化遗产，乃至创造出来的"虚幻世界"等，使得经济结构更容易透过文化形式产生作用。也因此，在新自由主义经济体系中，许多的概念与类别必须重新界定。至少，概念之间界限的打破与结合远比其分辨更有意义。许多地方均产生了可马洛夫夫妇所说的"神秘经济"（occult economy）（Comaroffs 1999），即经济活动与地方宗教、文化密切结合，而这些宗教与文化，完全不符合资本主义精神，或者"现代化"理论的条件与定义。是以，新自由主义经济之所以有它的宰制力量，并不尽然在于其经济的结构，更在于其结合了地方文化，作为一种文化形式而产生作用。然而，我们对于这类新文化形式问题，正如新的自由主义本身，也才刚开始加以注意而已。也因此，上述人的创造性与文化再创造的基础，便变得很重要。

当我们在寻找资本主义经济之外的另一种可能时，我们往往忽略资本主义本身也在改变与不断地发展。而本节所述如何由文化实践所建构的生活方式与心性来看新社会秩序如何被建立，并以什么文化形式出现；实际上，这是在讨论新自由主义经济的性质与新的文化形式的问题。正如可马洛夫夫妇在《公共文化》（*Public Culture*）所编的专号《千禧年资本主义与新自由主义文化》（*Millennial Capitalism and the Culture of Neoliberalism*）

（Comaroffs 2000）与哈维（David Harvey）的《新自由主义简史》（*A Brief History of Neoliberalism*）（Harvey 2005），或森尼特（Richard Sennett）系列著作（Sennett 1998，2006），以及黄应贵（2006b）等新近的著作，正揭示经济人类学未来另一个可能发展的新方向。[①]

第四节 结 语

由上面的讨论，我们可以发现：从莫斯在 1950 年代开风气之先，而由陶西格在 1980 年出版《南美洲的魔鬼与商品拜物教》一书以来所开展的文化经济学，让我们真正触及了马林诺夫斯基所建立经济人类学三个课题中有关被研究者观点问题，也比较可能去面对莫斯具有本体论意义的挑战。至少，我们可以认真地去思考到底现代经济在当地人文化上的意义是什么。我们也看到：文化经济学透过"文化"来探讨"经济"，最后能够处理的反而是文化，而非经济。这个结果，部分来自文化理论之中，文化特殊性与人类理性之普同性的内在矛盾。这种内在矛盾往往造成文化与经济的对立，以至于文化经济学的探讨往往忽略经济行为本身，最后导致它的没落。

经济人类学试图从两个新的方向来克服上述文化与经济对立的困境。一个是从物质文化和消费着手，试图建立物的自主性，并结合了经济、文化、历史过程，乃至于政治与权力等，将切入点由生产或交易与分配转移到消费上。由于这新的研究领域强调由客体化过程来建构或分辨主体与客体，并强调主观主义与客观主义或外在条件与内在因素等二元对立原则的结合，来超越经济与文化的对立而开展了新的可能。然而，物质文化与消费研究，至今虽然仍是文化研究中的热门研究课题，但却很难与生产、交易与分配分离而成独立的研究领域。它的贡献在于：由于消费往往成为人类创造价值过程的主要文化范畴，因而此领域的研究

---

① 以 2007 年为例，澳大利亚人类学年会选择"Transforming Economies，Changing States"为主题，实以整个学会的力量来探讨与新自由主义有关的各种问题。同年，新自由主义也成了美国人类学年会最引人注目的研究课题。

凸显了物、人、价值如何被象征化与创造，以及呈现被研究文化的特色。但也因为消费研究仍无法以"客体化"的概念取代经济与经济过程，因而无法真正超越经济与文化的对立。

另一个新的可能研究方向，则是试图由文化实践来探讨当地人如何建立其新的生活方式及其背后的心性，并凸显其以何种文化形式来表现的重要性。这新的探讨方向，并不直接回答资本主义经济以外的另一种可能，而是先理解资本主义经济新发展的性质，并探讨它以何种新文化形式来呈现。尤其新自由主义经济之所以有它的宰制力量，并不尽然在于其经济的结构，更在于它结合了地方文化，作为一种文化形式而产生作用。因此，要思考资本主义经济之外的另一种可能，就必须先面对资本主义经济的新发展，并同时面对新的文化形式。而这将成为经济人类学新的发展方向。

当然，上述经济人类学自文化经济学以来的发展，也试图剔除西方文化的偏见。陶西格修正了阶级意识仅能出现在资本主义经济高度发展的西方社会的观点，而古德曼更剔除所谓的经济仅限于资本主义文化所强调的经济过程之偏见。物质文化与消费的研究，则要剔除资本主义文化将物视为无主体性的客体和个人是天生之独立个体的偏见。而文化实践、生活方式与心性的新探讨方式，更是要打破原资本主义文化将经济视为一个特殊的独立类别之偏见的限制。也只有在不断的剔除原西方资本主义文化的偏见后，我们才可能去思索资本主义经济之外的另一种可能。

第十一章　宗教、仪式与社会

　　人类学的宗教研究，一开始是以宗教与社会的关系作为其最主要的关怀。经过功能论、诠释人类学、仪式象征论、马克思论、文化实践论等的发展，仪式逐渐成为宗教与社会间的连接机制而成为宗教人类学研究的主要课题，使宗教与仪式的研究立场，逐渐由消极反映社会性质的探讨，转变为积极寻求社会新秩序的塑造，并挑战西方资本主义文化中对于宗教负面意见的偏见。

第一节　宗教与社会

　　不可否认，人类学的形成与发展，是以西方资本主义世界性扩张过程为背景。当时的殖民者接触到异文化的奇风异俗而产生好奇——这样的好奇心不纯然是知识上的，而更可能出于经济利益掠夺或者统治管理上的便利——而奇风异俗经常被归类于当时西方观点中所谓的"邪教"或"迷信"。因此，宗教人类学一开始便是人类学知识体系中的主要研究领域。比如，泰勒的《原始文化》(*Primitive Culture*)(Tylor 1958 [1871])，在两册的分量中，宗教几乎占了第二册的全部。而弗雷泽（James Frazer）十二卷的巨著《金枝》，更全部都与宗教有关。

　　但，从"奇风异俗"到"人类学知识"，更涉及第二章所提到的西方社会科学知识之兴起。宗教人类学之所以能成为人类学的一个主要分支，正如涂尔干所说的，必须证明其研究的对象或主题是一"社会事实"。为此，涂尔干从宗教与社会的关系论证着手，此乃成为《宗教生活的基本形式》(*The Elementary Forms of Religious Life*)(Durkheim 1995〔1912〕)一书的主要内容，并奠定了宗教人类学一开始的基本关怀。然而，这样的基本课题始自他的老师库朗日 (Numa D. Fustel de Coulanges)。

一、宗教人类学的先驱者——库朗日

要谈宗教与社会之间的关系，我们必须要从涂尔干的老师，也就是历史学家库朗日的《古代城邦：希腊罗马的宗教、法律与制度的研究》(*The Ancient City: A Story on the Religion, Laws, and Institutions of Greece and Rome*)(Fustel de Coulanges 1979〔1864〕) 谈起。

这本书的主题是：从希腊城邦到罗马帝国的数百年发展过程之中，社会是由何种规则所统治。因此，这本书主要谈及三个历史发展阶段。第一个阶段是希腊早期，以"家"作为最大的社会单位，家火的祭仪是整个家或"社会"的再现。甚至极端一点说，"家"即"社会"。每个家都拥有自己的祭坛，祭坛上的家火必须长燃不熄；一旦熄灭，就象征着家的灭亡。因此，家火是家的关键性象征。再者，家的成员必须通过家火所代表的家之宗教来决定。经历与家火有关的仪式，才能够成为家的一分子。因此，即使出生于这个家庭的新生儿，若不举行相关仪式，也不被认定为家的成员。同样地，婚入者也必须经由仪式，才能够成为家的一员。该仪式的效力，甚至可将不具血缘关系的人转化为家内的一员。除了家火之外，家的宗教性质，还可由家长地位看出。家长大部分是男性年长者，其地位不纯然来自血缘或者年龄，而更来自他在家中的祭祀活动所扮演的角色——他负责家内的祭祀活动，是类似祭司的宗教仪式执行者。

在以家为主要社会单位的希腊早期社会里，法律或行为规范、宗教、政治统治 (government)，三者合而为一，而且是通过跟家有关的宗教信仰来表现。因此，在希腊早期的社会中，家是唯一的社会形式，只有角色 (roles) 而没有个人 (individual)。因此，自然也没有现代社会由"社会""家庭"之对立所发展出来的公领域与私领域之别。

经历了一段很长的时间之后，希腊的主要社会单位从"家"发展到"城邦"（city）。城邦以家作为最小的社会单位，家之上有宗族，宗族之上有着氏族（gens）或者无血缘关系的部落（tribe）。氏族或部落即构成了城邦。城邦是当时希腊最主要的社会单位，是一个独立的社会。城邦社会本身已经出现了分工与阶层化，有贵族、平民，以及负责对抗掌权者、保护平民的护民官。社会分工的基础是财产的分化——无产者便沦为奴隶，不具公民的身份。但是，这种政治统治方式（也就是 government），或者是法律的行为规范，仍然来自宗教的定义。宗教不但联合了城邦之内的小政治单位，如氏族与家，更可说是社会的再现。

希腊的每个城邦都有一座庙，供奉着该城邦的保护神。若神祇不在神庙之中，意味着该城邦即将灭亡。不过，此时的城邦，并不像原来以家为单位的希腊社会。由于社会分工更复杂，需要类似仪式的活动，以凝聚其下更小单位的所有成员。而祭祀城邦保护神之后的集体聚餐（public meal），便担负了凝聚城邦成员的任务。聚餐是祭祀仪式的一部分，具有仪式的神圣性，所有公民都必须参与，因而在聚餐之中进入神圣的共融（holy communion）境界。因此，公共性的集体聚餐取代了原有的家火，成为整个城邦社会最主要的关键性象征。

从上面的陈述中，我们已经可以看到：在城邦时代，社会的政治统治跟法律规范已经开始与宗教分离而独立浮现。虽然，政治与法律仍然源于宗教，并且受宗教所规范。这样的发展趋势，也与个体（individual）的浮现有关。也就是说，在以家为主要社会单位的希腊早期时代，并没有独立自主的个体（个人）存在；只有社会的关系，只有个人扮演的角色。到了城邦的时代，个人的独立性与自主性出现，相关的保护财产的法律以及保护平民权力的护民官制度也随之出现。此时，公共领域跟私有领域才逐渐区分开来。

城邦制度发展到后来，由罗马帝国所取代。和希腊时期不同，罗马帝国形成之时，其疆域涵盖了各种不同种族与语言的人群，更扩张到非直接统治的殖民地。因此，人跟人之间的沟通已经超过了面对面的直接接触。随着社会分工愈来愈复杂，帝国的宗教、法律、政治统治或政体，都已各自独立，成为构成整个社会的三个主要制度。以宗教为例，在罗马帝国时期，一句广为流传的名言就是"恺撒的归于恺撒，上帝的归于上帝"，说明了在罗马帝国形成的时候，宗教跟政治已经独立分开了。不过，罗马帝国的统治必须面临的最大困难，是如何使帝国疆域之内所有不同种族与语言的人，都具有平等的地位。因此，它必须要具有普遍主义（universalism）的思想——所有的人在帝国的统治与法律之下，具有相同的权利与义务。只有在这个条件之下，帝国才能够整合民族、族群、语言均存在着巨大差异的人群。因此，基督宗教正好提供了罗马帝国绝佳的普遍主义宗教基础——在神的面前，所有教徒，不论种族、语言、财产、年龄，都是兄弟姊妹。因此，基督宗教正是完成罗马帝国新社会秩序的一个重要基石。一直到基督宗教成为罗马帝国的国教以后，希腊罗马社会才建立了与城邦社会不同的崭新社会秩序——帝国。是以，基督宗教乃提供了建构新社会秩序的最后一块砖头。

库朗日这本书不仅从具体的历史事例出发，建立了宗教与社会关系的讨论框架，更奠定了宗教人类学的基础——他界定"宗教"包含了信仰观念、仪式行为、象征以及社会组织等要素，并特别注重宗教与社会的关系，因此有别于宗教学由教义、经典、仪式来分析宗教的取向。这本书直接影响了涂尔干。它不仅提供了涂尔干社会理论的基础，更影响到日后结构功能论视宗教为社会的再现，以及马克思论视宗教为意识形态的分析取向。

二、涂尔干：宗教作为一社会事实

涂尔干对于宗教与社会关系的解释，充分表现在他的经典之作《宗教生活的基本形式》中。此书在宗教人类学中之所以重要，是因为涂尔干在这本书里面，试图证明宗教是所谓的"社会事实"；也就是：宗教不能化约为社会以外的其他层面来解释，而有其自成一格的内在系统，同时宗教的改变也必须由社会本身来解释。因此，这本书有两个重要的论点：一是从宗教信仰，一是从仪式，证明宗教是自成一格的社会事实。

这两个论点，正好发展出宗教人类学两个主要的讨论方向：信仰与仪式。

在信仰部分，涂尔干强调：宗教信仰不能化约为个人的信仰。当今所认为的个人信仰，如个人化的图腾，是在强调以个人主义为基础的资本主义社会中才得以发展出来。如果纯粹是个人的信仰，便不能称为宗教。

其次，涂尔干在该书中着力论证宗教信仰本身有其自成一格的内在系统。如澳大利亚土著的图腾信仰。[①] 图腾制度在澳大利亚具有很大的差异性，图腾可能是动物、植物，甚至自然物，如地景、风、星辰。但是，涂尔干试图证明：不管差别有多大，背后都存在着宗教力量（religious forces），而宗教力量在各社会有别。如部分大洋洲民族所相信的 *mana*，源于当地人认为任何东西背后都有超自然力量的共同看法。[②] 这与其他社会的灵魂（soul）、精灵（spirit）、神（god）等的信仰属不同的系统，而信仰系统的差别来自社会性质。如：精灵的观念，必须超越氏族社会才可能存在；神的观念，更是在他所谓的个人化社会（建立在个人主义基础上的社会），才会出现。所以，透过信仰的差异本身，便可呈现社会的差别。

最后，涂尔干试图证明：宗教变迁是来自社会本身。他强调，宗教观念的改变其实是来自社会生活的改变。比如，神的观念，是在规模与组织超过部落的社会中才可能存在，而精灵信仰是在超越氏族组织的社会中才存在。故当信仰由精灵改为神时，实是社会单位的规模超越部落的结果。涂尔干以社会的分类与生活方式来讨论宗教信仰系统与宗教形式的改变，因此后人认为他的宗教理论隐含了社会决定论的立场。

在仪式方面，涂尔干也用与讨论信仰类似的方式来界定。他认

①　当时的西欧学术界认为：澳大利亚土著的社会形态是已知人类社会中最简单、最原始的一种，通过研究澳大利亚土著社会，也许可以研究人类最初的宗教形态。这也是涂尔干以澳大利亚土著作为研究对象的最主要理由。

②　当然，同样是大洋洲的民族，在不同的社会中，*mana* 可具有不同的性质与表现方式。比如夏威夷的阶级社会，只有贵族的身上具有 *mana* 这种超自然力量，一般平民百姓没有，因此他们不得碰触贵族，否则会遭到不幸。

为：仪式一定是属于社会群体的，不可能化约为个人。在现代西方社会中，有些仪式是个人性的，如赎罪性的仪式。可是这种仪式也只有在所谓个人主义的社会中才有意义。在其他类型的社会中，与个人有关的生命仪礼，如与出生、结婚或者是死亡等相关的所有仪式，甚至化解疾病或者焦虑的仪式，都是社会集体性的。

其次，仪式本身有它自成一格的内在系统。涂尔干还强调宗教的观念如何影响仪式本身的结构或程序，仪式本身又如何引起参与者的宗教情绪。前者后来清楚呈现于他的学生莫斯和于贝尔（Henri Hubert）的《牺牲：它的性质与功能》（*Sacrifice: Its Nature and Function*）一书的讨论中（Hubert & Mauss 1964［1898］）。该书提出了：仪式过程本身有特定的结构，任何人或物一旦进入仪式，其性质就完全改变而产生神圣的、超自然的力量。虽然，仪式中使用的物品跟日常生活用品无甚差别，但仪式可以使它产生一种超自然的力量。同样地，社会生活的一致性跟差异性也会产生神圣体（sacred beings）或神圣物的一致性或差异，因而造成仪式的统一与变异。比如，阶级社会可能拥有不同阶序的神，为不同的阶级所崇拜，因而仪式也展现出社会阶级与神明阶序内部的差异，但又同属同一信仰体系。而社会内部愈分化，仪式与神明阶序的内部区别愈明显。这也已涉及仪式的改变实源于社会分化的结果。总而言之，涂尔干试图通过信仰跟仪式的讨论，证明宗教是一个社会事实。但是，他的论证也已经隐含了：宗教是社会的一个集体表征。他所研究的澳大利亚原始图腾社会，图腾本身就成为社会的表征。因此，在论证中，集体表征与宗教可相互交换。另一方面，他认为社会生活的改变决定了信仰的观念或者仪式的形式，这就隐含了社会决定宗教的论点。

即便如此，涂尔干的思想无法简单地以社会决定论一语带过。在此书中，对于社会与宗教之间的因果关系，涂尔干并没有谈得很明确。他讨论到：宗教跟社会之间，存在着一些重要的中介因素，即所谓的心灵（mind），有时他使用智力（intellect）或心智（intelligence）来指称。他观察澳大利亚土著社会的图腾命名，认为：命名不仅展现了人创造再现的能力，更是分类的开始。分类本身，并不只是理性主义哲学家所认为基于先验的纯粹理性而来，而是源自社会。分类概念提供了当地人思考的架构，当分类被创造出来之后，往往限制或影响了其他的思考方式。而分类系统的建构本身，就已经涉及当地人的一套思考逻辑与心灵的性质。这也可见于这书中对于"宗教"的界定上。

当涂尔干讨论宗教作为一个独立的类别时，往往通过宗教／非宗教、神圣／世俗、集体／个人、观念／物质等二元对立的观念来论证。在该书中，他认为所谓宗教就是神圣的，而神圣是相对于世俗而来的。因此，他假定了二元对立的概念是先验的，是人类思考的普遍性原则之一。这乃预告日后列维-斯特劳斯结构论的讨论。由于触及人类的心灵和思考方式与原则，此书自然也涉及了所谓思考三律的问题。早期，西方学术界倾向认为原始民族的宗教信仰是迷信而不是宗教，是因为原始民族的思考方式经常不合于西方思考最根本的假定，也就是思考三律。[①] 因此，西方人会认为原始民族的思想被迷信所笼罩。所以，这本书里面讨论社会跟宗教的关系的时候，就牵涉到心灵或者心智的思考之中介作用，并涉及心灵的客体化作用如何再现这些抽象的宗教观念。

在第三章"文化的概念与理论"中，我们已提到：许多象征观念其实非常抽象，如说神或鬼都不是具象，也无法被观察得知。但是人心灵的客体化作用使得人类可以用一个具体物去再现这个不可见的观念，如雕刻一个神像来代替神。如此一来，宗教与社会的因果关系，就不再是单向的社会决定论（社会生活决定了宗教信仰与仪式），还涉及了心灵的中介作用，特别是下一章将讨论的思考模式。

当然，这本书还讨论到很多其他相关的重要问题，包括一些基本分类概念的讨论，如因果观念。在此，涂尔干把因果、条件以及功能等都很清楚地分辨出来。此外，该书也讨论到象征、仪式、知识等相关的问题，是一本非常复杂的书。自然，本书最后还牵涉到一个很重

---

① 所谓思考三律就是同一律、排中律、矛盾律。同一律：A 就是 A；排中律：A 必须是 A 或非 A；矛盾律：A 不能是 A 又是非 A。思考三律是西方逻辑思考上最基本的假定。

要的讨论：什么是社会。

从上面的简短摘要，我们可以清楚看到：在《宗教生活的基本形式》一书中，涂尔干由宗教与社会的关系确定宗教为一社会事实，更触及了仪式与社会、心灵，乃至思考模式等课题。由于他在讨论宗教与社会两者的因果关系之时，立场暧昧，反而提供了莫斯翻转其论证的机会，并进而发展出社会的象征起源论。他有关心灵方面的讨论，影响了日后列维-斯特劳斯的结构论。在宗教与社会的问题上，涂尔干更直接影响到后来功能论的讨论。

三、功能论的取向

在本书第九章"经济与社会"中，已经提到马林诺夫斯基把宗教及巫术视为解决当地人心理焦虑的制度。例如，特罗布里恩群岛人在近海礁湖捕鱼时，不需求助于巫术、仪式，可是一旦要进行远洋捕鱼或远航贸易时，必须事先举行繁复的巫术与宗教活动，以纾解因为航海的危险性和捕鱼的不确定性所产生的焦虑不安。所以，在马林诺夫斯基的观念中，宗教的主要功能在于解决人的心理焦虑。

拉德克利夫-布朗便提出与马林诺夫斯基不同的看法。他通过位于缅甸西南印度洋中的安达曼岛人之案例提出：安达曼岛人的宗教活动，是为了消弭当地人违反社会规范或是禁忌所产生的不安。因此，宗教活动有了弥补裂缝、增加群体凝聚力、重建社会秩序的社会功能。比如，对于原始社会的孕妇而言，生产过程非常危险，婴儿死亡率也居高不下，因而分娩往往是女性的重大生命危机。但安达曼岛人并不因此而感到焦虑；他们担心的反而是：生产过程中，是否违反风俗习惯或禁忌，特别是父亲，即使不负有生产责任，也必须遵守相关禁忌。所以，在婴儿出生后，岛民举行宗教仪式，以修补可能被破坏的风俗或禁忌，并重建或增强群体的凝聚力与社会秩序。而当地男人的"产翁"（couvade）仪式[1]，便是人类学一个有名的例子（Radcliffe-Brown 1964［1922］）。

---

① 是指丈夫在孩子出生后，模拟妻子生产经验的仪式性活动。

马林诺夫斯基与拉德克利夫 - 布朗虽然都属于功能论,但马林诺夫斯基的功能论是立足于解决个人心理上的各种焦虑,而拉德克利夫 - 布朗是从社会功能的立场来解释宗教或仪式的作用。后者强调宗教一方面具有控制的作用,使成员遵守社会规范,另一方面,也是为了解决人违反社会规范时所产生的失序状态,因而必须举行宗教仪式以重建秩序。不过,就霍曼斯的观点而言,马林诺夫斯基与拉德克利夫 - 布朗的功能论解释虽然有所不同,但基本上并不矛盾,而是分属不同层次而可以结合。霍曼斯认为:马林诺夫斯基是在处理个人层次的"初级焦虑"(primary anxiety),所以必须举行"初级仪式"(primary ritual)来化解。但是,在举行初级仪式时,仪式过程是否是正确地按照习俗来进行,实已涉及社会规范的遵守。所以,在举行仪式的同时,不只无法消除原有的个人焦虑,反而产生了因为违反社会规范而导致的"次级焦虑"(secondary anxiety)。次级焦虑必须有另外一个层次的仪式来解决,这便是"次级仪式"(secondary ritual)(Homans 1941)。

霍曼斯虽然结合了两者不同的功能论,但功能论取向其实并不能真正凸显出人类学对宗教与社会问题的独特立场与贡献。因为,不论是马林诺夫斯基所着重的巫术,还是拉德克利夫 - 布朗所强调的宗教或仪式,均只是社会秩序或社会结构的附属品,可以为任何制度的研究所取代。因此,巫术、仪式、宗教,并不具有涂尔干所强调的宗教作为社会事实之自成一格的独特性。像功能论这样的局限,正反映了人类学理论发展的初期,还深受西方启蒙时代以来的形式理性与经验论科学观影响,以"功能"立场理解非西方宗教所造成的限制。这个问题,只有等到人类学民族志知识累积到足够反省原有经验论知识的基础的限制时,才可能有所突破。而这个突破,便来自格尔茨的文化诠释。

四、格尔茨的文化诠释

格尔茨对于宗教提出了文化诠释的定义:

> 一个宗教就是一套象征系统;以确立人类强而有力、广泛的、恒久的情绪与动机;其建立是通过一般存在秩序的观念之系统阐述;并

给这些观念披上实在性的外衣；使得这些情绪与动机似乎具有独特的真实性。(Geertz 1973c：90) [1]

在他的定义下，一文化的特殊形而上学与该民族的特殊生活风格有其基本的一致性。人类学者可以综合出 (synthesize) 一个人群的民族精神 (ethos) 与世界观 (world view)。这里所说的民族精神包括美学风格、色调 (tone) 与生活品质等。而他所说的 "象征系统"，不仅是反映真实的模式 (model of)，也是在解释真实的模式 (model for)。因此，对格尔茨而言，宗教信仰提供人群以 "意义"，用以解释不寻常的事件与经验、理解其痛苦，以及回答现实与理想不一致的伦理标准。更重要的是，在格尔茨的突破性定义下，宗教的观点得以与其他观点分辨，特别是与常识的、科学的以及美学的分离开来，凸显出宗教的独特性。换言之，宗教终于有了它自成一格的独立自主性，而这正是功能论无法达到的。

当然，格尔茨的革命性定义也引来不少争论与批评，特别是阿萨德。他认为格尔茨的定义有个体心理学的倾向，忽略意义建构的论述过程，也忽略有关宗教是否是真的、非逻辑的、幻想的或错误的意识形态等问题。这定义更有着文化体系与社会真实间的不一致所造成的裂缝，以及无法探讨特殊宗教实践与论述存在的历史条件等缺陷 (Asad 1983)。但格尔茨定义下的宗教，通过实质的研究成果，也带给人类学宗教研究新的面貌。

举例来说，格尔茨关于印尼爪哇 Modjokuto 市镇葬礼的研究，通过文化体系与社会体系或逻辑意义的整合与因果功能的整合等之区辨，开创出更具动态性的探讨 (Geertz 1973a)。而他结合韦伯与涂尔干的理论 (Morris 1987：316) 来研究爪哇 Modjokuto 的宗教，分辨出当地的多种宗教传统：一般农民和市镇都市穷人整合泛灵信仰、印度教与伊斯兰教要素而成的 *Abangan* 民俗宗教；以商人为主而以伊斯兰教的多神诠释所代表的 *Santri* 信仰；以及深受印度教和荷兰殖民统治洗礼，而大都为官僚精英所发展出具有古典艺术形式与直觉的神秘主义的宗教传统，使他得以研究像印尼这样深受文明与世界性宗教影响的复杂信仰体系 (Geertz

---

[1]　此处的译文，经参阅纳日碧力戈等 (1999) 的译文修改而成。

1960）。他进而通过比较印尼与摩洛哥的伊斯兰教来凸显印尼的"启迪主义"（illuminationism）与摩洛哥的"隐修主义"（maraboutism），以说明两者文化表现形式上的不同（Geertz 1968）。甚至，他通过分析国王葬礼仪式来凸显巴厘岛剧场国家的权力性质时，更依赖宗教活动上的意义网络（Geertz 1980）。这使格尔茨不仅创意地处理个别文化的特色，更往往能深入到被研究者内心的信仰。这些研究，使人类学宗教理解得以逐步跳出过去人类学宗教研究常被视为外在论或社会决定论的局限。对比于宗教学所强调教义或信仰与宗教经验的解释，更得以发展出经由研究经验获得社会文化诠释的整体模式。不过，他的宗教研究也都涉及了宗教实践的部分——仪式。这便牵连到人类学宗教研究上的另一个重要主题——仪式与社会。

第二节　仪式与社会

在有关宗教的人类学研究中，仪式一直受到高度重视。不只是像库朗日所说，仪式是宗教现象的要素之一，更因为它是宗教最普遍且主要的实践方式。这种实践可以具有涂尔干所强调的社会事实之独立自主性，但也是在社会文化脉络中进行，因而与社会文化有着各种不同的紧密关系，提供各种相关理论发展的空间。但它却一直没有发展成为一独立的宗教理论，直到象征论的出现。

一、曼彻斯特学派与仪式的象征论

（一）格卢克曼的转变仪式（ritual of transition）

如前所说，"仪式"虽然从人类学发展的一开始就被注意到，但却一直不是人类学宗教研究主要的焦点。至少，早期人类学在讨论宗教与社会的问题时，它的重要性可能远不如巫术、神话等课题。这多少与功能论的兴趣有关：神话是行为的凭照（charter），而巫术是解除心理与社会焦虑的手段等。然而，透过曼彻斯特学派在中非洲长久的研究累积，仪式的重要性逐渐浮现台面。虽然，曼彻斯特学派的创立者格卢克曼的研究重点一直是法律与审判过程，但他的学生在中非洲研究所累积的成果，让这个具有视野的开创者不得不注意到这个历经长久殖民统治而文化混杂、冲突不断的地区，有其独特的方式来面对地方社会内外的矛盾，以维持其社会秩序。为此，他发表了一篇综合性的文章（Gluckman 1962），开启了仪式与社会的讨论：

> 格卢克曼强调：原始社会和现代社会的仪式有基本的不同；最重要的差别是：原始社会的仪式往往涉及复杂的社会关系，必须通过仪式来解决该社会内外的各种冲突。由于原始社会的分工简单，不同的角色经常高度重叠。因此，冲突产生的时候，其影响所及，不只是现象本身的层面，往往还波及了其他相关联的社会关系。比如，一个男子过世，他可能是一家的父亲，一个家族的族长，甚至一个部落的酋长。所以，他的去世，涉及了好几个相关联的社会关系。相较之下，在较为复杂的现代社会之中，因为分工非常细腻，一个角色的改变或破坏往往不会影响到其他角色，也不会波及其他社会关系。
>
> 在这个条件下，我们可以发现：原始社会中的所有仪式，往往着重于重建社会关系。在原始社会中，生命仪礼极端重要，个人成长的重大生命关卡都伴随着仪式来协助改变或者是重建社会关系。但生命仪礼的重要性，在复杂社会之中被削弱了。比如，复杂的现代社会不见得有成年礼；但成年礼在原始社会却非常重要——一个人成年以后，各种相关的社会关系都随之改变。在现代社会，这样的问题则较隐而不显。所以，格卢克曼特别强调作为生命仪礼的转变仪式之重要性。转变仪式甚至可以成为区辨原始社会和现代社会的一个主要指标。

格卢克曼以仪式呈现宗教和社会之间的关系，凸显了仪式的重要性，并开启了探讨仪式的课题。不过，他在理论上并没有建立仪式无可取代的独特性。他的学生特纳才将仪式研究往前推进一步，建立了该主题在宗教人类学研究的独立地位。

（二）特纳的仪式象征理论

正如本书第二章"社会的概念与理论"与第三章"文化的概念与理

论"中或多或少已谈及的，特纳所研究的赞比亚恩登布社会，很早就被西欧殖民。当地社会已接受了西欧的各种制度、文化甚至是基督宗教。另一方面，其传统文化并没有完全消失。直到 1950 年代和 1960 年代，中非洲呈现了西方文化与传统文化之间的剧烈冲突。特纳开始从事中非研究时，原本主要探讨议题着重在社会组织、社会结构、亲属组织，等等。可是，他一直怀疑自己没有掌握这个社会的特性。每天晚上，他都听见鼓声，然后，他发现当地人消失到不知名的地方去。后来他发现：原来他们去进行秘密仪式。特纳领悟到：要了解这个社会，必须了解他们的仪式。因为，当地人是通过仪式来处理他们社会文化里的冲突。这冲突不只是传统文化与西方文化的冲突，也包括传统文化本身内蕴的矛盾。通过外在环境的催化，这些内在矛盾得以表面化。比如，当地亲属组织是建立在母方继嗣原则上，婚后却是行随夫居制度，因而造成权力与财产继承上的不确定性，自然也造成社会的不稳定与内在冲突。这个内在矛盾，更因殖民政府仅承认财产为父传子制度而更加尖锐。这类冲突往往通过仪式来解决。为了了解为什么社会文化的矛盾可通过宗教仪式解决，特纳乃进一步发展出仪式的象征理论。

特纳的仪式象征理论，主要是从仪式的象征系统或象征结构去了解。[1] 他不仅细致地建构了仪式的结构，更进而区分了仪式象征结构本身所含有的三个层次，以及相应的三个解释架构（参见第三章第三节）。事实上，特纳的讨论非常细致复杂。以仪式的象征为例，它至少具有三个主要的性质：第一，它浓缩了多重的歧异意义于自身；第二，仪式中有一个支配性的象征来统合各种其他象征，以使仪式本身有它的一致性和系统；第三，仪式象征的意义不仅是多重的，往往还包括两极化的相反意义在内。

特纳理论中的仪式象征结构，可以由图 11-1 简明地表示出来。在该图中，可以看到象征结构的三个认知层次与三个解释架构。在第一层次的当地人解释中，还包含了三个层面：名称（name）或观念、物质（物、灵魂、精灵）、仪式里使用的仪式物品（artifact）。在如此细致的区分之中，我们可以看到特纳思想的复杂性。

---

① 本段有关特纳仪式象征理论的讨论，主要是依据 Turner（1967a，1968，1969）而来。

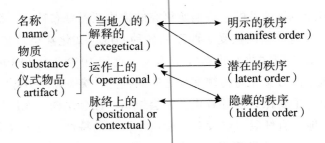

图 11-1　特纳理论中的仪式象征结构

通过图 11-1，读者可知：解释的架构中，第一个层次往往涉及在宗教现象中最容易观察的表象。比如，一个仪式当中有什么要素、使用哪些物品、分别是什么意义。第二个实际运作的层面则涉及仪式怎么去进行，包括它的时间、空间的改变。仪式不是静态的；更重要的是，仪式往往不是独立的，而是与其他仪式连接在一起，形成一个丛结。譬如，生命仪礼是从出生到死亡构成一个完整的仪式系统，任一仪式的意义均无法被个别切割、单独了解。而且，解释的层次会影响到仪式的实际运作。第三个层面则是仪式进行的社会文化脉络，使得仪式的运作影响到社会文化整体。反之，社会文化整体又影响到仪式的运作方式与内容，使得运作的过程与整体社会文化脉络间有着相互影响的辩证关系。

通过仪式象征结构的定义与层次区辨，特纳回答了最初的问题——为何仪式可以解决社会文化的冲突矛盾？原因即在于：由于仪式象征本身的多义，乃至包含两极相反意义在内的特性。仪式的举行，不但可以解决社会文化内部原有的矛盾，更可以吸纳外来不同的力量，调节传统文化与外来文化间的冲突。相较于前一节所说的宗教，仪式机制实更具体而独特。

借由仪式的讨论，特纳不但凸显了转型期社会的特色，使得仪式与社会相互构成独特的课题，并试图剔除宗教仪式只是消极地再现社会而不是积极地塑造社会的文化偏见。他更挑战了当时西欧文化往往视原始民族的宗教仪式为非理性的制度性活动、是不符合现代性而充满迷信的传统遗留、应以理性的法律政治制度来调解社会内部冲突等文化偏见，使仪式正式成了人类学研究中最常见的主题之一。

（三）仪式象征结构与社会文化脉络

不过，特纳的仪式象征结构，乍看之下虽似乎可以普遍应用于不同文化的仪式分析，但即使是在同一文化之中，不同仪式要解决的问题也不同，象征结构在不同文化之仪式的实际运作上，往往有其不同的着重点。奥特纳有关尼泊尔夏尔巴人的研究，正提供了一个经典的例子，使读者了解：仪式的不同象征机制，如何解决不同性质的社会或文化冲突（Ortner 1978）：

> 尼泊尔的夏尔巴人，以担任喜马拉雅山的登山向导闻名于世。他们笃信藏传佛教，追求无色无空的涅槃境界。可是，另一方面，夏尔巴社会由于缺少正式的政治或社会组织，个人主义和个体独立性蔚为该社会的特性，使社会秩序更不易维持。因此，这个社会便产生一个主要的矛盾：教义上的理想境界是不重视现世的社会秩序，放弃世俗的观念、意义和价值的追求。可是，这个社会的存在又必须维持秩序。是以，当地人通过斋戒闭关（Nyungne）、驱魔、敬奉等仪式实践过程，建立仪式实践的阶层，然后经奉献过程，由社会阶层分明的下层阶级，逐步奉献至没有等级区分的上层阶级。其过程，正如祭坛上分等级的供奉，通过其仪式的象征机制，将阶层转换成无阶层的至高境界，而达到超越其社会文化冲突的目的。

在这个研究里，奥特纳并没有探讨仪式象征结构各个层面之间的关系，以及象征本身的性质；她反而是假定了这些架构的存在。虽然如此，她的研究已足以说明：在特定的社会脉络中，信仰本身与社会文化价值如何影响仪式的目的和运作方式，以及仪式象征机制又是如何经由仪式的实践过程超越主要的社会文化矛盾。在这个实践过程中，仪式也因连接了夏尔巴的社会文化脉络，凸显了当地文化上的特色。

事实上，仪式象征结构在不同的社会文化脉络中实践，往往会结合其他社会文化要素而产生变化。丹尼尔（E. Valentine Daniel）所研究印度南部信仰佛教的泰米尔人案例中，仪式象征结构便因社会文化脉络的不同而与夏尔巴人例子有所不同。在当地人的观念里，人因其修行的程度而分成七个等级。在朝圣的旅程中，随着海拔高度的逐渐增加，个人修养的层级也因而提升。能抵达朝圣的最高点，也就臻于最高修养层级的境界。这使得泰米尔人的仪式象征结构，结合了人的身体与地景，构成与特纳的恩登布人或奥特纳的夏尔巴人之仪式不同的象征结构（Daniel 1984）。这仪式也正如上述其他仪式一样，凸显了不同社会文化的特色。

（四）仪式塑造新社会秩序与社会特性

相对于前述几个不同的例子，就仪式与社会关系此一课题而言，台湾的研究更凸显了仪式象征机制如何积极地塑造新社会秩序与社会特性。丁仁杰的会灵山运动研究，就是一个很好的例子（丁仁杰 2005）：

> 会灵山运动，是在 1980 年代以后所出现的集体性起乩活动，参与者主要来自台湾各地非公庙的庙宇信徒，跨越宗教组织与教派。该运动的主要信仰混合了许多教派的教义，认为人类由先天母所创生，流转于六道轮回。而当今已是所谓的三期末劫时期，信徒必须前往先天母化身所在之处会灵，以接受先天母的度化。先天母化身为"五母"——金母、王母、地母、九天玄女、准提佛母，分别位在台湾五个地区的庙宇：东部花莲慈惠总堂的瑶池金母、东部花莲胜安宫的王母娘娘、中部埔里地母庙的无极虚空地母母娘、中北部苗栗仙山灵洞宫的九天玄女母娘，以及中南部嘉义半天岩紫云寺的佛母准提菩萨。

> 会灵山的信徒多半是在当代资本主义化、都市化乃至全球化趋势下，适应失调的弱势群体，如留乡的农民、都市边缘以打零工维生的移民。他们寻求会灵修行的方式来度化此生。除了上述五母之外，信徒也前往全台各地二百余处有灵性的庙宇。借由参与会灵山运动，信徒不仅重新建立了人与土地的关系，更将其社会活动范围由原本的地方村落扩大到全台，甚至通过会灵运动，与其他农村的信徒重新建立了人与人的关系。这个兴起于 1980 年代并于 1990 年代末期达到高峰的全民运动，对于资本主义消费文化所造成的人际关系异化，以及都市化、工业化浪潮吸纳农村人口后，人与土地疏离而产生的"去地域化"现象，有很强的反抗倾向，实类似于 1970 年代末期的世界性灵

恩运动。但是在台湾的会灵山运动中，更凸显了去地域化后的再连接，使分散于农村与都市、感到强烈疏离的俗民大众，创造出他们自己所属的新社群或类别，也使台湾社会产生了新的面貌。

经由仪式塑造新社会秩序，也可见于大甲镇澜宫妈祖进香的例子上（张珣2003）：

大甲镇澜宫，建立于清朝乾隆年间。原本是大甲周围五十三庄的祭祀中心。在战后台湾经济转型时期，大甲年轻人不断外移至都市。成功致富者，便回乡参选镇澜宫的理事会，或成为镇澜宫宗教活动的主导者。1978年以后，理事长与重要干部都已经是在外地成功发迹的人物；信徒更遍及全岛。从此，大甲镇澜宫不再仅是地方庙宇，其地位从地方性的社会再现成为台湾社会的代表。

原本，大甲镇澜宫妈祖每年会前往历史更为悠久的北港朝天宫进香。但随着庙宇地位的提升，大甲镇澜宫不愿意再臣服于北港妈祖之下。1987年，台湾尚未"解严"时，大甲妈祖便前往妈祖故居——福建湄州进香，取得了新的灵力位阶，成为台湾妈祖信仰的代表。既然位阶已经改变，大甲妈祖不再需要到北港"进香"，而改变成"绕境"，并将绕境路线改变至嘉义新港奉天宫，不再前往北港朝天宫。至此，大甲妈祖已经成为台湾大社会的再现。参与年度绕境的信徒日益增加，规模也愈来愈大，形成每年春季的全台盛事。仪式的性质、内容也改变了，所塑造出的台湾社会，也已由从前以面对面方式沟通范围为单位的地方社会，扩展到不需面对面方式沟通的跨地域社会。

会灵山信仰与妈祖绕境的例子，不仅是强调仪式本身的象征机制如何赋予仪式的差别，来凸显社会形式的不同。两者更凸显了仪式象征机制塑造社会的积极作用。不过，这样的研究取向，本身必须面对两个问题。

首先，仪式与社会的因果关系究竟为何？是社会改变了，仪式也随之改变，还是仪式的改变带动了社会改变？这是涂尔干留下的暧昧空间。在上述的两个台湾研究个案中，也尚未清楚回答这个问题。虽然，在理论思考上，仪式与社会的关系很容易以相互构成或相互辩证来回答，但还是无法面对仪式意义为何改变的问题。这更涉及：是否是在同样的象征结构下，仪式产生了不同的意义？若是，意义的差别来自何处？有一个可能的回答是：宗教信仰本身的改变导致意义的改变。但这便涉及第二个问题。

面对宗教或仪式与社会之间的关系，其实人类学一直在逃避一个更根本的问题：什么是"宗教"？对宗教学者或信徒而言，人类学的宗教研究往往不直接探讨宗教经验，而由社会文化脉络来讨论宗教，因而都只是处理宗教的外缘问题。对人类学者而言，这类的批评虽是对的，但也跟人类学的学术性质有关。作为一种学术研究，其所得的知识必须让不具同样经验的人都可以了解，才可能成为人类学知识体系中大家共享的一部分。因此，即使人类学的发展过程是不断以已知面对未知，不放弃知识突破的可能性，但也不步上神秘主义的途径。第二个问题虽然不容易回答，但人类学家也不曾放弃，具体的研究成果，则可见于下一章的进一步讨论。

对人类学者而言，第一个问题是主要兴趣所在。不过，这样的兴趣实隐含仪式本身在理解社会性质上的关键性地位之假定。但是，这样的假定在所有人类社会都有效吗？还是只限于某类社会？或者，仪式在不同社会中具有不相等的重要性，这本身便涉及了社会的性质？在下一小节有关马克思论的探讨中，得有进一步的解答。

二、马克思论：仪式作为意识形态

相对于前述的讨论，马克思论者一开始就将宗教、仪式视为意识形态，是社会的上层结构，是社会形构下的产物，而不是原因或动力。在第三章谈到文化马克思论时，曾提到布洛克有关马达加斯加中部高地梅里纳人的研究（Bloch 1986），便是典型的代表。

在梅里纳社会，从 1800 年到 1971 年间，当地的割礼仪式由各家户独自举行，发展成为全国性的仪式，以增强对皇室的效忠，对抗殖民主义和基督宗教；在殖民统治与基督教化时代，割礼又回归到家；国家独立之后，割礼被农民扩大举行，以对抗国家的统治与剥削。在长达一百多年的演变过程中，我们可以看到仪式的功能不断地改变，但仪式的象征结构却持续不变。更重要的是，仪式象征结构，与特纳等象征论者所谈的有根本上的不同——梅里纳割礼仪式象征的力量，来自仪式结构中的暴力。不只是行割礼者本身必须忍受切肤之痛，仪式执行过程更必须破坏建筑物的窗或墙，以利仪式进行。

如第三章曾经提及的，这个研究不仅强调了意识形态的工具性质，而凸显了人的主体性，也使意识形态概念有了更大的弹性与解释力，更具体证明了仪式的象征结构可因文化乃至于仪式性质的不同而异，弥补前述相关个案的缺陷与限制。不过，这个案还涉及了一个未解的问题：仪式的功能一直在改变，可用以维持或是对抗政治权威，但为何仪式可以作为意识形态，即使下层政治经济结构改变，它的象征机制仍不变，且可以被不同的阶级所挪用？仪式的固定性及其力量从何而来？布洛克自己提出了解答。

布洛克从仪式的语言出发，说明象征结构何以产生权威（Bloch 1989）。他借用了奥斯汀（John L. Austin）的语言学概念：

> 奥斯汀在《如何以言行事》（*How to Do Things with Words*）（Austin 1962）一书中提出：语言有着两种作用：指称的作用（propositional force），用来指涉或描述事实；语用的（illocutionary）或展演的效力（performative force），强调语言本身的祈使力量（如命令语句的"坐下"或"开门"）。换言之，语言除了用来描述外，还有强迫的作用。布洛克即运用此论点来分析仪式中的沟通媒介。
>
> 仪式的沟通媒介，除了语言外，还包括身体的移动、空间分布、举行仪式的时间、使用的特殊物品等。然而，无论是哪一种性质的媒介，都有着形式化（formulized）的倾向。在仪式中所使用的语言，如祈祷文，有着特殊的声调，不同于日常语言。更形式化者，就成为吟诵的歌谣。形式化程度愈高，愈不容许改变。极端形式化的语言，就是咒语。念诵咒语时，即使是极小的更动或者忘词，均可能导致咒语的失效，甚至反向伤害施咒者。很多时候，仪式语言已经完全无法为参与者所理解，仅有声音的波动与先后次序，表现出秘密、神圣、尊敬的形式风格。不只是语言，其他媒介，如仪式参与者的身体移动，或者最为形式化的身体动作——舞蹈，均有着类似的不可移易性。

愈是高度形式化的象征语言，愈与说者脱离关系，也跟时间、空间脉络脱离关系，而丧失了选择性、随机性、偶然性。语言论证的逻辑或是语言的创造性，上述一般语言所具有的性质均不属于象征语言所有。同时，语言的形式化程度愈高，指称的作用（propositional force）愈低，语用效力（illocutionary force）却愈强，也愈能影响别人而建立其权威性。最为人知的例子便是天主教的仪式语言都是古典拉丁文。在念诵仪式语言时，言说者也已不再只代表自己，而可能代表过世的祖先，或者超自然体。更进一步说，仪式语言的意义与效力已经不是来自语言结构本身，而是来自仪式实践的重复性。

布洛克认为，在所谓的"传统社会"中，形式化的语言本身，提供了权威建立的基础；最极端的传统权威，就以宗教或仪式的形式出现。虽然，宗教跟传统权威之间的界限，并不容易清楚划分。但至少，传统权威为了达到政治目的，除了使用形式化的沟通规则外，还是要使用某些非形式化的策略。只有在仪式之中，权威的建立完全来自形式化的媒介。

布洛克的解释，不仅说明仪式象征结构不变的原因，更说明了仪式象征结构如何产生权威。[1]事实上，他的理论还隐含着仪式与社会之间的另一种关系或课题：愈是阶级化的社会，其仪式愈形式化；愈倾向平等的社会，其宗教仪式愈松散而不固定，甚至失去了仪式的起码形式而与一般行为无异。台湾少数民族的研究，正是此一论点的最佳说明。

在台湾少数民族当中，排湾人以清楚而严谨的贵族制度闻名，布农人则以平等社会著称。排湾人的仪式，亦展现出高度形式化的特征。不仅其仪式过程必须由属于贵族家系的仪式专家来主持，仪式中更充满着许多咒语，不少均为至今已无法理解的古语，念诵过程更不得有一丝错误，否则会带来不幸。反之，在布农人的传统仪式，甚至当代的仪式亦同，每由不同的人来主持举行，过程往往因人而异，并且，往往以共餐为仪式的结束，使得仪式终止的时间点暧昧不明。两群体的仪式形式化

---

[1]　布洛克的解释，在人类学的仪式研究上，也引发了一些不同意见的讨论。参见Tambiah（1985）。

程度之异，正反映了其社会阶级化程度。

排湾人与布农人的仪式对比，正说明了：由仪式的象征结构来了解仪式与社会关系的可能性，以及其限制。至少，把仪式视为意识形态，并不是在任何社会或文化中都同样有效。在平等社会，往往因为仪式的形式化程度有限，所建立的权威也模糊不明，使得仪式本身难以产生意识形态的作用。不过，这个对比固然可以清楚呈现仪式作为意识形态与阶级社会的紧密关系，但对于阶级社会中被压迫者而言，在被支配者所挤压的条件下，或在极端形式化仪式的笼罩下，他们是否可以形成自己不同的独特仪式来对抗？这可见于可马洛夫有关南非德希地（Tshiti）人的研究（Comaroff 1985）。

三、文化实践论

可马洛夫的《权力的身体，抵抗的精神：一个南非民族的文化与历史》（*Body of Power, Spirit of Resistance: The Culture and History of a South African People*），主要讨论南非茨瓦纳（Tswana）地区的德希地人在种族隔离政策下的仪式性反抗运动，也涉及了仪式的再创造和仪式与社会的另一层关系：

在英国殖民南非之前，茨瓦纳地区的德希地人拥有他们自己的文化和仪式。在长久的被殖民过程之中，德希地人面对政治、经济、文化压迫，其反抗是以宗教运动的方式表现的。

在被殖民之初，代表英国中产阶级的美以美教会，进入该地传教。他们远赴海外传教的目的，旨在教化野蛮人。该教会本身强调情绪跟理性、物质跟精神、身体跟心灵是不可分的。也因此，美以美教会虽然是基督新教教派的一支，却反对资本主义文化。因为，资本主义文化本身认为情绪跟理性、物质跟精神、身体跟心灵是对立的，而美以美教会正反对这种二元对立的看法，以及资本主义文化所假定的物化世界观。不过，美以美教会仍强调天职的观念，承认人跟人之间的不平等，并认为不平等是源于上帝的拣选或恩宠。建立在承认世间不平等的基础上，美以美教会并不积极鼓动当地人从事实际政治活动来反对资本主义或是殖民统治者。这种概念和行动上的疏离，导致当地人的异化。当地人在经济上被剥削，生活愈来愈困难，生计远远不如传统生活形态时期。尤其在南非黄金的开采浪潮下，很多人被迫甚至被掳为采矿工人，加上南非种族隔离政策，当地人被压迫与异化的程度已经达到顶点。由于种族隔离政策禁止当地人通过政治参与或从事武力对抗以改变现状，大部分人便试图通过宗教运动来抗议。美以美教派无法提供反抗运动的种子，而此时传入的美国锡安教派，其教义反而提供了宗教运动的温床。

锡安教派传入德希地人居住地后，当地人采用该教派的教义，强调被压迫者的团结抵抗，信徒也随之愈来愈多。事实上，德希地人所信仰的锡安教派，早已融合了美以美教派与传统信仰，而发展出一个新的地方独立教派，并且通过宗教仪式的实践来对抗殖民统治。虽然，这类仪式因为才刚形成，形式化程度还很低，也因与日常生活关系紧密而难以清楚切割。进一步来说，通过宗教仪式的执行或文化的实践过程来对抗殖民统治与种族隔离，并不能实际上改变社会不平等的条件跟被压迫的情境，可是，宗教的仪式活动凝聚了当地被压迫者，提供后来逼迫南非白人政府放弃种族隔离政策的社会条件。

可马洛夫写作此书时，种族隔离尚未废除，可是，该书已经预期了反抗运动的力量以及结果。更重要的是，这个研究进一步批判西方中心的功利主义权力、决定性与抵抗等概念，使我们得以正视到：表面上看起来是乌托邦式的宗教运动，却是实际与激进运动的摇篮，避免将社会运动限于武力对抗的狭隘偏见。

可马洛夫的研究，不仅挑战了西方功利主义下的权力、决定、反抗等观念的文化偏见，也凸显了当地人如何结合传统与外来西方文化，创造出新的宗教仪式来对抗已有的支配性权威，颠覆旧有的并塑造新的社会秩序。这除了展现仪式如何积极地推翻旧社会并塑造新社会外，更凸显出这类社会内部原有的不平等性。

第三节 结 语

在这一章中，我们可以发现人类学的宗教研究，是以宗教与社会的关系为最初的关怀。这个主题经库朗日、涂尔干的发展，乃建立了宗教人类学的基本问题意识——宗教是社会的再现或集体表征。这个取向，更开展出功能论在人类学发展初期的主宰地位，但也造成宗教只是社会或社会结构的附属品，并不具有独特而自成一格的特性。这种情形，直到格尔茨视宗教为文化系统来重新界定宗教时，才有所突破。但这种突破并没有有效地剔除宗教研究上的西方文化偏见，如以"功能"解释宗教所造成的限制。直到特纳发展出仪式的象征理论，带出仪式与社会的研究课题后，人类学的宗教研究才真正有它独特的位置。

通过象征结构，仪式不仅得以利用象征本身的多义，乃至包含两极相反意义在内的特性，更可以吸纳外来不同的力量，以调节传统文化与外来文化间的冲突，使仪式相较于宗教，更有其具体而独特的机制，凸显转型期社会的特色，使仪式与社会相互构成独特的课题，并试图剔除宗教仪式只是消极地再现社会而不是积极地塑造社会的理论偏见，以及挑战了当时西欧文化往往将非西方社会的宗教仪式视为非理性的制度性活动、不符合现代性、充满迷信的传统遗留等偏见，使仪式正式成为人类学研究中最常见的主题之一。事实上，在不同的社会文化脉络之中，仪式不仅有不同的象征结构，与社会可能更有着不同的连接。譬如，马克思论视仪式为意识形态，凸显出仪式形式化程度与社会阶级化程度间的紧密关联，使仪式与社会的关系有着更复杂与多元的发展空间。通过文化实践论，我们不仅看到仪式的再创造过程，得以结合传统文化与外来文化，积极地塑造新的社会秩序，并挑战西方功利主义下的权力、决定、抵抗等概念，使对社会运动的理解得以跳出西方文化将其限于武力对抗的文化偏见，更凸显这类社会内部不平等性的严重性，以及仪式颠覆旧社会的作用。

这一章的讨论，主要集中在宗教、仪式与社会的关系。然而，人类学的宗教或仪式研究，是否可能触及信仰者的主观宗教经验？这就是下一章"思考模式"所要讨论的主题。

第十二章　思考模式

　　人类学的宗教研究，从上一章所谈的宗教与社会或宗教与仪式之课题，转变到思考模式，实涉及前者往往被宗教学者和信徒认为是外缘问题，对宗教研究而言，更根本的反而是教义以及信仰者的宗教经验。对此，人类学是从宗教信仰与宗教经验背后是否有独特的思考方式与原则着手，这便涉及本章讨论的主题——思考模式。但这类探讨仍受限于西方理性知识的传统，真正的突破，则有待于新知识的寻求。

第一节　主智论与思考方式

　　在人类学成为一门专业学科后，首先触及此一层次问题的，是与拉德克利夫-布朗之功能论约略同时，而由埃文思-普里查德集大成的主智论。然而，主智论的知识传统，却是由两位 19 世纪末的学者，英国的古典学、宗教学与亲属研究者弗雷泽，以及法国哲学家列维-布留尔所奠定的。

一、弗雷泽的感应法则

　　作为主智论奠定者之一，弗雷泽的名著《金枝》[①] 问世之后，即成为有名的文学作品。马林诺夫斯基在波兰取得数学与物理学博士学位之

---

① 弗雷泽的《金枝》，在当时被视为文学名著，卷帙浩繁，初版两卷，后来增补至十二卷。埃文思-普里查德针对此书写了一篇值得推荐的简介（Evans-Pritchard 1981：132-152）。

后，因病疗养期间，即受此书吸引，而开启了他对于人类学的兴趣。该书不只搜罗了世界各地的风俗习惯与巫术信仰，更进一步探讨巫术之所以产生作用的通则。弗雷泽认为：巫术之所以能产生作用，是依靠"感应法则"（law of sympathy），故将巫术通称为"感应的巫术"（sympathetic magic）。这种感应还可进一步分为两种：一种是依"相似律"（law of similarity）而来的"同感性巫术"（homeopathic magic）。比如，在行使巫术的时候，捏塑一个受害者的刍像，用针去扎，使受害者感到疼痛，此巫术即是奠基在刍像与受害者的相似性上，产生作用。另外一类巫术，称为"接触感染性巫术"（contagious magic），是依赖"接触律"（law of contact）而作用。例如，以受害者身体的一小部分，如头发或指甲来施咒，以影响受害者，此种巫术的效力是通过具体的接触才得以产生。

极简化地说，风俗习惯乃至于巫术，背后都有其存在的一定道理，并且这个道理与当地人的思考方式有关。这就是主智论的基本假设。只是，在《金枝》风行的时代，主智论尚未正式发展。

二、列维 - 布留尔的互渗律

如同弗雷泽，列维 - 布留尔在当时收集到的世界性民族志资料中，发现许多原始民族的思考方式大异于西方人。在《原始思维》（*Primitive Mentality*）一书中（Lévy-Bruhl 1966［1923］），他提到了一个很著名的例子：西方传教士在南美洲传教时遇到的印第安人，自称其祖先是鹦鹉。当时的传教士皆以为不可置信，认为原始人的思考幼稚且错误，文化原始落后。因为，西方知识是建立在思考三律的基础上，而人有异于鹦鹉，因此，宣称鹦鹉是人的祖先，违反了思考三律中的矛盾律。[①] 列维 - 布留尔进一步分析这个现象，提出一个看法：当地人会说祖先是鹦鹉，涉及他称为"互渗律"（law of participation）的思考原则。

简单地说，互渗律是指：在实际生活上，人与图腾紧密地互相影响、渗透；所以，人类可以被隐喻为鹦鹉。列维 - 布留尔进一步认为：思考上的互渗律原则，存在于某种特殊形式的社会——具有图腾信仰的社会。

---

① 所谓思考三律，是指同一律、排中律、矛盾律。具体内容见前一章讨论涂尔干宗教理论时的注释，本书第 235 页注 ①。

在其中，人与动植物在象征上可以相互指涉、相互渗透。由于互渗律违反西方的思考三律，却普遍存在于原始社会之中，因此列维 - 布留尔将之称为前逻辑的（pre-logic）思考方式。① 列维 - 布留尔并不曾深入探讨特定文化，但其研究成果，却直接影响到埃文思 - 普里查德。

三、埃文思 – 普里查德的阿赞德巫术研究

主智论的讨论，在埃文思 - 普里查德带入人类学田野工作，提供了必要的民族志资料之后，被提升到另一个层次。《阿赞德人的巫术、神谕与魔法》（*Withcraft, Oracles and Magic among the Azande*），更成为最能代表主智论取向的民族志名著（Evans-Pritchard 1937）。

位于苏丹南部与扎伊尔交界处，为尼罗河与刚果河分界区的阿赞德社会，在文化上有一个重要的特色——以巫术（witchcraft）为其关键性象征（key symbol）与"文化惯性"（cultural idiom）。② 透过关键性象征，我们可以理解该文化的独特思考方式。

在阿赞德社会中，巫术极为常见、极为普遍。当地人会把所有的不幸与不测，均视为由巫术（指 witchcraft 或 sorcery）所造成。因此，当地人一旦遇上不可抗拒之事，经常求助于巫医，设法找出施加巫术的人。若找到了这个加害者，他们会诉诸当地政治领导人，要求加害者认罪，取消巫术，并补偿；或者，他们会另外寻求巫师和解毒剂来消除巫术。万一受害者死亡，亲戚必须找出施巫术的凶手，为亲人报仇。

---

① 在列维 - 布留尔后来的研究中，如《土著如何思考》（*Les Fonctions MentaLes dans Les Sociétés Inférieures*，英译为 *How Native Think*）（Lévy-Bruhl 1985 [1926]），他提出：互渗律的思考方式，正如依据思考三律而来的逻辑实证一样，是人类普遍共有的。只是，在原始社会里面，所谓前逻辑的思考方式，更具有支配性。而逻辑实证方式，自 15 世纪以来，逐渐宰制了西方社会。因此，列维 - 布留尔隐含了一个观点：特殊的思考方式，往往来自特殊的社会条件。

② 这里所说的巫术不同于我们一般所讲的 magic。witchcraft 被视为个人天生就有的能力，当此人作祟他人之时，并没有意识到自己的作为。相较之下，magic 则是指有意识地去学习、行动，有意图地加害他人。

事实上，在这个社会里面，有一套关于巫术的系统知识。比如说，当地人将所有的不幸，特别是生病或意外死亡，以及长期经济生产失败等，都视为遭受巫术诅咒的结果。其次，巫术不仅是天生的，并且是依照继嗣原则来传承。但并非所有氏族成员均具有同样的巫术能力。巫术与人观有关，会随着年龄的增长而增强。因此，即使是巫师的儿女，幼时也不被认为有能力施巫。巫术也与空间观念有关，距离可以削弱巫术的效力；因此，阿赞德人咸认施行巫术者，一定来自周遭。再者，他们认为：巫术的运作完全是心理过程与潜意识的作用。有时，施巫者自己也没有意识到自己正在作祟害人。而且，在当地人观念中，富有、具有社会地位、政治领导者，均不可能作祟害人。因为，政治领导人担负了裁决施巫者是否有罪、该受何种惩罚的仲裁角色，自身不可能被指控施巫。

当地人会如此在意巫术，涉及他们对人性的看法——巫术害人，往往来自嫉妒、贪心、羡慕、毁谤等人性弱点。此外，这种巫术担负起日常实用知识所无法解决的偶然性问题；两者不相冲突。在第三章提到：埃文思-普里查德以房柱子压死人的例子来说明：巫术知识主要是解答为什么是这个人在这个时候被压死，而不是其他人，或不是在其他时候。这与白蚁咬坏房柱造成房子倒塌的一般常识并不冲突。

整体而言，有关巫术的一套观念，包括内在矛盾，均来自文化本身。它有自成体系的一套观念，但体系本身也有矛盾。比如，他们清楚知道在特定的情况下，某些从尸体中找到的证据其实是造假，主要是为了说服旁观者，而且这套做法是训练巫医过程中的一环。其次，有关巫术的知识，结合了很多相关的习惯、观念乃至于仪式实践，甚至牵涉到当地的民俗医学知识。

阿赞德巫术的观念与效力，来自他们的文化，同时也受限于文化。没有这些观念的话，我们无法了解阿赞德人的巫术或神秘力量。因此，当地人观念如果改变的话，巫术的效力马上产生问题。一方面，我们可以说：新巫术的引入，必须建立在新观念的基础上。另一方面，我们也可以看到：西方基督宗教进入之后，巫术的效力便开始动摇。

这个研究还涉及了思考方式的重要讨论。巫术背后固然涉及信仰，可是它还是跟科学观念的因果关系有所不同；它本身有其独特的因果观念。第一，巫术的因果关系，往往在事件的连续性序列之外——事件并不一定导因于先前发生的事情。第二，巫术的因果关系往往是由结果来推定原因，而不是由原因推出结果。第三，它是主观的、先知性、预测性的预言式。第四，巫术的实践是依赖其在时间上，将未来和现在合而为一——现在施行的巫术，是在未来产生影响。第五，巫术运作的过程或仪式实践过程，非常依赖弗雷泽所说的"类比"（analogy）原则，来解释巫术的因果关系。由于这些思考上的特性，与一般因果观念不同，埃文思 - 普里查德只得称之为"神秘的"（mystical）观念。这种观念不仅凸显出其独特的思考方式，也凸显了该文化的特色。

埃文思 - 普里查德在这个研究中，不只要凸显出阿赞德人的思考方式和文化特色，还论证了：阿赞德的巫术，乍看不合理，其实是具有高度理性的，只是在经验上有争议。也就是说，如果从阿赞德人的前提推论下来，整个推理的过程，或是巫术背后的观念系统与逻辑思辨，其实是非常合理的。既不是前逻辑的，也不是非逻辑的，只是论证的前提和西方科学的假定有所不同。

埃文思 - 普里查德透过当地人的语言与观念来了解巫术现象，并没有进一步探讨巫术前提的真假，只在此前提下讨论其论证的对错，来确定当地人是否与西方人一样理性。因此，他并没有从本体论上的立场去讨论巫术的性质，进而挑战过去人类学知识的基础；他的讨论，集中在认识论的层次。他强调：要了解巫术，就必须从文化的观念或信仰，去了解其现象和意义。此外，他的研究路径还是从经验论的立场，探讨当地人的思考与文化上的特色。但无论如何，阿赞德巫术仍是人类学的经典研究，通过深入的个案调查，挑战一般性的理论，并证明原始人具有和西方人一样的理性论证能力，挑战过去西方文化视原始人为幼稚不具理性的偏见。

埃文思 - 普里查德的论点，引起了两个非常不一样的反应。一是更进一步推展这个论点，以证明原始民族的思考方式与西方人无异，这便是

列维 - 斯特劳斯的结构论立场。另一个反应，是来自温奇的批评。他从维特根斯坦晚期的语言哲学观点出发，认为埃文思 - 普里查德从西方经验论科学观的立场来理解，不仅误解当地文化，更无法掌握其独特的思考方式（Winch 1958）。这些相反的意见，乃引发日后有关理性与文化相对论的争辩（Wilson 1970；Finnegan ＆ Horton 1973；Hollis ＆ Lukes 1982；Overing 1985b；Ulin 1984）。下面，先回到列维 - 斯特劳斯的结构论。

四、列维 – 斯特劳斯的野性思维说

埃文思 - 普里查德认为，原始人与现代西方人一样具有同样的（形式）理性能力。这样的观点，被列维 - 斯特劳斯的结构论发挥到极致。他在《野性的思维》中（Lévi-Strauss 1966），企图证明这些原始人必须依赖具体的事物来思考，而不像西方科学可以通过抽象的概念来讨论，如数学是完全建立在抽象符号的基础上。因此，当地人的"科学"不同于现代的科学，前者他称之为 bricolage，原为法文，英文翻译的意思是"具体事物之科学"（science of concrete）。也就是说，原始人其实跟西方人一样，都要建立系统的知识。只是，原始人在思考上必须依赖具体的东西，而不像科学可以完全通过抽象符号来思辨建立知识系统。甚至，他要进一步证明的：原始人所建立的知识，可能比现代科学更精准。譬如，西方人对于雪只有一种分类，但因纽特人却可以分辨出几十种不同性质与用途的雪。再如，菲律宾哈努努（Hanunoo）人对作物的分类，往往非常细致，远超过当代植物学的分类。[①] 不过，列维 - 斯特劳斯不仅要说明：原始人通过具体物来思考所建立的知识系统实不亚于现代科学知识，他更强调：他们所建立的知识系统并不真的只是为了生活所需要，而是为了思考本身。因为，分类对当地人来讲，便是一种秩序的建立。

对列维 - 斯特劳斯而言，科学固然是要建立一种知识系统并隐含这种秩序，艺术也不例外。只是，艺术所建立的秩序，跟科学所建立的秩序，在前提上有所不同。他称科学所建立的秩序为"换喻秩序"（metonymic order），艺术所建立的则称之为"隐喻秩序"（metaphoric order）。换喻秩

---

① 正如笔者所熟悉的布农人，当地人将小米依其生长的地方和用途，分成至少 18 种。酿酒用的小米就与煮饭用的小米种类不同。

序是指我们通过探讨对象的部分关联，来归纳出原则或秩序，隐喻秩序就不一定要探讨对象都有直接的关联。也因为这样，列维 - 斯特劳斯希望通过原始人的研究，看到人类最原初的、具有普遍性的思考模式。

列维 - 斯特劳斯认为，所有的分类系统都有其规则与普遍基础。除了二元对立的思考原则之外，换喻秩序与隐喻秩序也是普遍存在的原则。不过，在这些普遍性原则之下，我们如何解释文化的差异？他强调：虽然有一些基本原则的存在，但我们必须要更注意到"转换"（transformation），转换对于理解文化差异非常重要。他所说的转换，包含了两种不同的类别，一种是同一文化之内，不同分类系统之间的转换，像是科学与艺术，是两种不同却可能并存于同一文化中的分类系统。它们之间如何相互转换？以科学和艺术为例，由于背后有某种共同的心灵运作，因此是可以相互转换的。如同巫术，可被视为科学的隐喻式表达，因而 19 世纪的人会将巫术视为伪科学。但，巫术与科学均试图通过实际作为产生作用，这是它们的共同之处。另一种，是同一系统在不同地区、不同文化间的转换。这种转换之间存在着类比关系。比如，列维 - 斯特劳斯在四大卷《神话学》中分析美洲印第安人的神话时，就发现有些共同的主题（如上／下、人间世界／死后世界、熟的／生的、文化／自然）出现在不同的文化中，但以不同的对比关系出现，正可证明神话在不同文化之间的转换关系。

另一个有名的具体例子，是有关印度的卡斯特制度与澳大利亚土著图腾信仰的分析。这两者分布在两个看起来完全没有关系的文化区。可是两者之间存在着明显的对比性。比如，在婚姻制度上，两者即为内婚制与外婚制的对比——在卡斯特制度下，人们只能在同一阶级内寻找婚姻对象，但图腾制则刚好相反，必须嫁娶属于不同图腾的人。进一步来说，卡斯特制度将人分成不同阶级、类别，有如不同种类的动植物，这类变异完全是一种文化（建构的）模式（cultural mode of diversity），并且严禁与属于不同类别的人群通婚，一如不同种属的动植物不可能交配繁衍。此种文化模式的分辨，却产生了自然（分类）模式的效力，如不同卡斯特间的通婚被视为严重的禁忌，一如不同种属之间的通婚无法产生后代（或产生无生殖力的后代）一般。反之，图腾制度依代表其祖先的动植物，将人分成许多不同的类别（如老鹰与乌龟），是依自然模式对人类施加差别的分类（natural mode of diversity），但是这样的分类是文化性的，不同图腾的人可以通婚，因而产生了文化（分类）模式的效力。如此，形成了下列的对比关系：卡斯特：图腾：：内婚：外婚：：文化模式的分辨：自然模式的分辨：：自然模式：文化模式。

列维 - 斯特劳斯将距离遥远、乍看无关的两个文化评比讨论。这两个文化彼此之间，完全缺少换喻秩序而被放在一起讨论，却能够相互类比，构成他称之为"屈折体系"（paradigmatic）的模式或结构。这种论证方式，不同于经验科学依换喻秩序来归纳抽象原则，而构成"统合构造的"（syntagmatic）模式或结构。透过屈折体系的特殊论证，列维 - 斯特劳斯不仅得以证明原始人与现代人都具有统合构造与屈折体系的思考模式，更让人类学研究得以跳出经验论科学观限于统合构造模式的限制，带来了人类学研究上的一大革命。

列维 - 斯特劳斯能够证明原始人与现代人具有相同的理性，更是通过他的特殊论证方式——以具体问题之转换过程来论证。譬如，列维 - 布留尔常举南美洲印第安人宣称其祖先是鹦鹉，以证明原始人的思考方式是前逻辑的。列维 - 斯特劳斯却利用"去整体化"（detotalization）和"再整体化"（retotalization）的概念，证明当地人与现代人一样地理性——通过去整体化，土著将鹦鹉分成头、颈、脚等部位，再不断细分下去，最后透过隐喻的关系，将各部位重新结合在一起的再整体化过程，成为一个完整的人。这个思考上的转换过程，可由图 12-1 表现出来（Lévi-Strauss 1966：152）。列维 - 斯特劳斯要证明的是：上述思考方式，普遍见于所有人类。因此，原始人与现代人的思考方式，基本原则是相同的。不同的只是，原始人的论证过程可能不是换喻的，而是隐喻的。隐喻并不专属于原始思维；换喻与隐喻，正如二元对立思考方式，普遍存在于各文化之中。现代科学的讨论过程，也大量借助于隐喻。例如，物理学在探讨更微小的物质时，往往无法直接证明或观察得知，仅能由结果证明其存在，用名词来隐喻其性质。列维 - 斯特劳斯认为，这正好说明了：现代人的思考方式和原始人没有不同；反而是通过原始思维的研究，呈现出人类最原初的思考方式与能力。

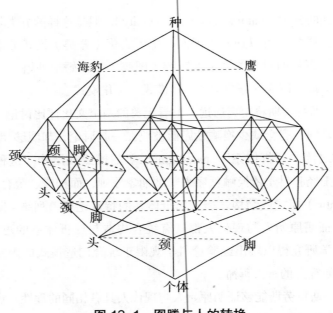

图 12-1　图腾与人的转换

　　列维 - 斯特劳斯之所以会带来人类学知识上的革命，主要是因为他在本体论上所提出的突破。他认为过去人类学家所处理的社会文化现象，仍然停留在现象的表面层次。要了解这些现象何以致之，就必须由人类的心灵运作或思考原则来解释，这些原则属于潜意识、深层结构，如同语言现象后的文法结构。列维 - 斯特劳斯认为，人类心灵的运作与思考原则，才是社会文化现象的真实，也才是人类学作为一门科学真正应该探讨的对象。如此一来，他在本体论上挑战了过去经验论科学观宰制下所认为的社会文化真实。他的研究分析单位不同于经验论的小村落，也不再是具有清楚空间界限的分析单位，分析对象也往往跳跃于不同文化区。上述卡斯特与图腾的讨论，便是一个典型的例子。

　　然而，列维 - 斯特劳斯的讨论往往只是形式分析，不涉及内容。他有兴趣的是观念之间、神话要素之间的结构形式，以及形式之间的关系等，而非意义。如同他强调的是语言学上的文法，而非语义和语用 ①，使得他的研究很容易落入形式分析的路径。比如，他在宗教仪式的分析上，容易忽略实践行为。不但只着重在仪式中所使用的话语，甚至将话语（word）和行为（action）完全分离，使得宗教仪式成为神话或教义等话语的附带品，失去其独特的性质与领域。这样的取向，很容易导致跟随者在研究上落入形式化的窠臼，也造成后续研究上的限制。

除此之外，列维 - 斯特劳斯还遭遇了另一个主要的批评。他虽然证明了二元对立的原则（或换喻与隐喻），是所有人类的思考原则或方式，但人类的思考并不限于这两种原则而已。因此，他显然简化了人类的心灵。此外，列维 - 斯特劳斯虽然不否认文化差异的存在，但文化差异并不是他的本体论假定，人类心灵的思考原则才是他研究的前提。因此，人类学所着重的文化差异，在他的理论中无法被有效地凸显。

即便如此，列维 - 斯特劳斯的结构论早已成为人类学知识体系中的一部分，产生了深远的影响。在第三章提到：道格拉斯探讨不可分类者往往成为强而有力的神圣或邪恶力量的来源，此力量实是心灵运作的结果。如第五章"亲属、社会与文化"所讨论的联姻理论，也是他的重要成就。1970 年代，古迪讨论文字对人类社会文化的重要性，凸显出文字在社会文化性质区辨上的关键性（Goody 1977）②，也是建立在列维 - 斯特劳斯以来的主智论之累积成果上。

---

① 这差别就如同符号学（semiotics）与语义学（semantics）的不同。语义学的重点在于：语言的意义依赖于说话者用不同方式表达，而这不同的方式对当事人而言才有意义。而符号学是把语言或观念视为抽象符号，探讨符号间的关系。列维 - 斯特劳斯对结构语言学者索绪尔（Derdinand de Saussure）极为推崇，感兴趣的是符号学，而不是语义学。

② 古迪在此书中强调：只有通过文字才能够让知识不断累积、才能进行科学上的三段论法的逻辑思辨、才能使人类建立超越面对面直接沟通的社会，人类知识与社会文化的发展才可能产生重大突破。

第二节　文化相对论

相对于列维 - 斯特劳斯的结构论，温奇则采取完全不同的立场来回应埃文思 - 普里查德的阿赞德研究，并引发文化相对论与普遍理性的争论。

一、温奇的文化相对论之挑战

前面曾提到，主智论原认为原始人的宗教迷信背后有其不同于科学理性思考的独特思考方式与原则，实是他们前逻辑的思考结果。这论点虽经埃文思 - 普里查德以深入的个案研究所推翻，更经列维 - 斯特劳斯结构论的阐释修正为科学、艺术（乃至宗教信仰）背后的换喻与隐喻，就如同二元对立思考方式一样，均为人类普遍共有的思考方式，也使主智论的发展臻于成熟。但这样的论点却违反人类学知识上文化差异的本体论假定，无法充分呈现不同文化特色。事实上，结构论乃至于主智论，因为温奇从语言哲学立场提出不同的观点而受到进一步的挑战。

温奇受到维特根斯坦晚期语言哲学的影响，对普遍理性的观点提出挑战。简单地说，维特根斯坦晚期的语言哲学与他早期的逻辑实证论刚好相反；他在晚期认为，我们不可能得知真实（reality）本身。我们通过语言的再现理解真实，而语言的概念化便已经在对真实做某种切割，无法直接代表真实本身。而且，每种语言有着不同的再现与切割方式，复数的语言与同概念而不尽相同的定义正说明语言与真实的差距。因此，一种语言所建立的世界观与知识系统，不可能去了解另外一种语言的世界观与知识系统。在这样的基础之上，温奇认为埃文思 - 普里查德依据现代西方科学的知识与语言，不可能真正了解阿赞德人的巫术。埃文思 - 普里查德虽然承认原始人跟现代人一样具有形式理性的逻辑思考能力，可是，他仍认为巫术与经验相违背。在温奇的观点中，这不仅牵涉以西方文化的偏见来理解当地人文化的问题，更涉及文化间的不可共量性（incommensurability）——依据现代科学的逻辑思辨来了解当地人的巫术，无法真正理解当地人的思考方式（Winch 1958）。换言之，温奇认为埃文思 - 普里查德只处理了韦伯所说的普遍性形式理性，而没能理解当地人独特的实质理性，而这两者有着基本上的不同，就如同科学与宗教有根本上的差异一样。

　　温奇的观点，引起 1960—1980 年代，在人类学、哲学或社会科学界有关普遍理性／特殊理性，或形式理性／实质理性等的争辩，并形成了两个不同的理论立场。一派延续列维 - 斯特劳斯结构论的立场，认为所有人类背后都有共同的理性和思考原则存在，只有在这样的共同基础之上，才能够了解每个文化所发展出来的特殊思考方式。霍顿（Robin Horton）的研究便是典型的代表（Horton 1970）：

　　　　在讨论非洲传统思考方式与西方现代科学的差别时，霍顿试图证明：非洲的传统思考原则与现代西方科学的思考原则，基本上没有太大差别。差别在于：非洲传统的宇宙观和信仰，结合了当地的社会组织和社会结构。因此，其思考原则所建立的知识体系是封闭的，不能被影响、被改变。某些封闭的传统知识往往跟巫师所垄断的特权结合，致使知识体系的改变也往往连带影响到社会结构，甚至文化分类体系。但是，现代科学知识在社会里是被独立出来的范畴，所以，科学知识本身是开放的，科学典范可以一直改变，而不致影响社会本身。

　　霍顿的理论立场强调普遍理性的存在。在这个共同基础上，研究者进一步分辨各文化的不同，特别是社会文化脉络的不同。受上述温奇理论的影响者则强调了文化相对论，认为每个文化都有自己的一套知识系统，背后涉及不同的思考方式或特殊理性，不能用现代西方科学的思考方式或形式理性作为普遍理性的基准来了解。但如此一来，文化相对论者就面临了一个问题的挑战：如果每个文化都有它自己不同的思考方式或实质理性，那么，研究者如何可能了解不同于己身的文化？

　　在普遍理性论的挑战下，文化相对论者开始讨论所谓的不可共量性。亦即，不同文化里，有很多概念根本缺少共同的基础而无法被异文化所理解，甚至翻译。最为极端者，如尼达姆与普永（Jean Pouillon）的讨论（Needham 1972；Pouillon 1982）。他们认为：诸如信仰、宗教、相信（to believe）等对当地人而言至关重要的观念，往往多义、暧昧、难以翻译。要正确地翻译宗教的观念或信仰乃至相信，几乎是"不可能的任务"。这便涉及：在维特根斯坦的语言哲学中，我们无法通过语言再现真实本身，往往是通过因文化而异的特殊语言概念去描述、再现。因此，文化与文化之间有着难以跨越的鸿沟，这是了解异文化本身的限制与困境。也因此，如何寻找一个"桥头堡"（bridgehead），以突破这种了解上的限制与困境，便成为文化相对论者（Hollis & Lukes 1982；Overing 1985b；Ulin 1984）的主要努力方向。

从某个角度而言，这个争辩并不是个新的问题。早在美国文化人类学发展之初，便已产生过相关的讨论，主要围绕在宇宙观与语言的问题上。

二、宇宙观与语言的探讨

埃里克森曾指出：如何理解宗教现象，除了如同主智论者去了解非西方人宗教思考背后的原则之外，还有宇宙观与分类系统两种探讨方式（Eriksen 2001）。有关宇宙观的探讨，在博厄斯强调文化特殊主义的观念论传统下，尤其是他的学生沃夫（Benjamin L. Whorf）和萨丕尔（Edward Sapir），早已经发展出一套理论假说。他们认为，不同的语言会影响其思考方式与世界观。例如，因纽特人可以将雪分类为数十种。不过，更重要的是他们对时间的看法缺少过去、现在与未来的区分。这样的世界观与将时间分为过去、现在与未来的世界观有所不同。又如霍皮（Hopi）的例子，这个几乎没有名词与物体而又缺乏标准动词变化的语言，整个语言的焦点在实际中移动，是个非常强调过程倾向（process-oriented）的语言。可惜，他们的讨论，在当时并未产生太大的影响，因而无法进一步讨论到底语言对文化的影响有多深，对宇宙观的建立影响为何。虽然，在博厄斯的文化相对论传统之下，会发展出这样的理论假说并不令人意外，但未能产生深远的影响，多少与当时美国人类学民族志的累积和深度有关，更与理论上缺少如维特根斯坦语言哲学的基础有关。

博厄斯文化相对论的传统，一直要到格尔茨试图结合韦伯的理解观念（Verstehen），以及美国本土哲学（如伯克、朗格、赖尔等），而发展出所谓的诠释人类学，以解决文化相对论的困境——人类学家面对认识论基础的问题，田野工作便提供了一种可能的出路。亦即，透过参与、同理心、共感，研究者能够逐渐逼近被研究者的文化。虽然，格尔茨也承认："逼近"不等于"是"，研究者永远无法成为被研究者，仅能尽量逼近并试图提供多元的诠释观点。[1] 但是，格尔茨的诠释人类学遭受到最大的批评，便是这样的理解更容易带有文化偏见。因为，这些解释是格尔茨自己的解释，而非当地人的解释，以至于这样的讨论方式，无法了解当地人的宇宙观以及他们主观的看法，更难有效凸显其文化特色。因此，格尔茨在人类学的宗教研究上尽管有其重要贡献与影响，本体论的突破却相当有限。这相对于基本分类概念研究的成果，则更明显。

第三节　基本文化分类概念

分类系统的讨论，主要是源自涂尔干（Durkheim 1995［1912］）强调西方哲学从亚里士多德以来所认为的了解之类别或范畴（the categories of understanding），认为人观、空间、时间、物、数字、因果等，为人类最基本的分类概念，是人认识世界的基础，人类复杂的知识便是由此衍生而来。到了莫斯，翻转涂尔干的理论，表面上仍是在处理宗教与社会的关系，但更强调心灵是宗教与社会两者的中介因素。他们两人合写的《原初分类》（Primitive Classification），更进一步呈现出：分类系统得以呈现被研究者文化上主观认识的世界，因而凸显分类系统在了解一个文化上的重要性（Durkheim & Mauss 1963）。但，这样的论点在人类学界，一直到 1970 年代末期，才开始真正受到重视。一方面是由于莫斯许多主要著作在这时才翻译成英文，并被给予具有翻转涂尔干理论的原创性地位；另一方面，则是面对后现代或后结构理论解构了过去在资本主义文化影响下大家习以为常的分类范畴与概念（特别是社会、文化、亲属、政治、经济、宗教等）之后，需要找到一个对于研究对象能够更基本、更细致、更深入而又更广泛的研究切入点，以重建人类学的基本文化概念或理论，使我们研究的新出发点兼具批判性、反省性和建设性。而分类概念的探

---

① 格尔茨自己的民族志研究，如关于巴厘岛斗鸡的讨论，或者关于尼加拉（Negara）剧场国家的讨论，即充分体现了将文化视为文本，并通过亲身体验与诠释学的理解来逼近当地人的经验。

讨，正好可以满足这些要求。

1980 年代以后的人类学研究，往往将上述几个基本的分类概念，分别应用到不同文化的个别层面或领域中，而与其他概念或制度（如亲属、宗教仪式、权力、经济活动等）结合，发挥了类似第三章文化理论谈到的文化实践论的作用，但较少系统而整体地探讨一个文化的基本分类系统。故以下将以笔者所推动的"基本文化分类概念"之研究成果，以布农人的研究为例来说明：

笔者从 1973 年开始从事实际的人类学研究以来，主要研究对象一直是台湾少数民族中的布农人，特别是南投县信义乡东埔村的东埔社，是笔者至今仍持续进行田野工作的最主要地点。有关布农人社会文化的研究，日本学者马渊东一强调天生命定之原则而提出的父系继嗣理论，为日后有关布农人研究提供了主要的解释方向。当笔者开始从事研究时，发现当时布农人最关心的是如何面对世界性资本主义经济、地方政府的统治，以及基督教化等与现代化有关的问题。由此，他们强调个人的能力与集体适应的方式。这个发现，与马渊东一的观点大相径庭。直到笔者撰写博士论文（Huang 1988），才以当地人对"人"的看法（人观，personhood），调和了笔者与马渊东一的不一致观点。

在布农人的人观之中，认为人有两个 hanitu（精灵）。右肩上的 hanitu 主导人之利他、集体利益、遵守道德规范的行为，左肩的 hanitu 则主导人的利己与创造的自私行为。因此，如何由个人对于群体实际贡献来认定个人的成就与能力，乃成为布农人超越两者之间冲突的主要方式，并成为布农人的人生目的，甚至是布农文化上的特色。而人的 hanitu 继承自父亲，也继承了他的能力。但一个人后天的学习可以增加个人 hanitu 的能力，并传给后代。如此，借由人观的提出，笔者才得以整合前述马渊东一与笔者观点的冲突，并对布农人社会文化有了更深一层的了解，进入到由其文化的内在逻辑来解释的层次。

人观的研究成果，促使笔者发展与推动基本文化分类概念理论的相关研究。从 1990 年代初期以来，笔者陆续编辑出版了《人观、意义与社会》（1993b）、《空间、力与社会》（1995a）、《时间、历史与记忆》（1999a）和《物与物质文化》（2004c）等书。借此，得以进一步理解其他基本分类概念在布农文化中的意义。以空间为例（黄应贵1995b），其传统空间分类概念缺少中心／边陲之分辨而以每家都是社会的中心，不仅凸显布农社会的平等特色以及个体与集体间相互转换与共享关系，也呈现其空间分类系统与上述人观的不可分。另一方面，每个空间往往同时拥有几种不同的观念，常依人不同的使用而赋以不同的空间观念，使空间比其人观更有效凸显其实践的重要性与特性。

他如，在时间的讨论中（黄应贵1999b），了解传统布农人只有时序，而无精确的线性时间，时间的名称都是指称该时刻或节期应该做的事，故笔者称之为"实践时间"。因此，布农人对于过去发生的事情，无法提出明确的人、事、时、地、物，以及社会文化与历史脉络等性质；他们趋向于将历史通过长期经验的沉淀、压缩、凝结过程，建构为"意象"（image），而不是"事件"（event）。但布农人的历史意象，却是建立在他们自己所做的，以及有利于聚落全体成员的活动上。这样的历史观，不只使他们成为自己历史的主体，也凸显出其实践时间与实践历史所具有的布农文化特色。这样的特色，不但来自当地的人观、*hanitu* 信仰以及文化上实践的要求，更涉及他们创造历史活动背后、属于心灵深处的动机与动力。这里，我们不但得以了解一个文化的时间观念如何影响他们的历史观，以及人观的主宰性，也涉及"实践"在该文化的重要性，更涉及人创造其历史背后的深层动机与动力，后者正是上述两个分类概念较无法触及的。

至于物的分类（黄应贵2004b），讨论不再局限于人观和 *hanitu* 信仰，而视土地或空间、工作、知识与 *dehanin*（天）等为基本分类概念，在理解新作物与实践生产、分配与交易、享用与消费等经济过程的再创造上，是与人观和 *hanitu* 信仰同样重要的分类概念。这里，我们不只看到当地布农人创造出与资本主义经济有关的新分类范畴（如"市场知识"与"资本投入"等），更看到他们通过原有的基本文化分类概念，来理解外在的历史条件，而创造出新的生活方式与社会秩序。笔者更以不同经济时期的关键性象征，如小米、水稻、西红柿与货币、茶与汽车等，来凸显不同的象征性沟通系统之性质和社会的开放与流动性程度，并反映该社会的深层灵魂或心性的发展。由此，通过物的研究，进而质疑由亚里士多德以来而被康德所系统化的、将基本分类范畴视为固定的看法，以凸显人的创造性以及文化传统再创造之所以可能的基础。这更是上述其他分类探讨上所无法深入而有效呈现的。

由上，我们不仅可知人观及其背后的 *hanitu* 信仰，在整个布农文化了解上的关键性位置，也得以了解每个分类概念均分别呈现其他分类概念无法有效凸显的特色，而有其个别独特的地位。另一方面，透过基本文化分类概念的研究成果，我们得以进一步理解现代的亲属、政治、经济、宗教等当代普遍使用的社会范畴如何被建构。以宗教为例（Huang 1988；黄应贵 1991），当地布农人接受基督宗教的过程，主要是在生态改变带来疟疾的灾难威胁下，追求谢天新仪式而使自己存活并成为人的过程。因此，信仰改变或转宗的意义必须由其人观来理解。同样，政治类别的建构（黄应贵 1998），是通过布农人的人观及其三种隐含不同性质权力的交换方式所建构的。至于现代经济的范畴（黄应贵 1993a），更是通过布农人的人观和 *hanitu* 观念，认识资本主义市场经济，以建立其反应的方式。由此，我们不但得以超越传统与现代、前资本主义与资本主义、礼物经济与商品经济、为使用而生产与为交换而生产等二元对立观念的限制，更能进一步呈现出当地"经济与宗教的区隔和经济的独立自主性"如何浮现。这些研究成果，正足以证明基本文化分类概念在了解人类日常实际社会生活上，不论是理论还是实际应用上，均有其重要性和前瞻性。

由上面的例子，我们不仅可以清楚发现：个别的基本分类概念可以成为个别文化的关键性象征，为其文化最主要特色所在。[1] 而现代资本主

---

① 除布农人的人观外，肯尼亚的吉里阿马（Giriama）人，便是以空间为文化中最具支配性的分类系统。即使吉里阿马人因现代化与工业化，大量移民至海岸地区就业；但位居内陆的古代都城，仍然是他们的神圣空间。纵使大多数当地人不曾亲身造访，也把古城想象为纯正的传统（authentic tradition）与文化本质。因此，在基督宗教与伊斯兰教的强大势力之下，传统宗教也没有消弭，更不因宗教的世俗化或生活形态的商品化而贬值，反而更成为其族群与文化认同之所在（Parkin 1991）。

义文化影响下的新分类范畴，如政治、经济、宗教等，也得通过这类基本分类概念来建构。

无论如何，即使布农人的人观可以帮助我们去了解他们新的宗教信仰之形成，或是他们如何去理解现代的"宗教"，但此切入主题尚未能真正触及宗教本质、宗教经验等问题。因布农人在实际生活上面对重要的问题时，会依赖梦占之启示来寻求解决之道。比如，建屋、打猎、开垦、远行等较重大的事，固然依梦占之吉凶来决定，而面对资本主义市场经济的价格难以预测而无法决定种植何种经济作物时，当地布农人至今仍采取传统梦占的手段来决定。而梦占也逐渐变成布农人在现代情境中，文化与族群认同的主要指标。称布农人是个爱做梦的族群，并不为过。但当地布农人认为梦是由人的 *hanitu* 离开身体游荡时的经历所造成。而梦占或 *hanitu* 的实际经验与内容，实牵涉到上述宗教本质或经验等问题，唯这些均已超越西方学术传统的理性范围。虽然如此，学术的进展或突破，就是勇于透过已知来面对未知。事实上，国际人类学的发展，也已开始面对西方学术传统中被归为"非理性"的层面与范畴。

早在 1970 年代中，卡斯塔尼达（Carlos Castaneda）就提过：从印第安巫师的观点来看，人类有两大类六种方式来获取知识——理性、与理性有关的谈说，以及意志、与意志有关的感觉、做梦、观看（Castaneda 1974）。要了解"宗教"，过去的理性和谈说方式已不足够，非需其他方式得来的不同知识不可。而这些新领域的发展，将有助于我们进一步去面对宗教学家和信徒所认为的宗教本质、宗教经验等问题，人类学的宗教研究才可能有真正的突破。

第四节　结　语

由上面的讨论，我们可以发现：人类学的宗教研究，从上一章所谈的宗教或仪式与社会之关系，转变到思考模式，实涉及前者往往被宗教学者与信徒认为是外缘问题，更根本的反而是与教义有关的信仰以及宗教经验。对这样的质疑，人类学是从宗教信仰与宗教经验背后是否有与一般思考方式不同的独特方式与原则着手。

由主智论的传统，我们可以知道许多宗教现象背后的基本思考原则，如同感应巫术背后的相似律与接触律原则，或图腾信仰背后的互渗律等；借由埃文思－普里查德，乃至列维－斯特劳斯的进一步探讨，我们更可以了解到原始人与现代人一样，共享普遍的思考方式或原则，如二元对立或互补性的换喻与隐喻等。由此，我们得以剔除过去西方文化视原始思维为幼稚或迷信等偏见。

主智论的发展，虽然导致了普遍理性与文化相对论的争论，最后没有具体的结果，但承袭涂尔干与莫斯而来的文化分类概念的发展，使人类学的宗教研究有了新的方向。至少，我们可以由不同文化的关键性分类，来了解资本主义文化影响下的"宗教"乃至其他主要范畴如何被建构，并使我们了解到：现代的宗教分类范畴，在不同文化之下产生了何种不同的主观意义。然而，基本文化分类的研究，虽然从被研究者主观的文化观点出发，依然是建立在西方理性的学术传统上。因此，相对于宗教学，人类学的宗教研究依然无法面对宗教本质或宗教经验之类非理性的范畴。如何面对这些未知的挑战寻求新的知识，将是人类学宗教研究突破的敲门砖。

第十三章　文化与心理

　　文化与心理的研究，很早便在人类学的发展过程中占有一席之地，甚至曾经成为美国文化人类学的主流。但在经验论科学观的影响下，文化与心理的研究，几乎只是行为主义与弗洛伊德心理分析的人类学版本。到了 1980 年代，后现代主义兴起，解构"文化"的本质性与整体性，转而强调个人主体性，加上在新自由主义新秩序下造成事物的不确定性，凸显了个人心理问题，使文化与心理的研究再度兴起，成为人类学在 21 世纪的热门新领域之一。

　　上一章讨论思考模式时，便已涉及人类的思考方式与原则，最后谈及人类学宗教研究未来的可能突破，更直接涉及与宗教经验和宗教信仰有关的非理性之深层心理问题。这些均涉及个人的心理层次。可见心理层次的探讨，未来有其发展与前瞻性。但对人类学者而言，在涂尔干社会事实的概念影响下，心理层次一直被忽略或避而不谈。唯有一个例外，便是美国人类学发展初期的文化与人格理论。故要讨论心理层面在人类学知识发展上的重要性，必须从美国心理人类学的发展谈起。

第一节　美国心理人类学的发展

一、文化与人格的研究

在美国人类学史上，"心理人类学"（psychological anthropology）是由博厄斯的学生所开启的研究领域。[①] 比如，本尼迪克特在《文化模式》一书中，以太阳神型、酒神型、夸大妄想型三种人格特质，描述三种不同的文化特性。太阳神型的文化，如祖尼人，强调规律、自制、乐群等价值；违反群体秩序的个人情绪完全不被重视。酒神型的文化，如夸扣特尔印第安人，则充满着夸张的竞争与对权力的饥渴；骄傲与羞辱为该文化中最明显的情绪。至于夸大妄想型，如多布人，则凸显粗暴、狂野、多疑、敌意、自私、欺骗和计谋等特性。

在本尼迪克特的研究中，原本用来描述个人人格特质的术语，被用以形容群体性的行为规范与特质。如此一来，就自然涉及个人人格与群体典范人格间关系的问题。为此，卡丁纳（Abram Kardiner）提出"基本人格结构"（basic personality structure）的概念（Kardiner 1939，1945），指涉一个社会的成员因共同的儿童养育、生产方式、家庭与婚姻等初级制度（primary institutions）所培养出的共同人格特质。这些特质，又投射到次级制度（secondary institutions），如宗教信仰和传说神话上。之后，林顿（Ralph Linton）又提出"角色人格结构"（status personality structure）的概念，以凸显群体内因身份地位不同而有其应扮演的角色与行为特性，来弥补上述基本人格结构的不足。然而，累积了愈来愈多的实际民族志研究后，人类学家发现：上述群体的典型人格概念往往过于理想化而不符实际；这些典型人格，只能以统计学上的众数来表示。因此，杜波依斯（Cora Du Bois）乃提出"众趋人格结构"（modal personality structure），以取代典型人格的概念，这乃成为后来"民族性"或"国民性"（national character）讨论的基础。如本尼迪克特的《菊与刀：日本文化模式》（*The*

---

① 本段主要参考李亦园先生所写的介绍性文章（李亦园 1966），并做了一些必要修正。

Chrysanthemum and the Sword: Patterns of Japanese Culture）对于日本民族性的讨论，便是有名的例子（Benedict 1964［1946］）。许烺光有关中国人强调父子为各种社会关系主轴之研究，如《祖荫之下：中国的文化与人格》（*Under the Ancestors' Shadow: Chinese Culture and Personality*），便是这股潮流下的产物（Hsu 1948）。之后，怀廷（John Whiting）与柴尔德（Irving Child）更利用"人类关系区域档案"（Human Relation Area Files）资料库，以泛文化的比较方法，讨论儿童教养方式与人格特性之间的关系（Whiting & Child 1953）。上述学者，使文化与人格的研究，在 1920 到 1950 年代间，成为美国人类学一个重要的研究主题。

　　心理人类学理论的发展，主要是建立在心理学的行为主义，以及弗洛伊德心理分析的解释上，通过行为来解释文化怎么塑造人格。以下所举的卡丁纳于 1930 年代在大洋洲马克萨斯（Marquesas）群岛上所进行的研究，便最能够表现出当时心理人类学的特色（Kardiner 1939，1945）：

　　　　马克萨斯群岛是位于夏威夷和复活岛中间的小岛。当地土著以种芋头和捕鱼为生。一旦发生旱灾，往往伴随着长达两三年的饥荒；饥荒的严重程度，甚至可能造成杀人食肉。同时，群岛上的性别比例严重不均，男性的数目是女性的 2.5 倍。因此，当地盛行一妻多夫制，性关系非常松懈，女人在性生活上经常采取主动，并花费大量时间装扮自己，增添性吸引力。由于女人沉溺在性生活之中，无意于照顾或养育儿童；尤其，为了让性象征的乳房保持丰满，女性不愿意哺乳，而是以搅拌了椰汁的芋糊作为婴孩主食。依据弗洛伊德的理论，该文化成员均陷于口腔期欲求不满的挫折与焦虑之中。这些儿童养育、家庭关系的"初级制度"，乃塑造了当地人的基本人格——对女人的怨恨与恐惧、高度重视男性情谊与男性团体组织、性不满与性忧郁、同性恋的趋势、女性间的敌对态度、对于食人与被肢解的恐惧、进食作为解除焦虑与增进自我认同的手段，等等。这些基本人格构成，直接关联到"性"跟"食物"，它们也正是当地人初级制度中最重要的元素。而基本人格构成又塑造、投射出"次级制度"，即宗教和神话的特点。在当地的宗教中，就有以人为牺牲或食人肉的仪式。在传说神话中，则存在着两种妖魔：一种是可怖的女妖，以掠食儿童、引诱青年为生。享受过青年的性能力之后，就将之吞食。另一个妖魔则是男性的，跟随在女人之后，一方面满足女性的性生活，另一方面则帮助她打击其他女人。

这个个案研究，是以弗洛伊德心理分析理论来解释当地人的行为或风俗习惯、制度乃至神话传说等宗教信仰，充分呈现人类学与心理分析结合的成果。这种分析方式也成为一时的潮流。

二、"文化与人格"研究的没落

1940 至 1950 年代，怀廷与柴尔德利用"人类关系区域档案"的资料，通过大量统计讨论儿童养育跟人格之间的关系，使得整个讨论非常类似自然科学的探讨方式，走向科学主义的道路。虽然，他们在解释上使用大量的弗洛伊德心理分析理论，但在行为解释的层面上，却深受心理学行为主义的影响。这是 1920 年代以来在行为主义或行为科学的影响下，以及经验论科学观影响下的发展。这个发展不仅与博厄斯强调主观主义的文化理论相违背，本身更缺乏物质论的说服力。例如，卡丁纳在谈论马克萨斯群岛的"初级制度"时，无法说明为什么马克萨斯的男女比例为 2.5：1，为什么性别比例不均是以一妻多夫制度作为解决之道，并导致了女性的性关系松懈……如果我们回头去看美国文化人类学的物质论传统，如斯图尔德所建立的文化生态学，便以和生计活动与经济安排最直接相关的文化核心（cultural core）来解释其他次要的特质[1]，而得以用北美洲印第安人早期的生态环境来解释该文化中的特殊制度。但卡丁纳却假定了儿童养育、家庭、婚姻等初级制度的存在，而没有解释这些制度产生的原因。不过，这个研究领域的最大致命伤，是当他们在讨论每个社会文化间的人格特质差别时，社会内部的差异性往往比社会文化之间的差异性更大，使得所谓的"群体性人格"失去了意义，导致整个心理人类学或文化与人格的研究路径走向没落。

---

[1] 关于美国文化人类学中的物质论，请参考本书第三章第二节。

这个学派没落的另一个主因，在于它从一开始就假定了个人与社会的普遍性关系："每个人的性格都有若干方面像所有的人；若干方面像一部分的人；若干方面则什么都不像。"但是，这个假定也与人类学民族志累积的事实不符。这可见于道格拉斯有关"群"（group）与"格"（grid）的讨论，最能代表个体与社会之间的非普遍性关系（Douglas 1970：84）：

　　　　她把所有社会依其"群"（group）（指社会凝聚力的程度）与"格"（grid）（指共享一个分类系统或社会知识的程度）两个层面，分成四类。第一类，如非洲塔伦西（Tallensi）社会，有很清楚的系统性社会组织——氏族组织，并共享共同的分类体系，是个群与格均很强势而没有个人单独存在位置的群体社会。第二类，是有很清楚的社会组织，但是共享的分类系统却很模糊。中非洲久经殖民统治而呈现群强格弱的社会，就是最明显的代表。如特纳所研究的恩登布社会，虽然存在着氏族组织，但经过了殖民统治与西方文化的影响，造成分类系统的混淆。第三类，是虽有明显的共享分类系统，却缺少稳定而清楚的社会组织。像美拉尼西亚的或大洋洲的大人物社会（big men society），虽有共享的分类系统，但社会的群体往往是靠后天的成就来组成。因而，这类社会组织随时在改变，其大小与范围是不稳定的。也因此，人类学家宁可用"社会性"（sociality）而不是社会（society）的概念，来描述新几内亚这类流动性高的社会。第四类，既没有共享的分类系统，也没有清楚的社会群体。现代工业社会便是属于这种群与格均弱的个人主义社会。不过，最典型的个人主义社会，是介于四类社会之间而无群与格的社会，像非洲的Mbuti、Ik等，几乎没有社会秩序或秩序濒临崩溃。

　　在上述的研究中，我们发现：个体的重要性，在每个社会都不一样。这不同于心理人类学一开始的假定：所有的个体与社会都有很清楚的关系，有一些群体共有的性质，也有一些个体凸显的性质。因此，心理人类学的基本假定跟过去民族志研究累积的成果是相矛盾的。这乃是导致心理人类学没落的另一个重要原因。

上述对于心理人类学基本假定的质疑，也正反映了该研究领域在早期会在美国独自发展的一个重要原因。至少，从美国社会学家里斯曼（David Riesman）等人的名著《孤独的人群》（*The Lonely Crowd: A Study of the Changing American Character*）一书（Riesman et al. 2001 ［1950］），我们知道美国社会原本是以清教徒为主的移民社会，经过长时间的发展，直到 20 世纪才成为工业化最发达的国家，更是个人主义最为凸显的社会。这个过程，经历了三个不同时期不同类型的转变：在前现代相对稳定的社会，个人接受旧有习惯的传统倾向；到了社会扩张的转变期，个人知道自己要什么而能依其信仰与价值创新地去追求，其行动为内在倾向；在现代的富裕稳定社会，个人只是模仿同伴的他人倾向，但这种他人倾向也导致自我怀疑，渴望由压抑中解放却不可得。如此，也凸显了该书书名的象征意义，以及 20 世纪美国人的心声。[①] 换言之，心理人类学或文化与人格理论在美国的发展，有其社会文化条件基础。

　　心理人类学或文化与人格理论在 1930 年代的美国文化人类学中兴起，固然有其社会文化的条件；它在台湾的人类学与社会科学界，也曾经产生影响。除了上述许烺光的著作外，李亦园与杨国枢合编的《中国人的性格》（李亦园、杨国枢 1972），便是在这个理论影响下的代表作。然而，这个取向在台湾人类学发展史上，虽曾热门一时，但并没有产生深远的影响，也无法有效反映出台湾社会文化的特色。虽然如此，文化与人格理论在早期人类学知识的建立上，还是有其不可磨灭的贡献。至少，像米德的《萨摩亚人的成年》（*Coming of Age in Samoa*）一书（Mead 1928），以萨摩亚人从小受到父母乃至于兄弟姊妹的细心照顾，少有由上而下的管束以及随之而来的冲突，以至于青少年时期的叛逆现象并不明显。由此，米德质疑：视青春期叛逆为普遍的生理现象，其实是西方文化的偏见。一如马林诺夫斯基在《西太平洋的航海者》中挑战普遍经济理性的成就，米德再次凸显了以独特的地方文化特性来挑战一般理论之文化偏见的人类学知识特性。

---

① 这也让笔者回忆起自己在 1980 年到哈佛大学进修时的深刻印象。当时，笔者发现美国的朋友，每个月都带他的两个小孩去看心理医生，如同身体健康检查一样稀松平常。这让来自台湾的笔者非常惊讶。

第二节　个体主体性的再兴

在 1950 年代，心理人类学开始走向没落之后，1970 年代后期，个体的问题逐渐在人类学讨论里再次出现。在这之前，正如埃里克森所言（Eriksen 2001：73-92），科学人类学从 1920 年代以来，在结构功能论或者功能论的支配下，社会结构成为最具支配性的主要探讨的问题，因而完全忽略了个体。但是，结构功能论或功能论的发展也不是没有反思这个问题。例如，弗思提出社会结构与社会组织的概念，来说明社会组织是实际行动上的现象，主要是从人跟人的互动的角度去看人如何构成一个社会群体（Firth 1951）。弗思由社会关系来看社会的构成，与拉德克利夫 - 布朗的"社会结构"概念，侧重于社会组织的构成原则，已经开始有了歧异。这个差别，实涉及个人与社会间的矛盾关系。另外，如巴尔特的交易学派（transaction school），强调社会秩序或领导者与被领导者的不平等关系，是通过人与人之间类似交易行为的互动过程来建立（Barth 1966）。弗思与巴尔特的取向，都说明了即便是在 20 世纪结构论、功能论最具支配性时，人类学家也已经在思考个体与社会之间的关系。

1970 年代后期个体问题的再次出现，实与整个人类学理论的发展直接相关。历经 1960 年代列维 - 斯特劳斯结构论的主宰，以及 1970 年代结构马克思理论与政治经济学的支配，人类学理论在这 20 年间的发展，几乎被结构所主宰而完全忽略个体的存在。因此，1980 年代以后，开始产生完全以个体为主的论述与理论取向，后现代理论允为典型代表。虽然，后现代理论家的论述往往有着很大的差别，而很难清楚地用一些共同点简单说明。不过，强调个体的主体性，可说是他们的一致立场。例如，在"新民族志"的书写中，会强调研究者本身，或是当地提供知识的报道人之重要性等。

然而，对于个体主体性的讨论，最重要的影响反而是实践理论。该理论超越了结构论所强调的结构，与后现代论所强调的个体主体性之对立。像萨林斯（Sahlins 1981）的文化结构论，在讨论资本主义如何被夏威夷土著所认识与接受的过程中，除了讨论当地人原来的文化分类体系如何影响他们对于代表资本主义力量的库克船长之理解方式外，更涉及当地妇女分别与英国水手产生性关系而得到船上的商品，因而打破了原来国王与贵族对外贸易的独占权，甚至也打破了原来认知系统或世界观的禁忌，导致原来分类系统的瓦解，使得社会的体系必须重整。如此呈现了个体的行动如何去改变整个分类系统与社会结构，而凸显了个体的重要性。不过，在萨林斯的理论里，个体仍是被置放在系统之中来理解，真正对于个体的重视，乃至于引起对于心理与文化的讨论，反而是布尔迪厄的实践理论。

布尔迪厄（Bourdieu 1977，1990a）强调从日常生活的实践来超越结构与能动性、客观主义与主观主义的对立，使得实践上的个体，都负载着文化的色彩与包袱；不再是纯粹的个体，而是包含了已经内化的社会文化价值之能动性在个体之中。尤其，个体在日常生活实践中的行为倾向，都是由过去的"惯习"（habitus）培养而生。布尔迪厄也强调：个别的人在实践的过程中，还是会改变其个别的惯习。因此，在他的讨论中，经常以"惯习"取代文化，以凸显个体的实践与文化的结构之间互为主体的辩证关系。

对布尔迪厄而言，日常生活的活动之所以可以成为负载文化价值而有其特殊倾向的实践，是由于这些日常行为的习得过程已经包含了无意识的"基模"（scheme）。基模，是自幼所培养形成的行为趋势，乃至于认识世界的方式，是行为背后的倾向，它往往会导致行动者遵守过去的行为方式。但另一方面，基模也可能改变，改变往往来自情绪（emotion），是每个人在情绪上非惯习的反应。因此，日常生活的惯习虽有某种行为方式或规范的倾向，但实涉及两个很基本的心理机制：一是基模，建立在生理的认知基础上，倾向不变，代代相传。另一层面则是不可控制的心理情绪反应，人人均有，导致行为上背离规约与惯习，最后影响到行为实践的结果。这个西方观念定义下的非理性力量，是惯习背后很重要的改变动力。是以，布尔迪厄虽然没有将非理性动力的问题在理论上进一步发挥，但已提供人类学理论在 1980 年代开始发展文化与心理研究领域的理论基础，特别是认知与情绪的研究。

第三节 认知人类学 *

一、认知人类学的滥觞

认知人类学的发展，不只涉及认知心理学，还涉及语言学、计算机信息、哲学等。不过，其早期的发展并不完全奠定在这些基础上。因为，早期人类学家往往具有心理学的背景，如里弗斯、文特（Wilhelm Wundt）、马林诺夫斯基等。而里弗斯在托雷斯海峡的人类学探险中，便发现当地土著不惑于缪氏错觉（Müller-Lyer illusion）①，却更易受骗于垂直水平错觉（vertical-horizontal illusion）②，而感到困惑不已。这个困惑，也开启了后来认知与文化的研究课题。可惜，在人类学进入科学时代后，认知科学与人类学的连接便断裂而停止。

到了 1950 年代，民族科学开始发展，探讨与认知有关的基本问题。即：所有人类的认知过程是否有其普遍的基础？例如颜色，所有民族都有黑、白、红、绿、黄。而且，先有黑白后，才有红色，再有黄、绿、蓝、褐后，才有其他各种混合颜色（Berlin & Kay 1969）。原因在于：人类视觉对光谱的认定有其普遍性的基础与限制，超过这个限制之外，人便无法感觉。因此，不同的文化虽各有其细致区分颜色的分类方式，都不是普遍一致的；但黑与白，却是每个文化都有。这涉及人在生理上与认知上的共同基础，以及心理学家所说的基本范畴或原型。

二、基模论（或原型论）

心理学家认为：人类天生便对某些物、动物、植物等，很容易分辨、认知与接受，因为人脑里已经有这样的基础，使得我们很容易去理解某些动物的存在。这些基础，使不同文化要翻译、解释这些物时，都非常

---

* 关于认知人类学的发展，中文已有专门的论文可参考。参见黄宣卫（1998）。

① 指心理学上的一个视觉实验。这实验是用两条等长的横线，一条两端加上向外的箭号，另一条则加上向内的箭号。一般人都会认为前者较后者长。这个图形称为缪氏错觉。

② 也是心理学的视觉实验。以两条同长的直线，将一条竖立在另一条横线的中间，一般人看见后，都会认为直线比横线长，故称为垂直水平错觉。

容易；学习另外一种语言时，也很容易理解这些概念。例如，就"鸟"这个概念而言，最基本而且可以被普遍认识和翻译的鸟类，是近似于知更鸟的形态，而不是鸵鸟。"花"也是，波斯菊往往是最容易被不同文化所理解到的花型。换言之，在认知心理学的讨论里，人类并非都是由文化所塑模的，而有其心理上的普遍基础。这些普遍基础，被罗施（Eleanor Rosch）称之为基层类别（basic-level category）（Rosch 1975），或被斯佩贝尔（Dan Sperber）称为基本概念（basic concepts）（Sperber 1985：82）。

当然，我们也承认：人类的社会文化现象并非如此单纯，往往是由很多不同的行为与基本概念所共同构成的。比如，传统布农人所种的小米，不仅包括了 18 种用途和生长环境不同的小米，还包括种植过程的各种禁忌、梦占与仪式活动，以及实际耕种活动上的男女分工和不同家间的劳力交换与互助，更包括攸关生产活动成败的 *hanitu* 信仰之解释等。这使得原本只是一个台湾少数民族普遍有的小米耕作活动，得以分辨出不同族群文化上的差别。换言之，当普遍性的基本概念（如植物）构成某一类行为之后，是非常复杂的结合。而这个结合不只包含一系列的行为过程，还包括其结合上的不同方式与固定倾向，这便是认知心理学或认知人类学家如旦拉德（Roy D'Andrade）所说的文化基模（cultural schemas）（D'andrade 1995），或斯佩贝尔所说的"精巧化的概念"（elaborate concepts）（Sperber 1985）。在这个基础上，霍兰（Dorothy Holland）与奎因（Naomi Quinn）进一步指出如何经由类比（analogy）、隐喻（metaphor）、换喻（metonymy）等，来了解基模的运作与特征（Holland & Quinn 1987）。这多少已涉及下一小节的联结论。

三、联结论

相对于基模论，认知人类学的最主要发展，反而是跟认知的"联结论"（connectionism）更有关系（Bloch 1991）。因为，人之所以为人，就在于人的行为并非以简单的方式就可以理解。事实上，人的行为不断增加新的要素，不断地结合各种所能够运用的不同资源，这才是实际的社会文化现象，就像上一小节提到布农人小米知识的精巧化过程一样。同样地，联结论认为认知的实际运作过程，有如一个阶层状的结构，可储存由单位、特征以及指向联结所构成的知识系统。当其面对外来刺激时，不仅可同时处理不同的讯息来源，并根据事物并列或互斥的特征，运用已有的知识去做迅速而正确的判断。当面对信息不完整时，系统可自动递补上默认值来产生判断。系统也可以根据学习的过程，建构本身的体系。而且，联结论所涉及的很多认知过程，均涉及非语言的部分，语言反而只是整体中的一环而已。这就如第十四章第四节讨论"社会记忆"时，提到各种非语言、非文字的记忆机制，如空间、仪式、活动、地景、感官经验等，均形成了集体记忆的一部分，而非某单一元素可以决定集体记忆之主要内含一样。

正因为认知在实际运作上的复杂性，远非心理学实验室研究成果可直接解释，斯特劳斯（Claudia Strauss）与奎因乃结合了基模与联结论（Strauss & Quinn 1997），强调"基模不再是固定不变的知识结构，而可以是有弹性的、不断调整的。它是先前经验的综合反映，亦即由过去经验去自动地概推，当面对新状况时会主动地去填入遗失的元素，以方便于做判断、决定。但在此一过程中，基模本身也在不断地调整，以便以新的形式去反映更新的状况。简言之，联结论与基模论之间，并没有互斥的关系，而毋宁说基模不仅是一种表征，而且在人类的思考时是一种处理器"（黄宣卫 1998：92）。这些新的发展，不仅可避免原先认知理论过于结构化或机械化的解释，也可避免后现代理论完全把文化贬抑为没有结构或秩序的无用概念，让文化概念得以面对新的可能。

四、晚近认知人类学的发展：以宗教研究为例

晚近的认知理论，则与演化生物学和发展心理学的发展有密切的关系。特别是在有关宗教的研究上，以"反直觉的本体论范畴"（counter-intuitive ontological categories）的概念来探讨宗教观念与仪式的认知基础，已发展到具有重新解释宗教现象的能力（Boyer 2001；McCauley & Lawson 2002）。不过，认知人类学所发展出的新概念，如何对于旧现象提供新的解释或看法？而其新解释是否能深一层凸显该文化乃至人类学知识的特色？这个问题的答案，将不只影响这个分支继续发展的可能性，

更决定它对人类学其他领域的可能影响。下面将以博耶尔（Pascal Boyer）的研究为例来说明（Boyer 1994）：

他的基本观点是：过去宗教人类学的研究，往往是讨论人群的宗教概念，用来表现或解释所在世界的抽象知识系统。换言之，人类学的研究基本上是以理性或知识的角度来讨论信仰、观念，以了解其宗教行为，或他们对世界的认识与解释。但是，这无法帮助我们去了解当地人如何去接受这些概念并产生信仰的过程。而这才是宗教人类学应关心的。然而，当地人为什么相信，涉及并非日常生活知识所能证明的某些现象。例如，鬼。到目前为止，其存在仍无法具象地被证明。因此，当地人是如何去认识与相信这些东西呢？对博耶尔而言，这涉及四个层面：本体论、因果、社会范畴、仪式事件。每个层面都涉及不同的认知原则。

第一个本体论层面，涉及我们所谈的宗教现象或宗教观念的存在，并非实体，甚至跟日常知识与经验相矛盾，如鬼、神。然而，这类在本体论上反直觉原则的知识，往往有不同的认知原则。这些原则不仅有其普遍性，更与日常经验背后的直觉原则（intuition principles）结合作用，使得宗教概念往往是由混合了具有基模式假定（schematic assumptions）的直觉原则与非基模式假定（non-schematic assumptions）的反直觉原则所构成，造成这些观念是可学习而非自然的，但这非自然又有其自然性。第二个是涉及因果的部分，这背后也有不同的认知原则——除了源自直觉本体论而来的一般演绎因果外，最突出的是"由结果诱发原因"式（abductive type）。亦即，在宗教行为里，常有一个从结果来推论因果的方式，这是宗教行为里相当普遍的认知原则，它并不是推论的出发点，而是它的结果。它并不是事实，而是猜测，而且并不因文化不同而不同。第三个层面是社会范畴。在宗教现象中，需要不同类别的人作为仪式实践者，他们具有特殊的能力。如美国印第安人的巫师、汉人信仰里的乩童等，都必须有能力进入幻觉或恍惚的状态。而不同宗教活动必须有不同的特殊类别者来充当仪式执行者。这些立基于个人特殊能力的本质论者原则或自然性本体论前提而来的社会分类或范畴，在实际上虽往往混合了非基模式或文化性假定，但本质论者的假定（essentialist assumptions or essence-based principles）却是了解其一再发生或存在的最佳方式与认知过程。不过，很重要的是，宗教现象的独特性与重要性都是通过仪式实践而来。这便是第四个层面。在仪式实践中，仪式的顺序与仪式的假定并不一定一致，但上述三个层面本体论上的宗教假定、由结果诱发原因的因果论，以及社会分类所依据的直觉原则等，均收纳于其中，使仪式成了容纳各种认知原则的特殊结构（underspecified structures），使其有异于日常生活的直觉特性，却又有着较普遍的文化性。通过仪式，不同层面的认知过程得以丰富、加强其"真实性"（plausibility）。

博耶尔所代表认知人类学的论点，进一步表现在他晚近的著作（Boyer 2001）上。他认为：人类关于神或精灵的宗教观念，虽具有反直觉的性质，但基本上是人类认知系统运作的结果。比如，它多半是拟人化的（anthropomorphic）。因为，在人的认知指涉体系中，没有比人更复杂的存在。超自然观念既然是无所不知、无所不在又包含各种指涉系统，只有拟人的想象才可呈现其复杂性。超自然的性质，又往往以一般的人性来呈现，特别是人的心灵。只是，它往往具有狩猎（hunting）和掠夺（predation）的隐喻，是危险或骇人的，具有某种程度的暧昧性或本体论上的不确定性。尽管超自然存在有其文化传承的一面，但对博耶尔等认知人类学家而言，超自然的宗教观念，是人类认知系统运作之下自然产生的结果。

五、认知人类学发展的瓶颈

到目前为止，大部分认知人类学的讨论，还停留在一般性理论的建构、论证、演绎上，尚未借由民族志的探讨，以新的理论角度来重新诠释旧现象。换言之，认知人类学的理论是否可直接用于民族志的研究上，而能深一层凸显该民族社会文化的特性，并给予同一社会文化现象不同的解释？这是笔者比较质疑的。比如，以认知理论研究宗教现象而著名的怀特豪斯（Harvey Whitehouse），便以心理学家提出的两种记忆模式（Cohen 1989：114-115），语义的（semantic）和事件的（episodic）[①]，来描述与解释两种宗教性（religiosity），教义式的（doctrinal）和意象式的（imagistic）[②]。这两种基于记忆模式而来的宗教性，也深深影响社会结构与宗教运动的内在动力。前者隐含稳定性阶序，而后者则产生不稳定的平权社会群体（Whitehouse 2000）。

怀特豪斯的分类，被塞弗里（Carlo Severi）用以讨论美洲印第安人，尤其是阿帕奇印第安人的弥赛亚运动（messianistic movement）（Severi 2004）。早期弥赛亚运动是典型的本土运动，以传统对抗白人文化，但后来该运动逐渐转变，到了晚近的宗教活动，已经充满基督宗教仪式。塞弗里发现这类仪式的行为，是传统的意象式模式，但其祷词与诗歌等，则是基督宗教的教义式模式。两者平行的宗教性，遂构成弥赛亚运动的特性：既是传统，也是新的信仰。如此，凸显了认知探讨与过去研究的不同论点与成果，并证明其可用于实际的研究上。

布洛克提出以"外在化记忆"（external memory）和"内在化记忆"（internal memory）来描述与解释两种形态的社会——拥有外在化记忆的社会，认为历史是永恒不可变的，行为也遵从传统；拥有内在化记忆的社会，认为历史是不断改变的，自身也不断创新（Bloch 1998）。上述的认知人类学研究，往往仍停留在对比形态的建构，而与区域文化特性的关系不够紧密。因而在人类学知识的发展上，尚未真正构成突破性的贡献。这个不足，相对于下一节情绪人类学的研究，则更明显。但认知人类学实已借由探讨认知行为的生理基础，质疑了文化的独立自主性与决定性。它不仅强调认知机制具有的普遍限制性作用，更如林霍尔姆所说，在人类学知识的意义上，认知人类学从一个不同的基础去探讨人怎么去思考，使其有别于动物（Lindholm 2001）。

---

① 心理学家用语义的（semantic）记忆来指记忆一般（客观）世界知识者，而事件的（episodic）记忆是指记忆个人主观的独特经验者。

② 怀特豪斯用教义式的（doctrinal）宗教性指该宗教拥有论述形式和稳定的知识体，而意象式的（imagistic）指集中于强烈的幻觉式个人经验之宗教。

第四节　情绪人类学 *

一、情绪的文化差异

从 1950 年代到 1970 年代，情绪人类学的研究，已经累积了一些相关的民族志。不过，有关情绪的研究，目的主要是在呈现文化的差异，或是透过情绪来了解文化的差异。例如，对于亲人死亡，不同文化可以不同的方式去表达：号啕大哭、埋首于更繁忙的工作，或默不作声。笔者于 1978 年在东埔社从事田野工作时，面对聚落成员的死亡，即有一难以忘怀的经验：

> 一位 70 多岁的老先生过世了，家人将遗体放置在客厅，盖上白布，让聚落成员前来哀悼。由于当时布农人仍依循传统习惯，死者过世当天即埋葬，若去世于夜里，则第二天下葬。埋葬当日有一禁忌，即全聚落的人都不能去工作。所以，聚落里的人也都前来告别死者与慰问其家属。然而，让笔者非常讶异的是，待在聚落的整日，均感受不到悲哀的情绪——年老和年幼的村人在停放尸体的客厅看电视，一些年轻人去墓地挖掘墓坑，一些人则上山找木材制作简单的棺材，其余年轻人则在球场上打篮球。到了中午，大家都在吃东西。原来，在布农人的观念里，这位老先生是属于善死善终，没有什么遗憾，也不需觉得悲哀。只有在葬礼结束，所有吊慰者都离开墓地后，平常照顾老先生的孙女，才独自一人哭泣。

这里，便涉及每个文化如何看待死亡与表达失去亲人的悲伤。即便是同一个民族的同一种情绪，在不同的历史时期也可能有不同的意义。比如，美国历史学家曾描述美国人的生气（Stearns & Stearns 1986）：

---

* 本节主要参阅黄应贵（2002a）。

在 17 世纪的美国，生气不为当时人所注意。18 世纪到 19 世纪中叶，由于工业化、都市化的发展，工作场所与家分离，人们必须与许多陌生人接触，如何控制个人的情绪便成了重要的社会规范。甚至，容易生气被视为一种疾病。19 世纪中叶到 20 世纪中叶，家与工作场所被视为两个不同的生活领域：在家中的私领域，每个人必须避免生气，而在工作场所，适当的发怒被认为是发挥个人竞争的动力而受到鼓励。

换言之，如何表达怒气，在同一社会里的不同时代有不同的发展，也跟其社会历史条件相关。不过，这两个例子都在说明情绪因文化的塑造而有不同的方式来表达与再现，以及情绪表达方式的改变凸显了其文化意义上的不同。其所关怀的仍是文化差异的本体论假定与目的，情绪只是多了一个让我们了解、解释、呈现文化差异的切入点，本身并不具有独立的本体论意义。

到了 1980 年代，在后现代理论的影响下，情绪的人类学研究有了根本的改变。后现代理论不仅质疑社会文化是否有其本质，更强调个人本身的主体性。因此，后现代理论不仅重视能凸显个人特性的个别情绪，更给予情绪必要的理论立场——在本体论上，我们无法了解情绪的性质与真实。因为，所有的真实都是通过文化去理解的。是以，后现代论者对于情绪的本体论地位采取怀疑的态度，认为所处理的只是被文化再现的情绪，是属于认识论上的问题。

情绪研究真正成为人类学的课题，而且在理论上具有突破性的意义，反而是受到社会学家埃利亚斯（Norbert Elias）的影响（Elias 1978，1982）。埃利亚斯认为：西方社会由中世纪肢体暴力宰制的时代，进展到近现代对于肢体暴力控制的文明化过程，凸显了社会功能的不断分化与理性化的发展趋势。他更对韦伯、马克思、涂尔干等社会科学理论大家往往以西方资本主义的兴起来探讨这段历史趋势的观点，提出了不同的解释：文明的发展是为了控制人类先天的攻击性与暴力本能之心理情绪。他的理论，不仅承认心理情绪机制在解释人类社会文化现象上的重要性，更假定并接受弗洛伊德的先天性心理情绪之普遍性看法，使情绪研究有了新的理论基础与出发点。

不过，情绪作为新的研究课题与领域，要成为人类学知识系统上的新分支，必须在三个层面的相关研究上有足够的成果：第一，情绪的研究可对于以往研究的解释提供不同的看法；第二，以情绪作为新的研究切入点，更能凸显出被研究者的文化特性；第三，可以挑战人类学既有的知识系统，而有助于人类学知识本身的发展。

二、情绪研究作为新的切入点

就第一个层面而言，以布里格斯（Jean L. Briggs）的《从不生气：一个因纽特家庭的描述》（*Never in Anger: Portrait of an Eskimo Family*）所研究的因纽特人为例（Briggs 1970）：

原本，布里格斯意图在加拿大西北版图哈得逊湾西北部的因纽特人那里从事社会结构的研究。由于整个冬天都居住在雪屋里，她直接观察到雪屋内人与人间的情绪如何影响了互动关系，因而指出：真正建立因纽特人群体之间紧密关系的，往往不是原本人类学家所认为的血缘、亲属或婚姻关系，而是人与人的日常生活过程里的情绪。作为一个研究者，她被当地人接受的过程，也分为被接纳、被驱逐到和解的几个阶段，这使得她重新去挑战既有的亲属理论，认为亲子之间被认为是习以为常的"爱"，并不是建立在血缘关系的亲疏远近上，而是建立在人与人之间的互动、情绪的基础之上。

布里格斯的个案研究，不仅因为讨论情绪如何影响亲属关系的实际运作，为亲属问题提供了由情绪来了解的新切入点，而成为情绪人类学的古典著作，更凸显了游群社会的个人化（personalized）特性，也涉及 1980 年代新民族志与民族志书写，乃至于对人类学知识性质等有关问题的反省。另外，如林霍尔姆以亲人间的敌意与对外人友善等情绪特性所隐含的普遍情绪模式，重新研究巴尔特所研究过的斯瓦特巴坦人（Barth 1959），提供了一个不同于巴尔特所强调的追求个人最大利益和世系群分支体系的解释，而进入到情绪或心理层面的新解释，也是情绪人类学的著名民族志（Lindholm 1982）。同样地，马斯基奥（Thomas Maschio）研究位于新不列颠（New Britain）西南方的劳托（Rauto）人，从情绪的角度来解释因接受礼物的人疏于回礼，送礼者在情绪上产生愤怒、羞耻、悲伤等心理反应，以至于采取巫术手段来报复（Maschio 1998）。他的研究不仅以情绪的解释来回答莫斯所探问回礼义务的问题，更提供了不同于莫斯以物有 *hau*（精灵）会惩罚疏于回报者的解释，使大洋洲民族志进展到过去未能有效处理的心理层次上之理论讨论。这些成果，均证明了情绪研究可以提供与过去研究不同的理论解释，进而拓展人类学知识的视野。

三、凸显出被研究者的文化特性

第二个层面则是，情绪作为研究新切入点，是否能凸显出当地的民族志特性。这在南美洲亚马孙地区的研究上最为明显。因为，这类社会往往没有清楚的社会组织与社会边界，或者固定的成员，其社会形态往往是流动性的。在东南亚、美拉尼西亚等地，也有很多类似的社会，很难探讨其社会组织背后的结构原则。而南美洲亚马孙地区，这些性质特别明显，因而引起如下的问题：这到底是不是一个社会？若是一个社会，其社会秩序如何维持？在新几内亚，这类社会的社会秩序是通过交换的机制来维持的；但是，在亚马孙河地区，情绪才是维持其社会秩序的重要机制。这可见于奥弗林等人的研究（Overing & Passes 2000）：

> 位于南美洲中北部亚马孙地区的社会，是个没有清楚社会组织与边界、社会成员不断流动的平等社会。但当地社会的社会性，是以融洽的欢乐（conviviality）来表现。它并不依赖角色、身份、社会结构或社会之权利为中心（rights-centered）的道德系统来构成其群体，而是依互动、互为主体之关系来依附成群。他们特别重视好的生活质量，或如何高兴地与他人生活而以美德为中心（virtue-centered）的伦理。因此，他们不仅强调友情与快乐，也强调生活实践与技巧上的艺术品位。就此而言，美学与感情上的愉悦（affective comfort）一直是他们日常生活实践上的焦点。由此，我们得以超越西方思想上各种二元对立的观念，如公民社会与家庭、社会与个人、理性与情绪、心

灵与肉体、主观与客观、艺术与工作，等等。

这里所强调的感情上的愉悦，主要是指日常生活中使人实际受益的美德与情绪条件，像爱、照顾、陪伴、慷慨和共享的精神等。但我们也不可忽略反社会倾向的愤怒、恨、贪心、嫉妒等负面情绪（negative emotions）。正因这类反社会情感的存在，更促使当地人必须去实践美德。对亚马孙人而言，爱与愤怒是同一社会政治体的两面。此外，欢乐也不致忽略宇宙观及社群间与部落间的关系。事实上，社会生活世界内由生命、繁殖力、创造力而产生的所有力量，都有源自其社会之外而具有危险、暴力，乃至具有潜在同类相食的破坏力量。只是，这些破坏力量经过人的意志、企图以及技巧而转换为生产的（generative）力量。由此可见，亚马孙社会是以情绪而非交换为建立和维持社会秩序的主要机制。

当地并非没有交换的行为。只是，这个地区的交换，与美拉尼西亚的交换意义不同。在亚马孙地区，交换被概念化为陪伴（company）与友情（friendship）；交换使人接近（being close to）、常访（frequenting）或拜访（visiting）；这也意味着交换就像是喜欢某人的陪伴与共享爱与亲善。这与美拉尼西亚的交换之意义不同，也使我们更清楚区辨出两地区之社会性（sociality）的不同。而这区辨，实来自其基本上是以情绪或交换为主要社会机制的差别。

我们可以清楚看到：情绪的研究，不仅提供我们一个新颖的角度，以理解亚马孙地区的社会文化，更重要的是：这个研究新路径的发展，更凸显了该地区社会文化的特性，并回头挑战了西方文化中的许多二元对立的偏见与限制，如公民社会与家庭、社会与个人、理性与情绪、心灵与肉体、主观与客观、艺术与工作等，如此再度凸显了人类学知识是如何通过对当地文化的深入了解，发展出相关的新理论，以剔除原有理论中的西方文化偏见之性质。他如，威冈（Unni Wikan）在巴厘岛的研究，指出当地人并不区辨思想与情感。他们是用情感来思考、用思想来感觉的。因此，当地人并不像西方人那样视情绪是个人内在的（Wikan 1990）。而卢茨（Catherine A. Lutz）由密克罗尼西亚伊法卢克（Ifaluk）

人的情绪观念的了解中发现，当地人的情绪是建立在自我与他人关系上，而不是自我的独立性或内在上（Lutz 1988）。这些都根本地挑战了西方文化视情绪为个人内在而主观的非理性范畴之限制。

四、挑战人类学既有的知识体系

近二十年来，情绪人类学虽然不断有新的发展，却也在第三个层面面临困境，在理论发展上仍无法真正挑战既有的人类学知识系统，更没有跳脱埃利亚斯和弗洛伊德理论的限制。所以，到了 1990 年代，不少学者已经意识到：不能只停留在文化建构论的层次（Lyon 1995；Leavitt 1996；Reddy 1997）。文化建构论可以应用在任何的研究问题上，因而无法凸显出情绪作为一研究课题的独特性。情绪要成为一个重要的课题而对人类学知识有独特的贡献，就必须有其独特的问题、资料与研究的方法。但纵使雷迪（William M. Reddy）试图综合心理学、人类学、历史与文学批评等研究成果所发展出的研究架构（Reddy 2001），也无法为情绪研究找到它独一无二的研究领域而有所突破。

事实上，正如本章一开始提到的：文化与心理的研究领域，在 1980 年代以后的再兴，是整个社会人文科学面对"非理性"课题的挑战而产生的回响。但该方向实际上包含了许多不同的主题或研究领域，各有其不同的独特问题与解决方式。至少，认知与情绪便代表着两种不同的方向。相对于认知的普遍主义倾向，情绪则挥舞着特殊主义的大纛。如何找到新的思考与理论架构来探索这些还待开发的未知领域，将会是未来情绪人类学乃至于文化与心理是否能继续发展，甚或在人类学知识发展上大放异彩的关键所在。

第五节　结　语

文化与心理的研究，很早便在人类学的发展过程中占有一席之地，甚至曾经成为美国文化人类学的主流。但在经验论科学观的影响下，文化与心理的研究，几乎只是行为主义和弗洛伊德心理分析的人类学版本。

以普遍性的个人心理要素来代表群体的心理特征，无法凸显心理层面的文化深度和主观经验，并违反了个体与群体关系为文化所塑造的人类学民族志结论。纵使这个研究领域的兴起，正符合了美国文化中个人主义的特性，却仍无法负荷人类学凸显文化差异的本体论假定。

1980年代后现代主义兴起，解构文化的结构或本质，转而强调个人主体性，文化与心理的研究才又再度兴起，而成为吸引许多学者投入的新领域。不过，在文化与心理这个主题之下，存在着许多性质迥异的次领域。"认知"与"情绪"即代表着两个截然不同的发展方向。前者强调生理上的普遍深层基础，后者强调个体的非理性主观反应。

认知人类学的普遍主义倾向，虽使其容易和其他学科知识相结合（如语言学、信息科学等），却仍无法有效凸显文化的特性，也不易产生出可以表现区域文化特色的民族志研究，使其难以突破相关理论的文化偏见。相反地，情绪研究强调非理性的特殊主义倾向，使该议题不仅更能凸显文化的深层特性，而与文化区的民族志研究结合，也有效地剔除了原有社会文化理论中的西欧文化偏见。特别是亚马孙地区的情绪研究，更是在挑战西方文化中许多二元对立的偏见与限制，如公民社会与家庭、社会与个人、理性与情绪、心灵与肉体、主观与客观、艺术与工作，等等。无论认知或情绪，对于人类学乃至人类知识系统上的挑战性，乃在于其开始面对西方知识传统中鲜少触及的非意识或非理性部分。这领域的探讨，更因新自由主义新秩序带来太多不确定事物，而导致个人心理的焦虑不安和各种心理疾病，也使得这个原是学术传统中的边陲领域，因现实社会上的需求而得以吸引更多人的投入，但目前它最需要的是新创意带来开拓性的突破。因此，虽然目前这些领域尚处于少有重大进展的困境，但仍可期待其未来的发展。

第十四章　文化与历史 *

　　近三十年来，人类学知识上的突破，并不是在传统人类学的主要分支，如政治、经济、宗教与亲属等，或是我们目前最熟悉的流行议题：国族主义、族群、性别等，反而是某些新的课题，发展突飞猛进。以"什么是历史？"或"如何界定历史？"作为主要关怀的历史人类学，便是最明显的例子。这必须归功于萨林斯在 1981 年出版《历史的隐喻与神话的真实》一书所带来的突破。在理论上，他以文化结构论的立场，同时解决当时社会人文科学普遍存在的许多二元对立的概念。这个研究领域，更因陶西格研究亚马孙印第安人的殖民历史之心理经验，因能通过当地文化上的魔幻写实主义，结合本雅明的文化批判理论，以及当地人的治疗仪式，而把历史人类学的研究，带到历史文类的问题上，并挑战人类学知识的性质。如此，人类学知识的发展，不仅能够凸显当地文化的特色，避免西方文化偏见的限制，更把视野扩大到人类学知识的边界。

　　从第五章到第十三章，讨论的都是人类社会的主要社会制度或心理现象，如亲属、政治、经济、宗教等制度或思考、认知、情绪等心理现象。然而，从上述各章的讨论，我们也可以清楚知道：这些我们原习以为常的制度或分类范畴，乃至心理机制，其实是从历史过程中发展出来的。尤其，随着资本主义经济体系的全球性扩张，这些制度或分类范畴，多半受到资本主义文化的影响。是以，要进一步了解各文化传统与资本

---

* 本章主要依据笔者已发表的论文修改而来（黄应贵 2004d）。

主义的结合情形，势必从其历史过程来了解。因此，人类学研究的历史化成为必然之势，"历史人类学"也因应而起。

然而，当我们在使用"历史人类学"此一词汇时，有必要厘清讨论的内涵。人类学与历史学的结合问题（或人类学的历史化），与"历史人类学"如何可以成为这个学科的一个次分支，是两个不同的问题。前者，在人类学的发展中有其长远的历史，也有相当出色的研究成果。比如，麦克法兰的名著《英国个人主义的起源：家庭、财产与社会转变》(*The Origins of English Individualism: The Family, Property and Social Transition*)，利用教会的受洗记录，证明英国社会在工业革命之前，已经是以核心家庭为主要的家庭形态，挑战了当时现代化理论认为核心家庭是工业化产物的说法（Macfarlane 1978）。而格尔茨的名著《尼加拉：十九世纪巴厘剧场国家》，更是以巴厘岛历史上的"剧场国家"，凸显东南亚地区具有"能"(potency) 性质的特有权力观念，挑战西方自资本主义兴起以来便居支配性地位的功利主义式权力观念（Geertz 1980）。沃尔夫在他的名著《欧洲与没有历史的人》之中，通过资本主义世界性扩展的历史过程，不仅将讨论范围扩及全世界各文化，更凸显了过去人类学所认定各具特色的文化，实是资本主义世界性扩展下的历史产物，因而挑战了人类学所强调独立自主的文化概念（Wolf 1982）。这类成果，不仅促进人类学研究历史化的趋势，也加强了人类学与历史学研究上的结合。美国史学界近来所发展的"新文化史"，便是一个典型的例子（Bonnell & Hunt 1999）。

至于本章的主题——"历史人类学"(historical anthropology)，却是直到 1980 年代以后，萨林斯的名著《历史的隐喻与神话的真实》出版（Sahlins 1981），引发本体论、知识论或认识论层次的广大回响，"历史人类学"作为一门次分支的地位，才真正确立下来。这也是本章主要讨论的重点。为了进一步说明"历史人类学"这门分支对人类学理论所产生的影响，本章从人类学发展的脉络开始谈起。

第一节 反历史的现代人类学传统

19 世纪，人类学形成之初，便与历史学结下不解之缘。人类学不仅容易被归入历史学的范畴，19 世纪中叶到 20 世纪初的演化论人类学，主要关怀即是人类文明的历史发展。只是，当时的讨论，往往是以空间取代时间，而以不同地区的不同文化，来代表人类文明的不同发展阶段，以建立全人类文明的演化阶段论。这个取向，第一次为全人类文化提供了有系统的知识（Thomas 1989）——虽然，这个知识系统可能是建立在错误的基础上。

演化论人类学知识不符合从 15 世纪以来逐渐居于主导地位的实证论、经验论科学观。所以，在 1920 年代中期的"科学人类学"，特别是在英国以马林诺夫斯基和拉德克利夫 - 布朗为首的功能论与结构功能论，以及在美国以博厄斯为首的历史学派，均反对演化论人类学的"臆想"（conjecture）成分，而强调以参与观察法为基础的田野工作，来建构各文化的实证内涵，奠定人类学科学民族志的知识基础。这么一来，却也使人类学与历史学研究分道扬镳。功能论、结构功能论，乃至列维 - 斯特劳斯的结构主义，均不重视历史研究。直到 1960 年代末期结构马克思人类学兴起之后，强调阶级形成之长期历史过程，人类学的反历史倾向才有所改善。

从 1920 年代至 1960 年代末期，历史研究在人类学中几乎完全被忽略。但埃文思 - 普里查德却是一个异数。从 1940 年代开始，他即鼓吹历史研究的重要性，并出版了一本有名的著作《昔兰尼加的萨努西人》（*The Sanusi of Cyrenaica*）（Evans Pritchard 1949）：

> 这本书主要探讨北非昔兰尼加（Cyrenaica）的贝都因（Bedouin）人，从 1843 年到 1942 年，历经奥斯曼帝国、意大利以及墨索里尼法西斯主义的统治，这个原本为"群龙无首"（acephalous）的部落社会，发展成为与现代国家对抗的"雏形国家"（proto-state）或"雏形政府"（embryonic government）。然而，这个新的萨努西亚（Sanusiya）秩序，却是依其部落社会原有的分支结构（segmentary structure）及其所信仰的伊斯兰教之苏菲派（Sufism）而来的。

埃文思 - 普里查德受历史学家科林伍德（R. G. Collingwood）的影响，强调了变迁中较为不变的"内在性"结构原则（the inside principle）。不同于现代化理论将外来力量视为社会文化改变动力，他凸显了人类学家着重社会文化的内部观点。不过，埃文思 - 普里查德之所以强调历史研究，主要还是着重于人类学的人文学而非科学性质，较不涉及对于"历史知识何以可能？"或"什么是历史？"等本体论问题的探讨。同样地，即使是 1960—1970 年代末期盛极一时的结构马克思人类学或政治经济学研究，大半只强调了历史过程的重要性，并没有由人类学的观点质疑"历史"概念本身。直到 1980 年代初萨林斯的库克船长（Captain Cook）研究，提出"历史是由文化所界定"的看法，才真正奠定"历史人类学"的基础。不过，在萨林斯的著作出版之前，已经有民族志著作触及"当地人的历史"问题；在博厄斯影响下的美国人类学界，注重被研究文化的特定历史脉络，更早就开始意识到历史研究的重要性，而提出民族历史学（ethnohistory）的研究取向。

第二节　民族志基础与民族历史学

一、伊隆戈人的猎首

尽管功能论所强调的经验论民族志有很强的反历史倾向，但该取向对田野工作的重视，却也累积了人类学知识发展所必要的民族志基础。其中，罗萨尔多（Renato Rosaldo）的《伊隆戈人的猎首，1883—1974：一个有关社会与历史的研究》（*Ilongot Headhunting, 1883–1974: A Study in Society and History*），便是一本深具启发性的民族志，主要研究对象为菲律宾行刀耕火耨的伊隆戈（Ilongot）人（Rosaldo 1980）：

> 位于菲律宾吕宋岛中部的伊隆戈人，以活动过的地点，再现他们过去的时间与历史，使"时间"空间化（spatialization of time），如此，也具体化了他们的时间。但这类经由空间再现的历史意识，却是

建立在他们"眼见为凭"的历史观念上，更体现在故事之中。对当地人而言，叙事形式本身就成为一种特定的知识。他们没有阶序的社会生活，使个人随其在当地政治位置的不同而产生不同的历史诠释，也使他们难以对历史事件产生单一的观点。刀耕火耨的生产方式，迫使他们不断迁移，群体生活遂摆荡于分散与集中之间。更因为每一代所面临的环境不同，父辈的经验无法成为下一代的依循法则。种种条件综合起来，社会历史过程被他们感觉为即兴式而难以预测的，社会秩序被感觉为无固定形式的。

即便如此，这并不意味着伊隆戈社会就无法产生集体的历史意识。经由个人个别历史的累积效应，过去的集体意识仍可浮现。比如，他们以一般史、个人（生命）史，以及发展过程的变迁结构等，交叉成他们共同的历史意识，如 1945 年是伊隆戈人的和平时代，1945—1955 年是猎首的时代，而 1955—1960 年是缔结婚姻的时代等。

在这个研究中，罗萨尔多并没有进一步探讨：哪些事情被当地人视为"历史"，被他们以其特定的形式再现，因而无法进一步引出"文化如何建构历史"的后续讨论。但这个研究已足以提醒人类学家："历史"再现的方式因文化而异，并不局限于传统历史学所注重的文字书写方式。无文字民族拥有自己的独特历史意识，如伊隆戈人，借由赋予不同年代以不同意义，编织其历史意识。

二、民族历史学的发展

在博厄斯理论的影响下，民族历史学一直致力于探讨被研究民族的历史。虽然，民族历史学在人类学发展史上，并没有重要的成就与影响力，但因其具有悠久的研究传统，仍累积出一些富理论意涵的研究提纲，成为历史人类学发展的重要泉源。[①] 该研究领域的代表性人物科恩

---

① 有关民族历史学的主要研究成果，及其对于人类学历史化和历史人类学发展的影响或贡献，可参阅 Krech Ⅲ（1991）、Faubion（1993），以及代表性期刊《民族历史学》（*Ethnohistory*）。《民族历史学》从 1954 年出刊到 2007 年为止，已出版 54 卷。

（Bernard S. Cohn），在有名的《历史与人类学：现况的展现》（"History and Anthropology: The State of Play"）一文中（Cohn 1987），归结出人类学与历史学结合之后，可以开展的共同研究课题：

1. 两个学科结合的研究领域，是研究他者（others）——不只是地理上的他者，也是时间（或历史）上的他者。

2. 主要课题为研究历史事件（event）、结构（structure）与转换（transformation）。

3. 历史事件之所以成为事件，而不是偶发（happening），是要能够转变（convert）事件的独特性成为普遍性的、超越性的以及具有意义性的（general，transcendent，and meaningful）。因此，并不是如一般历史学家所说的：事件的独一无二性，即证成了自身。更重要的是，其独特性能够转变为具普遍性意义，才算是事件。

4. 为什么个别的事件可以转换，而具有普遍性的意义？这涉及一般常识层次的现象如何经由文化体系分类，而转换成具有意义的历史事件。故事件必是文化体系内的标记（marker），而这种使事件转换为意义的分类关系便是结构。所以，对科恩来说，分类系统成为历史学与人类学共同研究领域上第一个要面对和注意的问题。

5. 历史本身是建构（construction），同时也是由许多要件所构成（constitution）与转换，而不只是客体化（objectification）或者具体化（reification）的现象而已。这就如同文化是建构的，也是人类思考的结果一样。

6. 关于研究单位与主题的问题，礼节、行为典章、政治宗教仪式、神话、权力、权威、交换、互惠、分类系统（或分类的建构与建构的过程）等，都可以成为研究的主题。

7. 在当代进行研究时，殖民主义是最重要的历史情境。但殖民者与被殖民者必须合成为一研究分析的领域，不宜分离。

8. 民族历史学最重要的研究主题，仍是文化本身，而不是历史。人类学研究和纯史学相异之处，即在于比较观点。民族历史学脱胎于人类学领域，不可能放弃这个独特的视角。①

虽然，科恩集民族历史学研究之大成，提出人类学与历史学结合之新研究领域的提纲；但这些想法，必须等到萨林斯发展出文化结构论的理论观点，处理库克船长造访夏威夷的一连串历史事件，才可说落实了科恩所揭橥的研究原则，引发社会科学界与人类学界的巨大回响。

第三节　历史事件、结构与实践

一、萨林斯：历史的隐喻与神话的真实

有关18世纪晚期，英国航海家库克船长（Capt. Cook）造访夏威夷，却在当地遇害的史料，已不知有多少历史学家看过、使用过，但没有一本书像萨林斯这本80余页的《历史的隐喻与神话的真实》一样，造成广泛的影响。该史料的主要内容是：

> 1778年12月到1779年1月，正值夏威夷人的玛卡希基节庆（Makahiki festival）。在当地人的信仰中，这是属于生育之神罗诺（Lono）的节日，它的来临会带来自然的繁衍或再生。在这段特定的时期中，僧侣的地位会超越国王，国王甚至刻意回避，以免与僧侣造成权力上的紧张竞逐关系。恰巧在这时，库克船长来到夏威夷的三温奇岛（Sandwich Island）。

> 库克船长的登陆，恰如当地神话所预言的罗诺神之降临。如同象征着生育与丰饶的罗诺，他带来了各种物品，因此，当地人很自然地将他视为神。依照传统，只有贵族和僧侣可以接近罗诺神。但船舰上随行的欧洲水手和当地女性发生性行为，并且回报以船上的西方物品。这使当地人更鼓励女性奉献自己以取得物品。以上过程，不仅破坏了原本由国王或贵族所独占的外来物品拥有权，更进一步破坏了原

① 本部分条列式的内容，是笔者依其论文所选录，并非原文的条列。

有人群分类（如贵族与平民、外来者与当地人）间的阶序关系。

玛卡希基节庆结束时，正好也是库克船长预定要离开的时候。原本，他可能平安无事地离开，继续他的航程，就像是罗诺神短暂来到岛屿之后必将离开一般，该岛也恢复了平日的秩序。但意外的是，库克船长的船只在离开之后，横遭暴风雨袭击，船桅严重受损，被迫折返三温奇岛，以避风与修复船只。在当地人的岁时周期中，罗诺神驾临的时间已经过去，政治秩序不再掌握在僧侣和神祇手里，掌管世俗权力的国王要重新控制大局。库克船长在这个时刻折返，国王大惊，以为他要篡夺国王的权位。在剑拔弩张的紧张氛围中，船员与当地人之间的一场偶发性肢体冲突，导致库克船长被杀，尸体被肢解，并被当地人视为具有灵力的神圣物品加以供奉。经由仪式性的驾临，以及戏剧性地遇害，库克船长在当地传说中也晋升为神。

另一方面，这个社会原本存在着不同的阶级。贵族与平民之间，有灵力（*mana*）（一种只有贵族拥有的神秘力量）或者禁忌（*tabu*）（指平民不能直接接触贵族，否则会因其灵力而发生不幸）之别。但平民通过和白人发生性行为，得到外来物品，不仅打破了国王或贵族的特权，同时改变了不同阶级类别（categories）之间的禁忌。也使得类似资本主义经济贸易的交易方式被重新评价，这种类别间关系的改变，也转换了当地人的社会结构。

面对这个事件，萨林斯用四个主要的概念，来分析和呈现整个历史过程：结构（structure）、事件（event）、实践（practice），以及"非常时期的结构"（structure of the conjuncture）。

这里所说的"结构"，主要是指类别之间的关系。类别与关系，分别属于不同层次。比如，具有神秘力量的贵族介于人与神之间，而神圣之物／商品、贵族／平民、男人／女人、外来者／当地人等分类，其间都有特定的关系。但这些不同分类之间的特定关系，只有在特定的"时间"才发生作用，因此，"事件"的发生条件，又涉及当地人对于时间的分类。至于"事件"本身，必须由文化分类所界定，而不是如社会科学或历史学家所认定的：只要有特定的时、空、人、事的独一无二的"发生"（happening），就可以算是历史事件。对萨林斯而言，历史事件之所以为事件（event），是因其在实践过程中导致原来分类系统的转变——一方面，它再生产了原来的文化分类；另一方面，也同时转换了原来的分类或文化秩序——具备这种转换过程，才算是事件。因此，"事件"是文化所界定的。同样地，"实践"此概念也是。并非所有"人的活动"都是"实践"，"实践"必然涉及文化的价值（value）。是以，个人的活动固然涉及个人的利益，而且利益可与外在因素结合而转变，但萨林斯所讨论的个人及其利益却是受到文化的影响，使得个体被纳入结构之中，而非结构之外的平行因素。如此，通过"非常时期的结构"概念，得以将结构与实践之间相互界定、运作，同时重新评价的过程，建立在个人具有文化选择的实际活动上，成为自成一格（*sui generis*）的系统，使得结构的实践与实践的结构之间不断辩证地相互运动，以产生新的转换，乃至新的文化秩序和新的分类体系。

上述四个主要理论概念，使得萨林斯不仅在解释上述历史事件时，得以同时解决结构／行动者、持续／变迁、外在因素／内在因素、客观主义／主观主义、物质论／观念论、全球化／地方化等二元对立的概念，更明确地指出他是以文化的视野来看历史，强调文化如何制约（condition）历史，凸显文化如何在历史中繁衍（reproduce）自己。换言之，他确立了"文化界定历史"的立场，奠定了历史人类学的发展基础。值得稍加强调的是：这样的立场，是建立在文化差异的本体论假定上。这个假定，就如同文化的自主性一样，是人类学形成之初的基本假定。

二、萨林斯与奥贝塞克里的争辩

萨林斯有关库克船长造访夏威夷的研究，奠定了历史人类学的基础，也引起许多讨论与批评。其中，奥贝塞克里（Gananath Obeyesekere）写了一本《库克船长被奉为神：欧洲人在大洋洲所创造的神话》（*The Apotheosis of Captain Cook: European Mythmaking in the Pacific*）批评萨林斯（Obeyesekere 1992）。他认为：库克船长被视为神，完全是欧洲文化所创造出来的神话，而不是当地人的看法。至少，萨林斯是以西方"奉为神"（apotheosis）的观念，而不是以"成为神"（deification）的概念，来看待库克船长。在萨林斯笔下，库克一来到夏威夷，就被当作当地的神祇，却完全没有讨论到在许多非西方社会"成为神"所牵涉的复杂象征过程。同样地，萨林斯在写到库克船长死后的仪式时，是以西方的"圣徒仪式"（the cult of the saint）概念，分析当地人如何处理库克的尸体。甚至，萨林斯所引用的史料主要是来自传教士的记录，即使是当地人的解释，也已经过传教士的诠释。这类讨论，使奥贝塞克里提出：库克船长从来没有真的被当成神，是萨林斯的书创造了白人神话，也反映了欧洲在启蒙时代之后，怀抱着教化野蛮之邦的强烈启蒙价值。因此，奥贝塞克里这本书也隐含着第三世界对于西方文化霸权、学术霸权的批判。①

面对奥贝塞克里的批评，萨林斯也写了《"土著"如何思考：以库克船长为例》（How "Natives" Think: About Captain Cook, for Example）以为反驳（Sahlins 1995）。萨林斯认为：奥贝塞克里虽然不是西方人，但他的整个论证过程，是用西方中产阶级的实践理性（practical reason or practical rationality）来解释库克船长事件。奥贝塞克里在理解这些材料的时候，将夏威夷人视为和西方人一样理性。但实践理性在西方的宰制性，也是在近代西欧中产阶级兴起之后，才逐渐形成的。因此，奥贝塞克里的论述导致了一个矛盾：夏威夷人很实际（practical）和理性（rational），可是西方人却非常迷信，有心智幻想（mental illusion）的倾向。因此，萨林斯认为，奥贝塞克里反而创造了神话，并且导致几个负面影响：第一，无法看到夏威夷人自己的论述和观点；第二，违反了人类学知识的性质——文化差异是人类学在本体论上的基本假定。而奥贝塞克里的讨论则是完全缺乏"文化"，因为，他假定了所有民族都跟西方人一样理性。

在萨林斯与奥贝塞克里的争辩中，正好凸显几个重要的论点——人类学对文化差异的基本假定，及其强调通过文化独特性去挑战普遍性概念所隐含的偏见，也更加强了历史人类学研究的主要课题——"文化界定历史"。为了更确定这个命题，他在《他者的时间与他者的习俗》（"Other Times, Other Customs"）（Sahlins 1985）一文中，比较了玻利尼西亚（Polynesia）斐济（Fiji）人和新西兰的毛利（Maori）人，因其文化

---

① 奥贝塞克里是一位斯里兰卡学者。他的身份使他对于西方学术中的"东方主义"观点，特别敏感。

秩序的不同，分别发展出"英雄式的历史"（heroic history）与"神话实践的历史"（mytho-praxis history），以进一步说明"文化界定历史"的意义。[①] 同时，要将"文化界定历史"作为历史人类学的主要课题，就必须面对"什么是历史？"的本质性问题。虽然，他早在《历史的隐喻与神话的真实》一书中，便发展出"事件"是由文化界定以作为回答；但他的架构并没有从当地的文化特性挑战"事件"的概念本身，反而是假定了"事件"的普遍性。因此，引起斯特拉森（Marilyn Strathern）的批评。

三、对于"事件"的重新概念化

斯特拉森提出，在西方文化的观念中，事件是包含了四个被假定的基本性质（Strathern 1990）：

1. 独一无二（uniqueness）：事件具有独特的人、时、地、物。
2. 权力（power）：事件牵涉到权力关系。
3. 脉络（context）：任何事件都有其脉络。
4. 时间（time）：事件之间有其连续的关系，是建立在线性的时间观上。

对美拉尼西亚（Melanesia）当地人而言，这四个基本性质，都因当地文化的不同而有不同的意义与选择，以至于最后所构成的"事件"是一种"意象"（image）。就如同台湾的布农人，其传统时间观只能指示事情的先后，而不能精确指涉时刻，使得他们所说的事件往往是意象式的。如信仰基督宗教、生活改善、交通改善等，都没有明确的时间、人、地、物、脉络，更因人的经验不同而有不同的内涵。[②] 这样的批评，使得历史人类学

---

① 简单来说，英雄式历史就像大家较熟悉的希腊神话一样，是由个人的独特成就来改变历史的结果，因此，这种历史所关注的焦点便是这类改变历史的英雄。但神话实践的历史，强调的是以神话作为行为的证照（charter），着重的是如何经由实践来繁衍社会与神话所代表的文化秩序。故前者的英雄行为在后者的社会中，不被视为重要的历史事件，反之亦是。

② 参见黄应贵（1999b）。不过，最先引起人类学家注意到历史事件是一种意象，则见于 Errington（1979）。

如何重新概念化"历史"本身，成为理论上的当务之急。因此，即使萨林斯在《事件的再度重返》（"The Return of the Event, Again"）（Sahlins 1991）一文中，试图强调"事件"是指发生的事情与结构间的关系，同时也是一种文化秩序的差别，仍然是在西方对于事件的定义下看不同文化界定上的差异，很难剔除基本概念本身隐含西方文化偏见的指责，也使"文化界定历史"的课题，在研究上仍然不易兼顾文化特殊主义与普遍主义。这一点，只有到"历史性"问题的提出，诉诸被研究者的历史意识与再现，才有了解决之道。

第四节　历史性、时间与记忆

虽然，"历史性"（historicity）并非一个新的词汇，早在科林伍德的《历史的理念》（*The Ideal of History*）一书中便已提出（Collingwood 1946）。不过，大贯惠美子（Emiko Ohunki-Tierney）在《时间中的文化：人类学的探讨》（*Culture through Time: Anthropological Approaches*）一书导论中（Ohunki-Tierney 1990），将这个概念更加系统化，与文化观念结合，使其成为历史人类学探讨"文化界定历史"的主要架构。她综合归纳出"历史性"的性质如下：

1. 历史性指涉历史意识，是一个文化得以经验和了解历史的模式化方式。由于一个文化之中，并不只有一种方式可以了解历史，因此，历史性可以是复数的。

2. 历史性具有历史主体所决定的高度选择性。

3. 在历史性中，过去与现在通过隐喻与换喻关系，相互依赖与相互决定。

4. 历史性包含多样的历史再现。

5. 历史行动者的企图与动机，会影响历史的结构化（structuration）。

6. 历史性是历史建构与再现的关键角色。

7. 由历史性来探讨"文化界定历史"的历史人类学课题，最终的关怀还是文化本身。

至此，历史人类学的主要研究课题与架构才真正确立。

不过，"文化界定历史"虽可从"历史性"这一概念来探讨，但文化如何界定历史，或文化如何建构其历史意识与历史再现，便成了历史人类学进一步发展不得不面对的问题。由后续的研究累积成果中，人类学家发现每个文化中的时间分类（特别是有关"过去"）和社会记忆方式，最可能影响乃至决定其历史意识的建构与历史再现的方式。[1] 比如，居于苏丹（Sudan）与埃塞俄比亚（Ethiopia）间的乌库克（Ukuk）人，其交替式的时间使他们建构与再现出一种现在与过去的神话一再交替的历史。印尼克当（Kedang）人的循环时间，使他们有着不可翻转却又不断重复的历史经验与意识（Davis 1991）。前面提到的传统布农人，便因其强调时序却无精确线型时间的时间观，而建构出意象式的历史观。这些个案均说明了：一个文化的时间分类或观念，往往影响其历史建构与再现的方式。不过，随着资本主义经济的世界性扩展，其背后的线型时间也随之渗入许多非线性时间观的社会文化中，使当地人同时拥有多重的时间观念或分类，也使其历史意识与再现有着多元化的发展。这些正可见于索纳本德（Francoise Zonabend）有关法国村落密娜特（Minot）的研究上（Zonabend 1984）：

> 这个村落，至少存在着三种历史。第一种是属于国家、历史学家记载的大历史，讨论的是如 1914 年或 1940 年世界大战等重要的历史事件。这类大历史的影响力遍及该区，甚至全国，包括政治、经济、选举活动等。但它主要是发生在村落外，依赖同质而持续性的线型时间与文字的记载来记忆。也因此，大历史的许多事件，并不进入当地人的记忆之中。第二种，是地方史或社区史，主要是依赖循环而重复的社区时间而发生在村落内的集体活动，也就是以全村性的相互交换、晚间的聚会、葬礼仪式等实践过程为机制，通过所谓持久性记忆

---

[1] 参见 Blok（1992）和 Hastrup（1992a）。而 Tonkin et al.（1989）与 Hastrup（1992b）两本书，均提供许多相关的研究个案。

（enduring memory）所建构与再现的历史。第三种则是家庭史或个人史，是依家庭时间或生活的时间，以个人生命循环的关键时刻所构成的，往往通过出生、结婚、死亡、系谱等所谓"猬集的记忆"（teeming memory）或个人记忆之机制，建构或再现家屋内的活动。

这个研究，不仅证明不同的（社会）记忆机制建构与再现了不同的历史，更说明了一个群体可能因为存在几种不同的记忆机制，而同时拥有几个不同的历史，凸显了历史的多元性。[①] 不过，也是在这个研究中，我们看到社会记忆对于当地多元历史的影响——记忆必须有所凭依，社会记忆是与当地的空间、时间等文化分类概念，以及社会的实践活动结合，一起运作。

第五节　历史的文类

索纳本德对于法国村落多元历史的分析，以及三种社会记忆、三种历史的分类，属于客观主义的结构论传统。就法国密娜特村民而言，理性主义的分析可凸显当地文化的特色，但是对于许多非西方文化的人而言，他们的历史性、历史意识与历史再现，不仅受其文化特色所界定，其在意的历史经验（即选择某些事情为其历史事件）、以何种方式来再现或表达，往往是建立在类似诗性的（poetic）而非理性的基础上。就如同西方文学通过隐喻、转喻、提喻与讽喻等不同的喻格（tropes），书写出浪漫式、悲剧式、喜剧式、讽刺式等各种不同的文类；每个文化往往以其独特的方式来表达其历史经验。[②] 这种有关历史文类的探讨，不仅带给历史人类学研究上的新方向，更突破了科学知识的理性基础限制。这在

[①]　当然，历史的多元性，不仅来自社会中的不同记忆机制。国家历史的宰制所引起的抵抗或阶级间的对立等，均可造成一社会的多元历史。参见 Alonso（1988）。

[②]　这类明显受到文学批评理论影响的讨论，固然可见于 Hayden White 的"后现代史学"研究中（White 1973），但陶西格的讨论，早已超过后现代理论的挑战方式与内涵，反而接近福柯晚年未完成而有关性史的讨论，也更接近人类学的关怀。

陶西格的研究上最为明显。

陶西格在《萨满信仰、殖民主义与野蛮人：一个有关恐惧与治疗的研究》（*Shamanism, Colonialism, and the Wild Man: A Study in Terror and Healing*）中所研究哥伦比亚、秘鲁、厄瓜多尔边境一带的印第安人，正如中南美洲印第安人一样，以魔幻写实主义为其文化上的特色。陶西格乃应用本雅明的"辩证性想象"（dialectical imagery）与"模仿"（mimesis）的概念，来呈现当地印第安人在白人殖民时期的历史经验（Taussig 1987）：

> 一开始，作者通过《黑暗之心》（*Heart of Darkness*）的作者康拉德（Joseph Conrad）的朋友卡斯门特（Roger Casement）和美国工程师哈登堡（Walter Hardenburg）等人的报道，建构当地人被征服者虐待的"故事"。特别是有关英国树胶公司阿拉娜（Arana），在南美安第斯山地区与亚马孙地区开采自然树胶时，为提升产量，以各种残忍手段惩罚未达生产量的印第安人，甚至以处罚其亲人作为威胁。鞭笞更时有所闻。树胶公司为了掠夺更多的劳力，以及报复反抗的印第安人、削弱竞争对手的生产力，甚至屠杀对手境内可能成为其劳工的印第安人。殖民统治的白人，也塑造出野蛮印第安人还盛行食人风俗的传说，甚至渲染他们的恐怖反叛仪式，如"以手指插入香烟炉发誓报复"（*chupe del tabaco*）。无根据的传闻在雨林区蔓延，滋长了白人对印第安人的恐惧心理。被恐惧所驱使，殖民者设计了各种残酷的管理措施。恐怖的想象，不仅合法化了白人将印第安人视为奴隶的正当性，更滋长了殖民统治的暴力。殖民的暴力累积成印第安人对白人的恐惧。在相互建构的恐怖之中，缺乏具体事证的想象不断扩大增长。恐惧相互加强，使事实与幻想混合，并产生实际的影响力。因此，殖民统治时期想象的"恐怖世界"，成为殖民者与被殖民者双方行动乃至生活的唯一依据。
>
> 相对于上述恐惧的历史，本书的第二部分着重于巫术与仪式的历史。当地广泛流传着印第安人巫术治病的传奇轶事。不只是印第安人想求助于巫术，黑人、白人殖民者，以及不少小资产阶级均深信巫术

的神奇疗效。甚至，教会也使用部分巫术；圣人或圣母奇迹式的显灵，更说明了天主教挪借了印第安巫术以用于教会的奇迹。巫术的力量从何而来？为何殖民者与被殖民者均深信不疑？这便是全书最精彩的论述殖民者与被殖民者，出于不同的心理动机而求助于巫术实践。但巫术本身，又具象体现了当地殖民过程的两合辩证意象。

殖民者或者官方天主教之所以会挪借印第安人的魔幻写实主义，来建构其论述与意象，承认被殖民者的野性地位与力量，一方面来自他们相信印第安人是神秘的、邪恶的，另一方面也因为：基于野性的力量，他们才得意识到"他者"的存在。这种对野性力量的确定或肯定，是来自殖民者内心对于死亡的恐惧。然而，在印第安人的观点中，殖民者所亟欲驯化也同时寻求的野性力量，是产生于安第斯山高地与亚马孙低地的巫术结合。高地的巫师必须馈赠礼物给低地巫师，以习得更强的力量。类似地，在当地普遍流行的"丫嘎"（yagé）仪式里①，病人也必须送礼给巫师以进行仪式。虽然，殖民者对于野性力量的挪用，以及病患求助于巫术，是出于不同的心理动机——殖民者是出于对死亡的恐惧，而当地病患则是出于嫉妒不安。但相同的是，立场相对的双方共同参与、想象、建构出一种辩证两合的意象。

于是，整个安第斯山区与亚马孙低地沼泽区的殖民过程，可由印第安人背负着殖民白人行走的意象，表达出来。他们的关系一如盲者与跛子，各自残缺、彼此依赖。类似地，"丫嘎"治病仪式是由角色相对的巫师与病人共同建构。他们之间，一如殖民者与被殖民者之间，也具有不平等的权力关系。两个不同的灵魂（spirits）组成一个单一的形象，即是当地的殖民／被殖民历史经验的再现。这种再现方式，不是借由语言、文字、叙事，而是借由神秘经验、治病仪式，在该社会广泛流传。

综合而言，全书两部分的讨论，可以呈现当地社会的重要组成分子——殖民者与被殖民者——在长达数百年的殖民历史中所经验的恐

---

① 当地普遍流行一种称之为"丫嘎"的仪式——参与者（包括病人、巫师与仪式的学习者）喝下巫师用热带雨林植物制成的饮品，陷入一种狂乱的迷幻情境之中，疾病或者苦厄，就在此种仪式中涤净。

惧与苦难。更凸显了当地殖民史的辩证性意象。辩证性意象，可借由象征殖民与被殖民者的盲者与跛子、象征疗愈与受苦的巫师与病患、象征两地互补的高地巫师与低地巫师，不断地向该社会的所有成员再现，并在治病仪式的实践中被一再强化。巫师或者驱魔僧侣的神秘疗愈能力，结合了历史事实与社会的幻想而生，正可以纾解当地人的苦难。被殖民者在政治上受到压迫，心理上更因长期的经济掠夺、文化流失，而陷入深沉的沮丧。巫术治病仪式，不仅反映、浓缩了征服历史的经验，也反抗了编年史或历史纯正性（historical authenticity），而成为被压迫者革命性实践的平台。作者使用了复杂、夸饰、渲染的蒙太奇手法，凸显出印第安殖民历史的辩证性意象。他强调：辩证性意象的形成是不连续的、相互矛盾的，更是由殖民者与被殖民者互动所共同构成的。这种类似神话的意象至今仍继续作用，也使得萨满信仰（shamanism）的"殖民化形式"（colonizing form），不断地为当地人攫取历史意象与经验，使"历史"有如巫术，影响至今。

从当地民族志出发，陶西格进一步挑战西方知识的性质，以及知识生产的模式。西方哲学传统，从柏拉图到康德，都将知识视为个别思想家理性思考的结果。由本书巫师与病人的关系，可以说明知识是由互动的社会过程共同创造出来的。此外，不是可以文字表述的抽象知识，才可称之为知识。瞬息万变的感官经验，费解的谜语、隐喻，也是可产生巨大影响力的另类知识。当地的仪式实践即为一例。它更包含了难以言喻的感官印象，体现了集痛苦、恐惧、矛盾于一身的殖民历史经验。

由上面的讨论，可以看到，陶西格的《萨满信仰、殖民主义与野蛮人：一个有关恐惧与治疗的研究》一书，最独特的突破之处，在于讨论人类学知识的性质。就如同民族志也是由人类学家与当地人共同创造的人类学知识一样，本书所呈现的"历史"，也是由殖民者所创造的意象和当地印第安人所创造的意象相互激荡回应而来。这种辩证性的意象，不仅凸显出当地文化上魔幻写实主义的特色，更重要的是凸显了当地人所关心、所表达的历史经验，也就是历史人类学所说的历史意识与再现。

更重要的是，本书实已触及建构历史意识的心理基础，以及殖民历史的心理经验。如此，作者不仅积极地响应了后现代主义对于人类学知识的批评，更进一步将人类学对于社会文化现象的探讨，由过去科学主义主导下的社会结构、文化逻辑，推展到非理性的心理层面，也使历史人类学有关历史再现的问题，如同文学作品的文类（genre）问题一样，可因各文化的特色，考虑其独特的经验与再现方式。这个研究，也使人类学更直接面对该学科知识发展上的未知领域，使历史人类学的研究有了更具突破性的意义、影响力与发展空间。

第六节　结　语

以"文化界定历史"作为研究的基本预设、以"历史性"作为主要研究课题与架构的历史人类学，是否真的足以成为人类学的一个分支，一直是个有争议的问题。虽然如此，正如人类学的其他分支，它至少让研究者对于被研究文化的特色，因此分支的研究课题切入而有进一步的了解。上述贝都因人、伊隆戈人、夏威夷人、美拉尼西亚人、法国密娜特村人，以至哥伦比亚印第安人等个案研究，在历史人类学发展上的贡献，不仅是凸显出当地文化特色而已，它们更充分凸显出人类学知识与地方文化特色之间相互依赖、相互决定的关系。

另一方面，因历史人类学蕴含着对于人类学知识与文化概念理论不断挑战的可能性，使得它得以吸引人类学家继续投入这个领域。如萨林斯以文化结构论来了解与解释库克船长的历史事件时，也同时超越结构／行动者、持续／变迁、外在因素／内在因素、客观主义／主观主义、物质论／观念论、全球化／地方化等西方社会人文学科上普遍存在的各种二元对立观念之限制，更跳出埃文思 - 普里查德以社会结构或社会概念来解释现象的层面，而进入文化逻辑的讨论。陶西格有关历史文类和殖民历史的心理经验之研究，已触及了人类心灵的非理性层面，更凸显出人类学知识是由人类学者和当地人共同创造出来，挑战了西方学术传统所强调的：知识是由个人单独理性思考的结果，甚至将讨论触角延伸及难以言喻的感官经验。这种对于人类知识的深入探讨与突破，将视野扩大到人类学知识探索的边界。也正是这种不断开展的新视野与宏大的企图，深深吸引着新的研究者。

虽然，历史人类学的发展过程中，像萨林斯与陶西格的研究等可堪作为人类学发展史上里程碑般的重大成就，显然少之又少。但历史人类学的发展也带动了整个人类学发展的历史化趋势，使得人类学的其他研究领域因带入历史深度，而得以产生重要影响与成就。正如本章一开始所举的麦克法兰、格尔茨、沃尔夫等人的研究，使人类学与历史研究的结合有着更大的发展空间与更深的期望。虽然，这种跨学科的结合，与历史人类学知识本身的内在发展有其基本上的差别，但笔者相信：若能将历史人类学的研究课题与成果所构成的个别文化之独特整体图像，及其背后的全人类文化视野与多层次（由社会、文化到心理）的文化概念，带入历史学研究的思考中，实有助于历史学研究上有如年鉴学派或新文化史式的开展与突破。就如同因"史识"[①]而使历史学知识有别于人类学知识，若能将史识确实带入历史人类学研究的思考中，很有可能带来"文化概念的历史化"[②]，而使历史人类学研究有下一波的突破。但这类期望必须建立在这样一个基础上——对于两个学科的不同学术传统，及其各自在本体论、知识论或认识论上的基本假定，能够有所掌握与再创造。如此，才有可能使两个学科重新回到因各自强调时、空深度而造成分离之前的结合，而使知识上有更高层次的创发。

---

① 这里所说的史识，主要是指历史学者因累积足够的历史知识而有的洞识。如年鉴学派的史学大师 Le Roy Ladurie 所研究的法、西边界一个中世纪异教徒的聚落一样（Le Roy Ladurie 1979）。从人类学民族志的角度来看，他所陈述的内容并不够细致或深厚，但这本历史研究的成功，主要是透过作者的"史识"指出，这个异教徒聚落不仅延续了基督宗教传统建立之前的文化传统，更为日后的宗教改革提供了文化泉源。这种洞识不仅造就了作者在史学界的大师地位，更凸显了史学知识的独特性与优点。

② 有关文化概念因历史化不足而影响历史人类学发展的讨论，参见林开世（2003）。

第十五章　人类学与社会实践

在今天，学问是一种按照专业原则来经营的"志业"，其目的，在于获得自我的清明（*Selbstbesinnung*）和认识事态之间的实际关系。学术不是灵视者与预言家发配圣礼和天启的神恩之赐（*Gnadengabe*），也不是智者与哲学家对世界意义所做的沉思的一个构成部分。这一切，毫无疑问地，乃是我们的历史处境的一项既成事实，无所遁避，而只要我们忠于自己，亦无从摆脱。这个时候，如果托尔斯泰在诸君之间起立，再度发问："既然学术不回答'我们应该做什么？我们应该如何安排我们的生命？'这个问题，那么有谁来回答？"（韦伯 1991［1946］：162-163）

从上面各章的讨论中，我们可以进一步认识到人类学知识的特点：第一，在人类学领域中，新研究课题的出现，一方面是为了解决先前研究未解的问题，另一方面也是面对着社会新浮现的现象；第二，人类学理论知识的进展，着重于剔除原有理论的文化偏见，以便更有效地凸显文化的特色或差异；第三，人类学知识的建构强调被研究者的主观观点与整体性，更重视与全人类社会文化的参照。这些特点将影响其实践的方式与内涵。

这一章讨论人类学知识的性质或理论立场所隐含的权力关系，以及 20 世纪几个西欧主要人类学理论发展地的历史情境，如何造成学术界与社会不同的纠结关系，而影响该国人类学知识性质的建构，以及"人类学实践"的观念与方式。此外，更试图借由笔者个人追寻学术与社会实践的过程与体验，来凸显人类学者因为知识的发展、社会的演变、个人人生的体会等，构成个人主观的反省、生命的关怀与执着，塑造其人类学实践的实际方向或方式，乃至于形塑了个人的存在意义。

第一节　人类学知识、社会文化脉络与社会实践

一、人类学知识的特性

从上面各章的讨论中，我们可以清楚认识到人类学知识的特点。

第一，在人类学领域中，新研究课题的出现，一方面是为了解决先前研究未解的问题，另一方面也是面对着社会新浮现的现象。在人类学史的发展上，格卢克曼的冲突理论（第十一章）或利奇的摆荡理论（第七章），均是为了解决功能论或结构功能论假定社会为稳定平衡的限制所发展出来的新理论。结构马克思论或政治经济学的出现，则是为了解决先前结构论或象征论无法解释社会文化改变的动力，以及寻找第三世界沦于低度开发乃至于依赖性发展的理由。1980 年代开始具有很强支配性的实践论，则是为了解决之前人类学理论知识所产生的客观论与主观论、结构与能动性、外在因素与内在因素、持续与变迁等二元对立的观念所造成的限制，并面对过去被忽略的人之主体性而发展出来的新理论（第三章）。

除了学科内部知识的进展之外，我们也看到：人类学史上许多新理论的产生，是为了正视新的社会现象与问题。这种倾向在学术知识的先驱者身上特别显著，如博厄斯之所以发展人类学，目的之一即在于面对美国日渐严重的种族偏见问题；马林诺夫斯基和莫斯均不满于资本主义经济所带来有如"铁笼"（iron cage）般的负面影响，而追求乌托邦理想于前资本主义社会；1980 年代中叶开始风行的后现代人类学，更是因应后工业社会的全球化发展趋势造成人、物、资金、资讯等流动频繁，文化混合，边界消失，以及自我认同的不确定等现象与问题，而产生的新潮流。

虽然，上述两个不同的主要动力，在每个国家人类学发展的不同阶段上，重要性与决定性有所不同，但可以观察出共同的趋势：由客观的社会层面进展到主观的文化层面，乃至于晚近深层心理的非理性层面等。

第二，新的人类学知识理论的发展，不仅是为了解决之前研究所留下来未解的问题与面对新浮现的现象，也在剔除原有理论的文化偏见，以便更有效地凸显文化的特色或差异。如：冲突理论与摆荡理论是在剔除原有功能论或结构功能论假定社会是稳定平衡的偏见后，才能有效凸显中非洲早经殖民统治而造成的传统与殖民文化间的冲突，以及东南亚社会因婚姻机制造成结构在不同社会类别间摆荡的特性。再者，如奠基于美拉尼西亚研究所提出的"社会性"（sociality）概念，是剔除原有社会理论假定了社会有清楚界限的限制，才能有效凸显其社会范围的流动性。而亚马孙地区的情绪研究，必须先剔除以往理论假定了社会秩序是建立在制度或理性上的前提所造成的限制，才能有效凸显这地区是如何通过非理性的深层心理机制来建立和维持社会秩序的特色。换言之，到目前为止，国际人类学知识理论的突破，往往是建立在对被研究社会特色的掌握和有效呈现上。而这样的突破，往往又是以剔除已有知识理论所隐含的文化偏见为前提。

第三，要达到上述两个目的，人类学知识理论的建构不仅强调了被研究者的主观观点与整体性，更是通过全人类社会文化的参照与定位而来。如此使得各个个案研究成果，得以累积并构成全人类共同的知识。换言之，这种共同的人类学知识特性固然是建立在研究者对于被研究对象的主观观点有足够深入和整体性的掌握之基础上，更必须通过全人类社会文化的参照，才能有效地凸显出其独特性。也因此，一个成功的人类学者不仅要能深入了解人类学知识理论与被研究对象的特性，更必须具备全人类社会文化的民族志知识或图像，才能有效地为被研究文化的特性定位。正是这种视野，使得一个成功的人类学者虽然研究的只是某个时代某个地方的少数一群人的文化，却往往能够有效而深入地再现特定时空下人的心性（或精神与思考方式），以至于对其他学科的研究能有所启发。事实上，也只有在这样的视野下，我们才可以了解为何这种共同的人类学知识，不仅能够用于理解和处理各时代所面对的各种不同现象与问题而有其社会实践的一面，更足以用来培养学习者的个人视野，而成为社会人文学科的基础训练之一，甚至能使学习者了解自己。

二、人类学知识的性质与社会实践

正因为人类学知识有上述的特点与发展过程，不同时期人类学知识的性质也就不同，自然隐藏或产生不同性质的权力关系，并采取不同的社会实践方式。比如，经验论或实证论科学观下的（结构）功能论或文化与人格理论，往往认为（人类学）知识便是真理，因而可以帮助我们了解现象与问题，并寻求解决之道。在这些理论背后之科学观的影响下，人类学者从事社会实践时，往往是以社会的病理学家自居，意图直接提供解决问题的方案。像米德有关萨摩亚青少年研究虽是依据心理分析理论而来：青少年问题往往是与儿童教养方式有关，但在当时的经验论科学观主导下，她的研究结果在美国社会所造成的回响，便是改变儿童教养方式以纾缓严重的青春期叛逆问题。对于结构马克思论或政治经济学的人类学者而言，人类学知识往往在探讨现象背后的结构关系，尤其关注沃尔夫所说的结构性权力（Wolf 1990，1999）。因此，结构马克思论者的社会实践，便是推翻已有的社会结构，而从事革命来推翻既有的体制遂成为唯一的选择。这也是为何沃尔夫特别称赞 20 世纪第三世界的农民革命（Wolf 1969）。[1] 后现代理论人类学者，强调"论述"本身便是在塑造真实，故"论述"本身便隐含了一种福柯所描述的在现代国家宰制下无所不在的权力，或格尔茨所说的文化性权力。在这种理论关照下，社会批判便是一种实践。人类学的发展研究或发展人类学，在后现代理论（特别是福柯）的冲击下，几乎着重在第三世界或"发展的凝视"（the development gaze）如何形成而塑造出发展者、受害者和发展的能动性间的结构关系，以为执行发展计划与政策的架构与依据。因而使原来强调

---

① 政治经济学人类学者经常引用的农民革命成功典范，就是毛泽东在《湖南农民运动考察报告》之后所主张的农民革命路线——在中国，要打倒帝国主义的侵略与推翻传统帝王与官僚体制的统治，必须从事农民革命，而不是工人革命。

社会实践的研究成了"发展的论述"（discourses of development）。[1]

事实上，不仅不同时期的人类学因知识性质的不同，隐含不同的权力关系，而导致社会实践的不同看法与方式，更因每个国家的历史情境与社会文化脉络的不同，使得社会与学术界的关系面貌各异，更直接影响人类学知识被建构的性质，以及其社会实践的看法与方式。这可见于西方几个主要国家的人类学发展经验（Barth et al. 2005）。

三、西方国家的人类学界与社会实践

（一）英　国

自启蒙时代以来，英国社会一直追求学术的独立自主性，使得人类学的发展从一开始就不像应用性的学科那样朝向大众化方式发展，而是被视为有如哲学一般的社会人文领域之基础学科。更因人类学者必须具备一般的人文素养，加上田野工作的费时，使得人类学者的养成期较长，难以量产，甚至有"贵族学问"之戏谑。在英国，人类学知识较少直接用于社会问题的分析与解决。尽管 20 世纪初期，英国的殖民地官员大都具备人类学知识，而功能论学者如梅尔（Lucy Mair）与马林诺夫斯基，均曾致力于发展应用人类学；但应用人类学在英国人类学的发展上一直不被重视。而 20 世纪中期在列维 - 斯特劳斯影响下的结构论，更少被直接用到社会问题的分析与解决上。即使如此，正因为它早已成为一般人的基础素养，人类学知识反而到处可见。特别是在有关殖民地的社会文化变迁或经济发展的研究上，文化或社会差异如何影响其经济发展上采取不同的方式，更是英国社会人类学有过的重要贡献。[2]

（二）法　国

法国人类学的发展，一直与该国的文化思潮紧密重叠，深受其理性主义文化传统的影响。是以，正如帕金（Robert Parkin）所说（Barth et

---

① 参见 Hobart（1993）、Ferguson（1994）、Escobar（1995）、Grillo & Stirrat（1997）、Arce & Long（2000）等。

② 比如，爱泼斯坦（T. Scarlett Epstein）有关印度（Epstein 1962）与新几内亚（Epstein 1968）经济发展的研究，常与格尔茨（Geertz 1963）的研究相提并论。

al. 2005），法国的人类学理论与民族志调查，在学科发展之初，便是两条并行线，各自衍生出个别的学术传统。一直到晚近，受到英国和美国人类学田野工作的影响，才产生如戈德利耶或迪蒙那样既重理论又重视长期田野工作的人类学家。但即使如此，他们最终的兴趣往往仍在理论的建构和与文化思想界对话，而不在解决实际的社会问题。就如同迪蒙后期的研究几乎都是在探讨西方个人主义的起源一样，他宛如一个哲学家或思想史家，少有人记得他田野工作的民族志报告，《一个南印度次阶卡斯特：Pramalai Kallar 人的社会组织与宗教》（*A South Indian Subcaste: Social Organization and Religion of the Pramalai Kallar*）（Dumont 1986）。列维 - 斯特劳斯与布尔迪厄①更是这个传统的典型代表。即使对推动法国民族志田野工作有极大贡献的莫斯，在他的《礼物》一书中，是针对资本主义经济的不满而提出另一种经济的可能性之思考，而有很强的批判精神。但"礼物经济"在实际上，从来就不曾像共产主义那样具有取代资本主义经济的实际可能性；他只是借此提出了一个具有本体论意义的问题与思考的方向。因此，法国人类学者的社会实践，往往是通过思想上的启发来影响社会，而较少以直接参与社会问题的解决方式来处理。

（三）德　国

德国人类学的历史发展过程，正如金格里希（Andre Gingrich）所强调的（Barth et al. 2005），一直与政治社会紧密结合。在纳粹德国兴起时，为了符合当时国家的利益与提高人类学本身在现实社会上的重要性，便结合体质人类学与社会／文化人类学，从事有关种族优越论的研究，以协助推动驱逐犹太人的政策，并为了协助国家的殖民地扩张而从事殖民地研究。这些均导致人类学的腐化与工具化，自然也阻碍了德国人类学学术研究在战后的独立自主性。如今，德国人类学意识到其最急迫的任务，便是如何在负责任的学术伦理前提下，维持批判的知性距离和独立于明显的政治利益之上，来建立学术的独立自主性。

---

① 不过，在布尔迪厄的个案上，问题比较复杂。他写的有关海德格尔政治本体论的著作（Bourdieu 1991）成为研究海德格尔的重要经典，这时他宛如哲学家。但他晚年也写《论电视与新闻事业》（Bourdieu 1998）、《回击：对抗市场的暴虐》（Bourdieu 2003），都是很实际的社会议题。

（四）美 国

相对于上述三国，美国人类学又有其不同的历史发展过程。正如西尔弗曼（Sydel Silverman）所说（Barth et al. 2005），它一开始虽是建立在德国的唯心论文化观念上，但博厄斯却结合体质、语言与考古这三个学科，以便能更整体地研究人本身。这个历史偶然的结果，之后成为美国人类学的特点之一。不过，美国人类学能成为国际人类学界的主要力量之一，主要还是与美国在"二战"后的快速扩张有关。由于美国在战后成为当时最强大的资本主义国家，面对战后的冷战局面，美国为了保住资本主义经济势力范围来对抗共产主义在第三世界的扩展，极力推动区域研究，以及资助以现代化理论为依据来改善第三世界政经状况的发展研究，实提供了美国人类学快速成长的空间与条件。而这结果不仅有效地开拓了应用人类学的空间，更使得美国人类学因成员众多而得以发展成为多中心的学科而难定于一尊，并使美国人类学内部本身就有着许多相互对抗或竞争的理论派别。加上它能不断由其他国家的人类学或学术思想，吸取所需的新知识，发展出各种新的可能性，更促成其内在的反省与反叛，使其能不断地推陈出新。像后现代人类学，便几乎成为美国人类学 1980 年代相当突出的独特发展。

由上，我们可以清楚看到人类学者的社会实践，若从理性角度来讨论，不仅人类学知识的性质或理论立场所隐含的权力关系会影响其实践的观念与方式，更因每个国家的历史情境而使学术界与社会有着个别不同的关系而影响其人类学知识性质的建构，后者自然影响着其实践的观念与方式。由此已可预见这问题的复杂程度。然而，最能决定人类学者实践方式的选择，莫过于人类学者个人本身主观上如何结合其人类学知识、研究对象及自身所属社会的历史情境，以及个人的特性与际遇所产生的态度。这态度往往随着当事者知识的发展、社会的演变、个人人生的体会而有所转折，它是个追寻的过程，而不是先验性的假定，更不是概念上可以清楚界定与论述上可轻易说服人的，它掺杂着太多个人主观的反省、生命的关怀与执着。下面便以笔者个人的经历为例来说明。

第二节 社会实践的追寻：一个人类学者的体验

任何一位人类学者在台湾从事田野工作时，经常碰到的窘境便是当地人的质问：人类学者的研究资料既然主要得之于当地人，对当地人又有何回报呢？这在研究台湾少数民族的田野经验中，特别凸显。对这个问题的答案，在 1973 年笔者开始进行田野工作时，是很肯定而没有什么疑惑的。

一、学术与社会实践：田野工作者的初期经验

正如第一章中提过的，笔者研究的初衷正是关注当地的经济发展，特别是有关当地布农人如何适应资本主义市场经济的问题。由于当时笔者所研究的山社是以种植经济作物（主要是西红柿、高丽菜、豌豆、敏豆、香菇、木耳等）参与市场经济的活动与运作，并以此提高生产所得和生活水平。从事经济作物的栽种，当时主要面对的困难与问题有三。第一，必须有足够的资金投入，以购买必要的农药和肥料等。这个问题对于原缺少货币及储蓄概念的布农人而言，特别严重。第二，它是劳力密集的生产工作，必须有足够的劳力。这对于当地大家同时忙碌于生计的耕作者而言，是比较难以解决的棘手问题。第三，经济作物的收获必须出售后转换为金钱，以购买日常生活所需。故如何避免中间商的剥削，则影响其利润和经济所得的多寡。

为此，山社的基督长老教会乃发展出三种新的正式组织来适应。第一个是储蓄互助社。强迫每一位信徒在安息日礼拜后，均必须到储蓄互助社存钱，以培养原本缺乏的储蓄概念，同时也可累积足够的资金贷款给需要资本投入于经济作物之生产者。第二个是劳力互助队。一时需要大量劳力者（如开垦土地或收获等），可以教会的名义，召集信徒共同工作，而只需付一半的工资捐给教会。参与的信徒并没有得到工资，算是以劳役来奉献给教会。这对仍以刀耕火耨方式来种植经济作物的当地布农人而言，是个非常有用的设计。第三个是共同运销、共同购买组织。这不仅削减了中间商的剥削，更直接增加了经济收益。而由于这三个组

织，笔者均参与规划，甚至出面与果菜公司商讨如何由载货卡车到产地直接收取农产品后载运到大都会批发市场，以避免无谓的消耗，减少成本。储蓄互助社借贷的管理流程更有着笔者的心力在内。因此，硕士论文完成后，笔者更因当地人经济收益的普遍增加，而有着社会实践者事成的快乐与满足感。

当然，这种自信与肯定部分是来自当时有如意识形态般的现代化理论背后所隐含的社会科学作为一种能治愈社会问题的科学之看法，就如同经济发展实隐含经济条件通过科学知识的努力可加以改善的预设一样。但过了两年，当笔者重回山社时，却发现当地布农人对市场经济成功适应的结果，是让市场机制在当地更有效地运作，因而造成土地较多而适应较成功的当地人向教会储蓄互助社借贷更多资金来再投资。反之，土地有限者，仅能存入所赚的少许金钱到储蓄互助社，而这些钱转而又借贷给有钱的投资者。这使得当地人贫富悬殊的现象立即凸显了出来。因此，当地的朋友乃向笔者抱怨："你只帮助有钱人。"这对笔者而言，乃是一大打击，也第一次意识到原来在资本主义经济的逻辑下推动经济发展，只是让其经济逻辑更有效运作而已。表面上增加经济收益的结果却造成新的问题——贫富悬殊。在这问题的冲击与反省下，笔者也领悟到经济人类学讨论"资本主义经济以外的另一种可能"的重要性。为此，笔者开始处理当地布农人的社会组织、宇宙观等其他非经济的层面，以便进一步了解：到底什么是"经济"？

不过，在探索"经济"的"本质"乃至"资本主义经济以外的另一种可能"之时，笔者还没意识到原有（理性科学）知识体系的限制。甚至当时因提供民族志知识协助几位同学朋友到拉丁美洲、东欧、中南半岛等地拓展贸易的成功经验，使笔者深信日本产经大学曾为了开展贸易而到世界各地研究当地风俗习惯的必要性与重要性，因这知识使日本得以率先了解当地因纽特人的习俗，而成为在阿拉斯加成功设立工厂的第一个国家。换言之，当时笔者还是相信：知识便是真理，可以用于解决实际的问题。这情形一直到笔者从事台湾中部汉人聚落的"农业机械化"研究时，才开始有所醒悟和改变。

二、"农业机械化"研究的反思：彰化花坛富贵村的田野经验

1975 年到 1976 年，笔者在台湾中部彰化县花坛乡的富贵村从事五个月的田野工作时，主要是要完成业师王崧兴先生所主持的、在当地执行有关推广"农业机械化"的研究计划。正如第九章的个案描述，这个研究涉及了当时非常实际的问题：台湾工业化、都市化的急速发展，导致农村青年人口外流和劳力不足现象，使水稻耕作难以维持。为了解决劳力不足问题和有效使用土地资源，行政部门乃推动农业机械化政策。然而，农机的使用要能达到最大效率，必须在面积较大的农地上执行。当时的台湾农村在"三七五减租"与"耕者有其田"政策的推行下，农地所有权已经分散至小农之手。土地改革政策的成功，也导致了农地的零碎化。为推行农业机械化，行政部门试图将分割破碎的土地整合起来而到处宣传二次土改，以便以西方大农场所依据的理性科层组织管理方式，执行农机经营。但实际上，笔者的调查却发现：大多数农民是以"差序格局"的社会关系，将一贯作业的各种农机分割成个别不同的小农企业，使每一家分别经营其中一部分农机而均成为企业主。这种建立在每个人都是老板而强调差序格局人际关系基础上的经营策略，完全不符合西方理性科层组织的概念，却同样达到农业机械化的效果（黄应贵 1979）。这结果不仅证明当时台湾农业本身已逐渐发展出一种自发性而有效的经营方式来进行，更成为挑战当时主流的现代化理论之嚆矢，并埋下日后引发的所谓社会科学中国化或本土化的问题。然而，在这个表面上充满实践意义的"成功"研究背后，却有着笔者难以忘怀的困惑、挑战、反省与心劲。

事实上，在笔者当时进行田野调查的村落：富贵村，其成功经营农业机械化的背后，有一不为人知的推手。这个人虽只有小学毕业，却是全村中唯一拥有实验水田的农夫。每年，他将全省各个农业实验所所实验的稻种和农药等，在自己的实验水田上试种和试用。最后，他发现原本在台湾南部凤山实验失败的凤山五号稻种，特别适合该村的自然条件。其产量不仅高达每分地一千五百斤稻谷，居当时的全省之冠，种出来的稻米更具有黏性，宛如糯米。因此，他将实验成功的稻谷堆积在自家门前，让所有路过的村人均注意到其丰富的产量。村民纷纷向他索取种子；

第二年，全村均使用他的品种。品种的一致性，更便于农业机械的推广。他更在日常闲暇时间，有意无意地询问不同的人是否要经营不同的农机来替他及其他需要的人工作。在这个过程中，他还建议了如何依个人的社会关系凑齐经营农机企业所需要的最低雇主家数。最后，富贵村没有经过第二次土改整编零碎土地的过程，便成功地达到农业机械化的目的。

然而，在农业机械化的整个发展过程中，当地并没有人意识到该推手的功劳。在笔者之前，王崧兴先生虽已进行了半年的田野调查，也没有发现这个人的存在。笔者在田野的前两个月也没发现。直到有一天，笔者到他的田地访问他，他主动问笔者：在他田里，有一种作物，全村只有他种，不知笔者是否注意到。笔者环顾四周，发现一种过去在山上看过的作物，乃指认出来。他点头说对，但继续问：如果他没有询问，笔者是否有注意？笔者只得承认没有。这位农人便说："你知道什么是'视而不见'吗？这就叫作'视而不见'！"笔者大吃一惊，从此开始与他深谈，也才更进一步理解到上述农业机械化背后的推手。

若非他有意现身，笔者不可能知道他的存在。事实上，村民对他的印象也只是他很聪明而且悠闲，常看报纸、下棋，但从不担任任何行政职务或官职，并没有人意识到他的重要性。只有他在大学念书的儿子清楚地告诉笔者：他的父亲曾经拜一位说书人为师。说书人由鹿港挑货物到富贵村贩卖，每到一个地方，除了兜售物品，也就地说书；所到之处，总能吸引不少听众。他的父亲便是被这位说书人吸引，拜他为师，习得许多古书知识。这使他的父亲有着过人的智慧与见解，连身为大学生的儿子都很佩服。虽然，儿子经常要求他父亲传授知识来教他，但他父亲却总是说他"没有慧根"，不适合学。这位农人难以言说的智慧，笔者也经由亲身与他互动的过程才逐渐了解。比如，他常看国民党办的"中央日报"，笔者曾好奇地询问：他是否相信报纸所说的，他的回答却是："看你怎么看报。会看报的人是看它没有说什么，而不是它说了什么。"跟他下棋时，笔者总是觉得只差那么一步，但事后回想，笔者不曾赢过他……

在完成田野、撰成《农业机械化》（黄应贵 1979）的论文后，笔者曾试图以这个人为核心，来思考地方社会的运作，却一直不得其功而懊恼不已。事实上，这位被笔者称之为"水田里的哲学家"，其实是典型的道家；他不仅独撑大局而不为人所知，同时在潜隐中推动整个地方社会的发展而不着痕迹，更让所有的人不自觉地主动去做他期望他们要做的事，正是道家所谓"无为而无不为"。这个经验，不仅让笔者因触及汉人社会的脉搏而兴奋不已，但也让笔者意识到原有（理性科学）知识的局限而备感困扰，更因这个无须借助外力而成功的例子让笔者深深地反思：到底什么是"社会实践"？人存在的意义为何？尤其，外来者在对于该社会的深层结构与运作都难以理解和掌握的情况下，又如何真能在当地从事社会实践的事功？这让笔者想起了在山社从事田野工作时所经历的另一次至今难以忘怀的经验。

三、"每个社会都存在着傻子"

1973 年，笔者开始在山社从事硕士论文的田野工作。当时，由于第一次进行田野调查，深恐有所遗漏，故村中一旦发生什么事时，笔者必会尽快赶到，以探究竟。一晚，刚吃完晚饭，便听到派出所广播，告知距离邻村不远处正发生森林大火，希望大家前往救火，以免延烧到本村。笔者乃与房东及其长子一起到派出所。半小时之后，仅有村长来加入。派出所主管唠叨了几句，便无可奈何地带领我们四人一起去邻村救火。抵达隔壁村，却见该村大部分的人都驻足在街道上观望村后的森林大火，并没有加入救火行列。笔者好奇地问房东：为何他们不去救火？万一火烧到街上怎么办？房东笑道："他们一定最先跑走。"但他立刻很严肃地问笔者："你们汉人不是一样？"笔者只得默认。然而，房东却坦然地说道："你放心，这火一定会被扑灭，因为每个村子都会有一些傻瓜去灭火，所以这些村子可以存在至今。"那场火，就在一群傻瓜经过一晚的努力下，第二天一早就被扑灭了。笔者还清晰记得那晚，那些全身是汗与烟灰的傻瓜，在火场上闪耀着光芒。

这些田野经验，让笔者愈来愈觉得难以了解当地人的想法，原先以为理所当然的社会实践也愈来愈不真确，反而像是接受再教育一样，由他们的身上重新思索到底自己能做什么事。在太多的困惑和疑问下，笔者确定的一点是：寻求新的知识来理解当地人，是首要的工作。而当时的伦敦政经学院人类学系强调被研究者主观的文化观点之训练，乃提供笔者一个新的视野。至少，由此开展出有关布农人人观及其他分类概念的探讨，让笔者对于布农人有着与过去截然不同的理解。特别是在1980年代由适应市场经济失败的弱势者组成的、类似灵恩运动却又充满传统布农梦占和集体祷告治病的新宗教活动，让笔者了解到"社会运动"不必然是我们所熟悉的街头爆发性的抗争运动，而可以是常规性（定期举行）的集体抗议活动，更可以用"激烈的、好斗的抗议或革命"之外的方式来对抗统治支配性力量。而且，这类"无言大众"的"无言抗议"，往往长久而广泛，因它所抗议的不仅是从事中间剥削的汉商，还包括适应市场经济成功而主导教会活动的优势布农人，以及包括如何解决原强调个人与集体利益平衡的传统布农人观，与资本主义市场经济运作背后所蕴含的个人主义人观间之冲突；更是在当下的新情境中，寻找能表现自己并贡献给群体的方式。

这个持续近十年，由一个村落扩展到整个中部布农人聚落的常规性、宗教性社会运动，在"解严"之后，台湾社会运动发展到巅峰的1980年代末期，完全为主流社会所忽略，但却深深影响当地布农地方社会未来的发展。至少，它不仅质疑了资本主义经济的物化和追求个人利益的假设，也重新创造了超越以面对面为社会生活基础的地方社会，而发展出区域性地方体系，并以梦占再创造了布农文化的群体认同，乃至于寻求多重人观间的冲突之解决，调解个人与群体间的利益冲突。这个理解，也让笔者对于一般所谓的"社会运动"，更有所保留与质疑。至少，笔者愈来愈质疑它到底是为谁而服务，谁是真正的受益者，而谁又是真正的受害者。这可见于东埔社进出玉山"国家公园"的三次转折上。

四、东埔布农人与玉山"国家公园"

玉山"国家公园"于1985年成立时，东埔社布农人被说服留在"国家公园"的范围内，除了可避免汉人的侵入与打扰外，还可享受"国家公园"的各种优待。然而，部落土地被划入"国家公园"后，不仅当地布农人不得"滥垦"没有使用中的公有地，更不能随意折砍树枝、树干为薪材，否则都得担负违背"公园法"的罪名。因此，纳入"国家公园"的结果是，聚落中原本土地不足的"贫户"，因无法像以前一样使用公有造林地来耕作而无法取得生产所需土地，成为最大的受害者。之后，东埔社人在社运团体的支持下，陆续要求退出"国家公园"，并不断向"国家公园"抗议。笔者也曾到"立法院"的公听会作证。2005年，官方已开始同意并考虑将东埔社划出"国家公园"的范围外，这使得东埔社的土地价格立即上涨。汉人原本有意购买的当地土地很快就被他们收购，而原本缺少土地的贫户却又因土地价格飞涨而购买不起——他们再度成为东埔社退出"国家公园"发展下的受害者。另一方面，为了避免财团进入该地区，垄断东埔社附近的乐乐谷温泉以及沙里仙溪流域的民宿与鳟鱼养殖场，外界的社运团体又开始积极介入，推动东埔社重新划归玉山"国家公园"范围。这个最新的发展，使得财团所支持的温泉、民宿和鳟鱼养殖场的开发与扩建受阻，而东埔社原本没有土地但受雇于这些产业的贫户，再度面对失去工作的窘境而成为受害者。因此，在东埔社进出玉山"国家公园"的三次转折过程中，当地的布农贫户永远是受害者。这当然也与东埔社聚落内部早已因纳入资本主义市场经济体系而不再是同质性地方社会，并有一定程度的内部分化和利益的冲突有关。在资本主义经济逻辑所造成的不平等结构之下，受害者永远是居于劣势的贫户。

五、学术与社会实践：21世纪初期的布农研究经验

笔者无意认为：在当代台湾社会的情境下，一般概念里的社会实践完全没有发展的空间。事实上，笔者也从事过一些被认为是成功的社会实践。比如，1987年"解严"以后，特别是2000年民进党上台之后，鼓励本土意识或地方文化的发展，修纂地方志遂成为一种时尚。为了回馈布农人，笔者乃于1995年应施添福教授之邀，参与台东县史的编修。为此，从1995年至2001年，笔者在台东县从事17个布农聚落的调查，完成《台东县史：布农人篇》的撰写与出版。在从事每一个聚落的调查时，笔者设法训练当地人协助资料收集的工作，最重要的是以实际工作进行的方式，来证明人类学知识的用处，以培养当地人未来从事其地方文化的记录与研究之能力。后来，其中一部分当地人均成立了文史工作室，而成为地方文史研究的主力。

在此同时，由于《台东县史：布农人篇》研究的成果，凸显了日本

殖民统治时期日本学者有意无意忽略，而当代布农人早已遗忘的内本鹿地区之重要性。内本鹿是台东县境布农人在日本殖民统治末期集团移住政策之前所居住的深山地区，原先是南部高屏地区与东部台东地区间贸易必经之路，也是布农、鲁凯、邹人、汉人等群体交会混合之处。迟至1932 年"大关山事件"爆发后，才被日本殖民统治者所征服。因而，可说是台湾全岛最后一块抗拒殖民统治的乐土。该区由于族群组成复杂，更是布农人因统治当地而逐渐由平等社会发展为阶级社会的地区，拥有多重文化、历史、族群、贸易、殖民主义，乃至具有"历史的窗口"之理论意义的地区，目前备受台东布农人精英所重视，甚至赋予相关研究以"内本鹿学"之名。笔者自然成为此"学"的始作俑者。

这方面的研究成果所造成的社会效应，既产生于主流大社会强调本土文化所造就的风潮，自然也发生于东埔社。1970 年代末期，笔者在东埔社从事田野工作时，当地人正从事经济作物栽种，大部分人所关怀的是种何种经济作物可以赚钱。2000 年以后，确实有些人希望从笔者处得知东埔社早期的历史，以便推动地方产业，但其实这只是当地一小部分精英分子的兴趣，更是台湾主流社会发展所带来的议题，而不是当地大多数布农人真正的关怀。当地人真正面对的主要问题，往往是连他们都难以言说清楚的新现象与深层困境，更涉及笔者知识上的限制，在表述和解决上有其难度。像有关新自由主义经济带来的困惑与不确定性，以及由传统梦占寻求解决之道，便是两个典型而又相关的例子。

新自由主义经济在 1970 年代末期逐步发展，而成为今日全球化现象背后的动力。信息工业、交通等的迅速发展导致人、物、知识、资金等的快速流通，也导致行政部门必须采取自由化、私有化、去管制化等弱化行政力量的政策，并凸显财政金融管理的重要性，使财政金融成为经济过程中的主要部分。对大众而言，特别是笔者研究的布农人，并不明白这样的发展过程。但他们直接的经验：在新的经济情境下，许多原先由社会底层族群所挑起的粗重而又具危险性的工作，已由外来劳力所取代，现连东埔村观光旅馆与饭店的服务工作，均已由外来劳力所取代，使他们濒临失业。另一方面，"文化产业"的兴起，使某些地方文化（如台东延平乡桃源村的"布农部落屋"）找到了新的生活管道，经营成功而意气风发。更有一些少数人因为进入投机事业（包括股票投资）而致富。虽然，布农人并没有像可马洛夫夫妇所描述非洲的例子那般，认为投机客使用巫术才得以致富（Comaroffs 1999），但大多数人还是不明白这是怎么一回事，因而陷于困惑与不确定的日子中。最悲惨的是失业、酗酒乃至四处寻找工作而导致整个聚落的没落，最后一些人走上自杀的道路。笔者记得2001年访问台东一个没落的布农聚落时，教会的布农籍牧师一脸无奈地告知：他第一个月牧会时，这个村子有三个人自杀，前三个月中更有十五人自杀。年轻的他一时非常震惊，从神学院毕业的他第一次认真问他自己：什么是存在的意义？ 2005年笔者与他谈话时，他说：即便至今，他还是有太多的不明白。这个"不明白"反映了一个时代下一群人真正的关怀。虽然，这关怀涉及了当地布农人并没意识到但与新自由主义经济有关的"新发展"，即使是笔者自己，也都还是在摸索的不明白状态。

当今，大部分布农人面对不确定的新情境时，梦占再度成为应付未知的手段。正如在本书第十章曾提过：布农人在面对资本主义市场经济农产品价格的不确定性时，梦占成为解决种植何种经济作物的最后依据。但笔者还是无法理解梦占的神秘性，以及它为何可以指引当地人的行动与意向。比如，东埔社有位少妇可以通过梦占，预见她自己穿着新娘装走进未曾去过的夫家，乃决心脱离过去的生活方式，嫁到夫家。笔者也不明白，为何东埔社一位妇女可以梦见开挖土机的邻居连人带机坠落山崖，因而警告邻居隔天务必不要开该辆挖土机，使他得以躲过次日发生的坠崖意外……但笔者知道：这是当地布农人对于当下影响他们社会生活深远却又不明白的新自由主义经济之理解与反应方式，甚至以梦占的能力和经验作为当下布农人文化认同的依据。对当地布农人而言，这不只是个不确定的年代，更是传统梦占再兴并寻求其存在之新意义的年代。

由上面个人的经历，笔者想传达的是："如何解答资本主义经济以外的另一种可能"，一直是笔者的社会实践理想。但它必须是一个人一生努力追寻的目标，在人生的不同阶段里因而有不同的事功要做，不应该自以为是地将它限于我们当代功利主义观念之事务中，也不应该忽略所谓的社会实践对于弱势中的弱势因内部分化而来的利益冲突所造成的伤害，更不应该自以为是地将自己的实践取代了当地人当下难以言说的深层关怀。事实上，正如笔者一直想从事的"社会实践"一样，这些都一再需要新的知识来了解[①]，甚至需要更全面的人类社会文化的视野与知识来参照，如此才可接近和反映出未知世界，为未来的努力铺路。虽然，这个求知过程，很可能让笔者被划归"将学术研究视为社会实践"的立场，但笔者认为：学术研究，将有助于我们更了解和掌握当代未明却影响深远的切身现象，以及被研究者乃至于我们自己的社会；人类学的知识，可使研究者因具备全人类文化的宽广视野而更敏感于社会新现象，以及反思带来的新观念与新契机。这些观点与视野，并不限于学术研究本身，更有利于所谓的社会实践工作。

现今，笔者愈来愈确定在自己有生之年，要解答"资本主义经济以外的另一种可能"已经不太可能，但若没有人继续追寻，就完全不可能得到答案。只要有人愿意继续思考和探讨，它就可带来一丝希望。终究，社会实践并不是纯粹个人的事功，而是一种社会关怀，更是一种过程和人存在意义的探索。因此，它更需要传承。

第三节　结　语

作为一个在台湾社会成长，在台湾地区与英国接受学科训练，以台湾少数民族（布农人）为长期研究对象，从事研究、教学、田野工作已经超过三十年的人类学者，笔者曾思索：对于"人类学"在当下的社会可以产生何种影响，又可以产生什么样的社会实践方式（黄应贵 2002c［1991］，1994，2002b［1990］）？尽管，这样的疑问，在当代的新经济与社会情境之下愈显复杂；而笔者的田野经验，使笔者既感受到布农人当下对于不可掌握的社会生活之高度不安与不确定感，更对于自己从事"社会实践"究竟帮助了谁，愈感质疑。但无论是就个人经验，或就一个研究者的立场而言，笔者仍相信：这一章第一节所提到的人类学知识特性，有助于我们理解当下快速变动的社会性质。

---

① 虽然，新自由主义经济的讨论，目前还是集中在它是资本主义经济的另一波高潮还是死路，而完全谈不上"资本主义之外另一种可能"的探讨。

1970 年代末期以来的全球化条件以及 21 世纪以来资本主义经济的新发展，使得资金、商品、资讯乃至于人的流动等加速，往往使经济力量超越现代国家的限制与控制，更使得许多社会实践的问题往往隐含多元政经力量的竞争与联结。在当代台湾社会实践中，最容易被提出讨论的文化或地方产业、社区发展、新宗教运动，乃至于外籍新娘等最实际而鲜明的问题，背后不仅涉及当地文化的再创造，更涉及了当代资本主义新发展的能动性，早已超越原地方社会乃至于现代社会所能控制的范围（黄应贵 2006b）。换言之，在新自由主义经济的历史社会条件下，人类学乃至社会科学不仅必须面对新的现象与问题，也必须提出新的思维来思索新的可能。前资本主义社会文化所呈现的独特歧异性，也正提供我们思考人类所有文化建构之极致与限制所隐含的可能性。是以，面对未知的新现象与问题，人类学的全人类社会文化的视野，反而能积极地提供反思与创造的空间。而这种以已知来面对未知的新境界，原本就是人类学知识中的一环。

事实上，人类学之所以吸引人，正是缘于这种视野的魅力。本书前面各章的讨论，也说明人类学在研究上的突破，正得益于这种视野。如：马林诺夫斯基由特罗布里恩群岛岛民的交换来质疑资本主义经济行为的普遍性；米德由萨摩亚人没有青少年问题来质疑美国社会当时认为青少年问题是普遍的生理现象的文化偏见；乃至于晚近因为亚马孙地区发现当地由心理机制来建立和维持社会秩序的现象，而质疑过去认为社会秩序必须经由制度或群体来建立与维持的文化偏见。尽管这些研究成果并不见得能直接用于实际社会问题的解决上，但却足以引起读者的反思及进一步追求可能的解答，也促进了人类学知识的发展。就如同这一章第二节所提到的个人经验：笔者在写作硕士论文的研究和实践过程中，发现自己帮忙解决经济发展障碍的结果，导致了当地人贫富悬殊的问题。这使笔者意识到：莫斯在《礼物》一书所引发的由前资本主义社会的研究，寻找资本主义经济之外的另一种可能的重要性与挑战性。三十多年的田野工作与研究，更使笔者体会到：在快速的社会变动之下，一个弱势群体如何挣扎生存，并在当下情境寻找存在的意义。纵使笔者还无法解答这个学术上的终极关怀，但却确信一点：这个问题如果那么容易得到解答，答案早就给出，该问题也就没有那么重要。虽然如此，笔者还是相信：只要有人愿意继续去寻找答案，它就有可能被解答，这问题也会继续带给人们一丝希望，人类学也会继续吸引人。

然而，这种人类学的视野与魅力，却是建立在过去人类学者扎实的民族志研究成果之基础上。也因此，尽管人类学知识的性质、各国社会的历史情境与社会文化脉络，甚至学者个人的经验，均会影响社会实践的内容与方式；但作为人类学知识基础的学术研究本身，不仅是韦伯（Weber 1991 [1946]）所说的"学术作为一种志业"，更是一种社会实践。笔者期望：这本书的写作，也是这种实践之一。

在这一章的最后，笔者愿意以韦伯《学术作为一种志业》中的一段话，作为结束：

> 我们终于触及学术本身在帮助清明（*Klarheit*）这方面所能达成的最后贡献，同时我们也到达了学术的界限：我们可以——并且应该——告诉诸君，这样的实践立场，按照其意义，可以在内心上一致并因此见人格之一贯的方式下，从这样这样的终极世界观式的基本立场导出（它也许只能从某一个这种基本立场导出，但也许可以从不同的几个这类基本立场导出），但不能从那样那样的其他基本立场导出。具象地说，一旦你们认定了这个实践立场，你们就是取这个神来服侍，同时也得罪了其他的神。因为只要你们忠于自己，你们必然地要得出这样一个在主观上有意义的终极结论。至少在原则方面，这点是可以办到的。这也是作为专门学问的哲学，以及其他学科中在本质上涉及原则的哲学讨论，所试图达成的。如此，只要我们了解我们的任务，我们可以强迫个人，或至少我们可以帮助个人，让他对自己行为的终极意义，提供一套交代。在我看来，这并不是蕞尔小事，即使就个人生命而言，也关系匪浅。如果一位教师做到了这点，我会想说，他是在为"道德的"势力服务：他已尽了启人清明、并唤醒其责任感的职责。（韦伯 1991 [1946]：160-161）

附录一　译名对照表

（按英文拼写顺序排列）

（一）人　名

A

阿尔都塞 Althusser, Louis

安德森 Anderson, Benedict

阿帕杜莱 Appadurai, Arjun

阿萨德 Asad, Talal

阿斯图蒂 Astuti, Rita

奥斯汀 Austin, John L.

B

巴恩斯 Barnes, John A.

巴尔特 Barth, Fredrik

鲍曼 Bauman, Zygmunt

贝亚蒂耶 Beattie, John

本尼迪克特 Benedict, Ruth

本雅明 Benjamin, Walter

布洛克 Bloch, Maurice

博厄斯 Boas, Franz

博迪 Boddy, Janice

博安南 Bohannan, Paul & Laura

布尔迪厄 Bourdieu, Pierre

博耶尔 Boyer, Pascal

布里格斯 Briggs, Jean L.

邦泽尔 Bunzel, Ruth L.

伯克 Burke, Kenneth

巴斯比 Busby, Cecilica

C

卡斯滕 Carsten, Janet

卡斯塔尼达 Castaneda, Carlos

恰亚诺夫 Chayanov, Alexander V.

科恩 Cohen, Anthony P.

科恩 Cohn, Bernard S.

科林伍德 Collingwood, R. G.

可马洛夫 Comaroff, John & Jean

孔德 Comte, Auguste

克拉潘扎诺 Crapanzano, Vincent

D

旦拉德 D'Andrade，Roy

多尔顿 Dalton，George

丹尼尔 Daniel，E. Valentine

圣西门 de Saint-Simon，Henri

笛卡儿 Descartes，René

杜威 Dewey，John

狄尔泰 Dilthey，Wilthelm

道格拉斯 Douglas，Mary

杜波依斯 Du Bois，Cora

杜蒙 Dumont，Jean-Paul

迪蒙 Dumont，Louis

涂尔干 Durkheim，Émile

德怀尔 Dwyer，Kevin

E

埃利亚斯 Elias，Norbert

爱泼斯坦 Epstein，T. Scarlett

埃里克森 Eriksen，Thomas H.

埃林顿 Errington，Shelly

埃文思 - 普里查德 Evans-Pritchard，E.

F

法顿 Fardon，Richard

弗思 Firth，Raymond

福蒂斯 Fortes，Meyer

福斯特 Foster，George M.

福柯 Foucault，Michel

福克斯 Fox，Robin

弗兰克 Frank，Andre G.

弗雷泽 Frazer，James

弗里德曼 Freedman，Maurice

库朗日 Fustel de Coulanges，Numa D.

G

格尔茨 Geertz，Clifford

盖尔纳 Gellner，Ernest

金格里希 Gingrich，Andre

格莱德希尔 Gledhill，John

格卢克曼 Gluckman，Max

戈德利耶 Godelier，Maurice

古德尔 Goodale，Jane C.

古迪 Goody，Jack

戈韦尔 Govers，Cora

格雷戈里 Gregory，Christopher A.

戈里奥乐 Griaule，Marcel

顾浩定 Grichting，Wolfgang L.

古德曼 Gudeman，Stephen

H

哈贝马斯 Habermas，Jürgen

哈登 Haddon，Alfred C.

哈里斯 Harris，Olivia

哈特 Hart，Keith

哈维 Harvey，David

海德格尔 Heidegger，Martin

赫德 Herder，Johann G. von

赫斯科维茨 Herskovits，Melville J.

赫兹 Hertz，Robert

赫兹乐 Hertzler，Joyce O.

霍布斯 Hobbes，Thomas

霍布斯鲍姆 Hobsbawm，Eric J.

霍兰 Holland, Dorothy
霍曼斯 Homans, George C.
霍顿 Horton, Robin
霍斯金斯 Hoskins, Janet
于贝尔 Hubert, Henri
海姆斯 Hymes, Dell

J

贾米森 Jamieson, Mark

K

康德 Kant, Immanuel
卡普费雷尔 Kapferer, Bruce
卡丁纳 Kardiner, Abram
凯勒 Keller, Albert G.
凯末尔 Kemal, Mustafa
凯斯 Keyes, Charles F.
克拉克洪 Kluckhohn, Clyde
科佩托夫 Kopytoff, Igor
克罗伯 Kroeber, Alfred L.
库珀 Kuper, Hilda

L

拉方丹 La Fontaine, Jean S.
朗格 Langer, Susanne K.
利奇 Leach, Edmund
利科克 Leacock, Eleanor
列维 - 斯特劳斯 Lévi-Strauss, Claude
列维 - 布留尔 Lévy-Bruhl, Lucien
刘易斯 Lewis, Oscar
林霍尔姆 Lindholm, Charles
林纳金 Linnekin, Jocelyn

林顿 Linton, Ralph
洛克 Locke, John
卢茨 Lutz, Catherine A.

M

麦克法兰 Macfarlane, Alan
梅因 Maine, Henry S.
梅尔 Mair, Lucy
马林诺夫斯基 Malinowski, Bronislaw
马库斯 Marcus, George
马里奥特 Marriot, McKim
马克思 Marx, Karl
马斯基奥 Maschio, Thomas
莫斯 Mauss, Marcel
梅伯里 - 刘易斯 Maybury-Lewis, David
麦格雷恩 McGrane, Bernard
米德 Mead, Margaret
梅拉索 Meillassoux, Claude
梅洛 - 庞蒂 Merleau-Ponty, Maurice
米勒 Miller, Daniel
西敏司 Mintz, Sidney W.
蒙田 Montaigne, Michel de
摩尔 Moore, Henrietta L.
摩尔根 Morgan, Lewis H.
穆秋讷 Muchona
墨多克 Murdock, George P.

N

纳加塔 Nagata, Judith A.
尼达姆 Needham, Rodney

O

奥贝塞克里 Obeyesekere，Gananath

奥戈特美尼 Ogotemmeli

奥特纳 Ortner，Sherry B.

奥弗林 Overing，Joanna

P

帕金 Parkin，Robert

帕森斯 Parsons，Talcott

波兰尼 Polanyi，Karl

普永 Pouillon，Jean

普瓦耶 Poyer，Lin

Q

奎因 Quinn，Naomi

R

拉比诺 Rabinow，Paul

拉德克利夫 - 布朗 Radcliffe-Brown，
    Alfred R.

拉帕波特 Rappaport，Roy A.

雷迪 Reddy，William M.

雷德菲尔德 Redfield，Robert

里斯曼 Riesman，David

里瓦尔 Rival，Laura

里弗斯 Rivers，Willian H. R.

罗萨尔多 Rosaldo，Michelle Z.

罗萨尔多 Rosaldo，Renato

罗施 Rosch，Eleanor

罗斯托 Rostow，W. W.

卢梭 Rousseau，Jean-Jacques

赖尔 Ryle，Gilbert

S

萨克斯 Sacks，Karen

萨林斯 Sahlins，Marshall

索尔兹伯里 Salisbury，Richard F.

萨尔诺 Sallnow，Michael J.

萨蒙德 Salmond，Anne

萨丕尔 Sapir，Edward

沙佩拉 Schapera，Isaac

施耐德 Schneider，David

森尼特 Sennett，Richard

塞弗里 Severi，Carlo

夏普 Sharp，Lauriston

西尔伯布拉特 Silverblatt，Irene

西尔弗曼 Silverman，Sydel

西美尔 Simmel，Georg

斯金纳 Skinner，Quentin

亚当·斯密 Smith，Adam

斯宾塞 Spencer，Herbert

斯佩贝尔 Sperber，Dan

史蒂文森 Stevenson，Matilda C.

斯图尔德 Steward，Julian H.

斯特拉森 Strathern，Andrew

斯特拉森 Strathern，Marilyn

斯特劳斯 Strauss，Claudia

萨姆纳 Sumner，William G.

T

坦比亚 Tambiah，Stanley

陶西格 Taussig，Michael

泰雷 Terray，Emmanuel

托马斯 Thomas, Philip

岑格 Tsing, Anna L.

特纳 Turner, Victor

泰勒 Tylor, Edward B.

V

韦尔默朗 Vermeulen, Hans

W

沃勒斯坦 Wallerstein, Immanuel

韦伯 Weber, Max

韦斯顿 Weston, Kath

怀特 White, Leslie A.

怀特豪斯 Whitehouse, Harvey

沃夫 Whorf, Benjamin L.

威冈 Wikan, Unni

威尔克 Wilk, Richard R.

威廉斯 Williams, Raymond

温奇 Winch, Peter

沃尔夫 Wolf, Eric R.

沃斯利 Worsley, Peter

文特 Wundt, Wilhelm

Y

亚尔曼 Yalman, Nur

Z

索纳本德 Zonabend, Francoise

（二）族名／地名

A

阿拉佩什 Arapesh

阿赞德 Azande

B

巴厘 Bali

贝都因 Bedouin

本巴 Bemba

柏柏尔 Berber

C

昔兰尼加 Cyrenaica

D

丁卡 Dinka

多布 Dobu

多贡 Dogon

F

斐济 Fiji

G

甘达 Ganda

古罗 Guro

H

哈根 Hagen

哈努努 Hanunoo

侯福利雅梯 Hofriyati

霍皮 Hopi

I

伊法卢克 Ifaluk

依隆戈 Ilougot

Z

扎菲马尼里 Zafimaniry

祖尼 Zuni

（三）专有名词

A

群龙无首 acephalous

行动人类学 action anthropology

直接称谓 address term

能动性 agency

类比 analogy

女性人类学 anthropology of women

太阳神型 Apollonian

应用人类学 applied anthropology

连接表现 articulation

B

基本概念 basic concepts

基层类别 basic-level category

基本人格结构 basic personality
structure

边界 boundary

C

卡斯特 caste

类别 category

卡里斯玛 charisma

公民权 citizenship

集体表征 collective representation

集体的人格 collective personality

承诺 commitment

商品化 commodization

交融 communitas

复杂结构 complex structure

联结论 connectionism

接触巫术 contagious magic

产翁 couvade

誓约式的 covenantal

文化生命史 cultural biography

文化资本 cultural capital

文化核心 cultural core

文化差异 cultural difference

文化变异 cultural diversity

文化生态学 cultural ecology

文化基模 cultural schemas

文化震撼 cultural shock

文化学 culturology

D

依赖理论 dependency theory

决定性 determination

去整体化 detolalization

辩证性想象 dialectical imagery

辩证法 dialectics

辩证术 dialogics

酒神型 Dionysian

论述 discourse

教义式的宗教性 doctrinal religiosity

家内化 domesticating

宰制性象征 dominant symbol

支配性 domination

E

精巧化的概念 elaborate concepts

基本结构 elementary structure

镶嵌 embedded

雏形政府 embryonic government

持久性记忆 enduring memory

事件的记忆 episodic memory

族群 ethnic groups

族群性 ethnicity

民族历史学 ethnohistory

民族科学 ethno-science

民族精神 ethos

事件 event

交换 exchange

外在化记忆 external memory

具体化 externalize

F

场域 field

田野工作 fieldwork

亲嗣关系 filiation

最终的解释 final cause

聚焦性隐喻 focal metaphor

G

星云式向心政体 galactic polity

性别 gender

治理 governmentality

团体 group

H

惯习 habitus

霸权 hegemony

同感巫术 homeopathic magic

经济人 homo economicus

相应的 homologous

I

理念型模式 ideal type

意识形态 ideology

惯性 idiom

语用的 illocutionary

意象式的宗教性 imagistic religiosity

不可共量性 incommensurability

不确定性 indeterminacy

工具性象征 instrument symbol

主智论 intellectualism

内在化记忆 internal memory

互为主体的 intersubjective

K

关键性报道人 key informant

关键性象征 key symbol

亲类 kindred

亲属宇宙 kinship universe

L

接触律 law of contact

互渗律 law of participation

相似律 law of similarity

感应法则 law of sympathy

中介 liminal

地方知识 local knowledge

M

机械模式 mechanical model

隐喻的 metaphoric

隐喻秩序 metaphoric order

方法论上的集体主义 methodological collectivism

换喻的 metonymic

换喻秩序 metonymic order

大都会中心 metropolis

模仿 mimesis

众趋人格结构 modal personality structure

缪氏错觉 Müller-Lyer illusion

多声的 multivocal

互利互生 mutuality

N

被研究者的观点 native's point of view

新自由主义 neo-liberalism

O

客体化 objectification

神秘经济 occult economy

弑父恋母情结 Oedipus Complex

P

典范 paradigm

屈折体系的 paradigmatic

夸大妄想型 Paranoid

参与观察 participant observation

展演的 performative

多声的 polyvocal

能 potency

夸富宴 potlatch

实践 practice

前逻辑 pre-logic

初级制度 primary institutions

动态的 progressive

指称的 propositional

雏形国家 proto-state

R

互惠 reciprocity

再分配 redistribution

间接称谓 reference term

反思性 reflexity

具体化 reification

再现 representation

再整体化 retotalization

转变仪式 ritual of transition

浪漫主义 Romanticism

S

圣典化 sacralization

卫星城 satellite

基模 scheme

次要特质 secondary feature

次级制度 secondary institutions

附录二　引用文献

（按作者姓氏音序排列）

爱德蒙·利奇著，黄道琳译

1976《结构主义之父：李维史陀》。台北：华新。

陈品妘

2007《再现的政治：玻利维亚高地原住民女性意象之建构》。台湾大学
人类学研究所硕士论文（未出版）。

陈其南

1985《房与传统中国家族制度：兼论西方人类学的中国家族研究》。
《汉学研究》3（1）：127-184。

1987《台湾的传统中国社会》。台北：允晨文化实业股份有限公司。

陈奕麟

1984《重新思考 Lineage Theory 与中国社会》。《汉学研究》2（2）：
403-446。

丁仁杰

2005《会灵山现象的社会学考察：去地域化情境中民间信仰的转化与
再连结》。《台湾宗教研究》4（2）：57-111。

费孝通

1948《乡土中国》。台北：绿洲出版社重印。

格尔茨著，纳日碧力戈等译

1999《文化的解释》。上海：上海人民出版社。

郭一农

1969 《访大师，谈故人》。《大学杂志》22：10-15。

何翠萍

1992 《比较象征学大师：特纳》。刊于《见证与诠释：当代人类学家》，黄应贵主编，页282—377。台北：正中。

黄道琳

1986 《社会生物学与新民族志：当代人类学两个落空的期许》。《当代》8：52-59。

黄瑞祺、罗晓南（合编）

2005 《人文社会科学的逻辑》。台北：松慧。

黄宣卫

1998 《"语言是文化的本质吗？"——从认知人类学的发展谈起》。《台大考古人类学刊》53：81-104。

黄应贵

1974 《Tiv 与 Siane 经济：经济人类学的实质论派与形式论派之比较》。《"中央研究院"民族学研究所集刊》30：145-162。

1979 《农业机械化：一个台湾中部农村的人类学研究》。《"中央研究院"民族学研究所集刊》46：31-78。

1991 《Dehanin 与社会危机：东埔社布农人宗教变迁的再探讨》。《台大考古人类学刊》47：105-125。

1992 《关于交换与社会的象征起源：莫斯》。刊于《见证与诠释：当代人类学家》，黄应贵主编，页52—83。台北：正中。

1993a 《作物、经济与社会：东埔社布农人的例子》。《"中央研究院"民族学研究所集刊》75：133-169。

1993b 《人观、意义与社会》（主编）。台北："中央研究院"民族学研究所。

1994 《从田野工作谈人类学家与被研究者的关系》。《山海文化双月刊》6：18-26。

1995a 《空间、力与社会》（主编）。台北："中央研究院"民族学研究所。

1995b 《土地、家与聚落：东埔社布农人的空间现象》。刊于《空间、力与社会》，黄应贵主编，页 73—131。台北："中央研究院"
民族学研究所。

1998 《"政治"与文化：东埔社布农人的例子》。《台湾政治学刊》3：
115-193。

1999a 《时间、历史与记忆》（主编）。台北："中央研究院"民族学研
究所。

1999b 《时间、历史与实践：东埔社布农人的例子》。刊于《时间、历
史与记忆》，黄应贵主编，页 423—483。台北："中央研究院"
民族学研究所。

2001 《台东县史：布农人篇》。台东：台东县政府文化局。

2002a 《关于情绪人类学发展的一些见解：兼评台湾当前有关情绪与文
化的研究》。刊于《人类学的评论》，黄应贵，页 341—376。台
北：允晨。

2002b [1995]《人类学与台湾社会》。刊于《人类学的评论》，黄应贵，
页 75—130。台北：允晨。

2002c [1991]《东埔社布农人的新宗教运动：兼论当前台湾社会运动
的研究》。刊于《人类学的评论》，黄应贵，页 233—267。台北：
允晨。

2002d [1974]《民族学田野调查实习的价值何在?》。刊于《人类学的
评论》，黄应贵，页 377—382。台北：允晨。

2004a 《导论：物与物质文化》。刊于《物与物质文化》，黄应贵主编，
页 1—26，台北："中央研究院"民族学研究所。

2004b 《物的认识与创新：以东埔社布农人的新作物为例》。刊于《物
与物质文化》，黄应贵主编，页 379—448。台北："中央研究院"
民族学研究所。

2004c 《物与物质文化》（主编）。台北："中央研究院"民族学研究所。

2004d 《历史与文化：对于"历史人类学"之我见》。《历史人类学》2
（2）：111-129。

2006a 《文化与族群的再创造：以陈有兰溪流域的布农人为例》。"国科
会"跨领域研究计划"少数民族的分类与扩散"分支计划"文

化与族群的形成与再创造：台湾少数民族的研究"的子计划期
中报告。

    2006b《农村社会的崩解？当代台湾农村新发展的启示》。刊于《人类
学的视野》，黄应贵，页175—191。台北：群学出版社。

李业富

    1976《费孝通传（1910—1975）：一个中国社会学家的生平》。香港：
一山图书供应公司。

李亦园

    1966《文化与行为：心理人类学的发展与形成》，刊于《文化与行为》，
李亦园，页1—31。台北：台湾商务。

李亦园、杨国枢（合编）

    1972《中国人的性格：科际综合性的讨论》。台北："中央研究院"民
族学研究所。

梁漱溟

    1963《中国文化要义》。台北：正中。

林开世

    1992《文化人类学之父：博厄斯》。刊于《见证与诠释：当代人类学
家》，黄应贵主编，页2—51。台北：正中。

    2003《人类学与历史学的对话？一点反省与建议》。《台大文史哲学报》
59：11-29。

林玮嫔

    2001《汉人"亲属"概念重探：以一个台湾西南农村为例》。《"中央研
究院"民族学研究所集刊》90：1-38。

马渊东一著，郑依忆译

    1986《台湾少数民族》。刊于《台湾少数民族社会文化研究论文集》，
黄应贵主编，页47—67。台北：联经。

施添福

    2001《清代台湾的地域社会：竹堑地区的历史地理研究》。新竹：新竹
县文化局。

石磊

1976 《台湾少数民族血族型亲属制度：鲁凯排湾卑南三"族群"的比较研究》。台北："中央研究院"民族学研究所。

王崧兴

1967 《龟山岛：汉人渔村社会之研究》。台北："中央研究院"民族学研究所。

1981 《论地缘与血缘：浊水大肚两溪流域汉人之垦殖与聚落》。刊于《中国的民族、社会与文化》，李亦园、乔健合编，页21—32。台北：食货。

1986 《非单系社会之研究：以台湾泰雅人与雅美人为例》。刊于《台湾少数民族社会文化研究论文集》，黄应贵主编，页565—623。台北：联经。

韦伯

1991 [1946] 《学术作为一种志业》。刊于《学术与政治：韦伯选集(I)》，钱永祥等编译，页131—167。台北：远流。

吴叡人

1999 《认同的重量："想象的共同体"导读》。刊于《想象的共同体》，吴叡人译，页V—XXV。台北：时报。

张珣

2003 《文化妈祖：台湾妈祖信仰研究论文集》。台北："中央研究院"民族学研究所。

郑依忆

2004 《仪式、社会与族群：向天湖赛夏人的两个研究》。台北：允晨文化实业股份有限公司。

庄英章

1977 《林圯埔：一个台湾市镇的社会经济发展史》。台北："中央研究院"民族学研究所。

庄英章、陈其南

1982 《现阶段中国社会结构研究的检讨：台湾研究的一些启示》。刊于《社会及行为科学研究的中国化》，杨国枢、文崇一合编，页

281—310。台北：“中央研究院”民族学研究所。

Ahern, Emily M.

    1973 *The Cult of the Dead in a Chinese Village.* Stanford: Stanford University
        Press.

Ahmed, Akbar S.

    1976 *Millennium and Charisma among Pathans: A Critical Essay in Social
        Anthropology.* London: Routledge & Kegan Paul.

Ales, Catherine

    2000 Anger as a Marker of Love: The Ethic of Conviviality among the
        Yanomami. In *The Anthropology of Love and Anger:The Aesthetics
        of Convivialily in Native Amazonia,* J. Overing & A. Passes, eds., pp.
        133-151. London: Routledge.

Allen, N. J.

    2000 *Categories and Classifications: Maussian Reflections on the Social.*
        Oxford: Berghahn Books.

Alonso, A. M.

    1988 The Effects of Truth: Re-Presentations of the Past and the Imagining
        of Community. *Journal of Historical Sociology* 1 (1): 33-57.

Althusser, Louis

    1979 *For Marx.* London: Verso.

Althusser, Louis & Etienne Balibar

    1979 *Reading Capital.* London: Verso.

Anderson, Benedict

    1972 The Idea of Power in Javanese Culture. In *Culture and Politics in
        Indonesia,* C. Holt et al., eds, pp. 1-69. Ithaca: Cornell University
        Press.

    1991 [1983] *Imagined Communities: Reflections on the Origin and Spread
        of Nationalism.* London: Verso.

Appadurai, Arjun

    1986a Introduction: Commodities and the Politics of Value. In *The Social*

Life of Things: Commodities in Cultural Perspective, A. Appadurai, ed., pp. 3-63. Cambridge: Cambridge University Press.

Appadurai, Arjun (ed.)

1986b *The Social Life of Things: Commodities in Cultural Perspective*. Cambridge: Cambridge University Press.

Arce, Alberto & Norman Long (eds.)

2000 *Anthropology, Development and Modernities: Exploring Discourses. Countertendencies and Violence*. London: Routledge.

Ardener, Edwin

1972 Belief and the Problem of Women. In *The Interpretation of Ritual: Essays in Honour of A. I. Richards*, J. S. La Fontaine, ed., pp. 135-158. London: Tavistock Publications.

Asad, Talal

1972 Market Model, Class Structure and Consent: A Reconsideration of Swat Political Organization. *Man* (N. S.) 7 (1): 74-97.

1975b Two European's Images of Non-European Rule. In *Anthropology and the Colonial Encounter*, T. Asad, ed., pp. 103-118. London: Ithaca Press.

1975c Introduction. In *Anthropology and the Colonial Encounter*, T. Asad, ed., pp. 16-17. London: Ithaca Press.

1983 Anthropological Conceptions of Religion: Reflections on Geertz. *Man* (N. S.) 18: 237-259.

Asad, Talal (ed.)

1975a *Anthropology and the Colonial Encounter*. London: Ithaca Press.

Ashley, Kathleen M. (ed.)

1990 *Victor Turner and the Construction of Cultural Criticism: Between Literature and Anthropology*. Bloomington: Indiana University Press.

Astuti, Rita

1995a The Vezo Are Not a Kind of People: Identity, Difference, and "Ethnicity" among a Fishing People of Western Madagascar. *American Ethnologist*

22 (3): 464-482.

1995b *People of the Sea: Identity and Descent among the Vezo of Madagascar*. Cambridge: Cambridge University Press.

Austin, John L.

1962 *How to Do Things with Words*. Oxford: Clarendon Press.

Balandier, Georges

1970 *Political Anthropology*. New York: Vintage Books.

Barnard, Alan & Jonathan Spencer (eds.)

1996 *EncycloPedia of Social and Cultural Anthropology*. London: Routledge.

Barnes, John A.

1961 Physical and Social Kinship. *Philosophy of Science* 28 (3): 296-299.

1962 African Models in the New Guinea Highlands. *Man* 62: 5-9.

1964 Physical and Social Facts in Anthropology. *Philosophy of Science* 31 (3): 294-297.

1971 *Three Styles in the Study of Kinship*. London: Tavistock Publications.

Barth, Fredrik

1959 *Political Leadership among Swat Pathans*. London: The Athlone Press.

1966 Models of Social Organization. Occasional Paper. Royal Anthropological Institute of Great Britain and Ireland.

1969b Introduction. In *Ethnic Groups and Boundaries: The Social Organization of Culture Difference*, F. Barth, ed., pp. 9-38. Boston: Little, Brown and Company.

Barth, Fredrik (ed.)

1969a *Ethnic Groups and Boundaries: The Social Organization of Culture Difference*. Boston: Little, Brown and Company.

Barth, Fredrik, Andre Gingrich, Robert Parkin & Sydel Silverman

2005 *One Discipline, Four Ways: British, German, French, and American Anthropology*. Chicago: University of Chicago Press.

Bashkow, Ira

2004 A Neo-Boasian Conception of Cultural Boundaries. *American Anthropologist* 106 (3): 443-458.

Bateson, Gregory

1958 *Naven: A Survey of the Problems Suggested by a Composite Picture of the Culture of a New Guinea Tribe Drawn from Three Points of View.* Stanford: Stanford University Press.

1972 *Steps to an Ecology of Mind: A Revolutionary Approach to Man's Understanding of Himself.* New York: Ballantine Books.

1979 *Mind and Nature: A Necessary Unity.* New York: E. P. Dutton.

Bauman, Zygmunt

2001 Identity in the Globalizing World. *Social Anthropology* 9 (2): 121-129.

Bayly, Christopher A.

1986 The Origins of *Swadeshi* (Home Industry): Cloth and Indian Society, 1700-1930. In *The Social Life of Things: Commodities in Cultural Perspective*, A. Appadurai, ed., pp. 285-321. Cambridge: Cambridge University Press.

Beattie, John

1964a *Other Cultures: Aims, Methods, and Achievements in Social Anthropology.* New York: The Free Press.

1964b Kinship and Social Anthropology. *Man* 64: 101-103.

1966 Ritual and Social Change. *Man* (N. S.) 1: 60-74.

Beidelman, T. O.

1966 Swazi Royal Ritual. *Africa: Journal of the International African Institute* 36 (4): 373-405.

Benedict, Ruth

1934 *Patterns of Culture.* Boston: Houghton Mifflin Company.

1964 [1946] *The Chrysanthemum and the Sword: Patterns of Japanese Culture.* New York: Meridian Book.

Berlin, Brent & Paul Kay

1969 *Basic Color Terms: Their Universality and Evolution*. Berkeley: University of California Press.

Berstein, Richard J.

1983 *Beyond Objectivism and Relativism: Science, Hermeneutics, and Praxis*. Philadelphia: University of Pennsylvania Press.

Bloch, Marc

1961 *Feudal Society*. Volume 1: *The Growth of Ties of Dependence*. Volume 2: *Social Classes and Political Organization*. Chicago: University of Chicago Press.

Bloch, Maurice

1973 The Long Term and the Short Term: the Economic and Political Significance of the Morality of Kinship. In *The Character of Kinship*, J. Goody, ed., pp. 75-87. Cambridge: Cambridge University Press.

1975 Property and the End of Affinity. In *Marxist Analyses and Social Anthropology*, M. Bloch, ed., pp. 203-222. London: Malaby Press.

1986 *From Blessing to Violence: History and Ideology in the Circumcision Ritual of the Merina of Madagascar*. Cambridge: Cambridge University Press.

1987a Descent and Sources of Contradiction in Representations of Women and Kinship. In *Gender and Kinship: Essays Toward a Unified Analysis*, J. F. Collier & S. J. Yanagisako, eds. pp., 324-337. Stanford: Stanford University Press.

1987b The Ritual of the Royal Bath in Madagascar: The Dissolution of Death, Birth and Fertility into Authority. In *Rituals of Royalty: Power and Ceremonial in Traditional Societies*, D. Cannadine & S. Price, eds., pp. 271-297. Cambridge: Cambridge University Press.

1989 Symbols, Song, Dance and Features of Articulation: Is Religion an Extreme form of Traditional Authority? In *Ritual, History and Power: Selected Papers in Anthropology*, M. Bloch, pp. 19-45. London: The

Athlone Press.

1991 Language, Anthropology and Cognitive Science. *Man* (N. S.) 26 (2):
183-198.

1992 *Prey into Hunter: The Politics of Religious Experience*. Cambridge:
Cambridge University Press.

1998 Internal and External Memory: Different Ways of Being in History.
In *How We Think They Think: Anthropological Approaches to Cogni-
tion, Memory, and Literacy*, M. Bloch, pp. 67-84. Boulder:Westview
Press.

Blok, Anton

1992 Reflections on "making history". In *Other Histories*, K. Hastrup, ed.,
pp. 121-127. London: Routledge.

Boddy, Janice

1989 *Wombs and Alien Spirits: Women, Men, and the Zar Cult in Northern
Sudan*. Madison: The University of Wisconsin Press.

Bohannan, Paul & Laura

1968 *Tiv Economy*. Evanston: Northwestern University Press.

Bonnell, Victoria E. & Lynn Hunt

1999 Introduction. In *Beyond the Cultural Turn: New Directions in the
Study of Society and Culture*,V. E. Bonnell & L. Hunt, eds., pp. 1-32.
Berkeley: University of California Press.

Bourdieu, Pierre

1977 *Outline of a Theory of Practice*. Cambridge: Cambridge University
Press.

1984 *Distinction: A Social Critique of the Judgement of Taste*. London:
Routledge & Kegan Paul.

1988 *Homo Academicus*. Stanford: Stanford University Press.

1990a *The Logic of Practice*. Stanford.: Stanford University Press.

1990b The Kabyle House or the World Reversed. In *The Logic of Practice*,
P. Bourdieu, pp. 271-283. Stanford: Stanford University Press.

1991 *The Political Ontology of Martin Heidegger*. Cambridge: Polity Press.

1993 *The Field of Cultural Production: Essays on Art and Literature*. Cambridge: Polity Press.

1998 *On Television and Journalism*. London: Pluto Press.

2003 *Firing Back: Against the Tyranny of the Market 2*. London: Verso.

Bourdieu, Pierre & Chris Turner

2005 *The Social Structures of the Economy*. Cambridge: Polity Press.

Boyer, Pascal

1994 *The Naturalness of Religious Ideas: A Cognitive Theory of Religion*. Berkeley: University of California Press.

2001 *Religion Explained: The Evolutionary Origins of Religious Thought*. New York: Basic Books.

Breuilly, John

1982 *Nationalism and the State*. Manchester: Manchester University Press.

Briggs, Jean L.

1970 *Never in Anger: Portrait of an Eskimo Family*. Cambridge, Mass.: Harvard University Press.

Bringa, Tone

1995 *Being Muslim the Bosnian Way: Identity and Community in a Central Bosnian Village*. Princeton: Princeton University Press.

Bryant, Rebecca

2002 The Purity of Spirit and the Power of Blood: A Comparative Perspective on Nation, Gender and Kinship in Cyprus. *The Journal of the Royal Anthropological Institute* 8: 509-530.

Bunzl, Matti

2004 Boas, Foucault, and the "Native Anthropologist": Notes toward a Neo-Boasian Anthropology. *American Anthropologist* 106 (3): 435-442.

Burling, Robbins

1962 Maximization Theories and the Study of Economic Anthropology. *American Anthropologist* 64: 802-821.

Busby, Cecilia

　1997 Permeable and Partible Person: A Comparative Analysis of Gender and Body in South India and Melanesia. *The Journal of the Royal Anthropological Institute* 3: 261-278.

　2000 *The Performance of Gender: An Anthropology of Everyday Life in a South Indian Fishing* Village. London: The Athlone Press.

Calhoun, Craig, Edward LiPuma & Moishe Postone (eds.)

　1993 *Bourdieu: Critzical Perspectives*. Cambridge: Polity Press.

Carrithers, Michael, Steven Collins & **Steven Lukes (eds.)**

　1985 *The Category of the Person: Anthropology, Philosophy, History*. Cambridge: Cambridge University Press.

Carsten, Janet

　1995 The Substance of Kinship and the Heat of the Hearth: Feeding, Personhood, and Relatedness among Malays in Pulau Langkawl. *American Ethnologist* 22 (2): 223-241.

　1997 *The Heat of the Hearth: The Process of Kinship in a Malay Fishing Community*. Oxford: Clarendon Press; New York: Oxford University Press.

　2004 *After Kinship*. Cambridge: Cambridge University Press.

Carsten, Janet (ed.)

　2000 *Cultures of Relatedness: New Approaches to the Study of Kinship*. Cambridge: Cambridge University Press.

Carsten, Janet & Stephen Hugh-Jones (eds.)

　1995 *About the House: Lévi-Strauss and Beyond*. Cambridge: Cambridge University Press.

Cassell, Joan & Murray L. Wax

　1980 Editorial Introduction: Toward a Moral Science of Human Beings. *Social Problems* 27 (3): 259-264.

Castaneda, Carlos

　1974 *Tales of Power*. New York: Simon and Schuster.

Chatterjee, Partha

　1986 *Nationalist Thought and the Colonial World: A Derivative Discourse.* Minneapolis: University of Minnesota Press.

Chayanov, Alexander V.

　1986 [1966] *The Theory of Peasant Economy.* Madison: University of Wisconsin Press.

Ch'u, T'ung-tsu（瞿同祖）

　1971 *Local Government in China under the Ch'ing.* Cambridge, Mass.: Harvard University Press.

Chun, Allen J.（陈奕麟）

　1984 The Meaning of Crisis and the Crisis of Meaning in History: An Interpretation of the Anglo-Chinese Opium War.《"中央研究院" 民族学研究所集刊》55: 169-228.

　1996 The Lineage-Village Complex in Southeastern China: A Long Footnote in the Anthropology of Kinship. *Current Anthropology* 37 (3): 61-95.

Clifford, James

　1986 Introduction: Partial Truths. In *Writing Culture: the Poetics and Politics of Ethnography*, J. Clifford & G. E. Marcus., eds., pp. 1-26. Berkeley: University of California Press.

　1988a Power and Dialogue in Ethnography: Marcel Griaule's Initiation. In *Predicament of Culture: Twentieth-Century Ethnography, Literature, and Art*, J. Clifford, pp. 55-91. Cambridge, Mass.: Harvard University Press.

　1988b On Ethnographic Authority. In *Predicament of Culture: Twentieth-Century Ethnography, Literature. and Art*, J. Clifford, pp. 21-54. Cambridge, Mass.: Harvard University Press.

Clifford, James & George E. Marcus (eds.)

　1986 *Writing Culture: The Poetics and Politics of Ethnography.* Berkeley: University of California Press.

Cohen, Anthony P. (ed.)

2000 *Signifying Identities: Anthropological Perspectives on Boundaries and Contested Values*. London: Routledge.

Cohen, Gillian

1989 *Memory in the Real World*. East Sussex: Lawrence Erlbaum Associates Ltd., Publishers.

Cohn, Bernard S.

1987 History and Anthropology: The State of Play. In *An Anthropologist among the Historians and Other Essays*, B. S. Cohn, pp. 18-49. Oxford: Oxford University Press.

Collier, Jane F. & Sylvia J. Yanagisako (eds.)

1987 *Gender and Kinship: Essays Toward a Unified Analysis*. Stanford: Stanford University Press.

Collingwood, R. G.

1946 *The Idea of History*. Oxford: Oxford University Press.

Comaroff, Jean

1985 *Body of Power, Spirit of Resistance: The Culture and History of a South African People*. Chicago: University of Chicago Press.

Comaroff, J. & J.

1991 *Of Revelation and Revolution*. Vol. One, *Christianity, Colonialism, and Consciousness in South Africa*. Chicago: University of Chicago Press.

1997 *Of Revelation and Revolution*. Vol. *Two, The Dialectics of Modernity on a South African Frontier*. Chicago: University of Chicago Press.

1999 Occult Economies and the Violence of Abstraction: Notes from the South African Postcolony. *American Ethnologist* 26 (2): 279-303.

Comaroff, Jean and John (eds.)

2000 *Millennial Capitalism and the Culture of Neoliberalism. Public Culture* 12 (2).

Comaroff, John L.

1992 [1987] Of Totemism and Ethnicity. In *Ethnography and the Historical Imagination*, John & Jean Comaroff, pp. 49-67. Boulder: Westview Press.

Cook, Scott

1966 The Obsolete "Anti-Market" Mentality: A Critique of the Substantive Approach to Economic Anthropology. *American Anthropologist* 68: 1-25.

Coronil, Fernando

1997 *The Magical State: Nature, Money, and Modernity in Venezuela.* Chicago: University of Chicago Press.

Corrigan, Philip & Derek Sayer

1985 *The Great Arch: English State Formation as Cultural Revolution.* Oxford: Blackwell.

Crapanzano, Vincent

1980 *Tuhami: Portrait of a Moroccan.* Chicago: University of Chicago Press.

Crocker, J. Christopher

1979 Selves and Alters among the Eastern Bororo. In *Dialectical Societies*, D. Maybury-Lewis, ed., pp. 249-300. Cambridge, Mass.: Harvard University Press.

Dalton, George

1961 Economic Theory and Primitive Society. *American Anthropologist* 63: 1-25.

D'Andrade, Roy

1995 *The Development of Cognitive Anthropology.* Cambridge: Cambridge University Press.

Daniel, E. Valentine

1984 *Fluid Signs: Being a Person the Tamil Way.* Berkeley: University of California Press.

Davis, John

　　1991 *Times and Identities: An Inaugural Lecture*. Oxford: Oxford University Press.

Day, Sophie et al. (eds.)

　　1999 *Lilies of the Field: Marginal People Who Live for the Moment*. Boulder, Colo.: Westview Press.

de Heusch, Luc

　　1981 *Why Marry Her? —Society and Symbolic Structures*. Cambridge: Cambridge University Press.

Delaney, Carol

　　1995 Father, State, Motherland, and the Birth of Modern Turkey. In *Naturalizing Power: Essays in Feminist Cultural Analysis*, S. Yanagisako & C. Delaney, eds., pp. 177-199. London: Routledge.

Douglas, Mary

　　1966 *Purity and Danger: An Analysis of Concepts of Pollution and Taboo*. Harmondsworth: Penguin.

　　1970 *Natural Symbols: Explorations in Cosmology*. Harmondsworth: Penguin.

　　1975 Animals in Lele Religious Symbolism. In *Implicit Meanings: Essays in Anthropology*, M. Douglas, pp. 27-46. London: Routledge & Kegan Paul.

Duara, Prasenjit

　　2003 *Sovereignty and Authenticity: Manchukuo and the East Asian Modern*. Lanham: Rowman & Littlefield Publishers.

Dumont, Jean-Paul

　　1978 *The Headman and I: Ambiguity and Ambivalence in the Fieldworking Experience*. Austin: University of Texas Press.

Dumont, Louis

　　1970 *Homo Hierarchicus: An Essay on the Caste System*. Chicago: University of Chicago Press.

1986 *A South Indian Subcaste: Social Organization and Religion of the Pramalai Kallar*. Delhi: Oxford University Press.

Durkheim, Émile

1995 [1912] *The Elementary Forms of Religious life*. New York: The Free Press.

Durkheim, Émile & Marcel Mauss

1963 *Primitive Classification*. Chicago: University of Chicago Press.

Dwyer, Kevin

1982 *Moroccan Dialogues: Anthropology in Question*. Baltimore: The John Hopkins University Press.

Ebron, Paulla A.

2002 *Performing Africa*. Princeton: Princeton University Press.

Edwards, Jeanette et al.

1993 *Technologies of Procreation: Kinship in the Age of Assisted Conception*. Manchester: Manchester University Press.

Elias, Norbert

1978 *The Civilizing Process*. Vol. 1, *The History of Manners*. Oxford: Blackwell.

1982 *The Civilizing Process*. Vol. 2, *State Formation & Civilization*. Oxford: Blackwell.

Engels, Frederick

1972 *The Origin of the Family, Private Property, and the State*. New York: Pathfinder Press.

Epstein, T. Scarlett

1962 *Economic Development and Social Change in South India*. Manchester: Manchester University Press.

1968 *Capitalism, Primitive and Modern: Some Aspects of Tolai Economic Growth*. East Lansing: Michigan State University Press.

Eriksen, Thomas H.

1988 *Communicating Cultural Difference and Identity: Ethnicity and Nationa-*

lism in Mauritius. Oslo: Occasional Papers in Social Anthropology 16.

2001 *Small Places, Large Issues: An Introduction to Social and Cultural Anthropology*. Second Edition. London: Pluto Press.

Eriksen, Thomas H. & Finn S. Nielsen

2001 *A History of Anthropology*. London: Pluto Press.

Errington, Shelly

1979 Some Comments on Style in the Meanings of the Past. In *Perceptions of the Past in Southeast Asia*, A. Reid & D. Marr, eds., pp. 26-42. Singapore: Heinemann Educational Books, Ltd.

1989 *Meaning and Power in a Southeast Asian Realm*. Princeton: Princeton University Press.

Escobar, Arturo

1995 *Encountering Development: The Making and Unmaking of the Third World*. Princeton: Princeton University Press.

Evans-Pritchard, E. E.

1937 *Witchcraft, Oracles and Magic among the Azande*. Oxford: The Clarendon Press.

1940 *The Nuer: A Description of the Modes of Livelihood and Political Institutions of a Nilotic People*. Oxford: Clarendon Press.

1949 *The Sanusi of Cyrenaica*. Oxford: Clarendon Press.

1951 *Kinship and Marriage among the Nuer*. Oxford: Clarendon Press.

1956 *Nuer Religion*. Oxford: Oxford University Press.

1962 [1948] The Divine Kingship of the Shilluk of the Nilotic Sudan. In *Essays in Social Anthropology*, E. E. Evans-Pritchard, pp. 66-86. London: Faber and Faber.

1981 *A History of Anthropological Thought*. London: Faber and Faber.

Fardon, Richard

1990a Localizing Strategies: The Regionalization of Ethnographic Accounts. In *Localizing Strategies: Regional Traditions of Ethnographic Writing*, R. Fardon, ed., pp. 1-35. Edinburgh: Scottish

Academic Press.

1990b Malinowski's Precedent: The Imagination of Equality. *Man* (N. S.)
25 (4): 569-587.

Faubion, James D.

1993 History in Anthropology. *Annual Review of Anthropology* 22: 35-54.

Faubion, James D. (ed.)

2001 *The Ethnics of Kinship: Ethnographic Inquiries*. Lanham: Rowman &
Littlefield Publishers.

Ferguson, J.

1994 *The Anti-Politics Machine: "Development", Depoliticization, and
Bureaucratic Power in Lesotho*. Minneapolis: University of Minne-
sota Press.

Finnegan, Ruth & Robin Horton (eds.)

1973 *Modes of Thought: Essays on Thinking in Western and Non-Western
Societies*. London: Faber & Faber.

Firth, Raymond

1951 *Elements of Social Organization*. London: Watts & Co.

Firth, Raymond & B. S. Yamey (eds.)

1963 *Capital, Saving and Credit in Peasant Societies*. London: Allen and
Unwin.

Forster, Peter

1975 Empiricism and Imperialism: A Review of the New Left Critique of
Social Anthropology. In *Anthropology and the Colonial Encounter*, T.
Asad, ed., pp.23-38. London: Ithaca Press.

Fortes, Meyer

1945 *The Dynamics of Clanship among the Tallensi: Being the First Part
of an Analysis of the Social Structure of a Trans-Volta Tribe*. Oxford:
Oxford University Press.

1949 *The Web of Kinship among the Tallensi: The Second Part of an Anal-
ysis of the Social Structure of a Trans-Volta Tribe*. Oxford: Oxford

University Press.

1969 *Kinship and Social Order: The Legacy of Lewis Henry Morgan*. London: Routledge and Kegan Paul.

1970a The Structure of Unilineal Descent Groups. In *Time and Social Structure and Other Essays*, M. Fortes, pp. 67-95. London: The Athlone Press.

1970b Descent, Filiation and Affinity. In *Time and Social Structure and Other Essays*, M. Fortes, pp. 96-121. London: Athlone Press.

Fortes, Meyer & E. E. Evans-Pritchard (eds.)

1940 *African Political Systems*. Oxford: Oxford University Press.

Foster, George M.

1967 *Tzintzuntzan: Mexican Peasants in a Changing World*. Boston: Little, Brown and Company.

Foster, Robert J. (ed.)

1995 *Nation Making: Emergent Identities in Postcolonial Melanesia*. Ann Arbor: University of Michigan Press.

Foster-Carter, Aidan

1978 Can We Articulate "Articulation"? In *The New Economic Anthropology*, J. Clammer, ed., pp. 210-249. New York: St. Martin's Press.

Foucault, Michel

1979 *Discipline and Punish: The Birth of the Prison*. New York: Vintage Books.

Fox, Robin

1967 *Kinship and Marriage: An Anthropological Perspective*. Harmondsworth: Penguin Books.

Frank, Andre G.

1967 *Capitalism and Underdevelopment in Latin America: Historical Studies of Chile and Brazil*. New York: Monthly Review Press.

Franklin, Sarah & Susan McKinnon (eds.)

2001 *Relative Values: Reconfiguring Kinship Studies*. Durham: Duke

University Press.

Freedman, Maurice

1958 *Lineage Organization in Southeastern China*. London: The Athlone Press.

1966 *Chinese Lineage and Society: Fukien and Kwangtung*. New York: Humanities Press.

Fried, Morton H.

1967 *The Evolution of Political Society: An Essay in Political Anthropology*. New York: Random House.

Friedman, Jonathan

1974 Marxism, Structuralism and Vulgar Materialism. *Man* (N. S.) 9: 444-469.

1975 Tribes, States, and Transformations. In *Marxist Analyses and Social Anthropology*, M. Bloch, ed., pp. 161-202. London: Malaby Press.

Frisby, David & Derek Sayer

1986 *Society*. London: Tavistock.

Fustel de Coulanges, Numa D.

1979 [1864] *The Ancient City: A Study on the Religion, Laws, and Institutions of Greece and Rome*. Gloucester, Mass.: Peter Smith.

Geertz, Clifford

1960 *The Religion of Java*. Chicago: University of Chicago Press.

1962 Social Change and Economic Modernization in Two Indonesian Towns: A Case in Point. In *On the Theory of Social Change: How Economic Growth Begins*, E. E. Hagen, pp. 385-407. Homewood, Ill.: The Dorsey Press.

1963 *Peddlers and Princes: Social Development and Economic Change in Two Indonesian Towns*. Chicago: University of Chicago Press.

1968 *Islam Observed: Religious Developments in Morocco and Indonesia*. New Haven: Yale University Press.

1973a Ritual and Social Change: A Javanese Example. In *Interpretation*

of Cultures*, C. Geertz, pp. 142-169. New York: Basic Books, Inc.,
Publishers.

1973b Deep Play: Notes on the Balinese Cockfight. In *Interpretation of
Cultures*, C. Geertz, pp. 412-453. New York: Basic Books, Inc.,
Publishers.

1973c Religion as a Cultural System. In *Interpretation of Cultures*, C.
Geertz, pp. 87-125. New York: Basic Books, Inc., Publishers.

1980 *Negara: The Theatre State in Nineteenth-Century Bali*. Princeton:
Princeton University Press.

1983 *Local Knowledge: Further Essays in Interpretive Anthropology*. New
York: Basic Books.

1988 *Works and Lives: The Anthropologist as Author*. Stanford: Stanford
University Press.

Geertz, Hildred & Clifford Geertz

1964 Teknonymy in Bali: Parenthood, Age-Grading and Genealogical
Amnesia. *Journal of the Royal Anthropological Institute of Great
Britain and Ireland* 94 (2): 94-108.

Gell, Alfred

1995 The Language of the Forest: Landscape and Phonological Iconism in
Umeda. In *The Anthropology of Landscape: Perspectives on Place
and Space*, E. Hirsch & M. O'Hanlon, eds., pp. 232-254. Oxford:
Clarendon Press.

Gellner, Ernest

1957 Ideal Language and Kinship Structure. *Philosophy of Science* 24 (3):
235-242.

1960 The Concept of Kinship: With Special Reference to Mr. Needham's
"Descent Systems and Ideal Language". *Philosophy of Science* 27 (2):
187-204.

1963 Nature and Society in Social Anthropology. *Philosophy of Science* 30
(3): 236-251.

1969 A Pendulum Swing Theory of Islam. In *Sociology of Religion*, R. Robertson, ed., pp. 127-138. Middlesex: Penguin.

1981 *Muslim Society*. Cambridge: Cambridge University Press.

1983 *Nations and Nationalism*. Ithaca: Cornell University Press.

Giambelli, Rodolfo A.

1998 The Coconut, the Body and the Human Being: Metaphors of Life and Growth in Nusa Penida and Bali. In *The Social Life of Trees: Anthropologcial Perspectives on Tree Symbolism*, L. Rival, ed., pp. 133-157. Oxford: Berg.

Gingrich, Andre & Richard G. Fox (eds.)

2002 *Anthropology, by Comparison*. London: Routledge.

Gladney, Dru C. (ed.)

1998 *Making Majorities: Constituting the Nation in Japan, Korea, China, Malaysia, Fiji, Turkey, and the United States*. Stanford: Stanford University Press.

Gledhill, John

2000 *Power and Its Disguises: Anthropological Perspectives on Politics*. 2nd ed. London: Pluto Press.

Gluckman, Max

1962 Les Rites de Passage. In *Essays on the Ritual of Social ReLations*, M. Gluckman, ed., pp. 1-52. Manchester: Manchester University Press.

1963 [1952] Rituals of Rebellion in South-East Africa. In *Order and Rebellion in Tribal Africa*, M. Gluckman, pp. 110-136. London: Cohen & West.

Godelier, Maurice

1972 *Rationality and Irrationality in Economics*. London: Monthly Review Press.

1977 The Concept of "Social and Economic Formation": The Inca Example. In *Perspectives in Marxist Anthropology*, M. Godelier, pp. 63-69. Cambridge: Cambridge University Press.

1978 The Concept of the "Asiatic Mode of Production" and Marxist Models of Social Evolution. In *Relations of Production: Marxist Approaches to Economic Anthropology*, D. Seddon, ed., pp. 209-257. London: Frank Cass and Company Limited.

Goodale, Jane C.

1980 Gender, Sexuality and Marriage: A Kaulong Model of Nature and Culture. In *Nature, Culture and Gender*, C. MacCormack & M. Strathern, eds., pp. 119-142. Cambridge: Cambridge University Press.

Goody, Jack

1976 *Production and Reproduction: A Comparative Study of the Domestic Domain*. Cambridge: Cambridge University Press.

1977 *The Domestication of the Savage Mind*. Cambridge: Cambridge University Press.

1983 *The Development of the Family and Marriage in Europe*. Cambridge: Cambridge University Press.

Goody, Jack (ed.)

1958 *The Developmental Cycle in Domestic Groups*. Cambridge: Cambridge University Press.

Gregor, Thomas A. & Donald Tuzin (eds.)

2001 *Gender in Amazonia and Melanesia: An Exploration of the Comparative Method*. Berkeley: University of California Press.

Gregory, Christopher A.

1982 *Gifts and Commodities*. London: Academic Press.

Grichting, Wolfgang L.

1971 *The Value System in Taiwan, 1970: A Preliminary Report*. Taipei: W. L. Grichting.

Grillo, R. D. & R. L. Stirrat (eds.)

1997 *Discourses of Development: Anthropological Perspectives*. Oxford: Berg.

Gudeman, Stephen

1986 *Economics as Culture: Models and Metaphors of Livelihood.* London: Routledge & Kegan Paul.

Hamilton, Peter

1992 The Enlightenment and the Birth of Social Science. In *Formations of Modernity*, S. Hall & B. Gieben, eds., pp. 17-58. Oxford: Polity Press.

Handler, Richard

1988 *Nationalism and the Politics of Culture in Quebec.* Madison: University of Wisconsin Press.

1994 Is "Identity" a Useful Cross-Cultural Concept? In *Commemorations: The Politics of National Identity*, J. R Gillis, ed., pp. 27-40. Princeton: Princeton University Press.

2004 Afterword: Mysteries of Culture. *American Anthropologist* 106 (3): 488-494.

Harris, Olivia

1980 The Power of Signs: Gender, Culture and the Wild in the Bolivian Andes. In *Nature, Culture and Gender*, C. MacCormack & M. Strathern, eds., pp. 70-92. Cambridge: Cambridge University Press.

1989 The Earth and the State: The Sources and Meanings of Money in Northern Potosi, Bolivia. In *Money and the Morality of Exchange*, J. Parry & M. Bloch, eds., pp. 232-268. Cambridge: Cambridge University Press.

Harrison, Simon

1999 Identity as a Scarce Resource. *Social Anthropology* 7 (3): 239-251.

Hart, Keith

1983 The Contribution of Marxism to Economic Anthropology. In *Economic Anthropology: Topics and Theories*, S. Ortiz, ed., pp. 105-144. Lanham, Md.: University Press of America.

Harvey, David

2005 *A Brief History of Neoliberalism.* Oxford: Oxford University Press.

Hastrup, Kirsten

1992a Introduction. In *Other Histories*, K. Hastrup, ed., pp. 1-13. London: Routledge.

Hastrup, Kirsten (ed.)

1992b *Other Histories*. London: Routledge.

Hatch, Elvin

1973 *Theories of Man and Culture*. New York: Columbia University Press.

Herskovits, Melville J.

1952 *Economic Anthropology: A Study in Comparative Economics*. New York: Knopf.

Hertz, Robert

1960 *Death and the Right Hand*. Glencoe: The Free Press.

Hertzler, Joyce O.

1961 *American Social Institutions: A Sociological Analysis*. Boston: Allyn & Bacon.

Ho, Tsui-ping (何翠萍)

1997 *Exchange, Person and Hierarchy: Rethinking the Kachin*. Ph. D. dissertation, University of Virginia.

Hobart, Mark (ed.)

1993 *An Anthropological Critique of Development: The Growth of Ignorance*. London: Routledge.

Hobsbawm, Eric J.

1983 Introduction. In *The Invention of Tradition*, E. Hobsbawm & T. Ranger, eds., pp. 1-14. Cambridge: Cambridge University Press.

1990 *Nations and Nationalism Since 1780: Programme, Myth, Reality*. Cambridge: Cambridge University Press.

1992 Ethnicity and Nationalism in Europe Today. *Anthropology Today* 8 (1): 3-8.

Holland, Dorothy & Naomi Quinn (eds.)

1987 *Cultural Models in Language and Thought*. Cambridge: Cambridge

University Press.

Hollis, Martin & Steven Lukes (eds.)

1982 *Rationality and Relativism*. Oxford: Basil Blackwell.

Holy, Ladislav

1996 *Anthropological Perspectives on Kinship*. London: Pluto Press.

Holy, Ladislav (ed.)

1987 *Comparative Anthropology*. Oxford: Basil Blackwell.

Homans, George C.

1941 Anxiety and Ritual: The Theories of Malinowski and Radcliffe-Brown. *American Anthropologist* 43: 164-172.

Homans, George C. & David M. Schneider

1955 *Marriage, Authority, and Final Causes: A Study of Unilateral Cross-cousin Marriage*. Glencoe, Ill.: The Free Press.

Horton, Robin

1970 African Traditional Thought and Western Science. In *Rationality*, B. R. Wilson, ed., pp. 131-171. Oxford: Basil Blackwell.

Hoskins, Janet

1998 *Biographical Objects: How Things Tell the Stories of People's Lives*. London: Routledge.

Hsiao, Kung-Chuan (萧公权)

1960 *Rural China: Imperial Control in the 19th Century*. Seattel: University of Washington Press.

Hsu, Francis L. K. (许烺光)

1948 *Under the Ancestors' Shadow: Chinese Culture and Personality*. New York: Columbia University Press.

Huang, Shiun-wey (黄宣卫)

2007 Cultural Construction and a New Ethnic Group Movement: The Name Rectification Campaign and the Fire God Ritual of the Sakizaya in Eastern Taiwan. Paper presented at the Workship of Change and Continuity in the Aboriginal Societies of Taiwan. Sponsored by the

International Centre for Excellence in Asia Pacific Studies and the Department of Anthropology RSPAS. 29 October 2007.

Huang, Ying-kuei (黄应贵)

1988 *Conversion and Religious Change among the Bunun of Taiwan*. Ph. D. Thesis. London School of Economics and Political Science, University of London.

Hubert, Henri & Marcel Mauss

1964 [1898] *Sacrifice: Its Nature and Function*. London: Cohen & West.

Hwang, K. K. (黄光国)

1987 Face and Favor: The Chinese power game. *American Journal of Sociology* 92 (4): 944-974.

Hymes, Dell

1974 The Use of Anthropology: Critical, Political, Personal. In *Reinventing Anthropology*, D. Hymes, ed., pp. 3-79. New York: Vintage Books.

Ingold, Tim (ed.)

1990 *The Concept of Society is Theoretically Obsolete*. Manchester: University of Manchester.

Jahoda, Gustav

1999 *Images of Savages: Ancient Roots of Modern Prejudice in Western Culture*. London: Routledge.

James, Wendy

1975 The Anthropologist as Relevant Imperialist. In *Anthropology and the Colonial Encounter*, T. Asad, ed., pp. 41-69. New York: Humanities Press.

James, Wendy & N. J. Allen (eds.)

1998 *Marcel Mauss: A Centenary Tribute*. Oxford: Berghahn Books.

Jamieson, Mark

2003 Miskitu or Creole? Ethnic Identity and the Moral Economy in a Nicaraguan Miskitu Village. *Journal of the Royal Anthropological Institute* (N. S.) 9: 201-222.

Jean-Klein, Iris

2000 Mothercraft, Statecraft, and Subjectivity in the Palestinian Intifada. *American Ethnologist* 27 (1): 100-127.

Joyce, Rosemary A. & Susan D. Gillespie (eds.)

2000 *Beyond Kinship: Social and Material Reproduction in House Societies*. Philadelphia: University of Pennsylvania Press.

Kapferer, Bruce

1988 *Legends of People, Myths of State: Violence, Intolerance, and Political Culture in Sri Lanka and Australia*. Washington: Smithsonian Institution Press.

Kardiner, Abram

1939 *The Individual and His Society: The Psychodynamics of Primitive Social Organization*. New York: Columbia University Press.

1945 *The Psychological Frontier of Society*. New York: Columbia University Press.

Kessing, Roger M.

1975 *Kin Groups and Social Structure*. New York: Holt, Rinehart and Winston.

Keesing, Roger M. & Felix M. Keesing

1971 *New Perspectives in Cultural Anthropology*. New York: Holt, Rinehart and Winston.

Keyes, Charles F.

1981 The Dialectics of Ethnic Change. In *Ethnic Change*, C. F. Keyes, ed., pp. 3-30. Seattle: University of Washington Press.

King, Victor T.

1981 Marxist Analysis and Highland Burma: A Critical Commentary. *Cultures et développement* 13 (4): 675-688.

Knauft, Bruce M. (ed.)

2002 *Critically Modern: Alternatives, Alterities, Anthropologies*. Bloomington: Indiana University Press.

Kopytoff, Igor

1986 The Cultural Biography of Things: Commoditization as Process. In *The Social Life of Things: Commodities in Cultural Perspective*, A. Appadurai, ed., pp. 64-91.

Korn, Francis

1973 *Elementary Structures Reconsidered: Lévi-Strauss on Kinship*. London: Tavistock Publications.

Krech III, Shepard

1991 The State of Ethnohistory. *Annual Review of Anthropology* 20: 345-375.

Kroeber, Alfred L.

1968 [1909] Classificatory Systems of Relationship. In *Kinship and Social Organization*, P. Bohannan & J. Middleton, eds., pp. 19-27. New York: The Natural History Press.

Kroeber, Alfred L. & Clyde Kluckhohn

1952 *Culture: A Critical Review of Concepts and Definitions*. Cambridge, Mass.: The Peabody Museum.

Kuper, Adam

1980 The Man in the Study and the Man in the Field: Ethnography, Theory and Comparison in Social Anthropology. *European Journal of Sociology* 21 (1): 14-19.

1983 *Anthropology and Anthropologists: The Modern British School*. London: Routledge & Kegan Paul.

1999 *Culture: The Anthropologists' Account*. Cambridge, Mass.: Harvard University Press.

Kuper, Adam (ed.)

1992 *Conceptualizing Society*. London: Routledge.

Kuper, Hilda

1947 *An African Aristocracy: Rank among the Swazi*. Oxford: Oxford University Press.

Leach, Edmund

 1954 *Political Systems of Highland Burma: A Study of Kachin Social Struc-
 ture*. London: The Athlone Press.

 196la Aspects of Bridewealth and Marriage Stability among the Kachin and
 Lakher. In *Rethinking Anthropology*, E. Leach, pp. 114-123. London:
 The Athlone Press.

 196lb *Pul Eliya, A Village in Ceylon: A Study of Land Tenure and Kinship*.
 Cambridge: Cambridge University Press.

 1974 *Lévi-Strauss*. Glasgow: Fontana.

Leacock, Eleanor

 1978 Women's Status in Egalitarian Society: Implications for Social
 Evolution. *Current Anthropology* 19 (2): 247-275.

Leavitt, John

 1996 Meaning and Feeling in the Anthropology of Emotions. *American
 Ethnologist* 23 (3): 514-539.

LeClair, Edward E.

 1962 Economic Theory and Economic Anthropology. *American Anthropolo-
 gist* 64: 1179-1203.

Le Goff, Jacques

 1980 *Time, Work, & Culture in the Middle Ages*. Chicago: University of Chicago
 Press.

Le Roy Ladurie, Emmanuel

 1979 *Montaillou: The Promised Land of Error*. New York: Vintage Books.

Lévi-Strauss, Claude

 1966 *The Savage Mind*. Chicago: University of Chicago Press.

 1967 The Effectiveness of Symbols. In *Structural Anthropology*, C. Lévi-
 Strauss, pp. 181-201. Garden City: Doubleday & Company, Inc.

 1969 *The Elementary Structures of Kinship*. Boston: Beacon Press.

 1976 The Scope of Anthropology. In *Structural Anthropology*, C. Lévi-
 Strauss Vol. II, pp. 3-32. Chicago: University of Chicago Press.

1983 *The Way of the Masks*. London: Jonathan Cape.

1984 The Concept of "House". In *Anthropology & Myth: Lectures* 1951-1982, C. Lévi-Strauss, pp. 151-152. Oxford: Basil Blackwell.

1987 *Introduction to the Work of Marcel Mauss*. London: Routledge & Kegan Paul.

Lévy-Bruhl, Lucien

1966 [1923] *Primitive Mentality*. Boston: Beacon Press.

1985 [1926] *How Natives Think*. Princeton: Princeton University Press.

Lewis, Ioan M.

1968 Comment to Current Anthropology Social Responsibility Symposium. *Current Anthropology* 9: 415-417.

Lewis, Oscar

1951 *Life in a Mexican Village: Tepoztlan Restudied*. Urbana: University of Illinois Press.

Li, An-Che

1968 Zuni: Some Observations and Queries. In *Theory in Anthropology: A Sourcebook*, R. A. Manners & D. Kaplan, eds., pp. 136-144. Chicago: Aldine Publishing Company.

Lindholm, Charles

1982 *Generosity and Jealousy: The Swat Pukhtun of Northern Pakistan*. New York: Columbia University Press.

2001 *Culture and Identity: The History, Theory, and Practice of Psychological Anthropology*. Boston: McGraw-Hill.

Linnekin, Jocelyn & Lin Poyer

1990a Introduction. In *Cultural Identity and Ethnicity in the Pacific*, J. Linnekin &. L. Poyer, eds., pp. 1-16. Honolulu: University of Hawaii Press.

Linnekin, Jocelyn & Lin Poyer (eds.)

1990b *Cultural Identity and Ethnicity in the Pacific*. Honolulu: University of Hawaii Press.

Lu, Hsin-Yi

2002 *The Politics of Locality: Making a Nation of Communities in Taiwan.* London: Routledge.

Lutz, Catherine A.

1988 *Unnatural Emotions: Everyday Sentiments on a Micronesian Atoll & Their Challenge to Western Theory.* Chicago: University of Chicago Press.

Lyon, Margot L.

1995 Missing Emotion: The Limitations of Cultural Constructionism in the Study of Emotion. *Cultural Anthropology* 10 (2): 244-263.

MacCormack, Carol & Marilyn Strathern (eds.)

1980 *Nature, Culture and Gender.* Cambridge: Cambridge University Press.

Macfarlane, Alan

1978 *The Origins of English Individualism: The Family, Property and Social Transition.* Cambridge: Cambridge University Press.

Maine, Henry S.

1861 *Ancient Law: Its Connection with the Early History of Society and Its Relation to Modern Ideas.* London: J. Murray.

Malinowski, Bronislaw

1961 [1922] *Argonauts of the Western Pacific: An Account of Native Enterprise and Adventure in the Archipelagoes of Melanesian New Guinea.* New York: E. P. Dutton & Co., Inc.

Manners, Robert A. & David Kaplan (eds.)

1968 *Theory in Anthropology: A Sourcebook.* Chicago: Aldine Publishing Company.

Marcus, George E. & Michael M. J. Fischer

1986 *Anthropology as Cultural Critique: An Experimental Moment in the Human Sciences.* Chicago: University of Chicago Press.

Maschio, Thomas

1998 The Narrative and Counter-Narrative of the Gift: Emotional Dimensions of Ceremonial Exchange in Southwestern New Britain. *Journal of the Royal Anthropological Institute* 4 (1): 83-100.

Mauss, Marcel

1979a A Category of the Human Mind: The Notion of Person, the Notion of "Self". In *Sociology and Psychology*, M. Mauss, pp. 57-94. London: Routledge & Kegan Paul.

1979b *Sociology and Psychology: Essays*. London: Routledge & Kegan Paul.

1990 [1950] *The Gift: The Form and Reason for Exchange in Archaic Societies*. London: Routledge.

Mauss, Marcel & Henri Beuchat

1979 [1904] *Seasonal Variations of the Eskimo: A Study in Social Morphology*. London; Boston: Routledge & Kegan Paul.

May, William F.

1980 Doing Ethics: The Bearing of Ethical Theories on Fieldwork. *Social Problems* 27 (3): 358-370.

McCallum, Cecilia

2001 *Gender and Sociality in Amazonia: How Real People Are Made*. Oxford: Berg.

McCauley, Robert N. & E. Thomas Lawson

2002 *Bringing Ritual to Mind: Psychological Foundations of Cultural Forms*. Cambridge: Cambridge University Press.

McGrane, Bernard

1989 *Beyond Anthropology: Society and the Other*. New York: Columbia University Press.

Mead, Margaret

1928 *Coming of Age in Samoa: A Psychological Study of Primitive Youth for Western Civilization*. New York: Morrow.

1935 *Sex and Temperament in Three Primitive Societies*. London: Routledge & Kegan Paul.

Meeker, Michael E.

1980 The Twilight of a South Asian Heroic Age: A Rereading of Barth's Study of Swat. *Man* (N. S.) 15 (4): 682-701.

Meggitt, Mervyn

1972 Understanding Australian Aboriginal Society: Kinship Systems or Cultural Categories? In *Kinship Studies in the Morgan Centennial Year*, P. Reining, ed., pp. 64-87. Washington, D. C.: The Anthropological Society of Washington.

Meillassoux, Claude

1972 From Reproduction to Production: A Marxist Approach to Economic Anthropology. *Economy & Society* 1 (1): 93-105.

1978a "The Economy" in Agricultural Self-Sustaining Societies: A Preliminary Analysis. In *Relations of Production: Marxist Approaches to Economic Anthropology*, D. Seddon, ed., pp. 127-157. London: Frank Cass and Company Limited.

1978b The Social Organization of the Peasantry: The Economic Basis of Kinship. In *Relations of Production: Marxist Approaches to Economic Anthropology*, D. Seddon, ed., pp. 159-169. London: Frank Cass and Company Limited.

1981 *Maidens, Meal and Money: Capitalism and the Domestic Community*. Cambridge: Cambridge University Press.

Miller, Daniel

1987 *Material Culture and Mass Consumption*. Oxford: Basil Blackwell.

1995 Consumption Studies as the Transformation of Anthropology. In *Acknowledging Consumption: A Review of New Studies*, D. Miller, ed., pp. 264-295. London: Routledge.

Milton, Kay

1979 Male Bias in Anthropology. *Man* (N. S.) 14 (1): 40-54.

Mintz, Sidney W.

1953 The Folk-Urban Continuum and the Rural Proletarian Community.

American Journal of Sociology 34: 139-143.

1973 A Note on the Definition of Peasantries. *The Journal of Peasant Studies* 1 (1): 91-106.

1979 The Rural Proletariat and the Problem of the Rural Proletarian Cons-ciousness. In *Peasants and Proletarians*, R. Cohen et al., eds., pp. 173-197. London: Hutchinson & Co.

1985 *Sweetness and Power: The Place of Sugar in Modern History*. New York: Penguin Books.

1989 The Sensation of Moving, While Standing Still. *American Ethnologist* 16 (4): 786-796.

Moore, Henrietta L.

1994 *Anthropology and Africa: Changing Perspectives on a Changing Scene*. Charlottesville: The University Press of Virginia.

1999 Introduction. In *Those Who Play with Fire: Gender, Fertility & Transfor-mation in East & Southern Africa*, H. L. Moore, T. Sanders & B. Kaare, eds., pp. 3-37. London: The Athlone Press.

Moore, Henrietta L., Todd Sanders & Bwire Kaare (eds.)

1999 *Those Who Play with Fire: Gender, Fertility & Transformation* in *East & Southern Africa*. London: The Athlone Press.

Morgan, Lewis H.

1871 *Systems of Consanguinity and Affinity of the Human Family*. Oosterhout, N. B., The Netherlands: Anthropological Publications.

1877 *Ancient Society: Or, Researches in the Lines of Human Progress from Savagery through Barbarism to Civilization*. Chicago: C. H. Kerr.

1965 *Houses and House-Life of the American Aborigines*. Chicago: University of Chicago Press.

Morris, Brian

1987 *Anthropological Studies of Religion: An Introductory Text*. Cambridge: Cambridge University Press.

Morris, Rosalind C.

1995 All Made Up: Performance Theory and the New Anthropology of Sex and Gender. *Annual Review of Anthropology* 24: 567-592.

Nagata, Judith A.

1981 In Defense of Ethnic Boundaries: The Changing Myths and Charters of Malay Identity. In *Ethnic Change*, C. F. Keyes, ed., pp. 87-116. Seattle: University of Washington Press.

Nash, June

1979 *We Eat the Mines and the Mines Eat Us: Dependency and Exploitation in Bolivian Tin Mines*. New York: Columbia University Press.

Needham, Rodney

1960a *Structure and Sentiment: A Test Case in Social Anthropology*. Chicago: University of Chicago Press.

1960b Descent Systems and Ideal Language. *Philosophy of Science* 27 (1): 96-101.

1971 Introduction. In *Rethinking Kinship and Marriage*, R. Needham, ed., pp. xiii-cxvii. London: Tavistock Publications.

1972 *Belief, Language, and Experience*. Chicago: University of Chicago Press.

1974 *Remarks and Inventions: Skeptical Essays about Kinship*. London: Tavistock Publications.

Nugent, David

1982 Closed Systems and Contradiction: The Kachin in and out of History. *Man* (N. S.) 17 (3): 508-527.

Obeyesekere, Gananath

1992 *The Apotheosis of Captain Cook: European Mythmaking in the Pacific*. Princeton: Princeton University Press.

Ohunki-Tierney, Emiko (大贯惠美子)

1990 Introduction: The Historicization of Anthropology. In *Culture through Time: Anthropological Approaches*, E. Ohunki-Tierney, ed., pp. 1-25.

Stanford: Stanford University Press.

Ong, Aihwa

2006 *Neoliberalism as Exception: Mutations in Citizenship and Sovereignty*. Durham: Duke University Press.

Ong, Aihwa & Stephen J. Collier (eds.)

2005 *Global Assemblages: Technology, Politics, and Ethics as Anthropological Problems*. Oxford: Blackwell.

Orta, Andrew

2004 The Promise of Particularism and the Theology of Culture: Limits and Lessons of "Neo-Boasianism". *American Anthropologist* 106 (3): 473-487.

Ortner, Sherry B.

1973 On Key Symbols. *American Anthropologist* 75: 49-63.

1974 Is Female to Male as Nature Is to Culture? In *Woman, Culture and Society*, M. Z. Rosaldo & L. Lamphere, eds., pp. 67-87. Stanford: Stanford University Press.

1978 *Sherpas through Their Rituals*. Cambridge: Cambridge University Press.

1984 Theories in Anthropology since the Sixties. *Comparative Studies in Society and History* 26 (1): 126-166.

Ortner, Sherry B. & Harriet Whitehead (eds.)

1981 *Sexual Meanings: The Cultural Construction of Gender and Sexuality*. Cambridge: Cambridge University Press.

Overing, Joanna

1985a Today I Shall Call Him "Mummy": Multiple Worlds and Classificatory Confusion. In *Reason and Morality*, J. Overing, ed., pp. 152-179. London: Tavistock Publications.

Overing, Joanna (ed.)

1985b *Reason and Morality*. London: Tavistock Publications.

Overing, Joanna &. Alan Passes (eds.)

2000 *The Anthropology of Love and Anger: The Aesthetics of Conviviality in Native Amazonia*. London: Routledge.

Parkin, David

1991 *Sacred Void: Spatial Images of Work and Ritual among the Giriama of Kenya*. Cambridge: Cambridge University Press.

Pasternak, Burton

1972 *Kinship and Community in Two Chinese Villages*. Stanford: Stanford University Press.

Peacock, James L.

1981 The Third Stream: Weber, Parsons, Geertz. *Journal of the Anthropological Society of Oxford* 12 (2): 122-129.

Polanyi, Karl

1957 The Economy As Instituted Process. In *Trade and Market in the Early Empires: Economies in History and Theory*, K. Polanyi et al., eds., pp. 243-270. Glencoe, Ill.: Free Press.

Polanyi, Karl, Conrad M. Arensberg, and Harry W. Pearson (eds.)

1957 *Trade and Market in the Early Empires: Economies in History and Theory*. Glencoe, Ill.: Free Press.

Polier, Nicole & William Roseberry

1989 Tristes Tropes: Postmodern Anthropologists Encounter the other and Discover Themselves. *Economy and Society* 18 (2): 245-264.

Potter, Jack M.

1970 Land and Lineage in Traditional China. In *Family and Kinship in Chinese Society*, M. Freedman, ed., pp. 121-138. Stanford: Stanford University Press.

Pouillon, Jean

1982 Remarks on the Verb "To Believe". In *Between Belief and Transgression: Structuralist Essays in Religion, History, and Myth*, M. Izard and P. Smith, eds., pp. 1-8. Chicago: University of Chicago Press.

Rabinow, Paul

1977 *Reflections on Fieldwork in Morocco*. Berkeley: University of California

Press.

Radcliffe-Brown, Alfred R.

1964 [1922] *The Andaman Islanders*. New York: The Free Press of Glencoe.

1952 *Structure and Function in Primitive Society*. New York: The Free Press.

Rappaport, Roy A.

1967 *Pigs for the Ancestors: Ritual in the Ecology of a New Guinea People*. New Haven: Yale University Press.

1979 The Obvious Aspects of Ritual. In *Ecology, Meaning, and Religion*, R. A. Rappaport, pp. 173-221. Richmond: North Atlantic Books.

Redfield, Robert

1941 *Folk Culture of Yucatan*. Chicago: University of Chicago Press.

1960 *The Little Community and Peasant Society and Culture*. Chicago: University of Chicago Press.

Reddy, William M.

1986 The Structure of a Cultural Crisis: Thinking About Cloth in France Before and After the Revolution. In *The Social Life of Things: Commodities in Cultural Perspective*, A. Appadurai, ed., pp. 261-284. Cambridge: Cambridge University Press.

1997 Against Constructionism: The Historical Ethnography of Emotions. *Current Anthropology* 38 (3): 327-351.

2001 *The Navigation of Feeling: A Framework for the History of Emotions*. Cambridge: Cambridge University Press.

Richer, Stephen

1988 Fieldwork and the Commodification of Culture: Why the Natives are Restless. *Canadian Review of Sociology and Anthropology* 25 (3): 406-420.

Riesman, David, Nathan Glazer & Reuel Denney

2001 [1950] *The Lonely Crowd: A Study of the Changing American Character*. New Haven: Yale University Press.

Rivers, William H. R.

1971 [1910] The Genealogical Method. In *Readings in Kinship and Social Structure*, N. Graburn, ed., pp. 52-59. New York: Harper & Row.

Rival, Laura

1998a Androgynous Parents and Guest Children: The Huaorani Couvade. *The Journal of the Royal Anthropological Institute* 4: 619-642.

1998c Trees, from Symbols of Life and Regeneration to Political Artefacts. In *The Social Life of Trees: Anthropological Perspectives on Tree Symbolism*, L. Rival, ed., pp. 1-36. Oxford: Berg.

Rival, Laura (ed.)

1998b *The Social Life of Trees: Anthropological Perspectives on Tree Symbolism*. Oxford: Berg.

Rosaldo, Michelle Z.

1974 Women, Culture and Society: A Theoretical Overview. In *Woman, Culture and Society*, M. Z. Rosaldo & L. Lamphere, eds., pp. 17-42. Stanford: Stanford University Press.

1980 *Knowledge and Passion: Ilongot Notions of Self & Social Life*. Cambridge: Cambridge University Press.

Rosaldo, Michelle Z. & Louise Lamphere (eds.)

1974 *Woman , Culture and Society*. Stanford: Stanford University Press.

Rosaldo, Renato

1980 *Ilongot Headhunting, 1883-1974: A Study in Society and History*. Stanford: Stanford University Press.

Rosch, Eleanor

1975 Cognitive Representations of Semantic Categories. *Journal of Experimental Psychology* 104: 192-233.

Rostow, W. W.

1960 *The Stages of Economic Growth: A Non-Communist Manifesto*. Cambridge: Cambridge University Press.

Roth, Paul A.

1989 Ethnography without Tears. *Current Anthropology* 30 (5): 555-569.

Sacks, Karen

1975 Engels Revisited: Women, the Organization of Production, and Private Property. *Toward an Anthropology of Women*, R. R. Reiter, ed., pp. 211-234. New York: Monthly Review Press.

Sahlins, Marshall

1960a Evolution: Specific and General. In *Evolution and Culture*, M. Sahlins, et al., eds., pp. 12-44. Ann Arbor: The University of Michigan Press.

1960b Political Power and the Economy in Primitive Society. In *Essays in the Science of Culture*, R. Carneiro & G. Dole, eds., pp. 390-415. New York: Crowell.

1963 On the Sociology of Primitive Exchange. In *The Relevance of Models for Social Anthropology*, M. Banton, ed., pp. 139-227. London: Tavistock Publications.

1969 Economic Anthropology and Anthropological Economics. *Social Science Information* 8 (5): 13-34.

1972 *Stone Age Economics*. New York: Aldine Publishing Company.

1976 *Culture and Practical Reason*. Chicago: University of Chicago Press.

1981 *Historical Metaphors and Mythicat Realities: Structure in the Early History of the Sandwich Islands Kingdom*. Ann Arbor: University of Michigan Press.

1985 Other Times, Other Customs: The Anthropology of History. In *Islands of History*, M. Sahlins, pp. 32-72. Chicago: University of Chicago Press.

1991 The Return of the Event, Again. In *Clio in Oceania: Toward a Historical Anthropology*, A. Biersack, ed., pp. 37-100. Washington, D. C.: Smithsonian Institution Press.

1995 *How "Natives" Think: About Captain Cook, for Example*. Chicago: University of Chicago Press.

2000 Cosmologies of Capitalism: The Trans-Pacific Sector of "The World System". In *Culture in Practice: Selected Essays*, M. Sahlins, pp. 415-469. New York: Zone Books.

Salamone, Frank A.

1979 Epistemological Implications of Fieldwork and Their Consequence. *American Anthropologist* 81: 46-60.

Salisbury, Richard F.

1962 *From Stone to Steel: Economic Consequences of a Technological Change in New Guinea*. Melbourne: Melbourne University Press.

Sallnow, Michael J.

1981 Communitas Reconsidered: The Sociology of Andean Pilgrimage. *Man* 16 (1): 163-182.

1987 *Pilgrims of the Andes: Regional Cults in Cusco*. Washington, D. C.: Smithsonian Institution Press.

1989 Precious Metals in the Andean Moral Economy. In *Money and the Morality of Exchange*, J. Parry & M. Bloch, eds., pp. 209-231. Cambridge: Cambridge University Press.

Salmond, Anne

2000 Maori and Modernity: Ruatara's Dying. In *Signifying Identities: Anthropological Perspectives on Boundaries and Contested Values*, A. P. Cohen, ed., pp. 37-58. London: Routledge.

Sangren, P. Steven

1988 Rhetoric and the Authority of Ethnography: "Postmodernism" and the Social Reproduction of Texts. *Current Anthropology* 29 (3): 405-435.

Sassen, Saskia

2006 *Territory, Authority, Rights: From Medieval to Global Assemblages*. Princeton: Princeton University Press.

Schneider, David M.

1964 The Nature of Kinship. *Man* 64: 180-181.

1965 Some Muddles in the Models: Or, How the System really Works. In

The Relevance of Models for Social Anthropology, M. Banton, ed., pp. 25-85. London: Tavistock Publications.

1967 Kinship and Culture: Descent and Filiation as Cultural Constructs. *Southwestern Journal of Anthropology* 23: 65-73.

1968 *American Kinship: A Cultural Account*. Englewood Cliffs: Prentice-Hall.

1969 Kinship, Nationality and Religion in American Culture: Toward a Definition of Kinship. In *Forms of Symbolic Action*, R. F. Spencer, ed., pp. 116-125. Seattle: The University of Washington Press.

1972 What is Kinship All about? In *Kinship Studies in the Morgan Centennial Year*, P. Reining, ed., pp. 88-112. Washington, D. C.: The Anthropological Society of Washington.

1984 *A Critique of the Study of Kinship*. Ann Arbor: The University of Michigan Press.

Schneider, David M. & Akitoshi Shimizu

1992 Ethnocentrism and the Notion of Kinship. *Man* (N. S.) 27 (3): 629-633.

Schneider, Jane & Peter Schneider

1976 *Culture and Political Economy in Western Sicily*. New York: Academic Press.

Schweitzer, Peter P.

2000 *Dividends of Kinship: Meanings and Uses of Social Relatedness*. London: Routledge.

Schweitzer, P. P. et al. (eds.)

2000 *Hunters & Gatherers in the Modern World: Conflict, Resistance, and Self-Determination*. Oxford: Berghahn Books.

Scott, Alison MacEwen (ed.)

1986 Rethinking Petty Commodity Production. *Social Analysis* 20: 3-117.

Segal, Daniel A. & Richard Handler

1992 How European Is Nationalism? *Social Analysis* 32: 1-15.

Sennett, Richard

1998 *The Corrosion of Character: The Personal Consequences of Work in the New Capitalism*. New York: W. W. Norton & Company.

2006 *The Culture of the New Capitalism*. New Haven: Yale University Press.

Severi, Carlo

2004 Capturing Imagination: A Cognitive Approach to Cultural Complexity. *Journal of Royal Anthropological Institute* 10: 815-838.

Sharp, Lauriston

1953 Steel Axes for Stone-Age Australians. *Human Organization* 11: 17-22.

Shimizu, Akitoshi (清水昭俊)

1991 On the Notion of Kinship. *Man* (N. S.) 26 (3): 377-403.

Shorter, Aylward

1972 Symbolism, Ritual and History: An Examination of the Work of Victor Turner. In *The Historical Study of African Religion: With Special Reference to East and Central Africa*, T. O. Ranger & I. N. Kimambo, eds., pp. 139-149. London: Heinemann.

Silverblatt, Irene

1987 *Moon, Sun, and Witches: Gender Ideologies and Class in Inca and Colonial Peru*. Princeton: Princeton University Press.

Simmel, Georg

1990 *The Philosophy of Money*. London: Routledge.

Skinner, Quentin (ed.)

1985 *The Return of Grand Theory in the Human Sciences*. Cambridge: Cambridge University Press.

Spencer, Jonathan

1989 Anthropology as a Kind of Writing. *Man* (N. S.) 24: 145-164.

Sperber, Dan

1985 Anthropology and Psychology: Towards an Epidemiology of Representation. *Man* (N. S.) 20 (1): 73-89.

Spyer, Patricia (ed.)

1998 *Border Fetishisms: Material Objects in UnstabLe Spaces.* New York: Routledge.

Stearns, Carol Z. & Peter N. Stearns

1986 *Anger: The Struggle for Emotional Control in America's History.* Chicago: University of Chicago Press.

Steward, Julian H.

1955 *Theory of Culture Change: The Methodology of Multilinear Evolution.* Urbana: University of Illinois Press.

1977 *Evolution and Ecology: Essays on Social Transformation.* Urbana: University of Illinois Press.

Stewart, Michael

1997 *The Time of the Gypsies.* Boulder, Colo.: Westview Press.

Stocking, George W.

1983 The Ethnographer's Magic: Fieldwork in British Anthropology from Tylor to Malinnowski. In *Observers Observed: Essays on Ethnographic Fieldwork*, G. W. Stocking, ed., pp. 70-120. Madison: University of Wisconsin Press.

Stone, Linda (ed.)

2001 *New Directions in Anthropological Kinship.* Lanham: Rowman & Littlefield Publishers.

Strathern, Andrew

1973 Kinship, Descent and Locality: An Africanist View. In *The Character of Kinship*, J. Goody, ed., pp. 21-33. Cambridge: Cambridge University Press.

Strathern, Marilyn

1980 No Nature, No Culture: The Hagen Case. In *Nature, Culture and Gender*, C. MacCormack & M. Strathern, eds., pp. 174-222. Cambridge: Cambridge University Press.

1981 Culture in a Netbag: The Manufacture of a Subdiscipline in Anthropology.

Man (N. S.) 16 (4): 665-688.

1987 Out of Context: The Persuasive Fictions of Anthropology. *Current Anthropology* 28 (3): 251-281.

1988 *The Gender of the Gift: Problems with Women and Problems with Society in Melanesia.* Berkeley: University of California Press.

1990 Artefacts of History: Events and the Interpretation of Images. In *Culture and History in the Pacific*, J. Siikala, ed., pp. 25-44. Helsinki: The Finnish Anthropological Society.

2005 *Kinship, Law and the Unexpected: Relatives are Always a Surprise.* Cambridge: Cambridge University Press.

Strauss, Claudia & Naomi Quinn

1997 *A Cognitive Theory of Cultural Meaning.* Cambridge: Cambridge University Press.

Sumner, William G. & Albert G. Keller

1927 *The Science of Society.* New Haven: Yale University Press.

Tambiah, Stanley J.

1976 *World Conqueror and World Rentouncer: A Study of Buddhism and Polity in Thailand Against a Historical Background.* Cambridge: Cambridge University Press.

1985a The Galactic Polity in Southeast Asia. In *Culture, Thought, and Social Action: An Anthropological Perspective*, S. J. Tambiah, pp. 252-286. Cambridge, Mass.: Harvard University Press.

1985b A Performative Approach to Ritual. In *Culture, Thought, and Social Action: An Anthropological Perspective*, S. J. Tambiah, pp. 123-166. Cambridge, Mass.: Harvard University Press.

Taussig, Michael

1980 *The Devil and Commodity Fetishism in South America.* Chapel Hill: University of North Carolina.

1987 *Shamanism, Colonialism, and the Wild Man: A Study in Terror and Healing.* Chicago: University of Chicago Press.

1997 *The Magic of the State*. London: Routledge.

Terray, Emmanuel

1972 *Marxism and "Primitive" Societies*. New York: Monthly Review Press.

1974 Long-Distance Exchange and the Formation of the State: The Case of the Abron Kingdom of Gyaman. *Economy and Society* 3 (3): 315-345.

1975 Classes and Class Consciousness in the Abron Kingdom of Gyaman. In *Marxist Analysis and Social Anthropology*, M. Bloch, ed., pp. 85-135. London: Malaby Press.

Thomas, Nicholas

1989 *Out of Time: History and Evolution in Anthropological Discourse*. Cambridge: Cambridge University Press.

Thomas, Philip

2002 The River, the Road, and the Rural-Urban Divide: A Postcolonial Moral Geography from Southeast Madagascar. *American Ethnologist* 29 (2): 366-391.

Thompson, E. C.

2003 Malay Male Migrants: Negotiating Contested Identities in Malaysia. *American Ethnologist* 30 (3): 418-438.

Todorov, Tzvetan

1984 *The Conquest of America: The Question of the Other*. New York: Harper & Row.

Tonkin, Elizabeth et al. (eds.)

1989 *History and Ethnicity*. London: Routledge.

Tsing, Anna L.

1993 In *the Realm of the Diamond Queen: Marginality in an Out-of-the-Way Place*. Princeton: Princeton University Press.

Turnbull, Colin M.

1972 *The Mountain People*. New York: Simon and Schuster.

Turner, Bryan S.

    1974 *Weber and Islam: A Critical Study*. London: Routledge & Kegan Paul.

Turner, Victor

    1967a *The Forest of Symbols: Aspects of Ndembu Ritual*. Ithaca: Cornell University Press.

    1967b Muchona the Hornet, Interpreter of Religion. In *The Forest of Symbols: Aspects of Ndembu Ritual*, V. Turner, pp. 131-150. Ithaca: Cornell University Press.

    1968 *The Drums of Affliction: A Study of Religious Processes among the Ndembu of Zambia*. Ithaca: Cornell University Press.

    1969 *The Ritual Process: Structure and Anti-Structure*. Ithaca: Cornell University Press.

Turner, Victor W. & Edward M. Bruner (eds.)

    1986 *The Anthropology of Experience*. Urbana: University of Illinois Press.

Turner, Victor & Edith Turner

    1978 *Image and Pilgrimage in Christian Culture: Anthropological Perspectives*. Oxford: Basil Blackwell.

Tylor, Edward B.

    1958 [1871] *Primitive Culture*. New York: Harper.

Ulin, Robert C.

    1984 *Understanding Cultures: Perspectives in Anthropology and Social Theory*. Austin: University of Texas Press.

    1991 Critical Anthropology Twenty Years Later: Modernism and Postmodernism in Anthropology. *Critique of Anthropology* 11 (1): 63-89.

van Velsen, J.

    1964 *The Politics of Kinship: A Study in Social Manipulation among the Lakeside Tonga of Malawi*. Manchester: Manchester University Press.

Vermeulen, Hans & Cora Govers (eds.)

    1994 *The Anthropology of Ethnicity: Beyond "Ethnic Groups and Boundaries"*. Amsterdam: Het Spinhuis.

Wallerstein, Immanuel

1976 *The Modern World-System I: Capitalist Agriculture and the Origins of the European World-Economy in the Sixteenth Century.* New York: Academic Press.

1979 *The Capitalist World-Economy: Essays.* Cambridge: Cambridge University Press.

1980 *The Modern World-System II: Mercantilism and the Consolidation of the European World-Economy, 1600-1750.* New York: Academic Press.

Waterson, Roxana

1990 *The Living House: An Anthropology of Architecture in Southeast Asia.* Oxford: Oxford University Press.

Weber, Max

1946 Science as a Vocation. In *From Max Weber: Essays in Sociology*, H. H. Gerth & C. Wright Mills, trans. & eds., pp. 129-156. New York: Oxford University Press.

1978 *Economy and Society.* Vol. One & Two. Berkeley: University of California Press.

Weiner, Annette & Jane Schneider (eds.)

1989 *Cloth and Human Experience.* Washington: Smithsonian Institution Press.

Weston, Kath

1991 *Families We Choose: Lesbians, Gays, Kinship.* New York: Columbia University Press.

White, Hayden

1973 *Metahistory: The Historical Imagination in Nineteenth-Century Europe.* Baltimore: The Johns Hopkins University Press.

White, Leslie A.

1949 *The Science of Culture: A Study of Man and Civilization.* New York: Farrar, Straus and Giroux.

1975 *The Concept of Cultural Systems: A Key to Understanding Tribes and Nations*. New York: Columbia University Press.

Whitehouse, Harvey

2000 *Arguments and Icons: Divergent Modes of Religiosity*. Oxford: Oxford University Press.

Whiting, John & Irving Child

1953 *Child Training and Personality: A Cross-Cultural Study*. New Haven: Yale University Press.

Wikan, Unni

1990 *Managing Turbulent Hearts: A Balinese Formula for Living*. Chicago: University of Chicago Press.

Wilk, Richard R.

1996 *Economies and Cultures: Foundations of Economic Anthropology*. Boulder: Westview Press.

Williams, Raymond

1977 *Marxism and Literature*. Oxford: Oxford University Press.

Wilson, Bryan R. (ed.)

1970 *Rationality*. Oxford: Basil Blackwell.

Winch, Peter

1958 *The Idea of a Social Science and Its Relation to Philosophy*. London: Routledge & Kegan Paul.

Wolf, Eric R.

1955 Types of Latin American Peasantry: A Preliminary Discussion. *American Anthropologist* 57: 452-471.

1966 *Peasants*. Englewood Cliffs: Prentice-Hall.

1969 *Peasant Wars of the Twentieth Century*. New York: Harper & Row.

1982 *Europe and the People without History*. Berkeley: University of California Press.

1990 Facing Power: Old Insights, New Questions. *American Anthropologist* 92: 586-596.

1999 *Envisioning Power: Ideologies of Dominance and Crisis*. Berkeley: University of California.

Woodburn, James

1979 Minimal Politics: The Political Organization of the Hadza of North Tanzania. In *Politics in Leadership: A Comparative Perspective*, W. A. Shack & P. C. Cohen, eds., pp. 244-264. Oxford: Clarendon Press.

1982 Egalitarian Societies. *Man* (N. S.) 17 (3): 431-451.

Worsley, Peter

1956 The Kinship System of the Tallensi: A Revaluation. *Journal of the Royal Anthropological Institute* 86: 37-78.

Yan, Yunxiang（阎云翔）

1996 *The Flow of Gifts: Reciprocity and Social Networks in a Chinese Village*. Stanford: Stanford University Press.

Yang, Mayfair Mei-hui（杨美惠）

1994 *Gifts, Favors, and Banquets: The Art of Social Relationships in China*. Ithaca: Cornell University Press.

Zonabend, Francoise

1984 *The Enduring Memory: Time and History in a French Village*. Manchester: Manchester University Press.